fique por dentro da

# GENÉTICA

2ª edição

# Fique por dentro da GENÉTICA

MARTIN BROOKES

Cosac & Naify

Título original em inglês: *Get a Grip on Genetics*


Direitos para publicação no Brasil adquiridos por
Cosac & Naify Edições Ltda.
Rua General Jardim, 770 2.º andar
01223-010 São Paulo - SP
T (55 11) 3218-1444 F (55 11) 3257-8164
Atendimento ao professor: (55 11) 3218-1456
info@cosacnaify.com.br



Este livro foi concebido, projetado e produzido por The Ivy Press Limited, 2-3 St Andrews Place Lewes, East Sussex BN7 1UP, Inglaterra
Diretor de Arte: Peter Bridgewater
Diretor Editorial: Sophie Collins
Designer: Angela Neal
Editor: Anne Townley
Ilustrações: Andrew Kulman
Pesquisa de imagens: Vanessa Fletcher

2ª edição, 1ª reimpressão, 2003

Tradução e revisão técnica: Iara Fino Silva, doutora em genética pela ESALQ-USP.
Revisão: Maria Apparecida F. M. Bussolotti

Catalogação na Fonte do Departamento Nacional do Livro
Fundação Biblioteca Nacional

---

Brookes, Martin
*Fique por dentro da Genética*
Título original: *Get a Grip on Genetics*
Tradução: Iara Fino Silva
São Paulo, Cosac & Naify Edições 2001
2ª edição 2002

ISBN 85-7503-039-6
CDD: 507/375.500

1. Ensino da Ciência 2. Estudo da Ciência
3. Ensino da Ciência na escola secundária

---

Impresso pela Geográfica e Editora Ltda.

# SUMÁRIO


Introdução
6

CAPÍTULO 1
No início
36

CAPÍTULO 2
Avanços do DNA
66

CAPÍTULO 3
Fazendo mapas
94

CAPÍTULO 4
Usando nossos conhecimentos
110

CAPÍTULO 5
O futuro
164

ÍNDICE REMISSIVO
190

# INTRODUÇÃO

## A DIVERSIDADE É O TEMPERO DA VIDA

*** Da próxima vez que estiver em frente ao espelho, dê uma longa e boa olhada em si mesmo. O que você vê? Cabelos pretos, olhos castanhos? Cabelos loiros, olhos azuis? Nenhum cabelo? Olhe um pouco mais de perto. De que tamanho é seu nariz? Qual a forma do lóbulo da sua orelha? Quanto você pesa? Qual a cor da sua pele? Quão peludo você é? Você é macho ou fêmea?**

nossos genes nos ligam ao passado e ao futuro

### O QUE É GENÉTICA?

**Genética** é o ramo da biologia que estuda a **hereditariedade** (a transmissão de características dos pais para seus descendentes) e **variação** (as diferenças observáveis entre todos os seres vivos).

## O ÚNICO

* Não existem duas pessoas iguais. Mesmo gêmeos idênticos, que compartilham receitas genéticas idênticas, não são exatamente iguais. Esta singularidade vem parcialmente de nossos GENES, o conjunto de instruções codificadas dentro de nosso corpo. Genes são como uma receita, um conjunto de diretrizes que ajudam a determinar o modo como o corpo trabalha e sua aparência física. *Seus genes são herdados de seus pais, uma metade vindo de sua mãe e a outra de seu pai.* É por isso que freqüentemente parecemos

parentes compartilham receitas genéticas similares

com nossos pais e irmãos ou irmãs – porque temos RECEITAS GENÉTICAS similares. Nossos genes nos conectam não apenas com os nossos ancestrais imediatos (nossos pais, avós, e assim por diante), mas também com os nossos parentes evolutivos. Humanos, chimpanzés, porcos-da-terra, carvalhos, bactérias, e milhões de outras espécies no planeta compartilham uma herança genética comum.

algumas pessoas são altas e magras...

## Por que cada um é único?

*Nossa singularidade não vem apenas dos nossos genes. Nosso meio ambiente (incluindo dieta, exercícios, educação e um conjunto único de experiências sociais e familiares) também é importante na determinação de nossas características.*

algumas pessoas são baixas e gordas

## A HISTÓRIA REVELADA

* A genética moderna torna possível explorar a herança genética, para descobrir as receitas previamente escondidas dentro de nós mesmos e de todos os seres vivos. Algumas vezes excitante, algumas vezes aterradora, uma receita genética pode ser lida como um livro de revelações.

* Ela pode revelar nossa história biológica; pode nos contar por que somos como somos; e, até certo ponto, pode prever nosso futuro.

## SUPERSTIÇÕES SOBRE SIMILARIDADES

* A genética é uma das mais novas de todas as ciências. A maioria de suas descobertas significativas pertence ao século XX. Mas os humanos sempre foram fascinados por sua herança. Antes da emergência de qualquer entendimento científico, houve uma indústria de mitos e superstições.

**De onde vem o termo "gene"?**

*O termo "gene" foi cunhado em 1909 pelo biólogo dinamarquês* ***Wilhelm Johannsen*** *(1857-1927) para descrever uma unidade de hereditariedade.*

o poder da sugestão

### BOAS IMPRESSÕES

* Uma das crenças mais comuns, encontradas em todas as culturas, era de que as impressões de uma mulher grávida podiam influenciar as características de seu filho. Na Grécia antiga, por exemplo, aconselhava-se às mulheres grávidas a passarem tempo observando atentamente estátuas nobres e outros objetos belos, se quisessem que seus filhos nascessem bonitos. Na França, no século XIX, recomendava-se a mulheres grávidas observar belas pinturas, como as do Louvre.

### MÁS IMPRESSÕES

* Assim como se encorajavam certos comportamentos para se ter efeitos positivos, as mulheres grávidas também eram desencorajadas a atividades que se acreditava terem conseqüências

potencialmente danosas para a futura criança. Em East Anglia, Inglaterra, por exemplo, as mulheres evitavam comer morangos quando grávidas, com medo que isto causasse uma marca de nascença cor de morango na pele do filho.

✱ Na Segunda Guerra Mundial, muitos acreditavam que o nascimento de crianças com retardo mental em East Anglia se devia a traumas sofridos pelas mulheres grávidas durante os bombardeios. Ainda hoje, permanece a crença de que derramar chá ou café sobre o estômago da mulher durante a gestação causará manchas de nascença.

poluição sonora

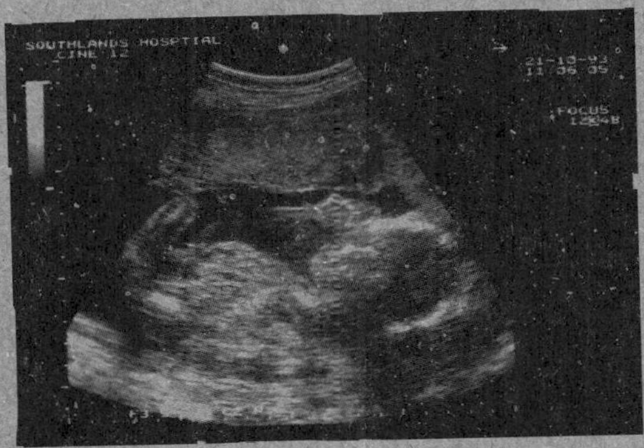


o estilo de vida da mãe afeta o feto

✱ De fato, hoje em dia sabe-se que o comportamento da mulher durante a gestação pode afetar a saúde de seu futuro filho, pois o perigo do tabaco e outras drogas foi amplamente comprovado. Mas há boas razões científicas para que seja assim, e tal efeito não tem nada a ver com o mito de impressões maternas.

## O Homem Elefante

*Joseph Merrick (1860-1890) não tinha dúvidas sobre a influência das impressões maternas. Pouco antes de seu nascimento, sua mãe tinha sido chacoalhada e derrubada por um elefante de circo. Merrick estava convencido de que esta era a causa de seu extremo desfiguramento. Ele atribuiu a raridade de sua condição à raridade de elefantes perigosos na zona rural da Inglaterra. Na verdade, Merrick provavelmente sofria de uma desordem genética muito rara conhecida como síndrome de Proteus, que causa deformações grosseiras de ossos e de outros tecidos.*

## GEOGRAFIA DO GENE

* Hoje, reconhecemos que a herança tem uma base material. O mito e o folclore foram substituídos por modernas explicações científicas de diferenças e similaridades. Os genes realmente são coisas físicas que residem nas células de nosso corpo.

### QUANTOS CROMOSSOMOS?

| Espécie | Número de cromossomos |
|---|---|
| Homem | 46 |
| Chimpanzé | 48 |
| Cachorro | 78 |
| Cavalo | 64 |
| Mosca-das-frutas | 8 |
| Ervilha | 14 |

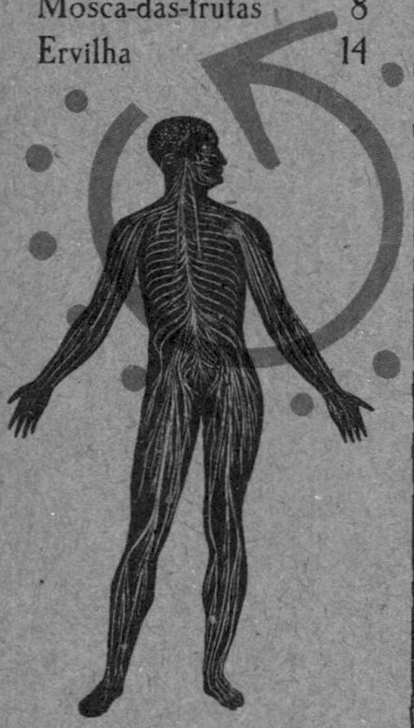

um homem tem 46 cromossomos

## PROJETO DE VIDA

* Todos os seres vivos são feitos de compartimentos microscópicos, conhecidos como CÉLULAS. Alguns organismos, como as bactérias e amebas, consistem de apenas uma única célula. ***Mas a maioria dos organismos, incluindo humanos, são feitos de bilhões de células individuais.***

## TECIDOS E ÓRGÃOS

* Grupos de células formam tecidos que são especializados para desempenhar funções diferentes. Por exemplo, as células da pele dão proteção externa ao corpo; as células musculares capacitam o movimento; células ósseas dão suporte; glóbulos vermelhos do sangue transportam oxigênio dos pulmões para outros tecidos do corpo; glóbulos brancos do sangue protegem o corpo contra infecções. Os tecidos, por sua vez, agrupam-se para formar diferentes órgãos do corpo, como o coração, pulmões, fígado e rins.

## TAMANHO E FORMA

* Embora as células variem enormemente em tamanho e função, elas têm o mesmo modelo básico. Dentro de cada célula, há um compartimento interno chamado NÚCLEO, que tem estruturas longas, filiformes e finas chamadas CROMOSSOMOS. ***Quase todas as células no corpo carregam um conjunto idêntico de cromossomos. Os genes estão arranjados linearmente nos cromossomos, como contas de um colar.***

um colar de genes

## QUANTOS?

* O número de cromossomos difere entre as distintas espécies de animais e plantas – mas é sempre um número par, porque ***os cromossomos estão em pares***. Um membro de cada par vem da mãe, e o outro do pai. Todavia, não é tanto o número de cromossomos que torna uma espécie única, mas os genes específicos que são carregados nos cromossomos.

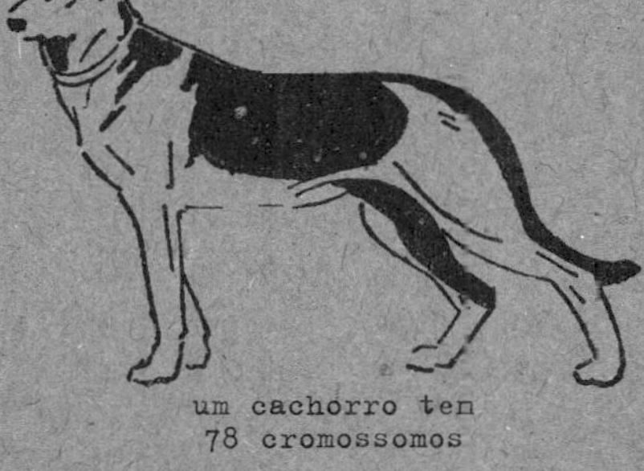

um cachorro ten 78 cromossomos

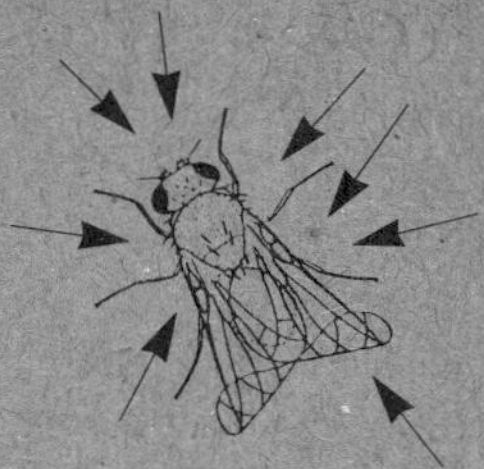

uma mosca-das-frutas tem 8 cromossomos

### PALAVRAS-CHAVE

**CÉLULA:** a unidade estrutural e funcional da vida.

**NÚCLEO:** compartimento interno da célula que contém os cromossomos; só não é encontrado nos organismos mais simples.

**CROMOSSOMOS:** estruturas filiformes, no núcleo da célula, que contêm os genes.

**CROMOSSOMOS HOMÓLOGOS:** cromossomos que são similares em tamanho e constituição genética; um membro de cada par de cromossomos homólogos vem da mãe e o outro do pai.

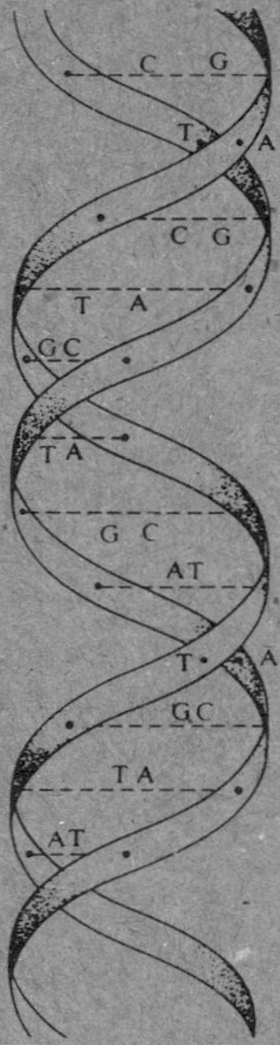


uma molécula de DNA

**O QUE É DNA?**

**DNA (Ácido desoxirribonucléico)** é o material genético da maioria dos organismos vivos. Cada cromossomo é na verdade uma molécula extremamente longa de DNA. Os blocos de construção química do DNA são nucleotídeos. Um nucleotídeo consiste de uma molécula de açúcar e uma de fosfato ligadas a uma das quatro bases de DNA – **Timina, Adenina, Guanina** e **Citosina.**

## UMA LONGA MOLÉCULA

*** Ácido desoxirribonucléico pode ser o termo mais longo neste livro – mas felizmente a maioria das pessoas usa seu apelido familiar, DNA, quando se referem a esta importante substância. O DNA é o material genético: é do que os genes são feitos, e sua estrutura contém a chave de como o código genético funciona.**

## A SIMPLICIDADE DA ESPIRAL

* Há muita mística ao redor do DNA. Ele é uma molécula notável mas, depois de tudo dito, ele é apenas isso – uma molécula feita de átomos mantidos juntos por ligações químicas. Como molécula, todavia, ele é extremamente longo. Se você esticar o DNA de uma única célula humana, ele pode medir cerca de 1,5 m de comprimento, ou seja, é cerca de 100.000 vezes maior que a própria célula! Não é surpresa, portanto, que o DNA tenha de ser muito firmemente enrolado para caber no núcleo da célula.

* ***A forma da molécula de DNA é uma das suas características mais marcantes. Assemelha-se a uma escada em espiral – ou*** DUPLA HÉLICE, ***que é seu nome científico. A molécula tem duas*** FITAS ***entrelaçadas com ligações entre elas, formando os "degraus".***

* Apesar de seu comprimento, o DNA é realmente uma molécula simples. Cada fita

consiste de um arranjo linear de unidades químicas básicas chamadas NUCLEOTÍDEOS. Estes vêm em quatro variedades diferentes, e podem ser representados pelas quatro letras A, G, C E T. Uma fita simples de DNA pode ter qualquer seqüência dessas quatro letras. Por exemplo, aqui está um pedaço arbitrário de seqüência de DNA:

AATCATTCGGTACG

as letras na molécula de DNA sempre vêm aos pares

Dada a seqüência de letras de uma fita de DNA, sabemos instantaneamente que seqüência de letras a outra fita deve ter, porque as letras formam pares complementares. A sempre forma par com T, e G sempre forma par com C. Para o exemplo dado acima, a seqüência complementar será:

TTAGTAAGCCATGC

* Portanto, uma molécula de DNA é simplesmente duas seqüências extremamente longas de letras complementares.

## Fatos e figuras de DNA

- *Se o DNA de todas as células do corpo humano fosse esticado e medido de ponta a ponta, ele deveria chegar a lua e voltar – uma distância de mais de 700.000 km.*
- *O DNA de uma única célula humana contém cerca de 3 bilhões de "letras".*
- *A molécula de DNA é uma hélice que gira para direita. Em outras palavras, ela se enrola em direção horária.*

## O CÓDIGO DE QUATRO LETRAS

* Os genes não afetam diretamente a aparência das pessoas. São os produtos que eles codificam – proteínas – que exercem seu efeito sobre o corpo. As proteínas são os blocos químicos de construção que dão estrutura aos seres vivos. Elas existem em todas as formas e tamanhos.

as proteínas são os tijolos e o cimento da vida

### Quantos genes?

*O número de genes varia entre diferentes espécies. Organismos simples como bactérias podem ter apenas 2.000 enquanto os humanos podem ter cerca de 100.000.*

## TIJOLOS E CIMENTO

* Se um ser humano fosse uma casa, então os tijolos e o cimento representariam suas proteínas. As proteínas também podem ser ENZIMAS – catalisadores biológicos que aumentam a velocidade de reações químicas no corpo. ***O corpo humano produz milhares de proteínas diferentes, todas "codificadas pela" linguagem de quatro letras do DNA.***

## O QUE TEM NA PROTEÍNA?

* As proteínas constituem-se de cadeias de pequenos blocos químicos de construção chamados AMINOÁCIDOS. Existem 20 tipos diferentes de aminoácidos, e cada um tem propriedades químicas únicas.

* As propriedades químicas de uma proteína são determinadas não apenas por sua seqüência específica de aminoácidos, mas pelo modo como a cadeia de aminoácidos é curvada e dobrada em uma forma tridimensional complexa e característica.

# TÃO SIMPLES COMO AGTC...?

✱ Como o CÓDIGO DE DNA realmente funciona? Ao contrário do alfabeto português, que tem 23 letras, o alfabeto do DNA tem apenas quatro: A, G, C e T. Mas assim como a informação na frase anterior foi determinada pela seqüência das 23 letras possíveis, a informação no DNA é determinada pela seqüência de suas quatro letras.

A ESTRUTURA DA PROTEÍNA DO SANGUE MIOGLOBINA
A longa cadeia de aminoácidos é dobrada e curvada em uma forma 3D característica e complexa

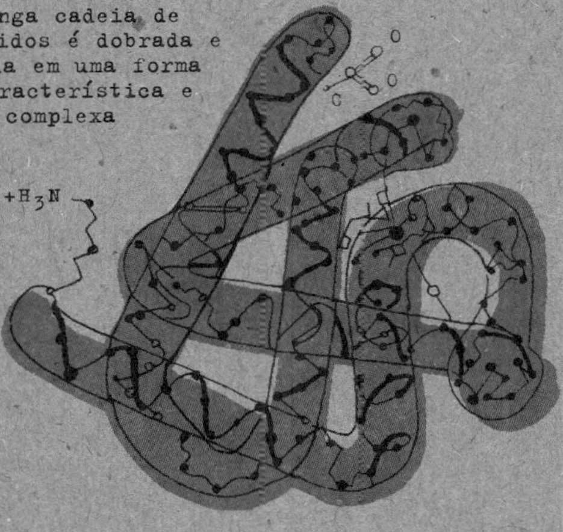


✱ ***A seqüência de DNA é realmente uma fileira de "palavras" de três letras, cada palavra sendo o código para um aminoácido.*** Assim, a seqüência AGCTTCCGATCGGTA, por exemplo, deve ser lida como AGC TTC CGA TCG GTA. Cada trio de letras especifica um dos 20 aminoácidos. Por exemplo, o trio AGC é o código para o aminoácido serina; TTC é o código para o aminoácido conhecido como fenilalanina; e assim por diante.

**VIDA UNIVERSAL**

O DNA é um código universal. Um trio de letras de DNA codifica sempre o mesmo aminoácido – quer apareça na receita genética de uma bactéria, um repolho, um porco, um ser humano, ou qualquer outra espécie.

**PONTUAÇÃO DO DNA**

Como nas linguagens humanas, a linguagem de DNA tem sinais de pontuação para quebrar e esclarecer a informação. Seqüências triplas específicas agem como sinais de parada, marcando o limite onde um gene termina e outro começa. Portanto, um gene é a seqüência total de letras que codificam uma proteína específica. A maioria dos genes são feitos de pelo menos 1.000 letras.

# CÉLULAS SE DIVIDINDO

* Todos nós começamos a vida como uma única célula, criada pela fusão de um espermatozóide do pai com um óvulo da mãe.

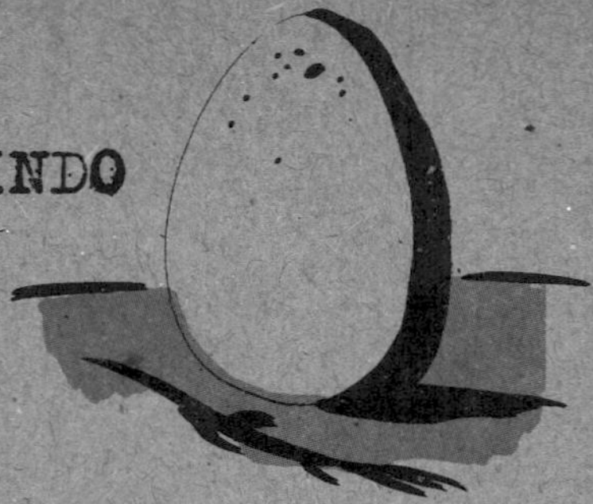

Bilhões

A primeira célula de uma nova vida divide-se por mitose para produzir uma quantidade final de bilhões de células. Cada uma dessas células conterá uma receita genética idêntica àquela presente na concepção.

## APÓS A FERTILIZAÇÃO

* Após a fertilização, o embrião de uma única célula começa a crescer e a se dividir. Uma célula divide-se em duas para formar duas novas células-"filhas" idênticas. Cada uma dessas divide-se então para se tornarem quatro novas células. Essas quatro transformam-se em oito células, as oito, em dezesseis, e assim por diante. Cada vez que uma célula se divide são feitas cópias de seus cromossomos, de modo que cada uma das duas novas células-filhas possua uma réplica. Esta divisão celular é chamada MITOSE.

* A primeira célula de uma nova vida se dividirá por mitose para produzir uma quantidade final de bilhões de células. Cada uma dessas células conterá uma receita genética idêntica àquela presente na concepção.

## MITOSE EM PALAVRAS E FIGURAS

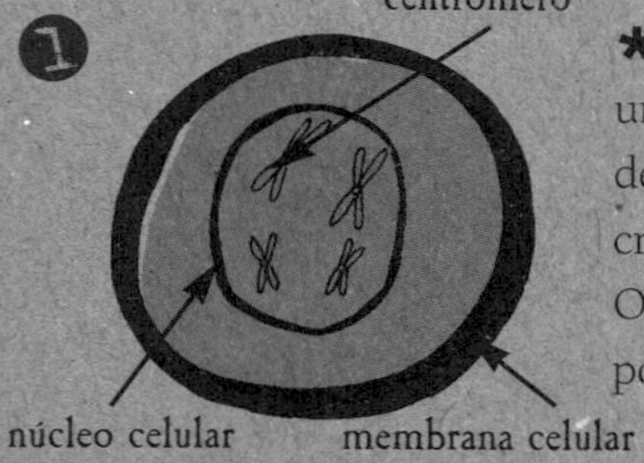


* Antes de uma divisão celular, cada um dos 46 cromossomos faz uma cópia de si mesmo. Para facilitar, apenas quatro cromossomos são mostrados aqui. O original e a cópia são ligados por um ponto central chamado centrômero.

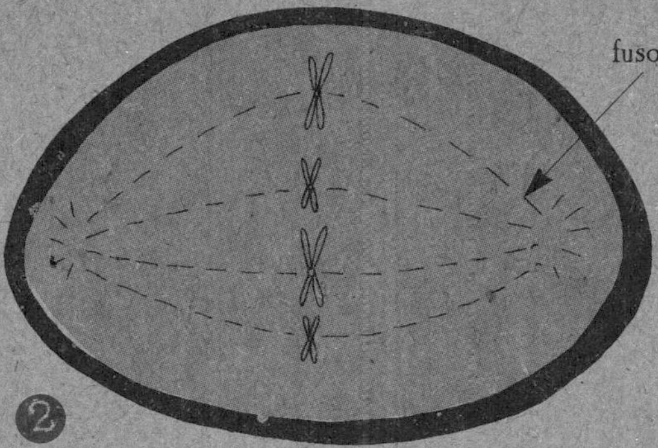


2

A MEMBRANA do núcleo se dissolve, um FUSO de fibras protéicas se forma e os cromossomos se alinham sobre ele.

3

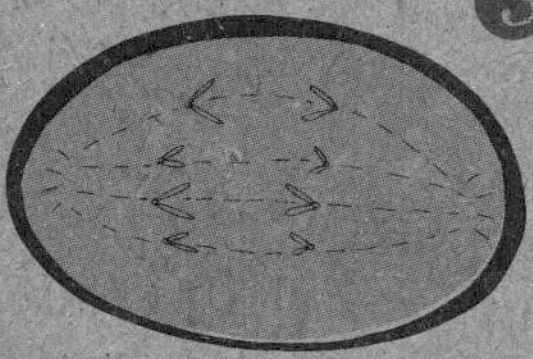

As fibras do FUSO então separam os cromossomos e suas cópias que se dirigem para as extremidades opostas da célula.

4

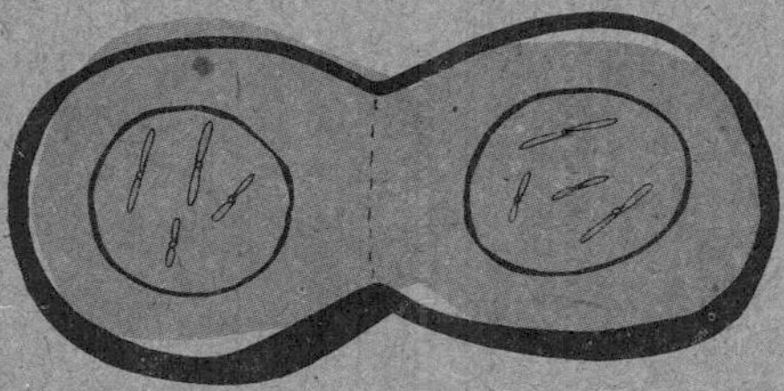

As fibras do FUSO dissolvem-se, e membranas se formam ao redor de cada conjunto de cromossomos. E, finalmente... a célula se divide em duas.

5

PALAVRAS-CHAVE

**FERTILIZAÇÃO:** a fusão de um espermatozóide masculino com um óvulo feminino para formar a primeira célula da nova vida.

**EMBRIÃO:** um organismo jovem, antes de emergir de um ovo, de uma semente, ou de sua mãe; antes de nascer, uma criança em desenvolvimento é conhecida como embrião nos primeiros dois meses de vida e, depois, como feto.

**MITOSE:** um tipo de divisão celular que resulta em duas células-filhas, cada uma carregando um conjunto de cromossomos idênticos uma em relação a outra e a sua célula-mãe.

## FAZENDO CÓPIAS

*** Como um cromossomo faz cópia de si mesmo no início da mitose? Não há uma varinha mágica. Um cromossomo é efetivamente uma longa seqüência de DNA. E o DNA é uma molécula auto-replicativa.**

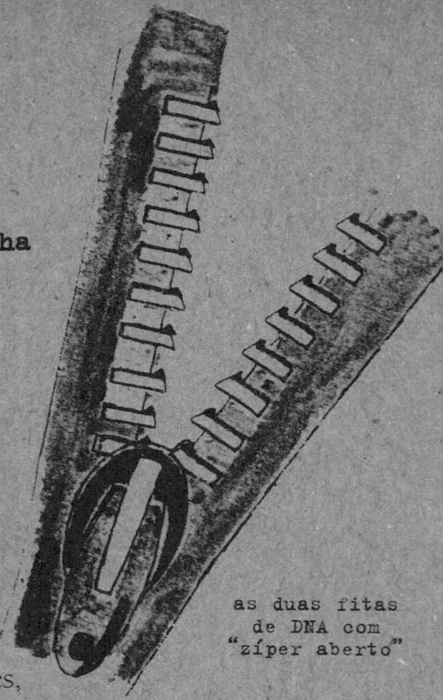

as duas fitas de DNA com "zíper aberto"

## ABRINDO O ZÍPER

* "O DNA é feito de duas fitas entrelaçadas de letras complementares, mantidas juntas por ligações químicas. Antes de iniciar a cópia, estas ligações enfraquecem e as duas fitas separam-se uma da outra. ***O DNA literalmente abre seu zíper, deixando as duas fitas expostas.*** Cada uma dessas fitas torna-se um molde para sua própria replicação.

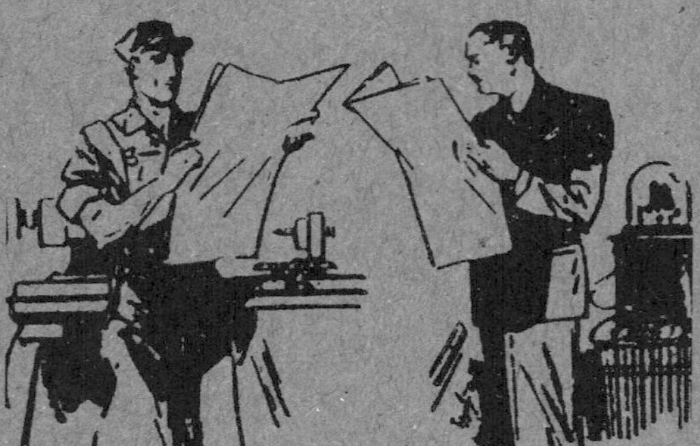

são feitas cópias duplicadas de cada cromossomo

### ENZIMAS ÚTEIS

A replicação do DNA é auxiliada por uma família de enzimas conhecidas como **DNA polimerases**. No início da replicação, estas enzimas se ancoram na ponta de cada cromossomo e "supervisionam" a adição de cada letra livre de DNA ao molde de DNA, assegurando que a complementaridade crucial do pareamento seja mantida.

## NUCLEOTÍDEOS LIVRES FLUTUANDO

* Os cromossomos dentro do núcleo não estão flutuando no ar como balões. Ao contrário, eles estão imersos em uma sopa de todos os tipos de substâncias químicas. Esta sopa inclui um conjunto de nucleotídeos livres – bilhões de letras individuais A, G, C e T esperando apenas a oportunidade para se envolver em uma seqüência.

## PEGUEM OS SEUS PARES

* Quando o DNA abre seu zíper, essas letras flutuantes ligam-se a cada uma das fitas de DNA recém-expostas. Mas elas não se ligam a qualquer seqüência antiga. A complementaridade das letras assegura que uma letra "A" livre pode apenas parear com um "T" na fita de DNA molde, e um "G" livre pode parear apenas com um "C".

* Desse modo, forma se uma seqüência complementar inteira de letras, ao longo de cada uma das fitas do zíper aberto. Quando todos os nucleotídeos livres formarem pares com suas letras complementares da fita original, você terá duas cópias idênticas à seqüência de DNA original.

### Cronometrando

*O tempo exato pode variar dependendo da espécie, tipo celular e condições de crescimento, mas em média leva umas poucas horas para uma célula fazer uma cópia completa de seus cromossomos.*

sopa de cromossomos

# SEPARANDO OS PARES

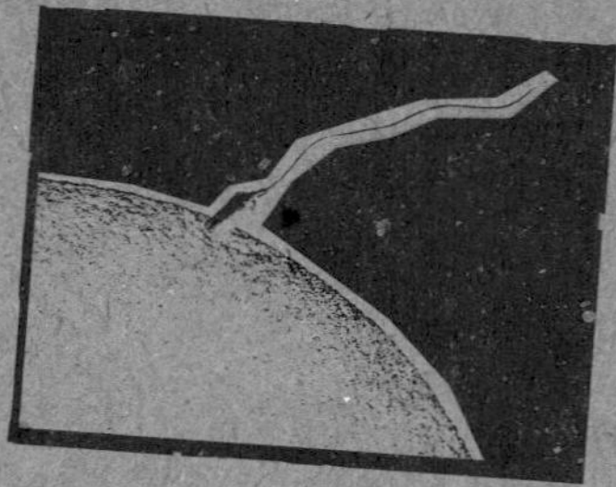

fusão genética

* Os genes, como os cromossomos, estão aos pares. Cada par de um cromossomo carrega duas cópias de um gene, uma cópia em cada cromossomo. Mas os dois genes no par gênico não são sempre réplicas exatas um do outro. Eles codificam a mesma informação básica, tal como a cor dos olhos, mas a informação precisa especificada em sua seqüência de DNA – a cor real dos olhos – pode diferir. É esta variação genética que explica porque há variação – cor de cabelos, cor de olhos, e assim por diante – de uma pessoa para outra.

PALAVRAS-CHAVE

**MEIOSE:**
tipo de divisão celular que deixa cada uma das células-filhas com a metade do número de cromossomos contidos na célula-mãe. É exclusiva para células da linhagem germinativa.

**ALELOS:**
versões diferentes de um gene são algumas vezes referidos como alelos.

**CÉLULAS DA LINHAGEM GERMINATIVA:**
uma célula que se divide para produzir gametas.

**CÉLULAS SOMÁTICAS:**
"células do corpo" – isto é, todas as células com exceção dos gametas.

## SEXO GENÉTICO

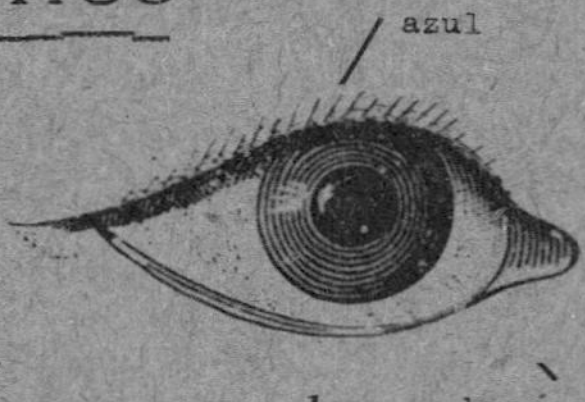


Cada par de gene é feito de uma cópia da mãe e uma do pai. Assim, *cada pai transmite apenas metade de sua receita genética para seus descendentes.* Quando um espermatozóide funde-se com um óvulo, metade dos cromossomos do pai une com metade dos cromossomos da mãe para criar um embrião com uma mistura de genes maternos e paternos. O sexo não é apenas para o prazer – é também para misturar genes!

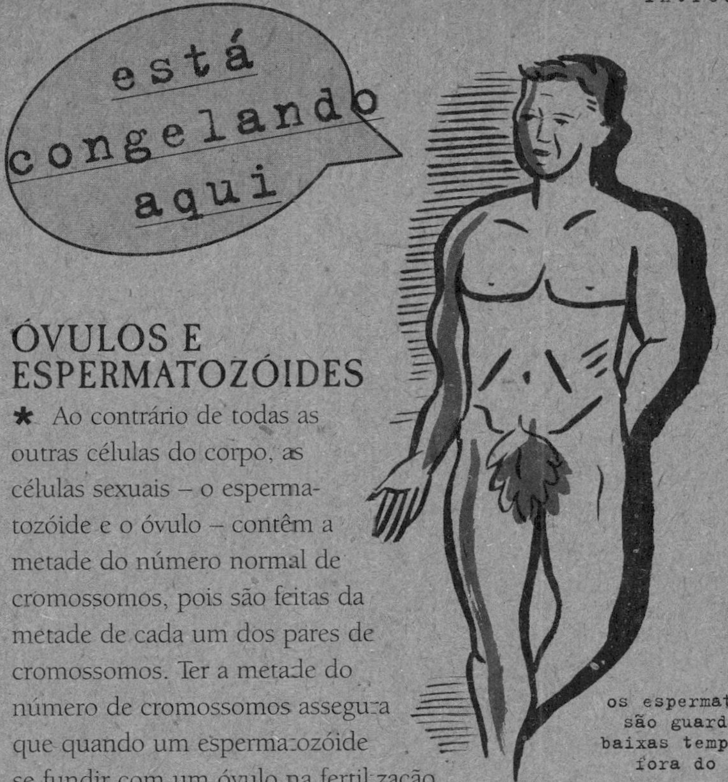


os espermatozóides são guardados a baixas temperaturas fora do corpo

## ÓVULOS E ESPERMATOZÓIDES

* Ao contrário de todas as outras células do corpo, as células sexuais – o espermatozóide e o óvulo – contêm a metade do número normal de cromossomos, pois são feitas da metade de cada um dos pares de cromossomos. Ter a metade do número de cromossomos assegura que quando um espermatozóide se fundir com um óvulo na fertilização, o complemento original de cromossomos será restaurado. ***Em humanos, por exemplo, espermatozóide e óvulo contêm cada um 23 cromossomos. Quando eles se fundem, voltamos ao número original:*** 23 + 23 = 46.

## TERRITÓRIO DAS GÔNODAS

* As células sexuais – formalmente conhecidas como GAMETAS – são produzidas por células especiais chamadas CÉLULAS DA LINHAGEM GERMINATIVA, encontradas nos testículos dos machos e nos ovários das fêmeas. Para reduzir à metade o número de cromossomos, essas células da linhagem germinativa sofrem um tipo especial de divisão chamado MEIOSE.

### Estocagem a frio

*Você já se perguntou por que os testículos de um homem estão do lado de fora de seu corpo, em vez de estarem localizados do lado de dentro, protegidos? É que os espermatozóides são muito sensíveis, e a temperatura normal do corpo (37°C) é muito quente para seu desenvolvimento. Por isso, eles são guardados fora do corpo no escroto, onde é mais frio.*

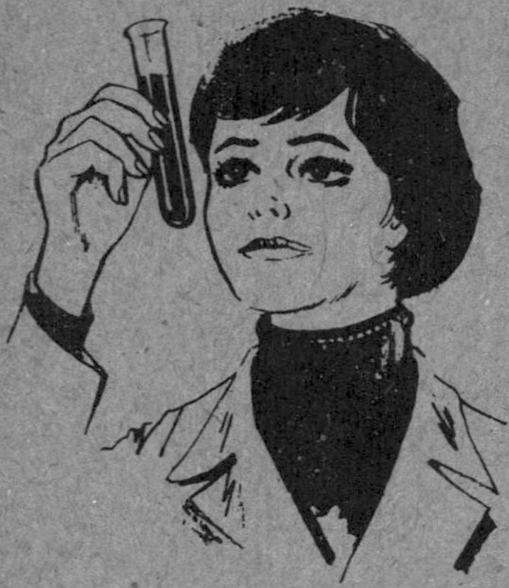

## MEIOSE EM PALAVRAS E FIGURAS

*** Os primeiros estágios da meiose são similares àqueles da mitose: cada cromossomo faz uma cópia de si mesmo, a membrana ao redor do núcleo se dissolve, e um fuso de fibras protéicas é formado dentro da célula.**

## CROMOSSOMOS HOMÓLOGOS

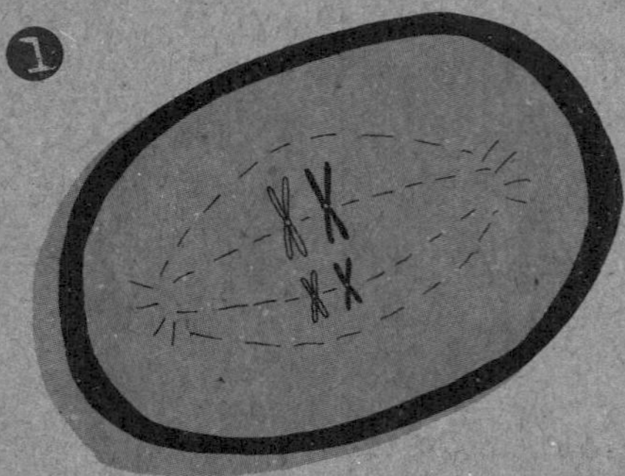

**1.** Ao contrário da mitose, na meiose os cromossomos homólogos alinham-se ao longo um do outro sobre as fibras protéicas do fuso.

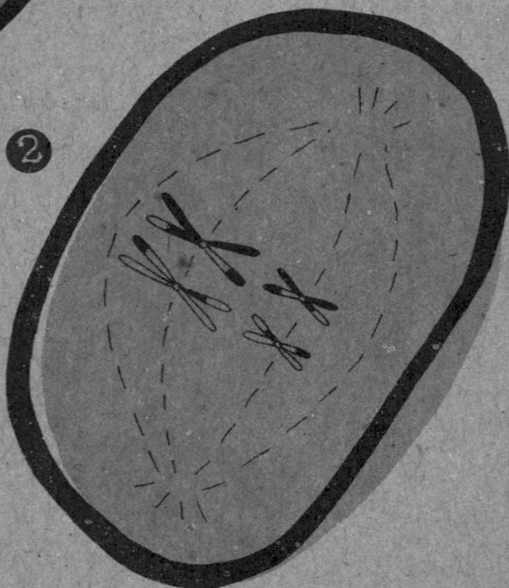

**2.** Os cromossomos homólogos então trocam segmentos um com o outro, em pontos ao acaso ao longo de seu comprimento, para criar novas combinações genéticas em cada cromossomo.

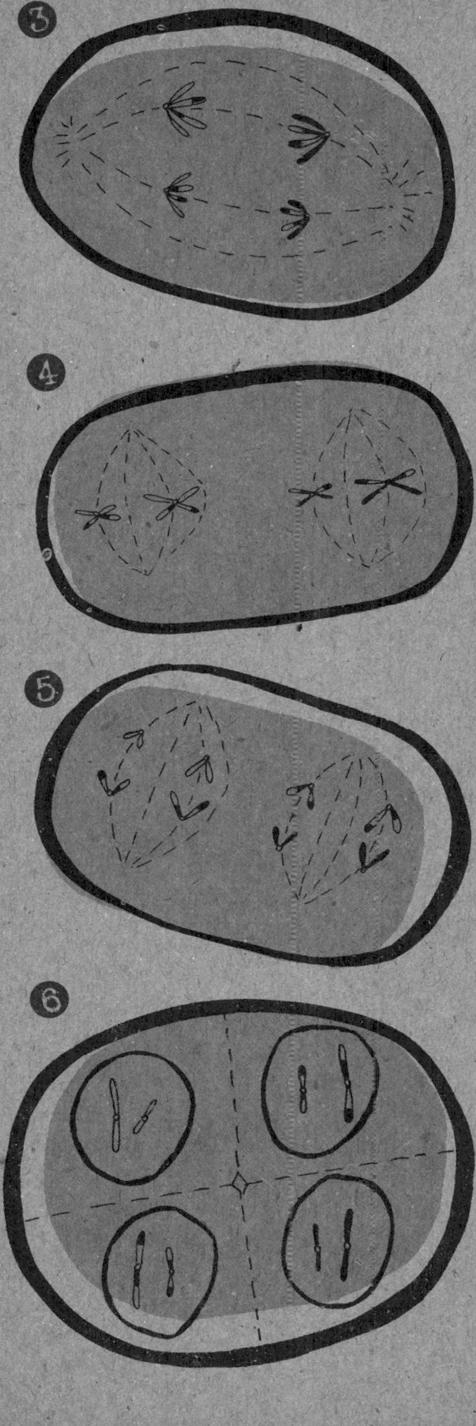


**3.** Cada cromossomo, com sua nova combinação de genes, separa-se de seu par em direção às extremidades opostas da célula.

**4.** O fuso se dispersa, e dois novos fusos são formados em ângulos retos. Os dois conjuntos cromossômicos alinham-se sobre os fusos.

**5.** As fibras do fuso separam cada cromossomo de sua cópia, deixando quatro conjuntos cromossômicos.

**6.** O fuso dissolve, e membranas se formam ao redor de cada conjunto cromossômico. Finalmente, a célula divide-se em quatro Cada uma das quatro novas células contém uma amostra ao acaso de metade dos genes da célula original da linhagem germinativa.

*Portanto a cópia de um gene que você recebe de sua mãe ou de seu pai depende da sorte. A reprodução sexual é uma loteria genética!*

# UMA ORQUESTRA DE GENES

* A maneira pela qual um ovo fertilizado desenvolve-se em um organismo totalmente crescido – completo, com pernas, braços, olhos, músculos, e todos os outros pedaços e peças – permanece como um dos maiores quebra-cabeças para a biologia. Mas talvez isto não seja surpreendente, pois envolve um processo bastante complicado, e os cientistas estão apenas iniciando as descobertas nesta área do conhecimento.

## DIFERENCIAÇÃO

* *Todas as informações genéticas necessárias para o desenvolvimento e* DIFERENCIAÇÃO *de um embrião estão contidas no DNA de um único ovo fertilizado.* Nos primeiros estágios da vida, as células de um embrião permanecem indiferenciadas. Mas como as células continuam a se dividir, elas começam a desempenhar papéis diferentes, para formar os diferentes tecidos que constituirão um organismo inteiramente crescido. Já que cada célula

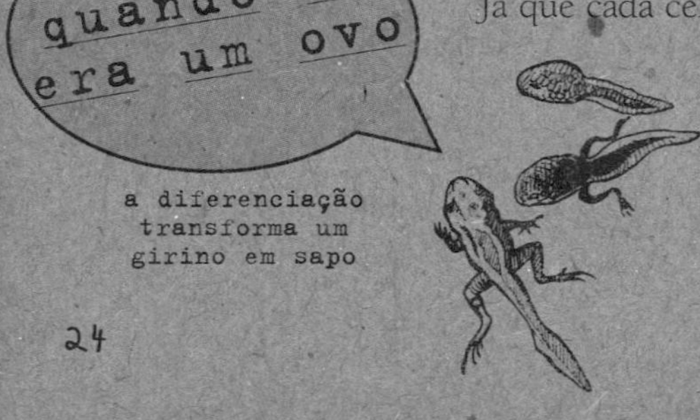


a diferenciação transforma um girino em sapo

### O QUE VAI AONDE

No início de seu desenvolvimento, os embriões da maioria dos animais parecem extraordinariamente semelhantes. Uma família de genes conhecidos como **homeobox** regula os primeiros estágios do desenvolvimento embrionário. Surpreendentemente, estes genes parecem diferir pouco entre animais tão distintos quanto o homem e insetos. Genes homeobox são como capatazes do sítio de construção embrionária – eles especificam a informação posicional básica, como onde a cabeça, cauda e membros devem estar.

contém uma receita genética idêntica, como as células "sabem" se devem tornar-se uma célula nervosa ou uma célula muscular, ou qualquer um dos outros tipos de célula?

* ***Os genes podem ser ligados ou desligados como interruptores de luz.*** Apesar de cada célula conter a informação genética necessária para produzir todas as proteínas necessárias para o corpo, um tipo celular qualquer usará apenas uma fração de sua receita genética. Genes diferentes são ligados, ou EXPRESSOS, em tecidos diferentes, enquanto outros permanecem silenciosos

* As células que fazem parte da pele e dos cabelos, por exemplo, produzem grandes quantidades da proteína queratina, que dá força e proteção a esses tecidos. Mas elas não produzem hemoglobina, a proteína que carrega oxigênio nas células do sangue. Do mesmo modo, as células do sangue não perdem seu tempo produzindo queratina. ***Cada tipo de célula produz apenas as proteínas apropriadas para sua função.***

* Mas o que regula a expressão dos genes em tecidos diferentes? Os genes, é claro! O único propósito de muitos genes é produzir proteínas que ligam ou desligam outros genes. O desenvolvimento é um negócio confuso – um sistema de comunicação inacreditavelmente complicado e ainda finamente orquestrado, envolvendo sinais químicos vindos não apenas de dentro mas também de fora do corpo.

## Construindo o corpo

*Os biólogos estabeleceram certas bases sobre o desenvolvimento. Ele segue um padrão hierárquico programado, não muito diferente do modo como uma casa é construída. Antes de as células se especializarem, uma estrutura básica segmentada é delineada no embrião em desenvolvimento (andar térreo, primeiro piso, telhado, chaminé) e os detalhes (cozinha, banheiro, sala) são adicionados mais tarde.*

arranje primeiro o básico, e depois concentre-se nos detalhes

# MUTAÇÕES - A FONTE DA VARIAÇÃO

o gato...

**✱ Freqüentemente usamos a palavra "mutante" para significar algo aberrante ou deformado. Mas todos nós somos mutantes de um tipo ou outro. Mutação - acidente genético ao acaso - é a fonte fundamental de toda a variação genética. Sem mutações, não existiria variedade; e sem variedade, não ocorreria evolução. Se não fossem as mutações, a terra ainda seria povoada por uma massa de moléculas idênticas, nadando na sopa primordial.**

sem as mutações nunca teríamos evoluído

## ERROS

✱ Todas as células possuem uma série de ENZIMAS especiais cujo trabalho é fazer a manutenção do DNA e assegurar sua replicação durante a divisão celular. Por exemplo, enzimas polimerases ajudam a ligar os núcleotídeos livres ao molde de DNA de zíper aberto durante a replicação do DNA; e enzimas de prova de leitura se movem ao longo da fita de DNA recém-sintetizada,

**DIFERENTES TIPOS DE MUTAÇÃO**

| Tipo de mutação | Seqüência original | Seqüência mutada |
|---|---|---|
| Substituição | ATCGTTAGGC | ATCCTTAGGC |
| Deleção | ATCGTTAGGC | ATCGGGC |
| Inserção | ATCGTTAGGC | ATCGTCCATAGGC |
| Inversão | ATCGTTAGGC | ATTTGCAGGC |
| Duplicação | ATCGTTAGGC | ATCGTTCGTTAGGC |

**CÓDIGO DESORDENADO**

Para ilustrar o modo pelo qual as mutações podem afetar o significado do código de DNA, imagine uma seqüência de DNA como uma sentença escrita em português:

Código original:

O GATO SENTA SOBRE O TAPETE

Algumas mutações têm pouco ou nenhum efeito sobre o significado, por exemplo:

O GATO SOBRE O TAPETE (deleção)

ou

O GATA SENTA SOBRE O TAPETE (substituição)

Outras mudam completamente o significado:

O RATO SOBRE O TAPETE (substituição) ou

O GATO O TAPETE (deleção)

E outras tornam a mensagem sem sentido:

O GATO O ERBOS ATNES TAPETE (inversão)

para assegurar que todas as letras estejam posicionadas nos lugares corretos. Embora estas enzimas sejam eficientes, elas cometem erros ocasionalmente, e esses erros podem ser "negligenciados".

* *Mutações – mudanças espontâneas no DNA – podem se manifestar de vários modos. Podem ser uma substituição de uma letra por outra; podem apagar uma única letra ou blocos de letras; ou podem ser uma inserção, inversão ou duplicação de uma única letra ou blocos de letras.*

* Algumas vezes uma mudança ao acaso do código genético resultará em nova versão de uma proteína que pode funcionar melhor ou pior do que antes. Todas as diferenças genéticas entre indivíduos ou espécies vieram de mutações em algum ponto na história.

enzimas agem como controladoras de cópias

**DESASTRES MUTACIONAIS**

As mutações podem ter conseqüências terríveis para um organismo. As mudanças na seqüência de DNA de um gene podem ser traduzidas em mudanças na seqüência de aminoácidos de uma proteína. Em casos extremos, a produção da proteína pode ser bloqueada. As mutações de grande efeito raramente são transmitidas para as gerações subseqüentes, porque elas matariam o organismo antes que ele tivesse chance de se reproduzir. Mas nem todas as mutações têm efeito tão drástico. Por isso, temos duas cópias de todos os genes, uma trabalhando normalmente pode ser capaz de "cobrir" seu parceiro defeituoso.

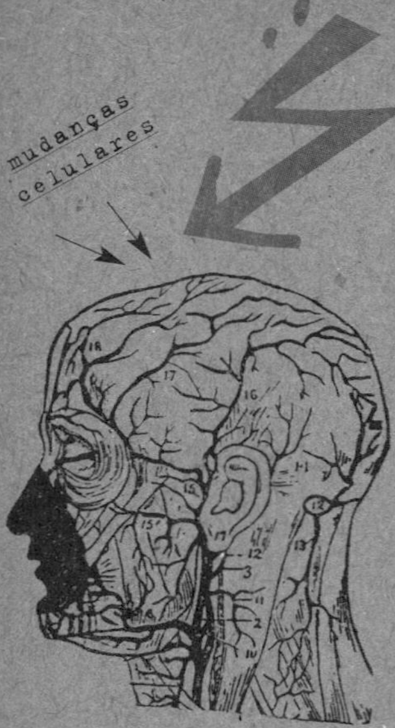


a maioria das mudanças celulares em adultos passa despercebida

### Questão de tamanho

Os genes maiores são mais vulneráveis a mutações ao acaso do que os menores. Os genes responsáveis pelas doenças herdadas mais comuns, tal como a fibrose cística e a fenilcetonúria, são todos extraordinariamente grandes.

## MUTAÇÕES PREJUDICIAIS

* As mutações podem ocorrer a qualquer momento, em qualquer lugar. Todas as células dentro do corpo estão potencialmente sob risco. Mas apenas mutações nas células da linhagem germinativa - aquelas que dão origem aos gametas - têm alguma chance de serem passadas para as futuras gerações. É claro que, uma vez que uma nova mutação é passada via óvulo ou espermatozóide, ela será incorporada à receita genética de cada célula do corpo dos descendentes. Algumas das doenças humanas mais sérias são causadas por essas mutações herdadas.

## DOENÇAS GENÉTICAS

* *Doenças genéticas são causadas por genes defeituosos. Em vez de produzir uma proteína com função normal, o gene mutado pode produzir uma versão alterada da proteína que pode não funcionar adequadamente, ou não produzir a proteína em questão.*

* Ao redor de 5.000 doenças genéticas já foram descritas. Dentre elas: ANEMIA FALCIFORME, FIBROSE CÍSTICA e HEMOFILIA, para citar apenas algumas.

**ALGUMAS DAS DOENÇAS GENÉTICAS MAIS COMUNS**

| DOENÇA | FREQÜÊNCIA |
|---|---|
| Anemia falciforme | 1 em 400 (negros americanos) |
| Fibrose cística | 1 em 2.000 (brancos) |
| Fenilcetonúria | 1 em 5.000 (europeus do oeste) |

# MUTAÇÕES SOMÁTICAS

* Mutações nas células somáticas – que constituem o resto do corpo – acontecem o tempo todo. De fato, é quase certo que no tempo em que você estiver lendo este livro, alguma parte de DNA em uma célula em algum lugar em seu corpo será mutada. As mutações somáticas que ocorrem no início da vida de um embrião podem ter conseqüências sérias e danosas. Mas em adultos, a maioria das mutações somáticas não são percebidas. Quando você atinge a maturidade seu corpo está totalmente desenvolvido; mudanças em algumas entre bilhões de células são, portanto, relativamente insignificantes.

uma célula casualmente mutada é insignificante

# MOTIVO PARA PREOCUPAÇÃO

* Todavia, algumas mutações somáticas dão motivo para preocupação. ***O câncer é resultado de mutações somáticas em genes que normalmente controlam o crescimento e a divisão celular.*** Por causa de uma mutação, uma célula que tinha parado de crescer e se dividir e estava apenas exercendo sua própria função, começa a se dividir incontrolavelmente, e forma um tumor.

**A ANEMIA FALCIFORME**

A anemia falciforme foi uma das primeiras doenças genéticas a serem identificadas. É causada por uma mutação no gene da hemoglobina, a proteína do sangue que carrega oxigênio pelo corpo. A versão alterada da proteína dá uma forma alterada aos glóbulos vermelhos do sangue, que resulta em fluxo sangüíneo anormal, bloqueio de vasos sangüíneos e anemia grave. Atualmente não há tratamento eficaz, e crianças que sofrem da doença tendem a ter uma vida curta e dolorosa.

perigo: mutagênicos

## UMA AMEAÇA INVISÍVEL

*** Da próxima vez que você acender um cigarro, morder um sanduíche de bacon, tomar banho de sol ou ficar sob o cogumelo de uma bomba atômica recém-detonada, leve em consideração seu DNA. As mutações não são apenas o resultado de erros de cópias internas. Podem também ser causadas por afrontas ao acaso, vindas de fora do corpo. O ambiente está cheio de agentes esperando para causar danos duradouros a seu DNA.**

## DESTRUIÇÃO MUTACIONAL

* Quando explodiu o reator nuclear em Chernobyl, em 1986, uma imensa nuvem de poeira radioativa foi lançada na atmosfera. A poeira acabou caindo na terra, cobrindo uma grande área de campo. Se você visitar o local do acidente hoje, superficialmente tudo parece normal. Mas os danos reais estão espreitando abaixo da superfície.

* ***A radiação pode causar grandes mudanças no DNA, deixando suas enzimas de replicação em total confusão.*** Quando os cientistas voltaram a Chernobyl vários anos após o acidente, encontraram evidências de destruição mutacional. A taxa de mutação em humanos e outros animais aumentou dramaticamente, e manifestações visíveis dessas mudanças de DNA eram todas muito aparentes. Muitas crianças sofriam de câncer

PALAVRAS-CHAVE

**MUTAGÊNICO**: um agente externo (produto químico tóxico ou radiação) capaz de induzir mutações.

**MUTAÇÃO INDUZIDA**: mutação causada por um mutagênico.

**MUTAÇÃO ESPONTÂNEA**: mutação causada por um erro durante a replicação do DNA, que ocorre sem a influência de um mutagênico.

de tireóide, e os roedores tinham o baço seis vezes maior que o normal.

## O LADO ENSOLARADO

* Você não pode escapar da radiação. Ela está ao nosso redor. Felizmente, nem toda radiação é potencialmente danosa como a de Chernobyl. A radiação ultravioleta é emitida pelo sol, mas a maior parte dela é absorvida pela camada de ozônio (ou o que sobrou dela) antes que possa nos atingir.

* A radiação cósmica no espaço também pode induzir danos sérios ao DNA. Mas a menos que você esteja planejando uma caminhada no espaço em futuro próximo, há pouco a temer. As células estão equipadas com enzimas de reparo que podem corrigir erros mutacionais em pequena escala.

a radiação causa mutação em todos os seres vivos

## TRANSTORNOS TÓXICOS

* ***Produtos químicos tóxicos podem ter um efeito sobre o DNA similar àquele causado pela radiação.*** A fumaça do cigarro, metais pesados, alguns conservantes de alimentos, e muitos poluentes industriais podem induzir pânico e desordem entre as letras de sua receita genética. Muitos produtos químicos de ocorrência natural em alimentos também são mutagênicos. O chá Earl Grey e a pimenta, por exemplo, contêm mutagênicos químicos naturais.

a radiação nuclear é provavelmente a mais prejudicial

# ACIDENTES CROMOSSÔMICOS

* Estima-se que 20% de todas as gravidezes terminam em fracasso. Cerca de metade desses abortos espontâneos são causados por anormalidades cromossômicas no desenvolvimento do embrião. Os acidentes genéticos não estão restritos apenas a genes individuais. Eles também podem se estender a cromossomos inteiros.

**PALAVRAS-CHAVE**

CITOGENÉTICA: estudo dos cromossomos e sua herança.

SÍNDROME: doença que causa múltiplos sintomas.

## ERROS DA MEIOSE

* *Em humanos, a meiose garante que o espermatozóide ou o óvulo contenham 23 cromossomos.* Mas embora este seja o resultado normal da meiose, algumas vezes as coisas podem dar errado. Às vezes, o cromossomo de um par cromossômico particular pode não se separar do outro, resultando em gametas

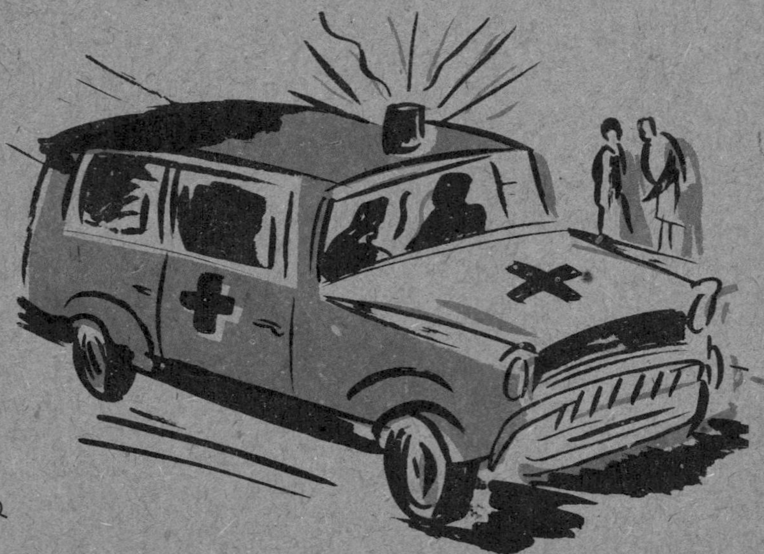

com 22 ou 24 cromossomos. ***Quando um gameta anormal é fertilizado por um normal, o embrião resultante terá um cromossomo a mais ou a menos.*** Quando o embrião cresce e se divide, cada nova célula conterá essa constituição anormal de cromossomos.

* A síndrome de Down é a anormalidade cromossômica mais comum e mais conhecida em humanos. Ela ocorre em cerca de 1 em cada 700 nascidos vivos. As pessoas com SÍNDROME DE DOWN têm normalmente 47 cromossomos, por causa de uma cópia extra do cromossomo 21.

desenvolvimento embrionário

* Embora as anormalidades cromossômicas sejam relativamente comuns na concepção, a maioria delas resulta em aborto espontâneo. Menos de 1% das crianças nascem com uma anormalidade cromossômica.

* As conseqüências de se ter um cromossomo a mais ou a menos são normalmente devastadoras. Bebês com a SÍNDROME DE EDWARD, por exemplo, que têm três cópias do cromossomo 18, sofrem de deformidades na orelha, defeitos no coração, e função muscular enfraquecida, entre outras coisas. Geralmente morrem antes de seu primeiro aniversário.

## Síndrome de Down

*O risco de se dar à luz uma criança com síndrome de Down aumenta com a idade materna. Mulheres de 45 anos de idade tem 100 vezes mais chance de dar à luz uma criança com a síndrome que mulheres com menos de 19 anos. Embora a razão exata não seja clara, uma explicação possível está relacionada com a maneira como os óvulos são produzidos. Toda a produção de óvulos de uma mulher já está efetivamente presente no seu nascimento; conseqüentemente todas as células que irão se dividir para produzir óvulos permanecem em estado dormente até o tempo próximo da ovulação. Assim, uma mulher de 45 anos irá produzir óvulos que estão dormentes há 45 anos – e quanto mais tempo um óvulo permanece no ovário, maior a chance de que ele sofra uma mutação.*

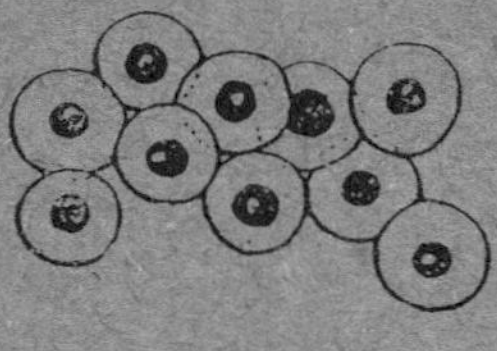

as células humanas têm 23 pares de cromossomos

DETERMINANDO O SEXO

O modo pelo qual o sexo é determinado em humanos é comum a muitas outras espécies, mas não significa que seja universal. Em pássaros e borboletas, por exemplo, os machos são XX e as fêmeas são XY. E em alguns répteis e peixes, o sexo não é determinado pelos genes mas pela temperatura na qual os óvulos são fertilizados e incubados.

é um menino!

# A AGENDA DO GÊNERO

*** Os humanos têm 23 pares de cromossomos dentro de cada uma de suas células. Cada cromossomo assemelha-se a seu par em tamanho, forma e constituição genética, com uma importante exceção. A exceção é o par de cromossomos sexuais. A combinação de cromossomos sexuais que você tiver vai determinar se você é macho ou fêmea.**

ao contrário dos humanos, as borboletas fêmeas são XY

## XX OU XY?

* No homem, os cromossomos sexuais são compostos de um cromossomo grande chamado CROMOSSOMO X, e um muito menor, conhecido como CROMOSSOMO Y. Em contraste, a mulher tem dois cromossomos X.

* Por causa dos machos terem dois cromossomos sexuais diferentes, eles produzem dois tipos distintos de gametas. A metade de seus espermatozóides carrega um cromossomo X, e metade carrega o cromossomo Y. Em contraste, todos os óvulos carregam um único

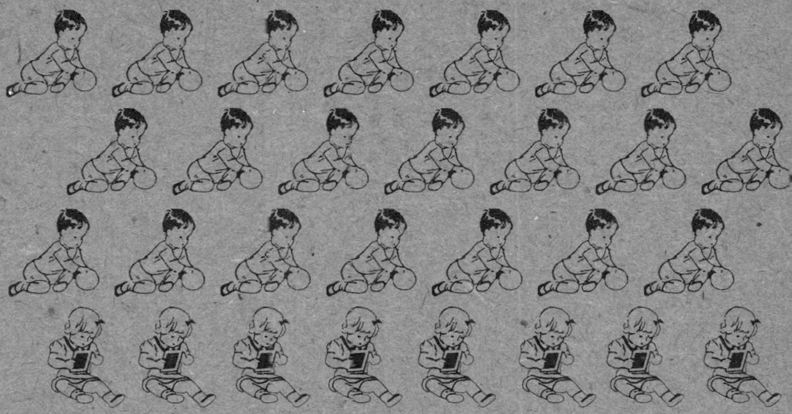

são concebidos mais embriões XY do que XX

cromossomo X – ***de modo que um embrião é fêmea (XX) ou macho (XY) dependendo se o óvulo foi fertilizado por um espermatozóide contendo um X ou um Y.***

* A "masculinidade" é devida à presença de um Y ou à ausência de um X? A resposta para esta questão vem de estudos de indivíduos que têm constituição anormal de cromossomos sexuais. Pessoas com SÍNDROME DE KLINEFELTER têm dois cromossomos X e um Y. São machos quase normais, embora tenham testículos pequenos, produzam pouco ou nenhum espermatozóide e tenham mamas rudimentares. Pessoas com SÍNDROME DE TURNER têm apenas um cromossomo X. São fêmeas reconhecíveis, mas não têm a genitália interna e externa desenvolvidas e são estéreis. Assim, a masculinidade é determinada pelo cromossomo Y – e pesquisas recentes têm atribuído a masculinidade a um único gene no cromossomo Y.

## Desigualdade sexual

*Dever-se-ia esperar que meninos e meninas fossem concebidos com probabilidades iguais, mas é um fato que são concebidos mais meninos que meninas. Pode-se supor que o espermatozóide carregando Y tenha algum tipo de vantagem competitiva quando ele nada no trato reprodutivo da fêmea à procura do óvulo. Morrem mais machos do que fêmeas antes do nascimento; mesmo assim, nascem 105 meninos para cada 100 meninas.*

CAPÍTULO 1

# NO INÍCIO

*** O ano é 1865. Um monge augustiniano, Gregor Mendel, está tomando conta de uma plantação de ervilhas nos tranqüilos jardins de um monastério em Brünn, Áustria. Entre as fileiras de plantas bem arrumadas, há variedades reconhecíveis e distintas. Plantas altas situam-se ao lado de plantas baixas; plantas com flores rosa contrastam com variedades de flores brancas. Abrindo-se as vagens revelam-se outras diferenças: enquanto algumas plantas têm ervilhas amarelas, outras contêm a variedade verde mais tradicional.**

### 1865 – um ano para ser lembrado

** Fim da Guerra Civil*
** Assassinato de Abraham Lincoln*
** Abolição dos escravos nos EUA*
** Joseph Lister usou anti-séptico pela primeira vez em cirurgia*
** William Booth formou o Exército da Salvação*
** Gregor Mendel relatou os resultados de seus experimentos genéticos à Sociedade Brünn para Estudo de História Natural*

## O PODER DA ERVILHA

* Quando não estava orando, Gregor Mendel devotava-se a suas plantas de ervilha. Intrigado com o modo pelo qual as CARACTERÍSTICAS DISTINTAS das plantas eram passadas de uma geração para a outra, Mendel passou anos CRUZANDO cuidadosamente suas variedades de ervilha e contando o número e tipos de plantas produzidas.

* Só depois de longas e meticulosas experimentações, ele estava pronto para submeter os resultados de seus estudos à publicação científica. ***Seu trabalho revolucionaria a ciência.*** Também iria estabelecer a agenda para um século de notáveis descobertas científicas que mudariam o modo de pensar das pessoas sobre si mesmas e sobre o futuro.

Mendel cuidando de suas ervilhas

## À FRENTE DE SEU TEMPO

* Hoje, Gregor Mendel é aclamado como o fundador da genética moderna. Mas a reação inicial da comunidade científica foi de indiferença universal em vez de aclamação mundial. Suas descobertas foram rejeitadas como irrelevantes porque eram aparentemente contrárias às idéias prevalecentes sobre herança.

* Mendel estava simplesmente à frente de seu tempo. Seria preciso outros quarenta anos para que a importância de seu trabalho fosse reconhecida. Quando isso aconteceu, ele já estava sendo adubo de margaridas – ou, mais provável, de ervilhas.

### O PAI DA GENÉTICA

**Gregor Mendel** (1822-1884) ingressou em um monastério augustiniano em Brünn, Áustria (agora Brno, Checoslováquia), com 21 anos. Em 1851, foi enviado à Universidade de Viena para estudar ciência; após várias tentativas para obter qualificação de professor, resignou-se a uma vida de celibato e ervilhas. Ele iniciou seus experimentos com plantas em 1856, e em 1865 relatou suas descobertas à Sociedade Brünn para o Estudo de História Natural. Seu *Experimentos com plantas híbridas* foi publicado no ano seguinte.

A personalidade de Mendel, e sua reputação como monge, tornaram-no inadequado para a autopublicidade.

## NO SANGUE?

uma palheta de mistura

* Em meados de 1860, a maioria dos biólogos compartilhava a idéia de que a hereditariedade era um processo de combinação. Como uma mistura de cores, as características parentais eram combinadas nos descendentes, de modo que a aparência e as características físicas da criança seriam a média de seus pais.

uma combinação perfeita

### CHARLES DARWIN

**Charles Darwin** (1809-1882) é mais conhecido por suas idéias sobre evolução que sobre genética. Ele começou sua carreira acadêmica na Universidade de Edimburgo, estudando medicina. Mas traumatizado pelo sangue e intestinos das aulas de anatomia, mudou-se para Cambridge para estudar teologia. Foi lá que ele deixou por longo tempo seu interesse por história natural, um interesse que mais tarde o inspirou a escrever *A origem das espécies*, detalhando sua nova e radical teoria de evolução por seleção natural.

## A TEORIA DE DARWIN

* Para explicar como o processo de HERANÇA COMBINADA funcionava, **Charles Darwin** lançou a teoria especulativa da "PANGÊNESE". Darwin sugeriu que cada um dos órgãos do corpo produzia partículas, que ele chamou de "gêmulas", que eram como miniaturas dos órgãos a serem produzidos nos descendentes.

* Ele supôs que as partículas eram transportadas na corrente sangüínea para os órgãos reprodutivos. Na fertilização, após o espermatozóide ter se fundido com o óvulo, as gêmulas de cada parental seriam misturadas.

nasciam brancos novamente!

## LIXO?

* A herança combinada foi destinada ao lixo científico, e a teoria da pangênese de Darwin seguiu o mesmo caminho. Em um experimento famoso, **Francis Galton** (primo de Darwin) transfundiu sangue de um coelho negro para um coelho branco. Galton concluiu que se uma "gêmula" para a coloração negra fosse carregada no sangue, então os descendentes do coelho branco deveriam ser negros. Mas todos os filhotes de coelho nasceram brancos.

* Embora Galton tenha refutado a teoria da pangênese, o velho ditado "está no sangue" persistiu, e a expressão ainda é hoje amplamente utilizada.

idéias falsas são colocadas no lixo

A FALHA FATAL

Em 1867, um engenheiro escocês chamado **Fleeming Jenkin** chamou a atenção para uma falha fatal na idéia de herança por mistura. Ele argumentou que essa herança deveria causar uma diluição progressiva das características individuais em cada geração sucessiva. Após muitas gerações, todos os indivíduos deveriam parecer o mesmo. Mas as diferenças entre os seres humanos eram demasiado aparentes, e em animais e plantas eram justamente as diferenças entre os indivíduos que constituíam a teoria central de Darwin. A variedade era a matéria-prima da seleção natural. Sem ela, não poderia haver evolução.

## A HERANÇA LAMARCKIANA

se você se exercita, seus filhos herdarão sua força, disse Lamarck

* Uma outra crença popular entre os biólogos do século XIX, incluindo Darwin, era que as características adquiridas durante a vida de uma pessoa podiam ser herdadas. Se uma pessoa desenvolvesse músculos fortes através do exercício regular, então seus filhos também iriam herdar músculos fortes. Historicamente, "a herança dos caracteres adquiridos" derivou das idéias do cientista francês Jean Baptiste de Lamarck.

### JEAN BAPTISTE DE LAMARCK

**Jean Baptiste de Lamarck** (1744-1829) começou sua vida como soldado; mais tarde interessou-se por meteorologia, química e biologia. Foi tremendamente influente em muitas áreas de biologia e um pioneiro do pensamento evolutivo. Fora da França, todavia, sua memória foi amplamente ofuscada por Darwin.

## O PESCOÇO DA GIRAFA

* **Lamarck** acreditava que as necessidades de um organismo determinavam como ele se desenvolvia, e que essas necessidades eram determinadas pelo ambiente onde ele se encontrava. O esforço para satisfazer essas "necessidades", argumentava, podiam resultar em modificações do corpo que seriam passadas para as gerações subseqüentes.

* Lamarck usou o agora famoso exemplo do pescoço longo da girafa para ilustrar essa idéia. O ancestral da girafa moderna deve ter forçado seu pescoço para se alimentar das folhas das árvores altas das savanas da África. Como resultado, seu pescoço deve

ter crescido um pouco mais, e um pescoço alongado deve ter sido passado para a geração seguinte de girafas. Após muitas gerações de estiramento e esforço, o resultado seria o animal de pescoço longo que vemos hoje.

Lamarck

## CONTROVÉRSIA

* Na virada do século a herança dos caracteres adquiridos – ou HERANÇA LAMARCKIANA, como é denominada freqüentemente – foi amplamente desacreditada. A idéia ainda ressurgiu em diferentes aspectos neste século, e mesmo hoje controvérsias ainda persistem sobre se os organismos podem direcionar sua própria evolução de acordo com suas necessidades.

um sucesso evolutivo

### EVOLUÇÃO "FAÇA VOCÊ MESMO"

O conceito de *mutação direcionada* é uma reencarnação recente da velha idéia Lamarckiana de herança. Alguns biólogos acreditam que organismos simples unicelulares, como as bactérias, podem ser capazes de direcionar sua própria evolução, embora a idéia permaneça profundamente controvertida.

um organismo simples pode direcionar sua própria evolução?

## FOCO HISTÓRICO

*** Embora hoje as primeiras idéias sobre herança possam parecer especulativas e visionárias, a tecnologia limitada daquele tempo dificultou a compreensão mais detalhada da herança.**

usando um microscópio

### ROBERT HOOKE

O físico inglês **Robert Hooke** (1635-1703) foi um homem de grandes idéias e um experimentador prolífico. Em 1665, ele antecipou o passo que a biologia daria 200 anos mais tarde quando escreveu:

"Na verdade, a ciência da Natureza tem sido por muito tempo apenas um trabalho do cérebro e da imaginação. Agora já é mais do que tempo de voltar à simplicidade e solidez das observações sobre as coisas óbvias e materiais."

## MICROSCÓPIOS

* A descoberta do material básico de herança veio, em parte, da investigação de detalhes mais finos de tecidos de plantas e animais. Em 1655, o físico Robert Hooke, ***usando um microscópio óptico primitivo, descreveu pequenos espaços angulares em secções de cortiça***, para os quais ele cunhou o termo "célula". Mas a idéia de que as células eram as unidades fundamentais de todos os animais e plantas não foi confirmada até que microscópios ópticos superiores estivessem disponíveis no início do século XIX.

* Antes de poder ter um QUADRO MAIS REFINADO dessa estrutura minúscula e incolor, os biólogos tiveram que esperar até o fim do século XIX, quando foram desenvolvidos CORANTES ADEQUADOS que puderam realçar e dar contraste à arquitetura interna das células.

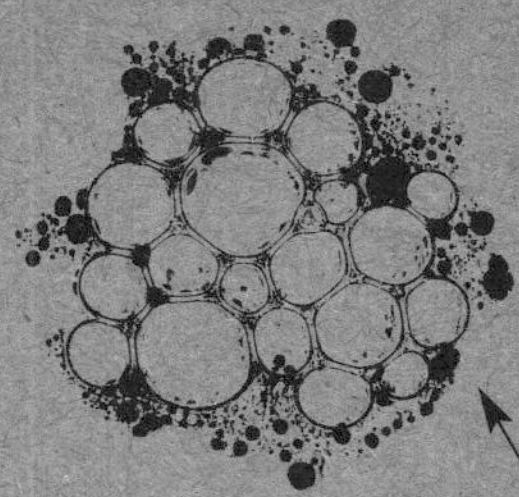

células somáticas

# MOMENTOS SIGNIFICATIVOS NA BIOLOGIA CELULAR

* 1833 – primeira descrição do **núcleo celular.**
* 1835 – **Matthias Schleiden** e **Theodor Schwann** introduziram a teoria de que células nucleadas eram as unidades fundamentais dos tecidos de plantas e animais.
* 1855 – **Rudolph Virchow** afirmou que novas células apenas poderiam ser formadas pela divisão de células previamente existentes – em outras palavras, as células não podiam ser originadas por GERAÇÃO ESPONTÂNEA.
* 1869 – **Friedrick Miescher** descobriu a NUCLEÍNA (DNA).
* 1879 – Usando novas técnicas de coloração, **Walther Flemming** identificou cromossomos nos núcleos das células (*chroma* em grego significa cor).

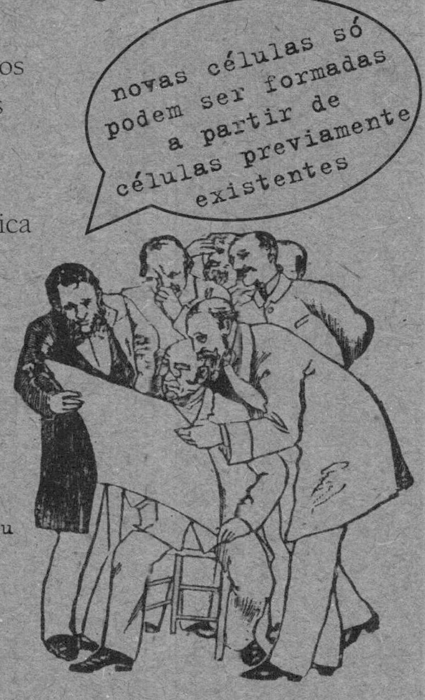


## FREDERICK MIESCHER

**Friedrick Miescher** (1844-1895) tinha 25 anos de idade quando, em 1869, ingressou na Universidade de Tübingen, Alemanha, para estudar a química dos glóbulos brancos do sangue. O pus era uma boa fonte de glóbulos brancos do sangue, por isso Miescher nunca deixava faltar curativos pós-operatórios repletos de pus. Ele descobriu que a adição de ácido ou álcali ao núcleo celular produzia um precipitado cinza, antes desconhecido pela ciência. Como vinha do núcleo, Miescher deu o nome de "nucleína" a essa nova substância orgânica. Hoje é chamada de DNA. Esta descoberta veio 80 anos antes do DNA ser identificado como material genético.

# WEISMANN E O GERMOPLASMA

★ Quando o século XIX se encerrava, um biólogo alemão chamado August Weismann ajudou a concentrar as mentes do mundo científico e dirigir a genética para o próximo século.

**AUGUST WEISMANN**

**August Weismann** (1834-1914) foi um microscopista hábil mas, em meados de 1880, devido a problemas visuais, ele foi forçado a se concentrar mais nos aspectos teóricos da hereditariedade.

"UMA GALINHA NADA MAIS É DO QUE A MANEIRA QUE UM OVO TEM DE PRODUZIR OUTRO OVO"
SAMUEL BUTLER

## EM FOCO

★ **Weismann** foi um dos microscopistas de uma nova geração que estava colocando nitidamente em foco a estrutura interna e o funcionamento das células. A partir de suas próprias observações, Weismann convenceu-se de que o material básico de hereditariedade estava localizado nos cromossomos. Na fertilização, as instruções hereditárias dos pais eram misturadas quando o espermatozóide do pai fundia-se com um óvulo da mãe. Portanto, a estrutura do corpo, acreditava ele, era determinada pela combinação de instruções hereditárias recebidas dos dois pais.

Weismann também desenvolveu uma nova teoria radical postulando a continuidade do "germoplasma". Ele argumentava que o "germoplasma" (os gametas) desenvolvem-se independentemente do resto do corpo. Além disso, a receita genética era passada de uma geração para a próxima via gametas e não era afetada por mudanças que ocorriam no resto do corpo. Em outras palavras, o corpo era simplesmente um veículo para transmissão da linhagem germinativa.

* A teoria de August Weismann foi um sério golpe aos ardentes seguidores de Lamarck. Se existia uma barreira entre as células sexuais e o resto do corpo, então não haveria maneira pela qual as características adquiridas durante a vida de uma pessoa pudessem ser incorporadas na receita genética da linhagem germinativa.

o cortador de cauda

## Medidas desesperadas

*Weismann não precisava ter tomado medidas tão repulsivas. Se tivesse observado os filhos dos soldados mutilados, ou considerado a prática da circuncisão, sua teoria teria sido igualmente demonstrada.*

## CAMUNDONGO DE CAUDA CORTADA

* Para provar seu ponto de vista, Weismann conduziu um experimento de pura barbaridade vitoriana. Ele tomou um grupo de camundongos e cortou suas caudas. Então observou se os descendentes desses camundongos tinham caudas mais curtas que o normal. Após 22 gerações de corte e copulação, ele concluiu que o corte da cauda dos camundongos parentais não tinha absolutamente qualquer influência sobre o tamanho da cauda de seus descendentes.

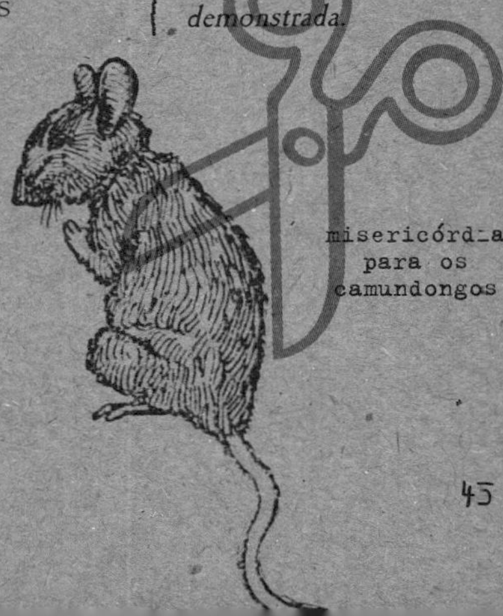

misericórdia para os camundongos

## MENDEL REVISITADO

*** Nos quarenta anos que se passaram desde os experimentos de Mendel com ervilhas, o cenário genético sofreu mudanças radicais. Quando novas teorias sobre o material básico de hereditariedade inesperadamente pareceram coincidir com as idéias de Mendel, foi a vez de Mendel subir postumamente à ribalta.**

Mendel com ervilhas lisas e rugosas

## OS EXPERIMENTOS DE MENDEL

* A genialidade de Mendel residia na sua capacidade em detectar um padrão regular na maneira como as características eram transmitidas em gerações sucessivas, e descrever esse PADRÃO DE HERANÇA como fenômeno físico real.

* Mendel começou seus experimentos com duas linhagens de ervilha, ambas VARIEDADES PURAS (isto é, os descendentes são sempre idênticos aos parentais) mas que diferiam uma da outra em uma única característica, como a forma da ervilha. Em um experimento, ele polinizou as flores de uma planta que produzia ervilhas lisas com o pólen de uma planta que produzia ervilhas rugosas. Todos os descendentes desse cruzamento tinham ervilhas lisas. Mas quando ele cruzava uma planta de ervilhas lisas com uma outra igual, os descendentes incluíam algumas plantas com ervilhas lisas e outras

### Por que plantas?

*O desenvolvimento das regras de herança depende da contagem de grande número de indivíduos. As plantas de ervilha eram ideais para esse propósito. Elas eram rápidas e fáceis de cultivar e cruzar e, mais importante de tudo, produziam descendência numerosa.*

"primavera vespertina"

com ervilhas rugosas. A característica enrugada tinha desaparecido de uma geração e reaparecido na próxima. Mendel também observou que os dois tipos de plantas não eram produzidos em números iguais. Havia sempre cerca de três plantas com ervilhas lisas para cada planta com ervilhas rugosas.

**GENES DOMINANTES E RECESSIVOS**

Um **gene dominante** é aquele que terá seu efeito expresso na característica, a despeito de seu gene parceiro; um **gene recessivo** é aquele que deve estar pareado com uma cópia idêntica para expressar seu efeito.

## O RESULTADO

* Mendel percebeu que seus resultados podiam ser explicados se cada característica (isto é, a forma da semente) fosse codificada por um par de "fatores" (que hoje chamamos de genes). Os dois genes separavam-se um do outro durante a formação dos gametas, de modo que cada gameta – o grão de pólen masculino ou o óvulo feminino – carregava apenas um dos dois genes. Então, na fertilização, quando o grão de pólen se fundia com um óvulo, os genes se uniam para formar um novo par.

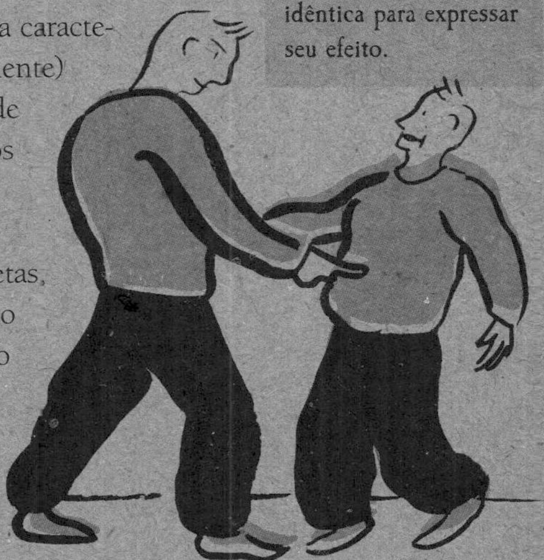

* Para explicar como a característica enrugada podia ser suprimida em uma geração e reaparecer na seguinte, Mendel introduziu a idéia de GENES DOMINANTES E RECESSIVOS. Genes diferentes tinham relações hierárquicas um com o outro, de modo que quando dois genes diferentes formavam um par, um gene dominante deveria mascarar o efeito do gene recessivo. No caso da forma da ervilha, lisa era dominante e rugosa era recessiva.

**Hugo De Vries**

*O trabalho de Mendel foi "redescoberto" pelo geneticista de plantas holandês,* ***Hugo de Vries*** *(1848-1935), e outros em 1900. De Vries foi fundamental no desenvolvimento das primeiras idéias sobre mutações na planta "primavera vespertina".*

vagem de ervilha

## O SIMBOLISMO GENÉTICO

*** Para entender mais plenamente o padrão de herança de Mendel, é mais fácil pensar (como Mendel fez) em genes como símbolos. Tome o exemplo de ervilhas lisas e rugosas: vamos chamar o gene para rugosidade de "r" e para o caráter liso de "R".**

## LINHAGENS

* Plantas puras carregarão duas cópias idênticas do gene que determina a forma da ervilha. Assim, a constituição genética – ou GENÓTIPO – das plantas lisas puras e rugosas puras será RR e rr respectivamente.

* Todos os descendentes desse cruzamento terão o genótipo Rr, uma vez que todos eles receberão um gene R de um parental e um gene r do outro. Embora todas as plantas Rr carreguem ambos os tipos de gene, eles produzem ervilhas lisas, porque o gene dominante "liso" mascara o efeito do gene recessivo "enrugado".

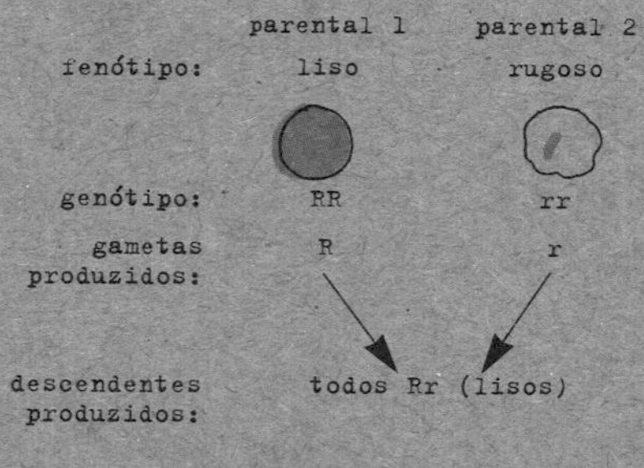


**PALAVRAS-CHAVE**

**GENÓTIPO:** composição genética de um indivíduo (p.e., RR, Rr, ou rr), usada com referência a uma característica particular.

**FENÓTIPO:** expressão física de um gene de um organismo (p.e., lisa ou rugosa).

**HOMOZIGOTO:** possui um par de genes idênticos (p.e., RR e rr são plantas homozigotas).

**HETEROZIGOTO:** possui um par de genes diferentes (p.e., Rr).

## UM EM QUATRO

* Mas o que acontece quando duas plantas Rr são cruzadas entre si? Os descendentes agora podem herdar tanto o R quanto o r de cada parental. Gametas contendo R e r são produzidos em igual número, assim há 50% de chance de um indivíduo herdar um gene particular de cada parental. Em média, você esperará um em quatro dos descendentes sendo RR, e um em quatro rr, e dois em quatro sendo Rr. Em outras palavras, você esperará três plantas com sementes lisas sendo produzidas para cada planta com sementes rugosas.

| genes do parental 2 \ genes do parental 1 | R | r |
|---|---|---|
| R | RR liso | Rr liso |
| r | Rr liso | rr rugoso |

## BOM DEMAIS?

* Em 1930, uma análise mostrou que os resultados de Mendel eram estatisticamente muito bons para ser verdade. Seus números eram improvavelmente exatos. Mas ninguém estava sugerindo que os resultados estivessem fraudados, pois suas regras de herança foram amplamente confirmadas por outros cientistas.

* O mais provável é que ele tivesse escolhido "ignorar" os resultados de qualquer cruzamento que desviasse muito da razão esperada 3:1.

### Uma questão de sorte

*A herdabilidade é um jogo de sorte, baseado em probabilidades simples. Qual de dois genes um indivíduo recebe de um parental é como jogar uma moeda e observar se dá cara ou coroa. Por exemplo, a chance de herdar um gene R de ambos os pais é a mesma de jogar uma moeda duas vezes e obter cara ambas as vezes, isto é uma em quatro.*

quer apostar?

# LIGANDO OS GENES AOS CROMOSSOMOS

*** Na virada do século foi estabelecido que os cromossomos vinham em pares, assim como os genes de Mendel. Isso reforçou a convicção crescente de que os genes realmente eram carregados pelos cromossomos. Mas a prova final veio de experimentos com a mosca-das-frutas, feitos pelo geneticista americano T. H. Morgan.**

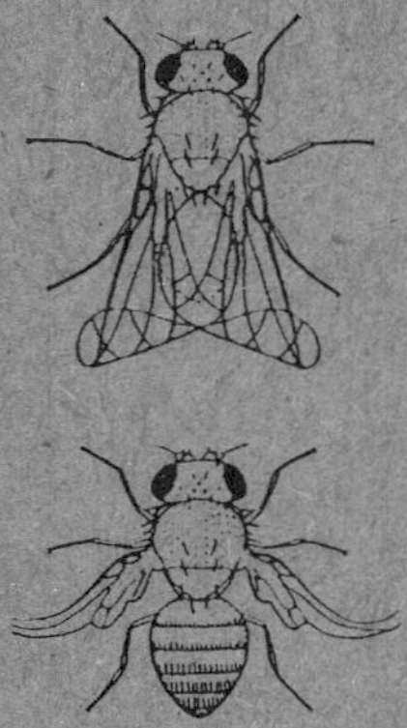

moscas-das-frutas

T.H. MORGAN

**Thomas Hunt Morgan** (1866-1945) veio de uma linhagem familiar importante. Seu bisavô, F. S. Key, compôs o hino nacional dos EUA. Quando começou seu trabalho, ele inicialmente duvidou das leis de Mendel – mas os resultados de seus próprios experimentos, juntamente com o de seus alunos Alfred Sturtevant e Hermann Müller, convenceram-no de que Mendel estava certo há muito tempo.

## O FATOR MOSCA

* **Morgan** estudou a herança de caracteres da mosca-das-frutas quase do mesmo modo que Mendel estudou as ervilhas. Mas ele observou algo peculiar. ***A herança de certos caracteres pàreciam ser afetados pelo sexo dos descendentes.***

* Em um experimento, ele usou duas linhagens de moscas, uma com olhos vermelhos e outra com brancos. Quando moscas macho de olhos brancos eram acasaladas com fêmeas de olhos vermelhos, todos os descendentes tinham olhos vermelhos. Assim, olhos vermelho eram dominantes e olhos brancos recessivos. Mas quando machos de olhos vermelhos eram acasalados com fêmeas de olhos brancos o resultado era diferente: eram produzidas moscas de olhos brancos e de olhos vermelhos em números aproximadamente iguais. Além disso, todas as moscas de olhos brancos eram machos.

* Morgan observou que os machos herdavam sempre a cor dos olhos de suas mães puras. Mães de olhos brancos produziam machos de olhos brancos; mães de olhos vermelhos produziam machos de olhos vermelhos.

* Nas moscas-das-frutas, como em humanos, as fêmeas têm dois cromossomos X enquanto os machos têm um X e um Y. Os machos herdam o cromossomo X de suas mães, assim Morgan concluiu que o único modo para explicar seus resultados era se o gene para cor dos olhos estivesse ligado fisicamente ao cromossomo X. ***O cromossomo Y parecia não carregar genes relacionados com a cor dos olhos. Em machos, qualquer gene no cromossomo X, se dominante ou recessivo, sempre seria expresso.***

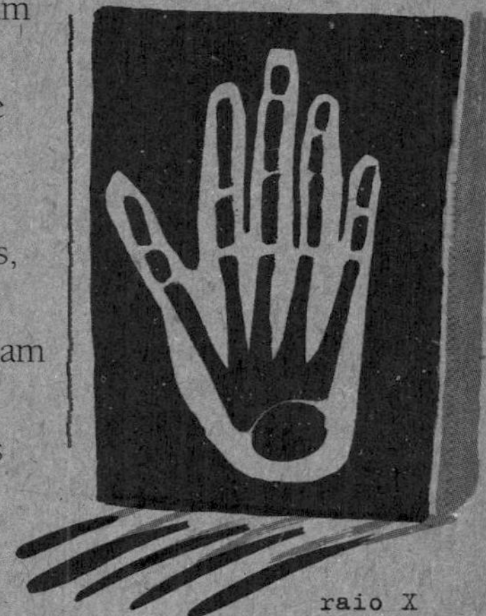

raio X

## Alterando as moscas-das-frutas

**Hermann Müller** *(1891-1966) descobriu que os raios X podiam induzir mutações em moscas-das-frutas. Isto possibilitou que ele produzisse moscas com muitos caracteres visíveis diferentes, aumentando assim o alcance de estudos genéticos.*

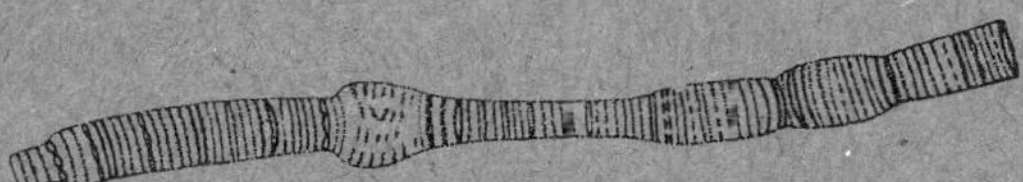

cromossomo da glândula salivar da mosca-das-frutas

## POR QUE MOSCAS?

* Medindo poucos milímetros de comprimento, a mosca-das-frutas, *Drosophila melanogaster*, é uma criatura irrelevante e pequena. Mas tornou-se um dos carros-chefe da pesquisa genética. Como as ervilhas, a mosca-das-frutas produz prole numerosa – e se reproduz muito mais rapidamente.

* Um ovo de mosca-das-frutas torna-se um adulto produtor de ovos em cerca de duas semanas. Em um ano, é possível se estudar mais de 20 gerações sucessivas de moscas. Além disso, elas normalmente têm cromossomos muito grandes em suas glândulas salivares e são apenas quatro pares deles; portanto, sua herança é muito mais simples de se estudar.

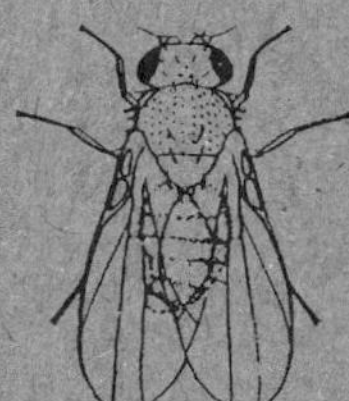

as moscas-das-frutas são ideais para pesquisa genética

## MÁS NOTÍCIAS PARA OS MACHOS

* Em humanos, o cromossomo Y carrega os genes sexuais masculinos e não muito mais que isso. Esta é uma notícia triste para os machos. Qualquer gene presente no cromossom X terá sempre seu efeito expresso, porque ele não tem um gene parceiro Assim, doenças genéticas causadas po genes ligados ao X são muito mais comuns em homens que em mulheres.

### Genealogia e realeza

*Seja qual for sua opinião sobre as famílias reais, a contribuição delas para a genética humana é inestimável. Elas têm fornecido histórias familiares detalhadas, na forma de árvores genealógicas reais, o que tem possibilitado a geneticistas determinar os padrões de herança de muitas características e doenças humanas.*

Henrique VIII

## SANGUE REAL

* A HEMOFILIA é referida freqüentemente como uma doença real porque muitos dos descendentes machos da rainha Vitória tiveram a doença – embora ela não seja, é claro, confinada exclusivamente a realeza. A doença se caracteriza pela incapacidade de produção de um fator vital de coagulação do sangue, e assim o corte mais superficial resulta em sangramento grave. O gene defeituoso responsável pela doença é recessivo mas, por estar ligado ao cromossomo X, os homens precisam herdar apenas uma cópia do gene para terem a doença, enquanto que as mulheres devem herdar duas cópias. Portanto, *a hemofilia é mais preponderante em homens que em mulheres*.

## A ÁRVORE GENEALÓGICA

* A árvore genealógica de hemofilia da rainha Vitória mostra a incidência de hemofilia e seu padrão de herança em alguns de seus descendentes. As mulheres são

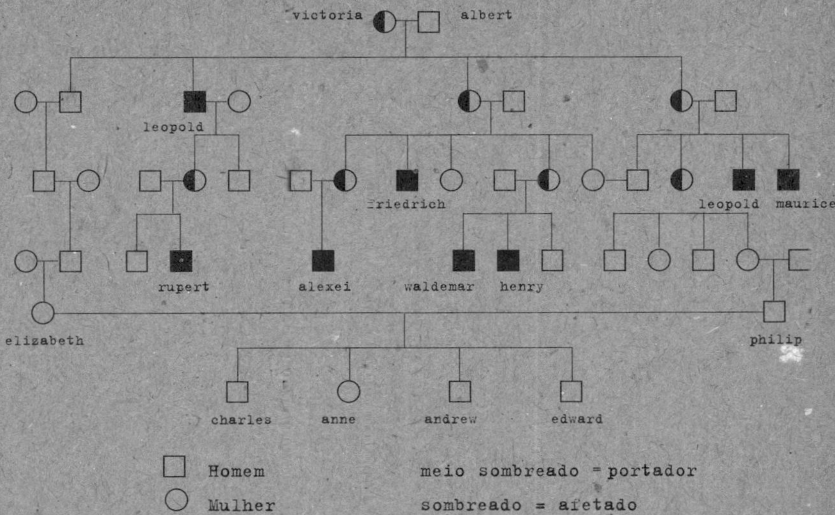


A árvore genealógica de hemofilia da **rainha Vitória** mostra a incidência de hemofilia e seu padrão de herança em alguns de seus descendentes. Fica óbvio a partir da árvore genealógica que a doença é ligada ao X, uma vez que todos os indivíduos afetados são machos.

representadas por círculos e os homens por quadrados. Indivíduos afetados pela doença são sombreados; portadores são meio-sombreados. Cada fileira separada consiste de membros da mesma geração. As linhas horizontais conectam os pais; as verticais indicam seus descendentes. Fica óbvio a partir da árvore genealógica que a doença é ligada ao X, uma vez que todos os indivíduos afetados são machos.

Rainha
Vitória

## SÓ HOMENS

✱ A própria rainha Vitória não era afetada pela doença, pois carregava apenas uma cópia do gene, cujo efeito era mascarado pelo gene normal dominante do seu outro cromossomo X. O sofredor mais famoso foi o bisneto de Vitória, Tsarevitch Alexei da Rússia.

# ASSOCIAÇÕES GENÉTICAS

*** Mendel observou que genes para diferentes características, como para a forma da ervilha e cor da flor, comportavam-se de forma independente um do outro. Quer a planta tivesse ervilhas lisas ou não, isso não tinha influência sobre se ela tinha flores brancas ou rosas. Mas logo Morgan encontrou exceções para esta regra.**

## OLHOS E ASAS

* *A explicação era simples. Se genes codificando características diferentes residissem em cromossomos diferentes, eles se comportariam independentemente um do outro – mas se fossem carregados pelo mesmo cromossomo, eles tenderiam a ser herdados juntos.* Quando Morgan cruzou moscas que possuíam olhos brancos e asas vestigiais com moscas que tinham olhos vermelhos e asas normais, observou que as características olhos brancos e asas vestigiais eram herdadas juntas.

* Nenhum dos descendentes tinha olhos brancos e asas normais. Morgan concluiu que os genes para cor de olhos e forma da asa deveriam residir no mesmo cromossomo; e por estarem fisicamente ligados um com o outro, deveriam ser herdados juntos.

* Por sorte, Mendel escolheu para trabalhar caracteres que não estavam ligados. Só quando dois genes são carregados por cromossomos diferentes eles se comportam de forma

você só me quer pelo meu DNA

### Mapeador pioneiro

Em 1911, Alfred Sturtevant (1891-1970), aluno de Morgan, concluiu que os genes deviam estar arranjados linearmente no cromossomo, como contas de um colar. O gene para uma característica particular tinha uma localização fixa, ou *locus*, no cromossomo. O primeiro mapa cromossômico que Sturtevant esboçou para a mosca-das-frutas mostrava a posição de cinco genes sexuais ligados. Em 1922, ele tinha feito um mapa mostrando 2.000 genes nos quatro pares de cromossomos da mosca-das-frutas.

independente um do outro. Mas Morgan logo descobriu que genes ligados nem sempre permanecem juntos. De vez em quando, apareciam descendentes com olhos brancos e asas normais. ***Os cromossomos dentro de um par pareciam trocar seus genes um com o outro para criar novas combinações genéticas.***

mapa simplificado de um dos cromossomos da *Drosophila*

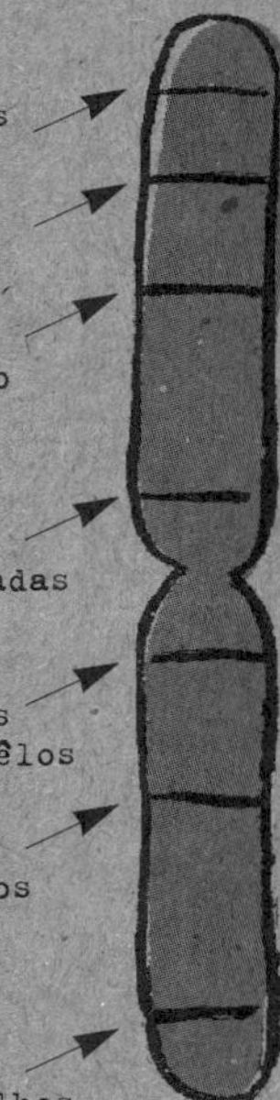


## EMBARALHANDO AS CARTAS

✱ Morgan descobriu a RECOMBINAÇÃO GENÉTICA, que ocorre durante o processo de meiose – quando as células se dividem para formar gametas. Quando uma célula está se preparando para se dividir, os cromossomos homólogos se alinham ao longo um do outro. Então, eles se pareiam em vários pontos ao longo de seu comprimento e trocam segmentos complementares de material genético (veja páginas 22 e 23). ***A chance de dois genes ligados serem separados um do outro durante a recombinação genética depende de suas posições relativas, um em relação ao outro, no cromossomo.***

## MAPAS GENÉTICOS

✱ A recombinação pode ser comparada ao embaralhamento de dois blocos de cartas. Genes que estão mais próximos no cromossomo têm menos chance de se separarem. Observando-se a freqüência de novas combinações genéticas na descendência de um cruzamento, os biólogos puderam começar a entender a posição relativa de genes ligados no cromossomo e fazer o primeiro mapa genético.

## CONTANDO E MEDINDO

*** Tentando entender as bases da genética, Mendel deliberadamente escolheu trabalhar com características simples que variavam de uma maneira "ou/ou". As plantas tinham sementes amarelas ou verdes, flores rosas ou brancas, por exemplo. Não havia tipos intermediários, e os descendentes sempre se pareciam com um dos dois pais. Mas a maioria dos caracteres varia de forma mais gradual e contínua.**

**VARIAÇÃO**

A diferença entre variação discreta e variação contínua é essencialmente a diferença entre contar e medir. Analisar a herança de características discretas apóia-se na contagem do número de indivíduos de cada tipo distinto, enquanto analisar a herança de características contínuas apóia-se na medição dos indivíduos.

## ALTO OU BAIXO

* Em humanos, a maioria das características não pode ser dividida em um número pequeno de alternativas DISCRETAS (DEFINIDAS DISTINTAMENTE OU SEPARADAS). Pense na altura, peso e cor da pele, por exemplo. Todas exibem um espectro de variação muito mais contínuo.

* Para os primeiros geneticistas, a herança de tais CARACTERÍSTICAS "CONTÍNUAS" parecia ter pouco em comum com as regras simples expostas por Mendel. Pais altos e mães baixas invariavelmente tinham crianças de altura intermediária. Parecia, portanto, pelo menos superficialmente, que a

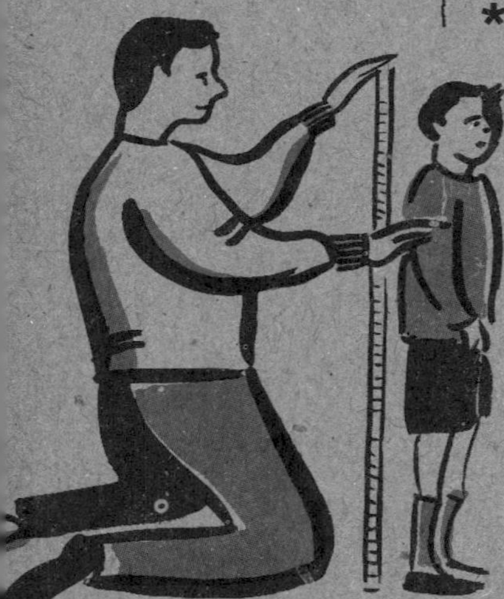

altura é uma característica contínua

herança era um processo de mistura. Mas a idéia de mistura não podia explicar como pais de estatura média eram capazes de ter filhos altos ou baixos.

os descendentes podem herdar um balanço das características dos pais

## MUITOS GENES

★ *Atualmente, os biólogos reconhecem que as características "contínuas" são controladas por genes em muitos* loci *diferentes.* Embora possam dar a impressão de mistura, cada um dos pares de genes comporta-se de maneira similar ao par de genes responsável pelo controle da forma da ervilha. A cor da pele, por exemplo, é influenciada por pelo menos quatro pares de genes. Cada gene em um par gênico contribui para a expressão total da cor da pele, tanto na direção de mais claro quanto de mais escuro, de modo que a cor da pele que você herdará será a soma dos efeitos dos vários genes separados

### A curva de sino

*Se você tomar uma amostra ao acaso de pessoas, medir a altura de todas, e então colocar em um gráfico o número de pessoas a cada altura, a distribuição de freqüência resultante será semelhante a uma curva em forma de sino chamada distribuição normal. A população deve exibir uma variação contínua de alturas, embora a maioria das pessoas agrupem-se ao redor de uma média. A maioria das características humanas exibe um padrão similar de variação.*

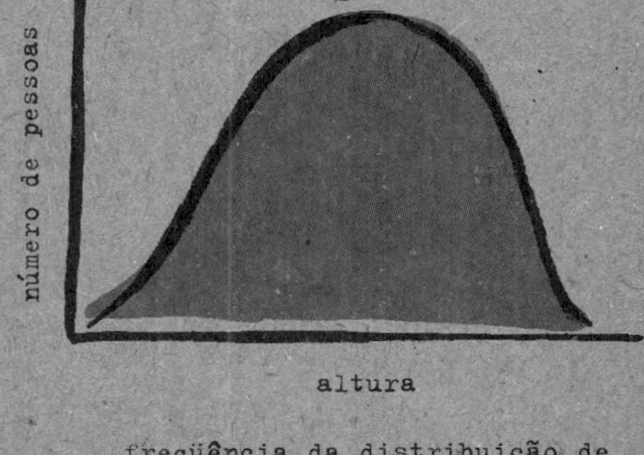


freqüência da distribuição de alturas na população humana

acreditava-se que trabalhadores não educados tinham QI mais baixo

## A MANCHA DA EUGENIA

*** O estudo da herança humana foi estabelecido por Francis Galton. Mas o interesse de Galton tinha tanto a ver com preconceitos sociais quanto com ciência pura. Galton estava obcecado com o melhoramento biológico da raça humana. Para muitos defensores de Galton, a redescoberta das leis de Mendel parecia dar credibilidade científica ao seu ponto de vista racista e intolerante. A genética estava a ponto de entrar no período mais negro de sua curta história.**

### O teste de QI

*O teste de QI (Quociente de Inteligência) foi estabelecido inicialmente como uma maneira de discriminação entre pessoas "capazes" e "incapazes". Por se acreditar que a inteligência era uma qualidade genética inata, as primeiras versões do teste negligenciavam a influência da educação. Isso tinha o efeito de evidenciar a aparentemente baixa inteligência das classes mais pobres, para as quais a educação de qualidade era um sonho irrealizável.*

## SEGREGANDO OS POBRES

* No século XIX, a divisão entre ricos e pobres tinha sido exacerbada pela urbanização em massa que acompanhou a revolução industrial. Os cortiços tornaram-se endêmicos em muitas das maiores cidades do mundo. Para os que tinham riqueza e posição social, a pobreza era vista como expressão de menor capacidade. Os pobres eram considerados reservatórios de criação das piores características que a humanidade podia oferecer.

* Após conduzir um levantamento de famílias proeminentes e de posição social, Galton alegou em seu livro *Hereditary Genius* (1869) que a capacidade era herdada – pais capazes tinham filhos capazes – e não podia ser aumentada pela educação. Galton foi o primeiro a sugerir que a proliferação dos pobres e desprivilegiados estava fora de controle. Ele acreditava que a expansão

a raça
inferior ameaça
o futuro da sociedade
o governo deve intervir

descontrolada de uma raça inferior ameaçava o futuro da sociedade, e que era hora de o governo intervir.

* Em 1883, ele cunhou o termo "EUGENIA" para descrever a prática de melhoramento biológico da raça humana. Havia duas maneiras em que ele previa que isso poderia ser feito. Primeiro, a eugenia positiva devia encorajar as classes profissionais a terem mais filhos, oferecendo redução no imposto de renda para cada criança nascida. Segundo, e mais controversa, a eugenia negativa ajudaria a prevenir fisicamente de terem filhos aqueles de menor capacidade.

## A CIÊNCIA FICOU LOUCA

* Inicialmente a proposta de Galton foi recebida com frieza. Mas para muitos que compartilhavam sua influência e posição social, a reemergência do mendelismo adicionou peso científico a seus argumentos. Criminalmente, doenças mentais, e inteligência baixa eram vistas como produtos de genes específicos – e só evitando que raças inferiores se reproduzissem, esses genes poderiam ser removidos de circulação.

FRANCIS GALTON

**Francis Galton** (1822-1911) foi o fundador do Laboratório Nacional da Eugenia (agora Laboratório Galton), na Universidade de Londres, o primeiro departamento de genética humana do mundo. Em sua carreira excêntrica também incluiu estudos de impressões digitais, testes estatísticos sobre a eficácia da oração e a publicação de um mapa da beleza humana das ilhas britânicas.

qualquer defeito era uma marca de "inferioridade"

## ANUNCIANDO UMA TRILHA DE FANATISMO

*** A primeira legislação eugênica foi introduzida no início do século XX, e se concentrou principalmente na eugenia negativa. Suas ramificações, que foram sentidas por toda a Europa e os Estados Unidos, culminaram violenta e abruptamente com os programas de esterilização da Alemanha nazista.**

## COMPLEXO DE INFERIORIDADE

* Preocupados que a imigração descontrolada de "tipos raciais inferiores" fosse uma ameaça a saúde genética dos americanos, muitos Estados impuseram quotas do número de imigrantes permitidos. Europeus do leste – um dos alvos primários de preconceito dos EUA – estavam procurando novos lares para escapar de um programa de racismo ainda mais extremo, orquestrado pelos nazistas.

## FALSA CIÊNCIA

* A obsessão de Adolph Hitler pela pureza racial e pelo ideal ariano levou o preconceito e a intolerância da eugenia a uma conclusão repugnante. Qualquer pessoa com algum tipo de defeito físico ou mental era

### Esterilização de tipos inferiores

*Muitos Estados americanos encaminharam legislação requerendo o confinamento e/ou esterilização dos assim chamados tipos inferiores. Este foi o termo que abrigava os doentes mentais ou insanos, pessoas de baixa inteligência e criminosos. Mas o preconceito com rédeas soltas fez com que, em alguns Estados, o rótulo inferior fosse estendido para incluir homossexuais e comunistas! Ao redor de 1930, pelo menos 20.000 pessoas tinham sido esterilizadas nos EUA.*

Adolph Hitler

confinada, fosse homem, mulher ou criança. E na Alemanha nazista o confinamento normalmente significava extermínio, mais que esterilização. Hitler pode ter tentado vestir sua política com a linguagem da ciência, mas a ciência da "eugenia" transformou-se em uma vergonha.

"A américa deve permanecer americana. As leis biológicas mostram que os nórdicos se deterioram quando misturados com outras raças."

CALVIN COOLIDGE, PRESIDENTE DOS ESTADOS UNIDOS 1923-1929

a eugenia era uma desculpa para perseguir pessoas de baixa inteligência

## POLÍTICA SUJA

★ Admitir que todos os caracteres humanos eram controlados exclusivamente por genes específicos, que podiam ser selecionados artificialmente, não só era profundamente simplista, mas também falso. Hoje, a eugenia permanece como uma mancha na história da genética. Ela foi um movimento político, com pouco ou nenhum fundamento na ciência. O estudo da genética humana caiu em longo período de declínio porque os cientistas ficaram relutantes em se associar a um tema manchado pela controvérsia e pelo sofrimento humano.

## PASSAGEM DE IDA

* Embora o determinismo hereditário fosse moda no Ocidente, na União Soviética de 1930, sua antítese política - o lamarckismo - era a força dominante. Nessa época, eram os biólogos que recebiam os ataques da ideologia política. O mendelismo era perseguido como uma conspiração burguesa capitalista contra o marxismo, e qualquer cientista soviético simpatizante da genética mendeliana recebia uma passagem só de ida para a Sibéria.

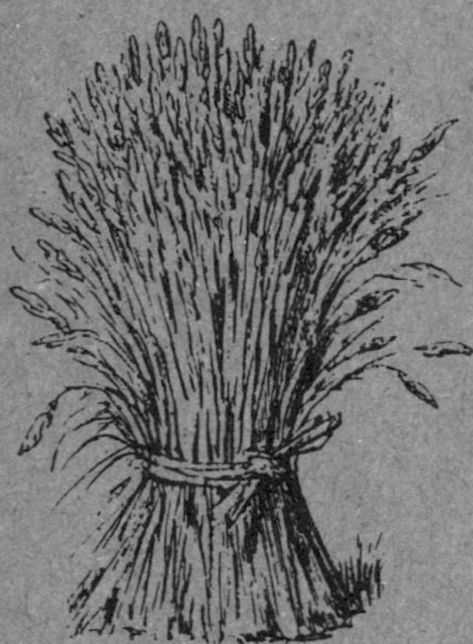

o trigo era uma cultura vital para a União Soviética

### Mártir mendeliano

*Em 1940,* ***Nikolai Vavilov*** *(1887-1943), um dos melhores geneticistas mendelianos da União Soviética, foi preso e interrogado por 1.700 horas. Em um julgamento de cinco minutos, foi considerado culpado de crimes contra o Estado. Morreu em um campo de prisioneiros, em 1943.*

## A FILOSOFIA MARXISTA

* Stalin menosprezava a idéia de que mesmo a forma de uma ervilha, e muito menos alguma característica humana, fosse determinada por genes. A herança lamarckiniana acomodava-se muito mais confortavelmente à filosofia marxista, que enfatizava a importância do meio ambiente para formar o indivíduo e a sociedade.

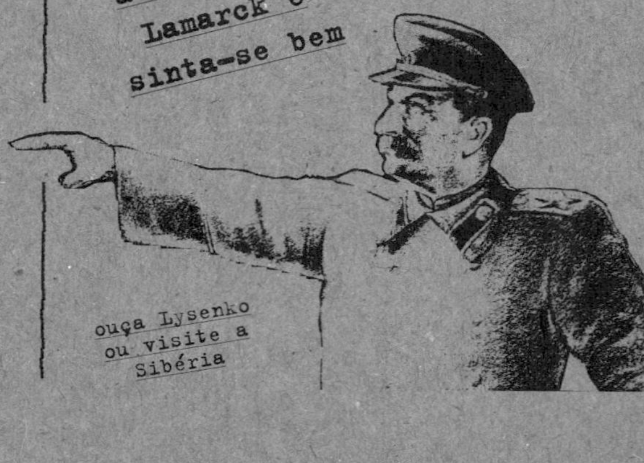

★ Stalin encontrou um grande aliado político no biólogo russo **Trofim Lyssenko**, que ficou famoso por fazer experimentos com "vernalização" de trigo – um processo no qual as sementes são congeladas para que germinem mais cedo na primavera seguinte. Embora a vernalização já fosse bem conhecida no Ocidente, Lyssenko declarou que o efeito era herdado, de maneira lamarckiniana. Se fosse verdade, teria um imenso valor para a agricultura em áreas onde as estações de crescimento eram particularmente curtas.

"Nós iremos à pira, nós nos queimaremos, mas não vamos renunciar às nossas convicções."
NIKOLAI VAVILOV

Lyssenko declarou que poderia proteger as plantas do tempo frio

## CHOQUE AGUDO E CURTO

★ Lyssenko garantiu que iria oferecer soluções científicas ao problema perene da falta de alimentos. Expondo culturas a temperaturas frias, por exemplo, ele

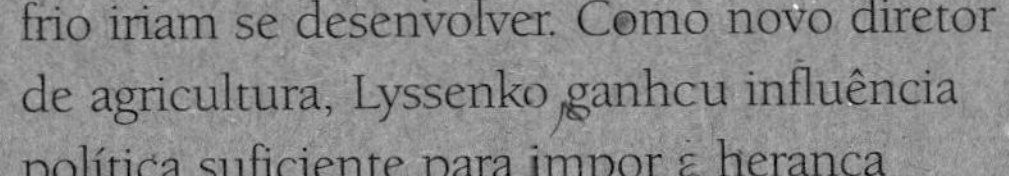

flocos de neve

acreditava que novas culturas resistentes ao frio iriam se desenvolver. Como novo diretor de agricultura, Lyssenko ganhou influência política suficiente para impor a herança lamarckiniana à biologia russa. Aos geneticistas era dada uma escolha inflexível: ou negar sua fidelidade ao mendelismo e seu fundamento capitalista ou encarar a prisão em um campo de trabalho na Sibéria.

### A promessa de Lyssenko

*A promessa de Lyssenko de revolucionar a agricultura soviética não foi cumprida. Mas não antes de ele conseguir purgar a Rússia de seus melhores geneticistas. Suas idéias, mais enraizadas na ideologia política do que na ciência, privaram a União Soviética dos avanços científicos que estavam sendo feitos no Ocidente. Só em 1950 os geneticistas soviéticos começaram a retornar à normalidade.*

# DE AMARELO A PRETO, DE GENES A ENZIMAS

**★ A primeira sugestão de que genes e enzimas – proteínas catalíticas que aumentam a velocidade das reações químicas no corpo – estavam relacionados um com o outro surgiram de uma descoberta revolucionária feita pelo médico inglês** Archibald Garrod, **em 1908. Garrod descobriu que uma doença hereditária era causada por um bloqueio em uma reação química dentro do corpo e levantou a hipóse de que um gene funcionava produzindo uma enzima específica.**

a evidência está no vaso

## Ácidos essenciais

Nem todos os aminoácidos necessários para produzir as proteínas podem ser sintetizados pelo próprio corpo. Cerca de 8 dos 20 aminoácidos que o corpo necessita devem ser fornecidos pela alimentação. Estes são conhecidos como aminoácidos essenciais.

## SUBSTÂNCIA NEGRA

★ Garrod era fascinado pela rara doença genética ALCAPTONÚRIA, cuja herança seguia um padrão mendeliano simples. Embora a doença não seja grave, seus sintomas são notáveis. Após comer certos tipos de

Garrod em seu laboratório

alimento, as pessoas afetadas produziam urina que ficava preta quando exposta ao ar. A cor preta se devia à presença de ácido homogentísico, um intermediário químico produzido na quebra metabólica do aminoácido tirosina. Em pessoas não afetadas pela doença, o ácido homogentísico é quebrado posteriormente, e acaba convertido a dióxido de carbono e água.

os aminoácidos essenciais são fornecidos pela dieta

## AUSÊNCIA DA ENZIMA

* Garrod sugeriu que a alcaptonúria era causada pela ausência de uma enzima específica. A falta da enzima deveria significar que a seqüência normal de reações químicas na quebra da tirosina estaria bloqueada, resultando no acúmulo de ácido homogentísico no sangue, nos tecidos e na urina. Mais tarde foi confirmado que, de fato, as pessoas afetadas pela alcaptonúria não tinham a enzima necessária para a quebra do ácido homogentísico.
* *Garrod mostrou que uma mutação em um gene particular produzia um defeito em uma enzima particular – o que o levou, naturalmente, à conclusão de que o funcionamento do gene determina uma enzima que possibilita que uma reação química ocorra no corpo.*
* Seu trabalho foi confirmado mais tarde pelos cientistas americanos George Beadle e E. L. Tatum no início de 1940.

**AVANÇO DESPERCEBIDO**

Archibald Garrod (1857-1936) foi o primeiro a mostrar a conexão entre um gene alterado e uma enzima – um dos fundamentos da genética. Seu trabalho, todavia, como os de Mendel, passou quase despercebido por cerca de 30 anos.

CAPÍTULO 2

# AVANÇOS NO DNA

* Se os genes produziam proteínas, do que os genes eram feitos? O DNA não era o candidato óbvio. A maioria dos biólogos acreditava que ele era quimicamente muito simples para codificar as informações genéticas. As próprias proteínas, com suas longas cadeias com 20 tipos diferentes de aminoácidos, eram consideradas como as únicas moléculas complexas o suficiente para ser o material genético. Mas estudos similares feitos por dois cientistas diferentes sugeriram o contrário. O DNA era o material genético, pelo menos em bactérias.

PALAVRAS-CHAVE

PATÓGENO: qualquer organismo que causa uma doença.

VIRULÊNCIA: capacidade de um organismo causar doença.

TRANSFORMAÇÃO: mudança em uma característica de um organismo provocada pela incorporação de DNA "estranho" em sua própria receita genética.

## OPERADORES LISOS

* Em 1928, o cientista inglês **Frederick Griffith** trabalhava no Ministério da Saúde em Londres, e estava investigando novas técnicas para classificar PATÓGENOS. Griffith estava particularmente interessado na bactéria PNEUMOCOCCUS, que causa pneumonia. Existem duas linhagens distintas dessa bactéria, uma "lisa" e uma "rugosa". Griffith observou que apenas a linhagem lisa causava doença. Quando camundongos eram injetados com a linhagem lisa, eles logo morriam, mas a injeção da linhagem rugosa não tinha efeito algum sobre a saúde dos camundongos.

investigando bactérias

a resposta está nos camundongos mortos

★ Griffith então descobriu que as bactérias podiam ser mortas pelo calor. Assim, quando ele injetava bactérias lisas mortas pelo calor, os camundongos permaneciam saudáveis. Mas, surpreendentemente, quando ele injetava uma mistura da linhagem lisa morta pelo calor e bactérias rugosas vivas, o camundongo contraía pneumonia e morria. Dentro desses camundongos mortos, ele encontrou bactérias da linhagem lisa vivas. Griffith concluiu que uma substância química nas bactérias mortas pelo calor devia ter transformado a linhagem rugosa em uma forma virulenta.

★ Intrigado com os estudos de Griffith, em 1944, **Oswald Avery**, do Instituto Rockefeller em Nova Iorque, refinou os experimentos de Griffith e identificou o "PRINCÍPIO TRANSFORMANTE" como DNA. Mas essa evidência aparentemente conclusiva não foi suficiente para alguns cientistas, que argumentaram que a transformação bacteriana devia ter sido causada por proteínas contaminantes no DNA transferido.

DNA LIVRE FLUTUANTE

Quando as bactérias são mortas pelo calor, suas paredes celulares quebram e seu DNA é liberado no ambiente. Bactérias vivas podem mudar suas características capturando esse DNA livre flutuante e incorporando-o à sua própria receita genética.

## MAIS MISTÉRIOS SOBRE O DNA

*** Nos anos que se seguiram imediatamente após as descobertas de Avery, surgiram todos os tipos de evidências circunstanciais que pareciam confirmar que o DNA era material genético em outros organismos. As evidências mais fortes até agora, porém, vieram de estudos sobre vírus. Em 1952,** Alfred Hershey e Martha Chase **estavam conduzindo alguns experimentos sobre bacteriófagos (ou "fagos") - vírus que infectam bactérias.**

**EVIDÊNCIAS PERSUASIVAS**

No início de 1950, acumularam-se outras evidências que pareciam sustentar o papel do DNA como material genético. Foi descoberto, por exemplo, que o conteúdo de DNA dos espermatozóides e dos óvulos era a metade daquele das células somáticas. Como já se aceitava que os gametas continham a metade do número normal de cromossomos e que os genes eram carregados pelos cromossomos, o argumento de que o DNA era a matéria da qual os genes eram feitos pareceu persuasiva.

## ALMAS SIMPLES

* "Complexos" não é uma palavra normalmente usada para descrever os vírus. Eles são a própria simplicidade. ***Um vírus conta com não mais que uns poucos genes encapsulados em um envelope de proteína***. De fato, alguns cientistas duvidam se os vírus se qualificam como "vivos". Ao contrário de células biológicas verdadeiras, eles não se multiplicam dividindo-se em dois. Em vez disso, eles contam com a maquinaria celular de outros organismos para se reproduzir.

* Marcando as proteínas e o DNA constituintes de um fago com isótopos radioativos

cuidado: vírus trabalhando

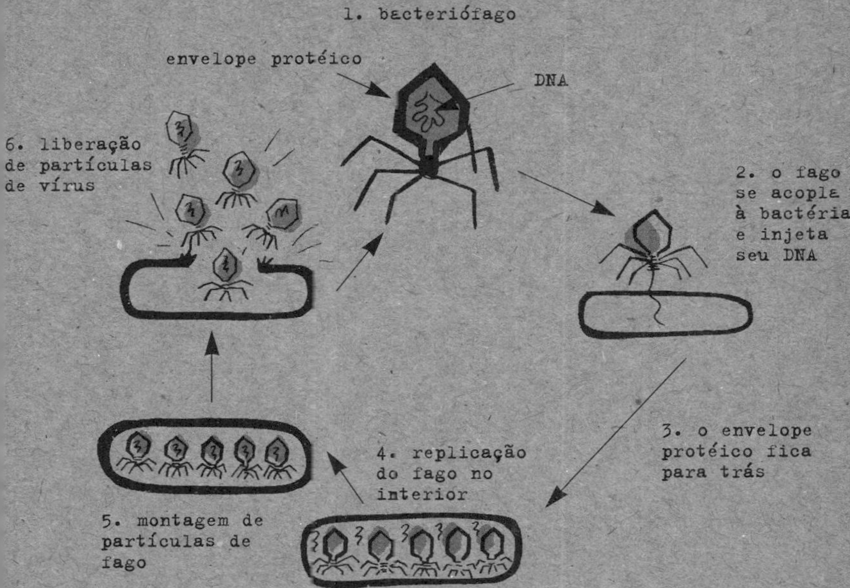


a vida curta e sórdida de um bacteriófago

específicos e distintos, Hershey e Chase mostraram que apenas o DNA é necessário para a reprodução do fago.

* Quando um fago se acopla à parede de uma célula bacteriana, injeta hipodermicamente seu DNA na bactéria. A capa protéica fica para trás. Após certo tempo, a parede bacteriana se rompe, liberando centenas de partículas virais recém-formadas.

* Hershey e Chase mostraram conclusivamente que o ***DNA do fago contém toda a informação genética necessária para produzir novas partículas virais – incluindo seu DNA e suas proteínas.***

## Vírus

*A maioria dos vírus carrega cerca de 50 genes dentro de seu envelope protéico, embora alguns tenham apenas uns três, e outros, mais de 300. Os vírus são responsáveis por muitas doenças humanas ameaçadoras – incluindo sarampo, caxumba, catapora, pólio, varíola e Aids.*

## ENGANADOS PELO DNA

* O ceticismo sobre o papel do DNA na hereditariedade não era um espectro sombrio como pode parecer hoje. Alguns cientistas simplesmente não podiam ver como uma molécula contendo um arranjo linear aparentemente monótono de quatro blocos de construção básicos podia codificar a imensa quantidade de informação necessária para produzir um ser vivo complexo. Muito dessa confusão resultou de um equívoco básico sobre a constituição química do DNA.

**RNA E DNA**

Um ácido nucléico é um composto orgânico complexo, encontrado em células vivas, constituído por uma longa cadeia de nucleotídeos. Há dois tipos de ácidos nucléicos – o DNA e o RNA. No RNA, os nucleotídeos consistem de uma molécula de açúcar (sutilmente diferente daquela do DNA) e uma molécula de fosfato ligada a uma das quatro bases: Uracila, Citosina, Guanina e Adenina. Assim, três das quatro bases do RNA são idênticas àquelas do DNA.

## TEDIOSO OU DISFARÇADO

* Em 1940, o químico russo **Phoebus Levene** mostrou que havia *dois tipos de ácido nucléico – o DNA e sua molécula irmã intimamente relacionada* RNA (ÁCIDO RIBONUCLÉICO) *– e definiu as diferenças químicas entre eles.*

* O DNA era constituído de uma longa cadeia de nucleotídeos. Mas a análise química bruta do DNA levou vários cientistas à conclusão errônea de que o DNA era composto de quantidades exatamente iguais de cada um dos quatro nucleotídeos. A "hipótese do tetranucleotídeo" foi originada pelo químico **Albrecht Kossel**, porém hoje é mais associada a Phoebus Levene. Naquela época, a

hipótese do tetranucleotídeo tinha ajudado a criar a imagem popular de DNA como uma molécula uniforme e desinteressante, com pouca relevância para a genética.

todos os animais e plantas têm RNA e DNA

## Um simples engano

*Por muitos anos, os cientistas acreditavam erroneamente que o DNA era encontrado apenas em animais, e o RNA apenas em plantas. Quando o RNA subitamente apareceu em células animais, os cientistas inicialmente sugeriram que devia ter vindo da ingestão de plantas pelo animal. Hoje, todos concordam que plantas e animais têm, ambos, DNA e RNA.*

## PERSUADIDO PELAS PROTEÍNAS

* Levene estava convencido de que as proteínas possuíam a chave do código genético. Ele era contemporâneo de Avery, no Instituto Rockefeller, em Nova Iorque, e também um de seus críticos mais ardentes. A aceitação e a aderência dogmática de Levene à hipótese do tetranucleotídeo foi severamente amaldiçoada. Alguns o acusaram de atrasar o progresso da pesquisa genética por 20 anos ou mais.

## ESPECTROS DE RAIOS X

*** A análise química bruta do DNA envolvia a quebra da molécula de DNA em suas partes constituintes, destruindo assim seu aspecto mais interessante - sua forma. Para entender o modo pelo qual o DNA funcionava, os cientistas precisavam obter um quadro detalhado da molécula de DNA intacta. Uma nova e excitante técnica conhecida como difração de raio X tornaria isto possível.**

*James Watson e Francis Crick deram o toque final no quebra-cabeça do DNA, e levaram toda a glória.*

## CLARO COMO CRISTAL

* A difração de raio X foi desenvolvida originalmente por físicos, para investigar a estrutura interna fina de substâncias cristalinas. Um cristal era bombardeado por um feixe de raio X e o padrão de reflexão dos raios era registrado em um filme de raio X.
* Usando algumas noções de matemática, o padrão específico de reflexão dos raios podia ser usado para interpretar o arranjo preciso e a posição dos átomos no interior do cristal.
* A técnica funcionava melhor para moléculas com arranjo interno de átomos extremamente regular, portanto os cristais eram ideais. Mas alguns acreditavam que podia também ser possível usar difração de raio X para estudar a estrutura de moléculas biológicas mais complexas, tal como proteínas

e talvez até mesmo o DNA. No início de 1950, **Rosalind Franklin** e **Maurice Wilkins**, ambos do Colégio Real em Londres, começaram a trabalhar nesta tarefa.

## RAIO X DE DNA

* *Franklin e Wilkins foram os primeiros a produzir padrões de difração de raio X de uma molécula intacta de DNA.* Embora os padrões nas fotos de raio X fossem um pouco vagos e confusos, eles pelo menos sugeriam algum grau de regularidade na estrutura da molécula de DNA. Franklin sugeriu que a explicação mais provável para os padrões que ela observou era que o DNA seria uma molécula em forma de hélice formada por 2, 3 ou 4 cadeias nucleotídicas compactadas.

## CELEBRIDADES DE CAMBRIDGE

* Embora Franklin tenha chegado bem perto da verdade, a partir daí ela perderia seu lugar na história do DNA. Seu nome seria logo ofuscado pela celebridade de dois cientistas ligados a outro grupo de difração de raio X, no Laboratório Cavendish, em Cambridge. **James Watson** e **Francis Crick** deram o toque final no quebra-cabeça do DNA, e levaram toda a glória. Isso é comum na ciência, e poucas pessoas ouviram falar de Rosalind Franklin.

### ROSALIND FRANKLIN E MAURICE WILKINS

O relacionamento de **Rosalind Franklin** (1920-1958) e **Maurice Wilkins** no Colégio Real era tenso – talvez porque suas responsabilidades no trabalho do DNA fossem tão mal definidas. Franklin não viveu para testemunhar o esclarecimento da história do DNA. Ela morreu de câncer aos 37 anos, e foi excluída do prêmio Nobel compartilhado por Wilkins, Crick e Watson, em 1962.

o quebra-cabeça do DNA estava quase completo

# EM DIREÇÃO À HÉLICE

*** James Watson e Francis Crick se encontraram pela primeira vez em 1951. Crick era um físico de 35 anos de idade, uniu-se ao Laboratório Cavendish para estudar a teoria da difração dos raios X. Watson, um biólogo americano dez anos mais jovem, estava convencido da importância do DNA na hereditariedade, embora ele tivesse pouco conhecimento de química ou cristalografia.**

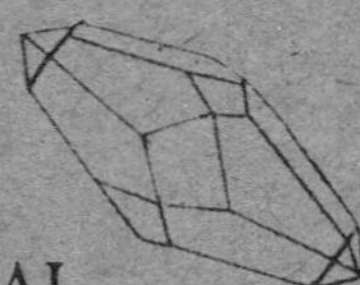

A AJUDA DE PAULING

A publicação de um trabalho científico sobre moléculas helicoidais, escrito pelo famoso químico americano **Linus Pauling**, teve influência importante sobre Crick. Ele logo mergulhou em algumas teorias matemáticas complicadas, que acreditava poder ajudá-lo a interpretar o padrão de difração de raio X do DNA.

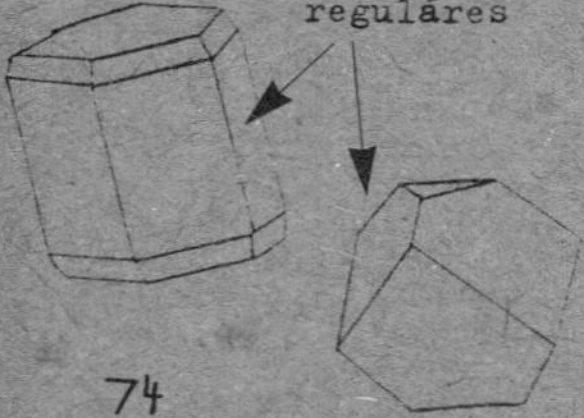


## TRIDIMENSIONAL

* Os dois homens prosperaram na companhia um do outro e começaram a trabalhar na interpretação dos padrões de difração de DNA de Franklin. Interpretar a estrutura tridimensional de uma molécula, a partir de alguns pontos dispersos sobre um pedaço de filme de raio X, não era fácil. De fato, era uma fina arte matemática. Em relação ao DNA, Franklin havia afunilado as possibilidades, mas uma molécula helicoidal pode ter qualquer número de ângulos e diâmetros diferentes. E seria uma, duas, três ou quatro cadeias helicoidais de nucleotídeos?

* Os dois homens passaram muito de seu tempo juntos construindo protótipos de moléculas de DNA de partículas de metal, arame e parafusos. A idéia era simples, na teoria pelo menos. Para cada modelo, eles fizeram predições, usando os novos

conhecimentos matemáticos de Crick, sobre como o padrão de difração esperado devia ser. E continuariam a construir diferentes modelos helicoidais até chegarem ao padrão que combinasse exatamente com o observado na molécula real de DNA.

Watson e Crick construindo modelos

✱ Enquanto trabalhavam, eles constantemente adquiriam novos dados sobre o DNA de outras fontes. Uma das peças mais importantes de informação veio do químico austríaco **Erwin Chargaff**, então trabalhando na Universidade de Columbia, Nova Iorque, com o qual eles compartilhavam uma antipatia mútua. *Chargaff observou que havia algo notavelmente regular na composição química do DNA. O número de A sempre se equiparava ao número de T, e o número de G sempre se equiparava ao número de C. Este era um ótimo indício de que A e T, como G e C, podiam formar pares complementares na molécula de DNA.*

## Fácil quando você sabe como

*"A difração de raio X não é um ramo difícil da física: pelo contrário, é tão fácil que chega a ser tedioso. A idéia amplamente difundida de que é ininteligível originou-se porque um certo esforço intelectual é necessário para compreender seu fundamento matemático, e porque supõe-se, incorretamente, que algum tipo especial de 'imaginação tridimensional' é um pré-requisito para entender seus métodos e resultados."*
*Francis Crick*

Crick e Watson ficaram tremendamente satisfeitos

## O DNA EXPOSTO

* Um dia em 1953, Watson e Crick experimentaram o momento eureca. Eles chegaram a uma estrutura de DNA predita pelo padrão de difração de raio X que se igualava perfeitamente à molécula real de DNA. A dupla hélice de DNA foi anunciada para o mundo.

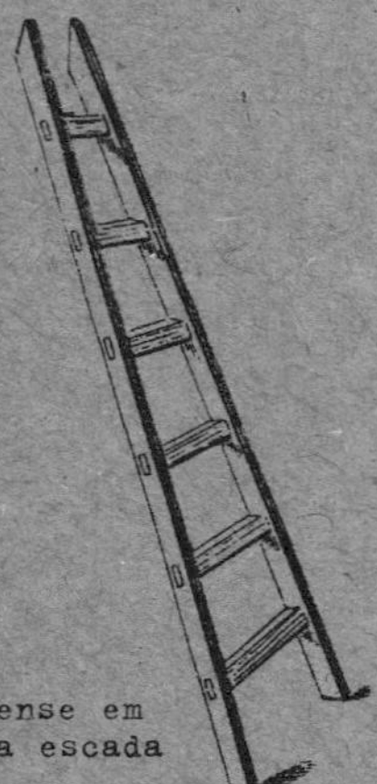


"Não escapou de nossa observação que o pareamento específico que postulamos sugeriu imediatamente um possível mecanismo de cópia do material genético."

De um artigo de Watson e Crick da *Nature*, 1953.

## MATÉRIA SIMPLES

* A estrutura que Watson e Crick finalizaram parecia complicada à primeira vista. Mas se você ignorar os detalhes insignificantes, ficará com um modelo de beleza e simplicidade. Para visualizar sua estrutura, imagine (ou faça) uma escada reta, com cerca de 15 centímetros de comprimento e feita de plasticina. Se você segurar as extremidades e girá-las em direções opostas, terá algo grosseiramente semelhante a uma escada espiral (menos o corrimão!).

* A molécula de DNA consiste de duas fitas entrelaçadas, mantidas juntas pelo pareamento das bases complementares. Pense novamente na versão reta da escada de plasticina. Se você cortar a escada ao meio de cada degrau, então cada metade da escada representará uma das fitas de DNA (desenrolada). Cada fita é composta

de uma cadeia intacta de nucleotídeos. Moléculas de AÇÚCAR e FOSFATO se alternam para formar a espinha dorsal da fita (as peças na vertical da escada), enquanto as BASES – as letras do DNA – se projetam no interior (os meio-degraus da escada). Na molécula de DNA, as duas fitas se mantêm juntas pelas LIGAÇÕES QUÍMICAS que se formam entre as letras complementares.

**a molécula helicoidal de DNA**

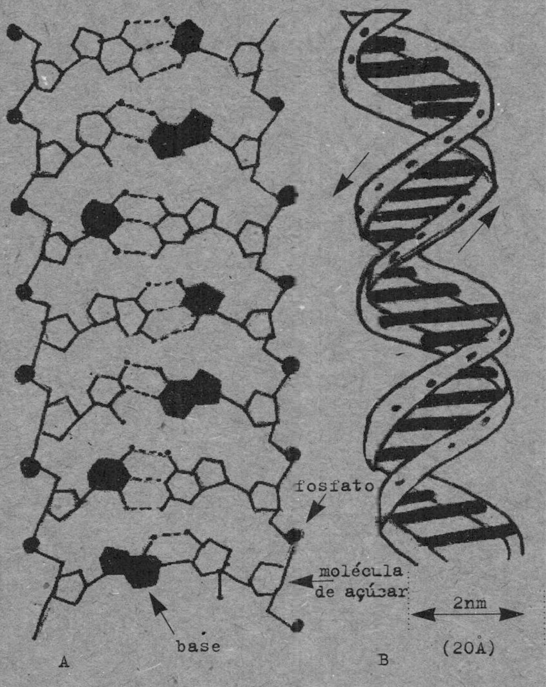


O diagrama A mostra a molécula helicoidal de DNA aberta com o pareamento de bases ao meio. O diagrama B mostra a forma de escada em espiral da molécula de DNA, com o pareamento de bases como os degraus da escada.

## Quase desdém

*Nem todos estavam entusiasmados e impressionados pela descoberta da estrutura do DNA. Chargaff, que nunca esteve pessoalmente com a dupla dinâmica, estava positivamente pouco impressionado. Resumindo seus sentimentos, ele observou com consumado desdém: "Que em nossos dias pigmeus daqueles tenham sombras tão grandes apenas mostra como a hora está avançada."*

**CRITÉRIO ESTRUTURAL**

A estrutura do DNA imediatamente deu as pistas de uma maneira pela qual a molécula podia se auto-replicar. Por causa do pareamento complementar das bases, a seqüência de bases de uma fita determinava automaticamente qual a seqüência de bases que a outra fita deveria ter. Assim, cada fita simples podia agir como molde para a replicação de uma nova fita.

# DECIFRANDO O CÓDIGO

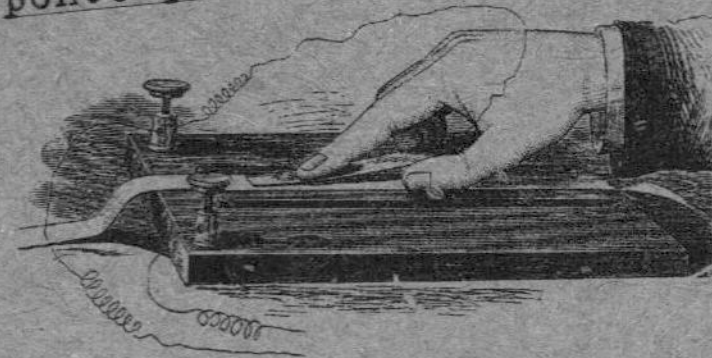


* Watson e Crick removeram qualquer dúvida pendente de que o DNA era o material genético. Mas ainda havia uma questão importante que precisava ser respondida. Como o DNA codifica a informação genética? Não contentes com sua descoberta revolucionária, Watson e Crick voltaram sua atenção para a próxima grande questão da genética.

## MUTAÇÕES INDUZIDAS

* Watson e Crick estavam ligados a outro cientista de Cambridge, **Sydney Brenner**, e os três começaram a estudar o efeito das mutações induzidas sobre o crescimento de fagos. Pelo uso de produtos químicos ou radiação, eles puderam dirigir mutações a pontos específicos do DNA dos genes dos fagos. Puderam analisar, então, que efeito essas mutações tinham produzido no produto do código – isto é, as proteínas –, observando como os fagos cresciam no laboratório.

* Eles descobriram que ***o crescimento dos fagos dependia de quantas bases eram afetadas pela mutação***. A inserção de três bases extras em um gene tinha pouco efeito sobre o crescimento – mas se apenas uma ou duas bases eram trocadas, então os fagos não cresciam.

quebrando o código de DNA

Eles sugeriram que a seqüência de letras em um gene é lida em ordem, de uma extremidade a outra, com cada trio de letras codificando um aminoácido.

| seqüencia de DNA | AAT | CCG | GTA | TTG | ATA | CTC | CCC | ATT |
|---|---|---|---|---|---|---|---|---|
| aminoácidos | AA1 | AA2 | AA3 | AA4 | AA5 | AA6 | AA7 | AA8 |

A inserção de um trio extra de letras no gene fará um aminoácido extra ser inserido na seqüência de aminoácidos. Uma mudança tão pequena na estrutura da proteína terá pouco efeito sobre a capacidade de crescimento apropriado do fago.

| AAT | CCG | GTA | TTG | GAG | ATA | CTC | CCC | ATT |
|---|---|---|---|---|---|---|---|---|
| aa1 | aa2 | aa3 | aa4 | aa9 | aa5 | aa6 | aa7 | aa8 |

a inserção de um trio extra de letras causa a inserção de um aminoácido extra; o resto da seqüência de aminoácidos permanece inalterada

***Mas a remoção ou inserção de uma ou duas bases mudaria cada trio de seqüência além do ponto onde ocorreu a mutação. Isto levaria a alterações drásticas na seqüência de aminoácidos da proteína, reduzindo sua capacidade de funcionar, e o fago não seria capaz de crescer.***

a inserção de duas bases muda completamente a seqüência de aminoácidos além do ponto de inserção

| AAT | CCG | GTA | TCT | TGA | TAC | TCC | CCA | TT |
|---|---|---|---|---|---|---|---|---|
| aa1 | aa2 | aa3 | aa10 | aa11 | aa12 | aa13 | aa14 | |

Crick e seus colaboradores mostraram que o código do DNA estava baseado em trios de letras. Uma seqüência de DNA era lida por um trio de cada vez, de um ponto de partida fixo.

# O RNA MUDA DE LUGAR

o DNA estava começando a fazer sentido

* O DNA começava a fazer sentido. Um gene era uma seqüência de palavras de três letras, cada palavra codificando um aminoácido. Os aminoácidos se ligavam em uma longa cadeia para formar uma proteína. Mas ainda havia alguns grandes furos na história do DNA. Como, por exemplo, o código do DNA era traduzido fisicamente para uma seqüência de aminoácidos? Chegava a hora da molécula irmã do DNA, o RNA ficar sob os refletores.

## LINHAS DE COMUNICAÇÃO

* A síntese de proteínas apresentava um enigma intrigante. **Paul Zemecnik** e seus colegas do Hospital Geral de Massachusetts, em Boston, tinham *descoberto que as proteínas eram fabricadas nos* RIBOSSOMOS *(as fábricas de proteína da célula), que se situavam fora do núcleo (o centro de controle da célula). Mas o DNA, que codificava a informação para fazer a proteína, se localizava dentro do núcleo.*

### O QUE HÁ EM UMA LETRA?

No RNA, a base timina (T) é substituída por uracila (U). Mas como T, U forma um par complementar com adenina (A). U pode ser visto como uma versão equivalente de T. Assim, as quatro letras no RNA são A, G, C, U. Embora a linguagem do RNA e DNA seja sutilmente diferente, a informação codificada é idêntica.

Além disso, não havia nenhum DNA nos ribossomos. Assim, como a mensagem genética vinha do centro de controle à fábrica de proteínas?

* O RNA forneceu a chave. O RNA era um ácido nucléico, como o DNA, e existia em várias formas diferentes. O RNA MENSAGEIRO

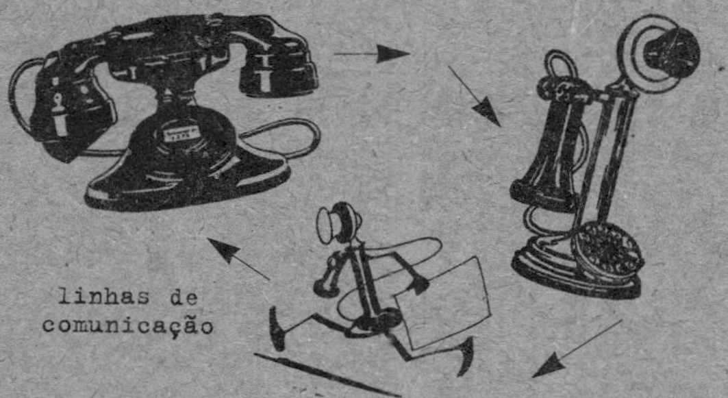


(mRNA) fazia uma cópia da mensagem original de DNA e a transportava do núcleo para a linha de montagem na fábrica de proteínas.

Os aminoácidos eram então trazidos para a fábrica pela MOLÉCULA DE RNA DE TRANSFERÊNCIA (tRNA) e aparafusados na seqüência correta.

* Assim, a produção de proteínas tinha duas fases distintas. Durante a primeira fase (TRANSCRIÇÃO), a hélice de DNA era desenrolada, e nucleotídeos de RNA flutuando no núcleo eram acopladas a seus parceiros complementares em uma das fitas de DNA. Na segunda fase (TRADUÇÃO), a mensagem transcrita era "lida" pelas moléculas de tRNA e convertida em uma seqüência ordenada de aminoácidos.

**PALAVRAS-CHAVE**

**TRANSCRIÇÃO**: processo pelo qual a mensagem do DNA é convertida em seu mRNA equivalente.
**TRADUÇÃO**: processo pelo qual a seqüência de bases no mRNA é traduzida para a seqüência de aminoácidos.
**RIBOSSOMOS**: fábricas de proteína das células, situadas fora do núcleo.

## QUEBRADORES DE CÓDIGO

* Crick identificou um pequeno problema em sua hipótese de código genético. Se o DNA era uma linguagem de palavras de três letras, e cada palavra era composta por quaisquer das quatro letras, então havia 64 (4x4x4) palavras diferentes possíveis. No entanto, havia apenas 20 aminoácidos diferentes. O número de palavras e aminoácidos não se equivaliam.

Enigma resolvido!

*O código genético tinha sido desvendado e era universal. O mesmo trio de letras codificava o mesmo aminoácido, tanto se viesse da receita genética de uma bactéria quanto de um homem.*

alguns códigos dão sinais para começar e parar

## SEQÜÊNCIAS SINTÉTICAS

* De um lado, entra em cena **Severo Ochoa,** da Escola de Medicina da Universidade de Nova Iorque; e, de outro, **Marshall Nirenberg** e seu aluno **Phil Leder,** do Instituto Nacional de Saúde, em Maryland. No início de 1960, as técnicas de biologia molecular estavam avançando rapidamente, e agora era possível desenhar e fazer as moléculas sintéticas de DNA que viessem a sua imaginação.

* Usando um coquetel de DNA, RNA, aminoácidos e RNA POLIMERASE, era possível até mesmo manufaturar proteínas em tubo de ensaio. Mudando o código do DNA e depois observando a seqüência de aminoácidos da proteína manufaturada, eles puderam resolver a relação entre cada um dos 64 trios possíveis e os 20 aminoácidos.

* Eles descobriram que embora cada aminoácido fosse codificado por um código diferente, algumas das 64 palavras possíveis

codificavam o mesmo aminoácido. Em outras palavras, o código do DNA era DEGENERADO. Quando um aminoácido tinha várias palavras-código distintas, a diferença entre as palavras era encontrada sempre na terceira letra do trio. Duas das palavras do código também correspondiam aos sinais de início e parada, como Crick havia previsto, que definiam onde a seqüência de DNA de um gene iniciava e terminava.

| | | | |
|---|---|---|---|
| UUA<br>UUG<br>CUU<br>CUC<br>CUA<br>CUG | UCU<br>UCC<br>UCA<br>UCG<br>AGU<br>AGC | UUU<br>UUC | UAU<br>UAU |
| leucina | serina | fenila-lanina | tiro-sina |
| UGU<br>UGC | UGG | CCU<br>CCC<br>CCA<br>CCG | CAU<br>CAC |
| cisteína | tripto-fano | prolina | histi-dina |
| CAA<br>CAG<br>GAA<br>GAG | CGU<br>CGC<br>CGA<br>CGG<br>AGA<br>AGG | AUU<br>AUC<br>AUA | ACU<br>ACC<br>ACA<br>ACG |
| gluta-mina | arginina | isoleucina | treo-nina |
| AAU<br>ACC | AAA<br>AAG | GUU<br>GUC<br>GUA<br>GUG | GCU<br>GCC<br>GCA<br>GCG |
| aspara-gina | lisina | valina | alanina |
| GAU<br>GAC | GGU<br>GGC<br>GGA<br>GGG | AUG | UAA<br>UAG<br>UGA |
| ácido aspártico | glicina | início! | parada! |

**EXTREMIDADES PERDIDAS**

As observações de Ochoa e Leder se encaixam bem com o que se sabe agora sobre mutações. Já que o código era degenerado, uma alteração mutacional na terceira letra de uma palavra não alteraria necessariamente a seqüência de aminoácidos de uma proteína. E certamente, **a maioria das mutações que observamos em organismos vivos ocorre na terceira letra de uma palavra**. É mais provável que aquelas que ocorrem na primeira ou segunda letra causem redução na chance de sobrevivência de um organismo. E tem mais, uma mutação no ponto de início ou parada é uma má notícia. Sem sinal de início, nenhuma proteína pode ser produzida. Sem sinal de parada, a seqüência de aminoácidos cresce indefinidamente. E como qualquer motorista sabe, a remoção de sinais de parada pode ter conseqüências imprevisíveis!

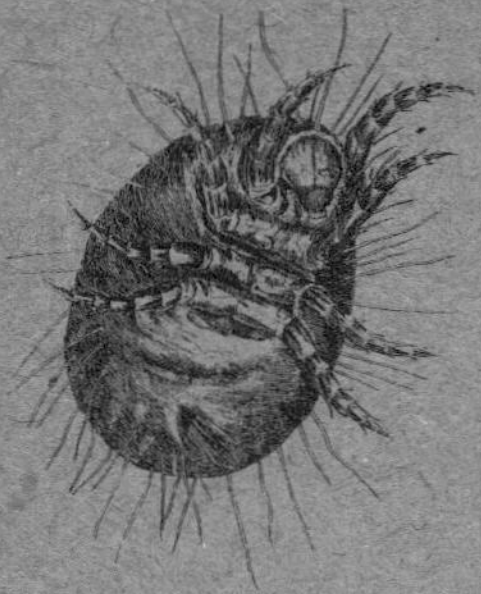

as pessoas provavelmente imaginam assim uma bactéria mas nem todas são más

## BACTÉRIAS

*** Agora que o código genético tinha sido desvendado, a próxima etapa lógica seria decifrar a seqüência real de letras no DNA de um organismo particular – e ver como as proteínas eram feitas e como elas se ajustavam para compor um organismo totalmente crescido. Organismos simples como bactérias pareciam o melhor ponto de partida.**

### SIMPLES E AINDA ASSIM SURPREENDENTE

* As bactérias estão em todos os lugares. Você pode encontrá-las nos oceanos mais profundos, no solo, no seu alimento, na sua face, nos seus intestinos – e mesmo nas páginas deste livro. As bactérias têm má reputação porque algumas causam doenças desagradáveis ao homem. Mas a maioria é relativamente benigna e de vida livre, e apenas uma pequena porcentagem nos causa algum dano.

* As bactérias não têm muito para mostrar. Elas consistem de apenas uma única célula microscópica e se parecem muito umas com as outras. Mas os biólogos logo descobriram que as aparências podem enganar – e dentro da célula havia muita coisa intrigante. Para começar, não havia núcleo. Além disso, no lugar de cromossomos pareados, elas tinham apenas um único cromossomo circular feito de dupla hélice de DNA.

### Bactérias desagradáveis

*Quais as doenças bem conhecidas causadas por bactérias? Tente estas por exemplo: cólera, tuberculose, sífilis, gonorréia, para citar algumas. Ao longo dos últimos séculos, todos esses estraga-prazeres passaram por tempos difíceis, não por causa dos avanços médicos, mas pelo aumento do padrão de higiene.*

PALAVRAS-CHAVE

**PROCARIOTOS:** organismo unicelular sem núcleo (por exemplo, bactérias).

**EUCARIOTOS:** qualquer organismo cujas células contenham núcleo (por exemplo, porcos e homem).

***** As bactérias tinham outras surpresas em estoque. Além do cromossomo circular único, que todas as bactérias possuíam, algumas células carregavam moléculas circulares adicionais muito menores de DNA dupla hélice, chamadas de <u>PLASMÍDEOS</u>, que podem replicar independentemente do resto do cromossomo bacteriano.

as bactérias estão em toda a parte

***** Todos os plasmídeos carregam genes que comandam seu próprio ciclo de vida, mas alguns podem afetar também as características da célula hospedeira. Por exemplo, ***muitas bactérias são resistentes a antibióticos – e os genes responsáveis normalmente são encontrados nos plasmídeos residentes, e não no cromossomo.*** Os plasmídeos são como inquilinos genéticos, exploram os recursos do hospedeiro para sua replicação e oferecem os próprios genes em troca.

### Não tão más

*Uma bactéria, entre as demais, tem dado uma enorme assistência aos cientistas engajados na pesquisa genética. Ela foi descoberta em 1885, vivendo tranqüila e satisfeita nos intestinos humanos, pelo biólogo Theodor Escherich e posteriormente denominada em sua honra.* ***Escherichia coli*** *– ou* ***E. coli****, para abreviar – tem sido o organismo preferido pelos geneticistas bacterianos nos últimos 50 anos.*

os plasmídeos também carregam genes

# LIGANDO OS GENES

*** Como a expressão dos genes era regulada? Como os genes eram ligados e desligados? No início de 1960 três cientistas franceses, Arthur Pardee, Francis Jacob, e Jacques Monod, trabalhando no Instituto Pasteur em Paris, fizeram um avanço maior fundamental ao descobrirem o operon.**

PALAVRAS-CHAVE

GENES ESTRUTURAIS: codificam proteínas envolvidas na estrutura e no metabolismo celular.

GENES REGULADORES: codificam proteínas que ligam ou desligam os genes.

"O que se aplica a E. coli se aplica aos E. lefantes."

JACQUES MONOD

## INTERRUPTORES SUTIS

* Trabalhando com a bactéria *E. coli*, Pardee, Jacob e Monod fizeram uma observação intrigante. Eles fizeram as bactérias crescer em um meio nutritivo contendo um açúcar chamado lactose, que as bactérias usavam como fonte de energia. Quando a lactose estava presente no meio, elas produziam duas enzimas.

* Uma enzima, chamada PERMEASE, aumentava a velocidade com que as bactérias podiam captar o açúcar do meio para suas células; e a outra enzima, BETA-GALACTOSIDASE, digeria o açúcar. Todavia, quando a lactose era removida do meio nutritivo, a bactéria parava de produzir as duas enzimas.

* Parecia que os dois genes que codificavam as enzimas eram ligados na presença do açúcar. Mas Pardee, Jacob e Monod logo descobriram que

o açúcar não afetava diretamente a transcrição. Ao contrário, ele trabalhava através de um REGULADOR. Este era um gene que estava ligado permanentemente e produzia uma PROTEÍNA REPRESSORA, que funcionava como um cadeado de DNA. Quando o açúcar estava ausente, a proteína repressora evitava que a RNA polimerase fizesse um transcrito de RNA dos genes codificadores das enzimas. Mas o açúcar destrancava o cadeado, possibilitando a transcrição dos genes das enzimas.

* Os dois genes codificadores das enzimas ficavam próximos um do outro no DNA bacteriano. Em frente desses dois genes havia um PROMOTOR – uma seqüência de poucas centenas de bases que o RNA polimerase

**JACQUES MONOD**

A citação de Monod não está inteiramente correta. Embora existam similaridades, a expressão gênica em organismos superiores é muito mais complicada que em bactérias. Ao contrário de bactérias, animais e plantas se especializaram para desempenhar diferentes tarefas e a expressão gênica recai sobre um padrão complexo pré-programado de desenvolvimento, bem como de sinais externos.

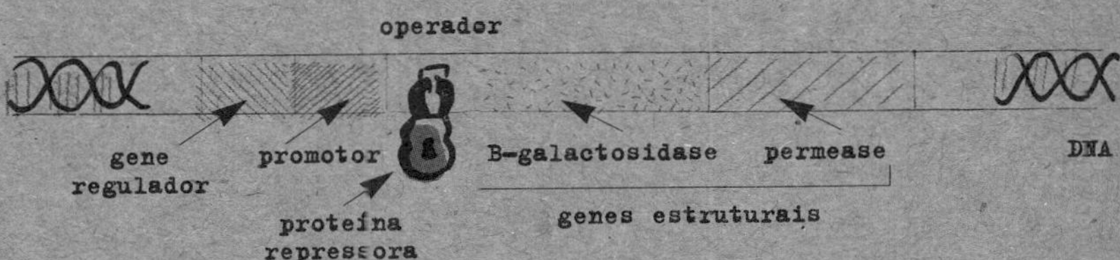


na ausência de lactose, a proteína repressora se liga ao centro de controle. A lactose destranca o cadeado e permite que a RNA polimerase se ligue ao promotor e transcreva os genes estruturais

usava para se ancorar ao DNA antes de iniciar a transcrição. Mas entre o PROMOTOR e os dois genes codificadores das enzimas ficava um outro sítio – o operador. Era aqui que o repressor se ligava ao DNA quando o açúcar lactose estava ausente, impedindo o RNA polimerase de transcrever os dois genes codificadores das enzimas.

**PALAVRAS-CHAVE**

**OPERON:** grupo de genes estruturais adjacentes, controlados por um operador comum.

**PROMOTOR:** região do DNA em frente ao gene onde a RNA polimerase liga-se antes de iniciar a transcrição.

## AMOR LIVRE ENTRE BACTÉRIAS

*** Mendel tinha suas ervilhas, Morgan, suas moscas-das-frutas - mas para qualquer geneticista aspirante dos anos 60, as bactérias foram as estrelas do espetáculo. E foi a vida sexual excêntrica desses minúsculos organismos que seduziu jovens cientistas, levando-os a se ligarem, sintonizarem-se e vestirem um avental de laboratório.**

o amor está no ar

## SEXO E CÉLULAS ÚNICAS

* A reprodução bacteriana é eficiente mas, no fim das contas, um tanto estúpida. Em compensação, sua vida sexual é mesmo bizarra. Por volta de 1960 foi mostrado que as bactérias levavam uma vida sexual mais variada que a dos humanos. Os experimentos de transformação de Oswald Avery, 20 anos antes, já mostravam que a necrofilia era parte integrante do menu sexual das bactérias. Avery demonstrou que uma bactéria podia tirar proveito da morte de suas vizinhas, ingerindo DNA das células mortas e incorporando-o a sua própria receita genética.

* A transformação não era a única maneira pela qual as bactérias podiam trocar genes. Se a transformação era sexo a distância, então a conjugação era sexo com abraço apertado. A conjugação se iniciava quando duas bactérias se tocavam e fusionavam para formar um fino canal entre elas. Uma célula podia então injetar parte de seu DNA –

### Sexo e reprodução

*Em biologia, há uma grande diferença entre sexo e reprodução – e isto não tem nada a ver com contracepção. Sexo é a mistura de genes, e a reprodução é a multiplicação de indivíduos. Para a maioria dos organismos, a reprodução envolve sexo. Mas para bactérias, sexo e reprodução não são absolutamente a mesma coisa. A reprodução bacteriana é uma coisa muito simples. A célula faz uma cópia de seu cromossomo, alonga-se, e então se divide em duas. Esta assim chamada fissão binária produz dois descendentes geneticamente idênticos. Quando as condições são favoráveis, as bactérias podem se dividir a cada 30 minutos, mais ou menos.*

normalmente um plasmíceo – através do canal, para o outro parceiro. E a conjugação podia chegar a uma orgia total, quando outras células tentavam participar da ação.

## INTERCÂMBIO VIRAL

* Já tinha sido descoberto que as bactérias também podiam fazer uso de vírus para troca de genes uma com a outra. Ocasionalmente, quando novas partículas virais estavam sendo formadas dentro da célula bacteriana, alguns dos genes da própria bactéria eram incorporados por engano naqueles do vírus. Quando o vírus infectava outra célula, ele podia transmitir uma mistura de DNA viral e bacteriano.

**Divisão da célula procariota**

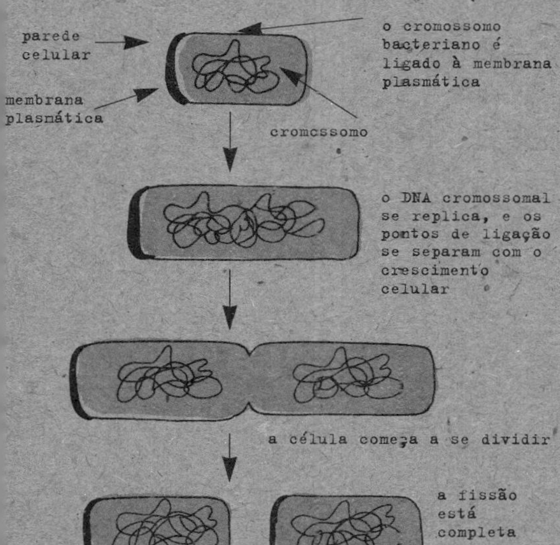


### Eletroterapia

*A transformação bacteriana é um evento raro sob condições normais. Mas os cientistas já perceberam que o tratamento das bactérias com choques elétricos de alta voltagem torna-as mais que dispostas a cooperar e captar o DNA estranho.*

tudo que é preciso é alguma energia extra

QUERIDINHAS

As bactérias são o sonho dos geneticistas. Por se reproduzirem tão rápido e serem tão flexíveis na capacidade de trocar pedaços de DNA uma com a outra, elas parecem ser as ferramentas perfeitas para estudar e manipular os genes.

## A EXTRAÇÃO DE DNA

**★ Antes que os geneticistas pudessem começar a mexer com genes, eles tinham que extrair o DNA das células, e depois isolá-lo e purificá-lo de todos os outros constituintes da célula. Isso já havia se tornado um procedimento de rotina, embora complicado, dependendo de um conhecimento íntimo das propriedades físicas e químicas da célula e de seu DNA.**

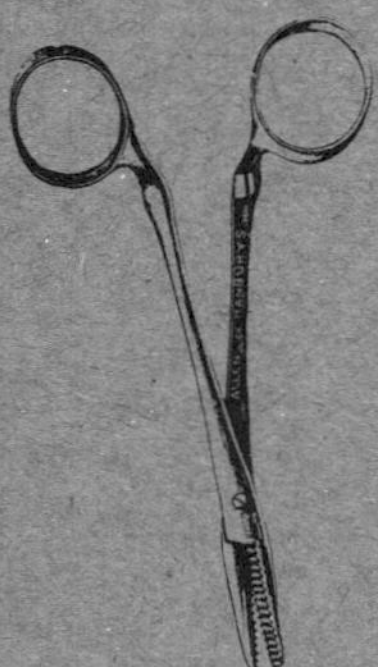

os cientistas gostam de cortar a cauda de camundongos

## DESCONECTANDO

★ O DNA pode ser extraído de qualquer organismo que você imaginar, embora seja mais fácil extraí-lo de alguns organismos que de outros. O ponto de partida óbvio é uma amostra de células do organismo em que se está interessado. De onde estas células vêm depende primeiramente do tamanho do animal. Se for um animal grande, tal como um homem ou um hipopótamo, uma amostra de sangue contêm células suficientes para começar. Em animais pequenos, algumas vezes é necessário cortar um pedaço de tecido.

Em camundongos, uma maneira comum de se obter algumas células é cortar um pedaço da extremidade da cauda. Com criaturas menores, tal como os insetos, o animal todo é sacrificado em nome da ciência.

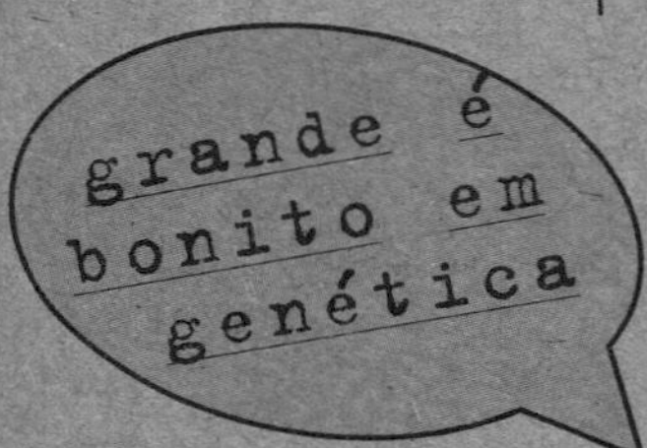

uma amostra de sangue de um hipopótamo é tudo de que você precisa

## GOSMA

* Em animais multicelulares, as células normalmente estão agrupadas formando tecidos, de maneira que a amostra tem que ser fisicamente moída para fragmentá-las. As bactérias não apresentam tais problemas porque já estão na forma de células únicas.

* Tendo separado as células, a próxima etapa é rompê-las. As membranas celulares contêm grandes quantidades de moléculas de gordura, assim os geneticistas usam suas próprias versões de detergentes de limpeza para dissolver as gorduras em água. Um pouco de detergente é adicionado ao tubo de ensaio contendo as células; após agitá-lo rapidamente, fica-se com uma gosma viscosa. O DNA em que se está interessado flutua no tubo de ensaio.

## PESO PESADO

* Sendo uma molécula longa e relativamente pesada, o DNA pode ser separado dos constituintes mais leves da gosma usando-se o brinquedo favorito dos geneticistas – a CENTRÍFUGA. Depois que os materiais mais leves foram descartados, dois produtos químicos, fenol e álcool, devem ser usados para dissolver as proteínas e o RNA, respectivamente. No final, você vai ficar só com um minúsculo e pouco visível pélete de DNA compactado no fundo do tubo. O pélete de DNA é dissolvido em água e, abracadabra, você tem seu DNA em forma utilizável.

### Centrífuga

*Uma centrífuga é um aparelho usado para separar líquidos ou partículas de densidades diferentes. Ela consiste de um cilindro giratório contendo cavidades para tubos de ensaio, que giram muito rápido (até 40.000 rpm) em círculos horizontais. Quando os tubos de ensaio giram, as partículas mais pesadas migram para o fundo do tubo, deixando as partículas mais leves na fase superior.*

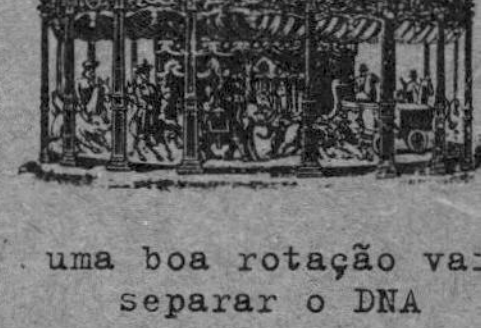

uma boa rotação vai separar o DNA

os ataques virais mantêm os médicos ocupados o inverno todo

# TESOURAS MOLECULARES

**✱ O DNA é uma molécula muito longa e difícil de ser manuseada. Assim, antes que pudessem começar a manipulá-lo, os geneticistas encontraram um modo de cortá-lo em pedaços menores e mais manejáveis. Suas pesquisas os levaram, quase que inevitavelmente, às bactérias. As bactérias produzem suas próprias tesouras moleculares, que elas usam para se defender de ataques virais.**

## AUTODEFESA

✱ Em 1970, um grupo de pesquisa liderado por **Hamilton Smith**, da Universidade John Hopkin, estava estudando a bactéria *Hemophilus influenza*. Eles observaram que certos extratos químicos tirados da bactéria tinham a capacidade de cortar a molécula de DNA em pontos precisos em sua seqüência. Estas eram as ENZIMAS DE RESTRIÇÃO das bactérias – seu próprio sistema de autodefesa.

✱ As bactérias estão sob constantes ataques virais. Contudo, muito pouco desses ataques virais resultam em infecção bem-sucedida. As enzimas de restrição cortam em pedaços qualquer DNA invasor estranho. Um escudo químico protege o DNA da própria bactéria de ser cortado por suas tesouras moleculares.

### De onde vem seu nome?

As enzimas de restrição são nomeadas de acordo com a bactéria onde elas foram descobertas pela primeira vez. Pegue ***Eco*RI**, por exemplo. A parte do nome em itálico é uma abreviação da bactéria ***Escherichia coli***.

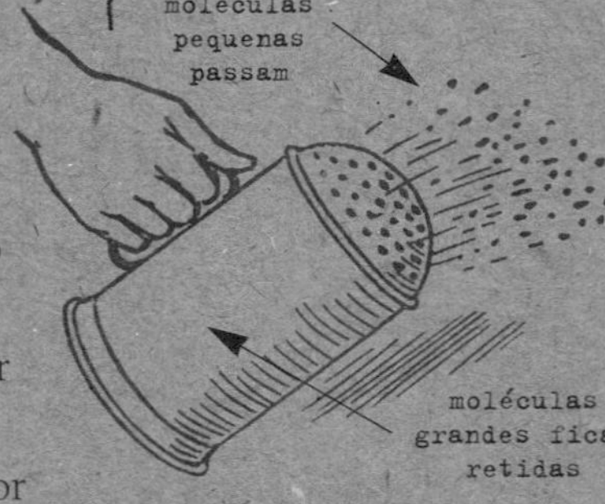


a agarose funciona como uma peneira molecular

traga-me meu arco
de ouro ardente
traga-me meu
escudo de DNA

* Uma enzima de restrição só vai cortar um DNA se ela reconhecer uma seqüência específica de letras dentro dele. Por exemplo, a enzima de restrição *EcoRI* só irá cortar o DNA se detectar as letras GAATTC na seqüência de DNA. Uma pesquisa de outras espécies de bactérias já descobriu centenas de enzimas de restrição diferentes, cada uma com seu sítio de reconhecimento específico.

* Depois que o DNA foi cortado por uma enzima de restrição, os fragmentos de tamanhos diferentes podem ser separados uns dos outros, usando-se a técnica denominada ELETROFORESE. As moléculas de DNA têm uma carga elétrica negativa. Assim, se uma corrente elétrica é aplicada, elas se moverão em direção ao eletrodo positivo. A separação real também depende do uso de um tipo especial de gel chamado agarose, que funciona como uma peneira molecular.

* A mistura de fragmentos de DNA de diferentes tamanhos é colocada em uma das extremidades do gel; quando a corrente elétrica é ligada, os fragmentos de DNA começam a migrar para o eletrodo positivo na outra extremidade. Mas como a agarose funciona como uma peneira molecular, os fragmentos maiores encontram mais dificuldade que os menores para deslizar pela malha molecular, assim, os fragmentos se separam uns dos outros por ordem de tamanho.

**ESPETÁCULO DE LUZES**

Para visualizar os fragmentos, usa-se um corante especial chamado brometo de etídio, que se liga à molécula de DNA. Embora incolor na luz normal, o corante tem um brilho laranja claro, quando visto sob luz ultravioleta (UV).

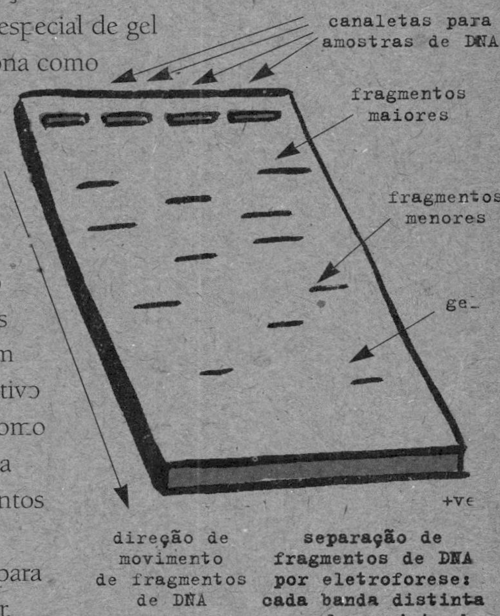


**separação de fragmentos de DNA por eletroforese: cada banda distinta no gel consiste de milhares de fragmentos de tamanhos idênticos**

CAPÍTULO 3

# FAZENDO MAPAS

**★ As enzimas de restrição possibilitaram que os biólogos começassem a fazer os primeiros mapas físicos de DNA. Esses mapas marcavam a ordem dos sítios de restrição no cromossomo, e não a ordem dos genes. Mas os sítios de restrição eram marcas genéticas úteis. Observando-se padrões de herança associados entre essas marcas genéticas e determinadas características, os biólogos puderam estabelecer a localização de genes específicos.**

## O FATOR FRAGMENTO

★ Para ilustrar como as enzimas de restrição podem ser usadas para fazer um mapa físico de DNA, imagine que você está interessado em fazer um mapa de um pedaço de DNA que tem 10.000 letras. Primeiro, você tenta cortar o DNA com uma única enzima de restrição – *EcòRI*, por exemplo – que reconhece e corta o DNA onde quer que ocorram as letras GAATTC na seqüência de DNA. Após incubar seu DNA com a enzima por algumas horas, você corre o seu DNA em um gel de agarose.

★ Quando você observar o gel de agarose sob luz UV você verá que o DNA original foi cortado em três fragmentos menores, cujos comprimentos são por volta de 2.000, 3.000 e 5.000 letras, respectivamente. Isto imediatamente diz que o DNA original de 10.000 letras tem dois sítios de clivagem – dois lugares onde as letras GAATTC ocorrem na seqüência.

PALAVRAS-CHAVE

**MAPA FÍSICO:** mapa baseado na ordem das letras de DNA.

**MAPA GENÉTICO:** mapa baseado na ordem dos genes (ver página 55).

### Fácil?

*À direita está um exemplo relativamente simples! Na prática, os biólogos podem usar muito mais enzimas, cada uma separadamente ou combinadas, para determinar o arranjo ordenado dos sítios de restrição.*

* O que você ainda não sabe é a ordem em que estes sítios de clivagem ocorrem. Com estes dois sítios, são possíveis três arranjos:

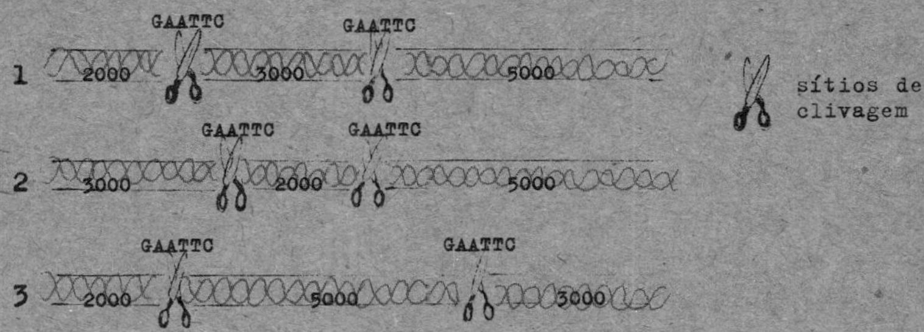


* Para decidir entre estas alternativas, é necessária uma segunda enzima. Suponha uma segunda enzima (*Eam*HI, por exemplo) que tem o sítio de reconhecimento GGATCC e que corta o fragmento de DNA de 10.000 letras em apenas dois fragmentos, um de 500 letras e outro de 9.500 letras. Com apenas um sítio de clivagem há apenas um arranjo possível:

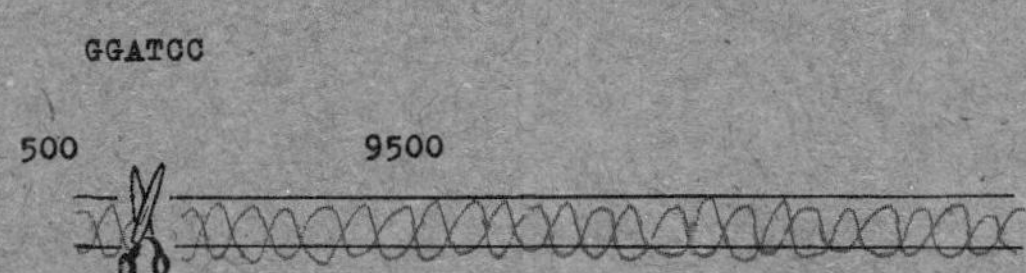


* O uso simultâneo de uma mistura das duas enzimas pode ajudar a resolver a ordem dos sítios de restrição de *Eco*RI. Se um produto do digesto duplo produzir quatro fragmentos consistindo de 500, 2.000, 2.500 e 5.000 letras, então saberemos imediatamente que o seguinte arranjo descreve a ordem correta dos sítios de restrição de *Eco*RI:

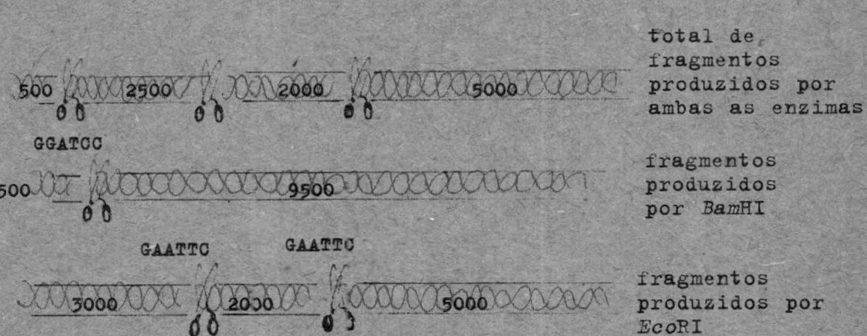

## LIÇÕES DE CULINÁRIA

*** A genética estava começando a parecer uma culinária avançada, com o DNA como ingrediente principal. O laboratório tornou-se a cozinha do geneticista, completa, com produtos químicos caros e acessórios. Mas o potencial de sua tecnologia era enorme. Você podia extrair DNA de qualquer organismo que quisesse, cortá-lo em pedaços e usar bactérias como fábricas de multiplicação para produzir milhões de cópias de genes individuais para análise posterior.**

Hoje, nós vamos fazer *E. coli*. Bactérias são extremamente fáceis de fazer na cozinha. Uma placa de plástico suja é tudo que precisamos para fazer uma coleção adorável de bactérias para sua família...: próxima semana, penicilina

sopa de DNA?

## CLONANDO GENES

* A quantidade de DNA obtida de uma simples extração de DNA não seria suficiente para todos os propósitos experimentais. Se os geneticistas quisessem mexer com genes, eles precisariam produzi-los aos milhões. Assim, antes que um gene pudesse ser estudado em detalhe, ele precisava ser CLONADO.

* A clonagem envolvia a generosa, embora não completamente espontânea, e colaboradora participação das bactérias. Após o DNA do organismo escolhido ter sido extraído e purificado, as enzimas de restrição eram usadas para cortar o DNA em grandes quantidades de fragmentos menores e mais manejáveis. Colocar esses fragmentos em uma bactéria requeria um VETOR. Os plasmídeos eram ideais para isso. Com alguma persuasão química

amigável, os plasmídeos podiam normalmente ser encorajados a incorporar um fragmento individual de DNA em sua própria receita genética. O plasmídeo, contendo agora um pedaço de DNA estranho, podia então ser reintroduzido na bactéria hospedeira.

colhendo o DNA

## CULTIVANDO E COLHENDO

* As bactérias como *E. coli* são extremamente fáceis de cultivar em laboratório. Uma placa plástica, medindo cerca de 3 polegadas (10 cm) de diâmetro e contendo uma mistura de uns poucos nutrientes básicos para bactéria, é mais que suficiente para mantê-las felizes. O potencial multiplicador das bactérias e dos próprios plasmídeos assegura que após uns poucos dias sua placa plástica terá milhões de cópias de seu fragmento de DNA original, guardados dentro da bactéria hospedeira. Tudo o que precisa ser feito então é "colher" o DNA de cada um dos plasmídeos dentro das células bacterianas.

**PALAVRAS-CHAVE**

**CLONES E CLONAGEM:** um clone é uma cópia idêntica. Clonar significa fazer uma ou mais cópias de alguma coisa. Em biologia, o termo clone pode se referir tanto a um organismo quanto a um gene. Gêmeos idênticos, por exemplo, são clones genéticos um do outro.

**BIBLIOTECA GÊNICA:** coleção de fragmentos de DNA clonados que representam a receita genética completa de um organismo; também chamado banco genômico.

**DNA RECOMBINANTE:** DNA que contém genes de duas ou mais fontes distintas combinados por meio de engenharia genética.

**VETOR:** um veículo usado para inserir um pedaço de DNA estranho em uma célula hospedeira; os vetores usados normalmente em engenharia genética são plasmídeos ou vírus.

separando as seqüências

**FRED SANGER**

Fred Sanger foi o primeiro a deduzir a seqüência de aminoácidos de uma proteína, e recebeu o prêmio Nobel, em 1958. Em 1980, recebeu seu segundo prêmio Nobel pelo pioneirismo no seqüenciamento de DNA. Foi a primeira vez que dois prêmios Nobel de química foram dados à mesma pessoa. Em Sanger, o seqüenciamento óbviamente estava em seus genes! Na Inglaterra, o Centro Sanger, em Cambridge, é o lar do seqüenciamento de DNA, não apenas de humanos mas de muitas outras espécies.

# SEQÜENCIANDO O DNA

*** Tendo obtido milhões de cópias de um determinado fragmento de DNA, a próxima etapa óbvia era seqüenciá-lo e determinar sua ordem linear de letras. O seqüenciamento de DNA foi feito pela primeira vez em 1977, pelo bioquímico Fred Sanger, em Cambridge.**

## CERTO, DISSE FRED

* A técnica de seqüenciamento de Sanger se baseou na maneira pela qual a nova fita de DNA foi feita a partir de um molde, durante a replicação do DNA. Com pequenas modificações importantes, ele simplesmente transportou a reação química de síntese de DNA do núcleo para o tubo de ensaio.

* Sanger tomou quatro tubos de ensaio, marcados A, G, C, e T. Em cada tubo, ele colocou múltiplas cópias da cadeia de DNA a ser seqüenciada, mais um suprimento de cada uma das quatro letras de DNA (A, G, C, e T). Em seguida, ele adicionou algumas versões quimicamente modificadas das quatro letras de DNA, que agiam como inibidores durante a reação de seqüenciamento. No tubo marcado com A, ele adicionou o inibidor A; no tubo G, ele adicionou o inibidor G; e assim para os outros dois tubos. Em seguida, ele aqueceu as misturas em cada tubo, o que causou a abertura dos fragmentos de DNA dupla fita, resultando em grandes quantidades de DNA de fita simples.

* Após abaixar a temperatura, Sanger adicionou um pouco de DNA polimerase a cada tubo, o que ajudou a parear as letras de DNA flutuando livres com suas bases complementares no molde de DNA. Se um inibidor complementar era incorporado, e não uma letra complementar, então qualquer adição de letras na cadeia crescente de DNA era bloqueada. Ao final da reação de seqüenciamento, o tubo A, por exemplo, deveria conter uma mistura de subfragmentos cujos comprimentos corresponderiam às posições dos A no molde original.

Sanger desenvolveu uma nova técnica de seqüenciamento de DNA

**CONFUSO?**

Imagine se a seqüência do fragmento de DNA que você está tentando determinar seja ATGCCTAGGC. Os fragmentos produzidos em cada um dos quatro tubos deverá ser:

| Tubo A | Tubo G | Tubo C | Tubo T |
|---|---|---|---|
| A | ATG | ATGC | AT |
| ATGCCTA | ATGCCTAG | ATGCC | ATGCCT |
| | ATGCCTAGG | ATGCCTAGGC | |

Como os quatro tubos de reação de Sanger geraram todos os subfragmentos possíveis de sua seqüência molde, ele pôde decifrar a seqüência original simplesmente separando os fragmentos de diferentes tamanhos, usando eletroforese, e então "lendo" a seqüência do gel.

conteúdos de tubo A, tubo G, tubo C, tubo T

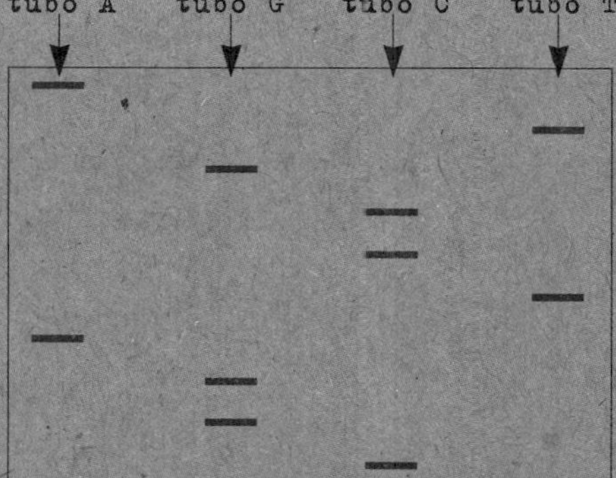

sequência de cada fragmento

A
AT
ATG
ATGC
ATGCC
ATGCCT
ATGCCTA
ATGCCTAG
ATGCCTAGG
ATGCCTAGGC

# SURPRESAS DO DNA

*** A descoberta de Sanger causou grande alegria na comunidade de geneticistas. Agora seria finalmente possível ler o manual de instruções do DNA de um organismo do início ao fim, e talvez mesmo chegar a entender a grande questão de como um vírus, uma bactéria, uma planta, ou mesmo um ser humano, são montados. O seqüenciamento de DNA era uma nova técnica radical, e foi adotada pelos geneticistas em massa. Mas havia mais surpresas guardadas.**

### Introns e Exons

*Remova os "introns" da seguinte sentença para revelar o significado do gene:*

meu*usxvcfpet*porco*daztyeyd*terra *sqd*se*ccrc*hama*gyios*pedro

**PALAVRAS-CHAVE**

**INTRONS:** as regiões não codificadoras de um gene.

**EXONS:** as regiões codificadoras de um gene; introns e exons são encontrados apenas em células eucariotas (células que têm núcleo) e não em bactérias.

**PSEUDOGENE:** uma seqüência de DNA que se assemelha a de um gene funcional, mas contém mutações que impedem seu funcionamento.

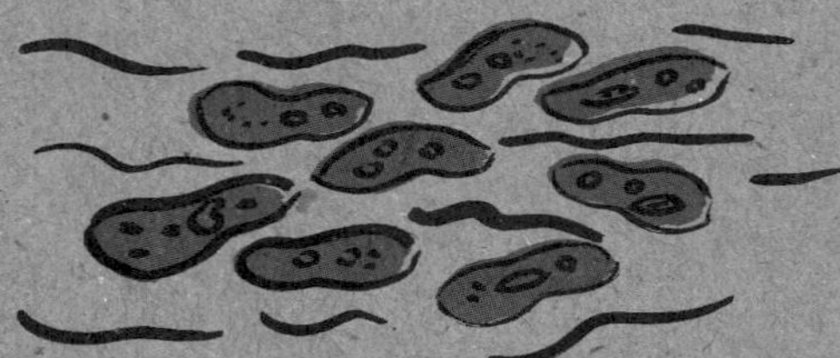

## VÍRUS E BACTÉRIAS

* Os primeiros organismos sob exame de seqüenciamento foram vírus e bactérias. Eles pareciam simples o suficiente. Seus genes estavam arranjados apropriada e nitidamente em ordem linear regular, e cada gene produzia um pedaço de RNA que era traduzido em uma proteína. Mas quando os geneticistas voltaram sua atenção para organismos mais complexos, as coisas começaram a parecer um pouco mais complicadas.

# EXCESSO DE BAGAGEM

* Alguns genes tinham mais DNA que o necessário para fazer uma proteína. Era como se carregassem excesso de bagagem. Foi descoberto que os genes eram feitos de <u>SEQÜÊNCIAS CODIFICADORAS (EXONS)</u> intercaladas com <u>SEQÜÊNCIAS NÃO CODIFICADORAS (INTRONS)</u>.

os cientistas celebram a descoberta de Sanger

* Embora a seqüência total do gene fosse transcrita para a molécula de RNA, os introns eram retirados antes que o RNA transcrito saísse do núcleo para a fábrica de proteínas. E seqüências não codificadoras não estavam aparecendo apenas nos genes...

alguns genes carregam excesso de bagagem

## Pseudogenes

*Freqüentemente, os próprios genes são separados por grandes extensões de DNA sem significado. Esse DNA parece não produzir nenhuma proteína, nenhum RNA, nada. Ele simplesmente está lá, ocupando espaço no cromossomo. Alguns pelo menos se parecem com os genes codificadores que estão próximos. Talvez esses assim chamados pseudogenes já tenham feito parte da receita genética – mas repletos de mutações, eles tornaram-se defuntos e agora não passam de fósseis genéticos?*

## GENES SALTADORES

os genes saltadores chegam sem ser convidados

**★ A maior parte do "lixo" genético parece consistir de seqüências DNA altamente repetitivas. Humanos, por exemplo, têm entre 300.000 e 500.000 cópias de um segmento de 300 letras de DNA, dispersas em suas receitas genéticas. Os geneticistas logo descobriram que o genoma de um organismo(seu complemento de DNA) inclui não apenas seus próprios genes mas também uma grande quantidade de parasitas genéticos.**

## O DNA EGOÍSTA

★ Há muito tempo havia uma leve suspeita de que nem todo DNA agia em interesse do seu próprio organismo. No início de 1950, a geneticista **Barbara McClintock** postulou a existência dos assim chamados "GENES SALTADORES", que podiam se mover de uma região para outra no cromossomo. A tecnologia do DNA RECOMBINANTE e o seqüenciamento de DNA desvendaram muitos dos segredos do genoma, e os genes saltadores – ou ELEMENTOS TRANSPONÍVEIS, para dar seu nome certo – começaram a aparecer em todos os lugares. Normalmente, com cerca de 1.000 letras, os genes saltadores contavam

os genes saltadores foram investigados pela primeira vez em milho

**BARBARA MCCLINTOCK**

A geneticista americana **Barbara McClintock** (1902-1992) apresentou pela primeira vez seu trabalho pioneiro sobre genes saltadores em milho, em 1951. Mas a comunidade científica não ficou convencida – e isto não mudou até 1970, quando os biólogos moleculares confirmaram a existência de genes saltadores em bactérias, e então seu trabalho ganhou o crédito merecido. Ela ganhou o prêmio Nobel, em 1983.

com o sistema de replicação do hospedeiro para fazer cópias de si mesmos. ***Foi descoberto que os genes saltadores codificavam uma transposase, enzima que os capacitava a saltar no DNA.*** Ao contrário dos plasmídeos bacterianos, não havia um pingo de altruísmo nesses elementos genéticos móveis. Eles eram parasitas moleculares cuja única razão de ser era se replicarem e serem transmitidos à próxima geração.

Você sabia que cerca de 75% de seu DNA é lixo?

# PRAGA NÔMADE

* Para um organismo, genes saltadores são definitivamente uma deficiência genética. Eles podem causar mutações importantes se forem inseridos em um dos genes do próprio organismo. De fato, pensa-se agora que muitas mutações são causadas por esses nômades cromossomais.
* Os genes saltadores também podem explicar a existência de lixo genético. A grande maioria do LIXO GENÉTICO é agora considerado pelos cientistas como remanescentes de genes saltadores e outros parasitas genéticos, como os vírus, que se inseriram nos cromossomos anos atrás, mas foram desde então imobilizados por mutação.

## Lixo genético

*Estima-se que cerca de 75% do DNA em humanos seja lixo. Em outras espécies, a situação é até pior. Os anfíbios parecem ser os maiores acumuladores de lixo genético. As salamandras, por exemplo, têm 20 vezes mais DNA que humanos e a maior parte dele é lixo.*

tanto lixo genético

# CASOS EXTRANUCLEARES

*** O DNA não está confinado apenas ao núcleo. Em plantas e animais, os genes também são carregados em DNAs circulares independentes, em estruturas celulares especializadas, situadas fora do núcleo.**

> **RELAÇÕES REPENSADAS?**
> A íntima similaridade entre as moléculas de DNA circular de cloroplastos e as mitocôndrias com os cromossomos circulares de bactérias, levou muitos cientistas a especular se as mitocôndrias e cloroplastos foram antes bactérias parasitas que depois desenvolveram uma relação mutual benéfica com seus hospedeiros.

## CASA DAS MÁQUINAS

* A região de uma célula entre sua membrana externa e seu núcleo não tem nada a ver com uma região deserta. Ela está congestionada com ORGANELAS – as miniaturas celulares equivalentes aos órgãos do corpo. Cada tipo de organela tem sua própria função para fazer a manutenção da célula. As organelas mais comuns são as MITOCÔNDRIAS, na forma de salsicha. ***Elas são as casas de máquinas da célula, o lugar de onde elas obtêm toda a nossa energia básica.***

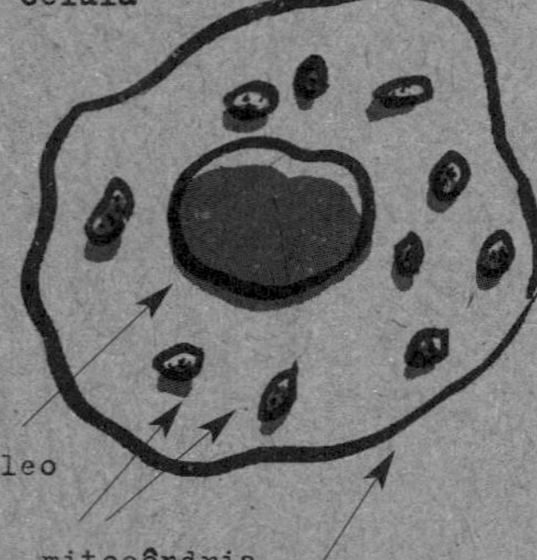


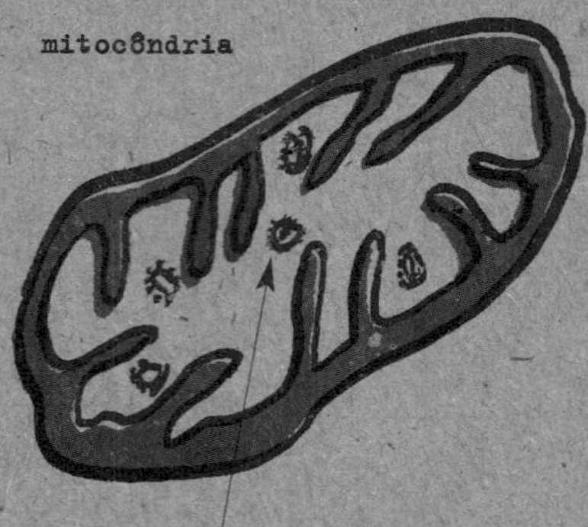

O oxigênio que inspiramos para nossos pulmões acaba entrando, via corrente sangüínea, na mitocôndria de nossas celulas, onde ele é usado para "queimar" combustível (alimento) e produzir energia.

eu lhe dei algumas mitocôndrias, querida

* As mitocôndrias contêm segmentos circulares de DNA dupla fita que carregam apenas uns poucos genes – 13 em humanos. Estranhamente, esses genes não estão todos associados com a função da mitocôndria. A maioria das proteínas que a mitocôndria necessita para queimar combustível é codificada por genes nucleares.

* Outra coisa curiosa sobre o DNA MITOCONDRIAL (mtDNA) é seu estranho padrão de herança: ***elas são passadas exclusivamente pela linhagem materna***. Não importa se você é macho ou fêmea, seu mtDNA vem sempre de sua mãe. Além disso, ele nunca troca seus genes com os vizinhos. As mutações são a única maneira pela qual o mtDNA pode mudar de uma geração para outra.

## FICANDO VERDE

* As mitocôndrias não são as únicas organelas que contêm seu próprio DNA. Em plantas, os CLOROPLASTOS também têm uma molécula circular de DNA dupla fita. Os cloroplastos contêm o pigmento clorofila, que dá às plantas sua cor verde característica e é usado pelas plantas para converter a energia do sol em alimento (açúcar).

as plantas gostam do sol brilhando

HIV E AIDS

A Aids (Síndrome da Imunodeficiência Adquirida) é causada pelo vírus da imunodeficiência humana (HIV). Este retrovírus se insere nas células T do corpo, que fazem parte do sistema de defesa imunológico. As mortes relacionadas à Aids são normalmente o resultado de infecções "oportunistas", causadas por bactérias, fungos, e outros vírus, que são capazes de explorar o sistema imunológico enfraquecido.

## MUDANÇA DE DIREÇÃO

*** As regras da ciência são feitas para serem quebradas. Em 1960, o "dogma central" da biologia molecular, de James Watson, seguiu o caminho das afirmações mais radicais e foi arrasado por uma notável descoberta de** Howard Temin e David Baltimore.

## CONTRA O FLUXO

* O dogma central de Watson, que ainda é exposto por professores de biologia por toda parte, estabelecia que a informação genética sempre seguia em uma direção – DNA produz RNA que produz proteína. Para ser franco, isto geralmente é verdade. Mas, em 1964, Howard Temin encontrou uma exceção importante para essa regra. Temin estava trabalhando com um vírus estranho que tinha RNA, em lugar de DNA, como seu material genético.

as pesquisas sobre o HIV estão avançando

## A MODA RETRÔ

* Temin observou que o vírus era incapaz de infectar uma célula hospedeira, se ele adicionasse um inibidor químico de síntese de DNA ou de transcrição. Isso imediatamente sugeriu que os vírus de RNA precisavam sintetizar DNA para fazer cópias de si mesmos. Em outras palavras, ***Temin descobriu que havia um fluxo reverso de informação genética.***

Os retrovírus são mais do que excentricidades genéticas. Eles são responsáveis por várias doenças humanas graves, incluindo Aids e certos tipos de câncer. Por causa de sua taxa de mutação extremamente alta e pelo fato de poderem evoluir rapidamente, o tratamento eficaz é difícil – é como tentar atingir um alvo móvel.

* Em 1970, Temin e Baltimore descobriram que os vírus de RNA tinham uma enzima especial que podia usar RNA com o molde para síntese de uma fita complementar de DNA. Ele chamou a enzima de TRANSCRITASE REVERSA, e os vírus que a continham foram batizados mais tarde de RETROVÍRUS – por sua capacidade de reverter a direção normal do fluxo de informações.

## A INVASÃO DO RETROVÍRUS

* Depois que o retrovírus entra em uma célula hospedeira, a enzima transcritase reversa sintetiza uma fita de DNA complementar ao molde de RNA. O DNA fita simples faz então uma fita complementar, e o DNA dupla fita se insere em um dos cromossomos do hospedeiro. O DNA é então transcrito em moléculas de mRNA fita simples. Alguns deles dirigem-se às fábricas de proteína da célula para serem traduzidos em proteínas virais. Os remanescentes são envolvidos por essas proteínas para formar novas partículas virais. Esses vírus agora estão prontos para escapar da célula hospedeira e repetir todo o desagradável processo em outra célula desavisada.

**AZT**

Embora não haja, até o momento, cura para Aids, o uso de azidotimidina (AZT) parece aumentar o tempo de sobrevivência de pacientes com Aids. O AZT bloqueia a síntese de DNA, de modo que o retrovírus HIV não consegue fazer cópias de si mesmo.

# ENCONTRANDO OS GENES

*** Como os geneticistas realmente encontram genes específicos? Como eles começam? Em genética humana, a maior parte das pesquisas nessa área tem se concentrado em genes que causam doenças, e a abordagem combina aspectos de genética tradicional e moderna. As árvores genealógicas familiares podem fornecer informações importantes sobre o padrão de herança do gene, e a tecnologia da genética moderna é usada para refinar a procura de regiões específicas de um cromossomo.**

## AGULHAS E PALHEIROS

* Apesar do grande avanço na tecnologia genética nos últimos 30 anos, a procura por um gene ainda é um pouco parecida com a procura de agulhas em palheiros. Apesar disso, muitos genes causadores de doenças foram identificados e localizados em locais específicos no cromossomo. Um dos momentos mais celebrados de caça genética foi a procura pelo gene da fibrose cística, no fim de 1980.

* A primeira etapa do trabalho foi observar o padrão de herança da doença, usando os históricos de casos familiares. A fibrose cística seguia um padrão mendeliano de herança, o que imediatamente informou aos pesquisadores que eles estavam procurando por um único gene. A doença não era mais comum em machos do que em fêmeas, o que excluía o cromossomo X da pesquisa.

**PULMÕES SOFREDORES**

A fibrose cística é causada por um defeito em um único gene e seu principal sintoma é a produção anormal de muco nos pulmões. A doença afeta 1 em cada 2.000 pessoas.

procurando por agulha em palheiro

## JUNÇÃO GÊNICA

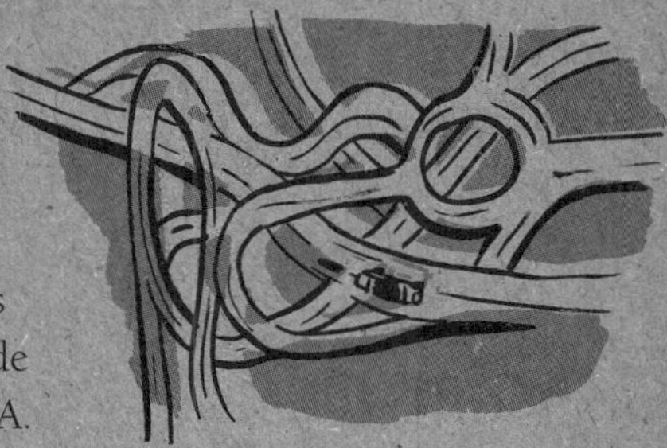

é como se você tivesse perdido seu carro...

* No fim de 1980, os cromossomos humanos foram extensivamente mapeados. Não eram tantos mapas de genes quanto mapas de sítios de restrição – os lugares onde as enzimas de restrição cortam o DNA.

* Imagine os 23 pares cromossômicos como 23 auto-estradas diferentes. Você perdeu seu carro, mas sabe que o carro, o gene metafórico da fibrose cística, está em algum lugar daquelas 23 auto-estradas. Os sítios de restrição são como marcadores de quilometragem das auto-estradas. Cada marcador dá a você duas informações: ele diz em que auto-estrada você está, e onde você está em relação a outros marcadores da auto-estrada.

* Assim, a tarefa que os geneticistas encaravam era identificar o "marcador de quilometragem" que estava fisicamente mais próximo do gene da fibrose cística (depois de encontrar o marcador de quilometragem mais próximo de seu carro, você praticamente encontrou seu carro). Como os segmentos de DNA que estão próximos um do outro no cromossomo são herdados juntos, a pesquisa envolveu a procura de todos os marcadores até encontrar aqueles cujo padrão de herança estivesse mais intimamente associado com o da doença.

* Era um caso de tentativa e erro, mas o gene acabou sendo localizado. O segmento de DNA entre dois marcadores próximos foi cortado e clonado e, por volta de 1990, o gene foi seqüenciado.

### Estrada longa e tortuosa

*Após anos de pesquisa, o gene da fibrose cística foi finalmente localizado em uma região do cromossomo 7. Ele é um gene extraordinariamente grande, constituído de 250.000 pares de base de DNA. Apenas cerca de 2% do gene é realmente DNA codificador. O resto se constitui de seqüências intercaladas não codificadoras (introns). O gene normal codifica uma proteína de 1.480 aminoácidos. A maioria dos casos de fibrose cística se devem a uma pequena deleção mutacional no gene, que leva a uma proteína defeituosa.*

# CAPÍTULO 4

## USANDO NOSSOS CONHECIMENTOS

clonando genes em um tubo de ensaio

*** Nos últimos anos, vários tipos de novos engenhos tecnológicos surgiram em genética molecular. Um dos mais significativos deles foi a Reação em Cadeia da Polimerase (PCR). PCR é equivalente à fotocopiadora do geneticista. Começando com apenas algumas moléculas de DNA, pode-se gerar literalmente bilhões de cópias de uma seqüência específica de DNA, em algumas horas.**

Kary Mullis

### Viagem de descobertas

*O PCR foi inventado pelo geneticista americano, Kary Mullis, que ganhou o prêmio Nobel por seu trabalho. Ele declarou que a idéia lhe veio após uma viagem alucinatória, induzida por drogas, em uma molécula de DNA!*

## PCR E INICIADORES

* ***O PCR é uma maneira rápida e simples de clonar genes em um tubo de ensaio***, sem a necessidade de bactérias, e tem substituído as técnicas convencionais de clonagem em muitas áreas da genética molecular. Mas tem suas limitações: só pode ser usado quando se tem alguma informação sobre a seqüência do segmento de DNA que gostaria de clonar. De outro modo, volta-se à bactéria.

* Cada reação de PCR requer um par de INICIADORES DE DNA. Estes são segmentos pequenos de DNA de fita simples, complementares às seqüências de DNA que estão flanqueando o gene que vai ser copiado. Esses iniciadores vão para um tubo de ensaio com uma amostra de DNA, quantidades generosas dos quatro nucleotídeos (A, G, C e T), e um pouco da enzima DNA polimerase.

# TRÊS ETAPAS FÁCEIS

✱ A reação de PCR consiste de um ciclo de três etapas que se repetem várias vezes. Cada etapa dura cerca de um minuto. Na primeira etapa, a mistura de reação é aquecida ao redor de 90°C, o que separa o DNA dupla fita em duas fitas simples.

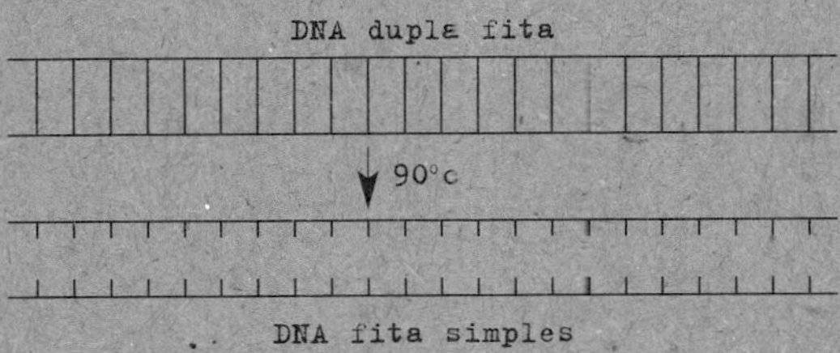


✱ Embora os iniciadores estejam presentes no tubo de ensaio, eles não podem se ligar ao DNA a uma temperatura tão alta. Assim, na próxima etapa, a temperatura é reduzida ao redor de 50°C, o que lhes permite ligar-se às seqüências complementares em cada uma das fitas simples.

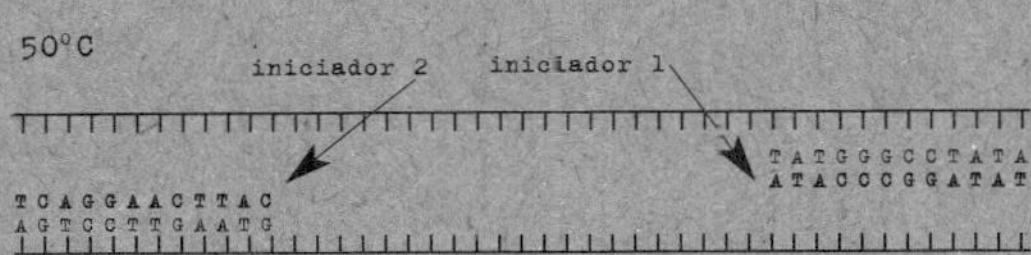


✱ Na etapa final, a temperatura se eleva a cerca de 72°C. A essa temperatura, o DNA polimerase começa a sintetizar novas fitas de DNA, partindo de cada uma das seqüências iniciadoras. Ciclos repetidos das três etapas produzem uma duplicação das moléculas de DNA a cada ciclo. Após cerca de 30 ciclos, o número de cópias de DNA terá aumentado ao redor de um bilhão de vezes.

## Termociclador

*As reações de PCR são feitas em um termociclador – máquina que pode mudar de temperatura rapidamente, em uma ordem programada.*

## Material quente

*A DNA polimerase normal não funciona nas altas temperaturas envolvidas na reação de PCR. Portanto, é preciso uma variedade especial resistente ao calor. Esta é derivada da bactéria* ***Thermus aquaticus****, que vive em fontes quentes, a temperatura de mais de 90°C.*

a temperatura certa é fundamental

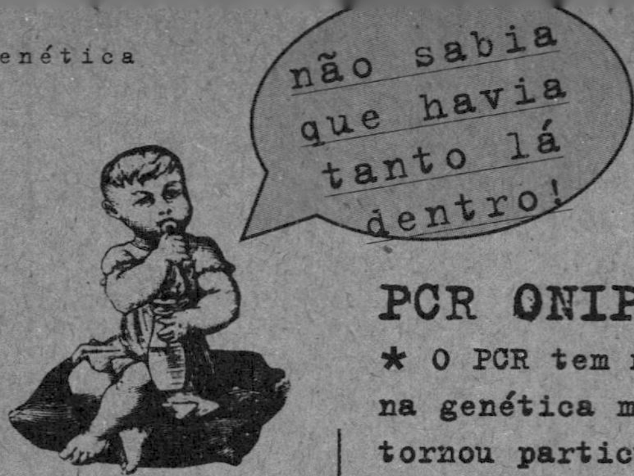


## PCR ONIPRESENTE

**★ O PCR tem muitas aplicações na genética moderna – mas se tornou particularmente importante no diagnóstico clínico de doenças genéticas e no campo da ciência forense.**

Limites efetivos do PCR

*O PCR funciona melhor em segmentos de DNA que têm mais de 100 pares de base e menos de 3.000 pares de base. A técnica pode ser usada a partir de tão pouco quanto alguns picogramas de DNA – isto é, 0,000000000001 gramas de DNA!*

## TRIAGEM GENÉTICA

★ Hoje é comum o exame das receitas genéticas de prováveis pais e fetos para pesquisar genes que causam doenças, particularmente quando há uma história familiar de distúrbio herdado. Isto é possível graças ao PCR. ***Usando-se iniciadores específicos apenas para as seqüências encontradas nos genes causadores de doenças, um teste PCR pode revelar se um indivíduo carrega o gene.***

★ Se o gene estiver presente, os iniciadores irão ligar-se às suas seqüências complementares na molécula de DNA, e a reação de PCR produzirá milhões de cópias do gene defeituoso. Estes são detectados por eletroforese e coloração do DNA com brometo de etídio. Se um indivíduo não carrega o gene, os iniciadores não terão seqüências complementares para se ligar, dando um resultado negativo.

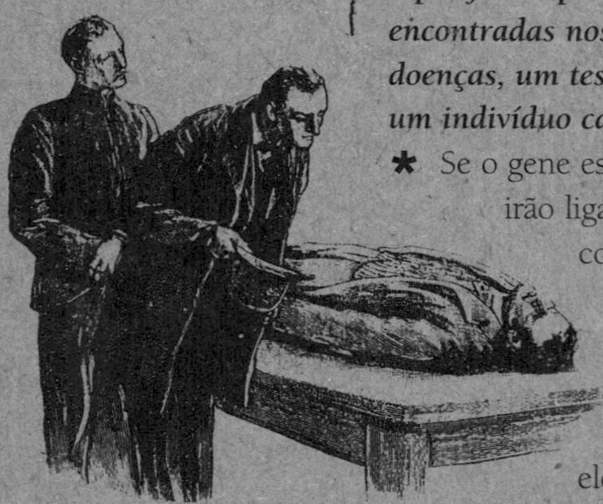

distúrbios herdados em breve poderão ser coisas do passado

uma única célula deixada para trás pode incriminar

## DIAGNÓSTICOS

* O PCR é usado de maneira similar, como teste diagnóstico para a presença de organismos causadores de doenças tais como o vírus HIV e *Mycobacterium*, a bactéria que causa tuberculose. No teste de HIV, o DNA é extraído de uma pequena amostra do sangue do paciente. Então, uma reação de PCR é feita usando-se iniciadores específicos para seqüências encontrados apenas nos genes do vírus HIV. Se os iniciadores não encontrarem uma seqüência para se ligarem, o vírus não pode estar presente.

### Cópias criminosas

*Um dos grandes poderes do PCR é funcionar mesmo com as menores quantidades de DNA. Por esta razão, ele se tornou uma ferramenta inestimável na ciência forense. Cenas de crimes estão repletas de vestígios genéticos potenciais. Os criminosos freqüentemente deixam para trás, involuntariamente, pequenas quantidades de cabelos, pele, sangue e saliva. Todos esses tecidos corpóreos são feitos de células que contêm cópias da receita genética do criminoso. Embora o DNA possa ser extraído de um único folículo capilar, a quantidade obtida é tão pequena que é aparentemente indetectável – isto é, até que se use o PCR para produzir cópias gênicas suficientes para uma análise genética detalhada.*

a ciência forense tem dado saltos desde que o PCR foi inventado

as mulheres são informadas sobre riscos genéticos antes de ter um bebê

### Genes letais

*Cada um de nós carrega cerca de cinco ou seis genes recessivos em nossas receitas genéticas, que nos mataria se tivéssemos duas cópias deles em vez de uma. No entanto, o aparecimento dessas receitas letais em uma criança depende do encontro de dois portadores do mesmo gene e de ambos passarem seus genes recessivos para seus descendentes.*

**PALAVRAS-CHAVE**

**PORTADOR:** pessoa que carrega uma única cópia de um gene recessivo causador de doença.

**CONSULTOR GENÉTICO:** consultor treinado para informar prováveis pais sobre doenças genéticas e os riscos para seus filhos.

## PORTADORES E CONSULTORES

**✱ Hoje, o PCR é usado para testar se prováveis pais são portadores de algumas das doenças genéticas mais graves e mais conhecidas. O resultado desse teste pode ajudar casais a tomar decisões sobre ter ou não um filho, com base em informações sobre os riscos genéticos envolvidos.**

## FIBROSE CÍSTICA

✱ A fibrose cística é causada por um defeito em uma proteína cuja função, em indivíduos normais, é manter um equilíbrio químico na membrana celular. Quem sofre dessa doença tem um acúmulo anormal de muco denso em seu trato respiratório e sistema digestivo. Além de causar problemas de respiração e digestão, o muco é uma base de procriação perfeita para muitas espécies de bactérias nocivas, portanto, infecções como pneumonia são comuns.

## EXEMPLO HIPOTÉTICO

✱ Imagine uma situação em que um casal está planejando ter um filho. Ambos são perfeitamente normais, mas cada um deles vem de uma família que tem uma história de fibrose cística. Há uma grande possibilidade de que os pais sejam ambos portadores de uma única cópia do gene recessivo dessa doença. Assim, eles são encaminhados a um consultor genético, treinado para explicar às pessoas todos os aspectos dos testes genéticos, e ajudá-las a entender qualquer risco potencial de doença genética para seus filhos. Nesse exemplo, o consultor genético recomendará quase com certeza, um teste genético para o gene da fibrose cística. É claro que a decisão de fazer ou não o teste será do próprio casal.

## O TESTE

* Uma pequena amostra de sangue ou um simples raspado bucal é tomado de ambas as pessoas para coletar algumas células. O DNA é extraído das células, e um teste de PCR, usando iniciadores específicos para o gene da fibrose cística, revelará se um ou ambos são portadores ou não.
* Se nenhum ou apenas um deles é portador, então não há chance de que seus filhos herdem a doença. Como a fibrose cística é uma doença recessiva, um indivíduo deve herdar duas cópias do gene da fibrose cística, um de cada pai, para manifestar a doença. Se ambos os pais forem portadores, então seus filhos terão a chance de um em quatro de herdá-la.

### Síndrome de Tay-Sachs

*Esta é uma doença genética recessiva extremamente grave que resulta em cegueira, retardo mental e morte antes dos cinco anos. Nos Estados Unidos, a doença é comum entre os judeus Ashkenazi. Em algumas comunidades Ashkenazi, os casamentos são arranjados, portanto um teste genético poderia determinar se os parceiros são geneticamente adequados um para o outro.*

informação é a chave

## DECISÕES E DILEMAS

**★ Algumas vezes a decisão de se fazer um teste para uma determinada doença genética pode ser extremamente difícil e dramática. Isto é particularmente verdade para a doença de Huntingdon, que não aparece até a meia idade. O resultado de tal teste não irá revelar apenas o destino possível da criança, mas também o destino de seus pais.**

uma escolha terrível

## DOENÇA DE HUNTINGDON

★ A doença de Huntingdon é uma doença genética dominante. Se alguém herdar uma única cópia do gene de Huntingdon, terá a doença. Mas até a meia idade qualquer portador do gene de Huntingdon parece perfeitamente normal. Em algum momento, entre os 35 e 50 anos, o gene torna-se ativo e os sintomas da doença começam a aparecer.

é melhor saber ou permanecer ignorante?

### O complexo de Tirésias

*O dilema diante da opção de um teste para a doença de Huntingdon tem sido chamado de complexo de Tirésias. Na mitologia grega, o vidente Tirésias confrontou Édipo com o dilema, "É triste ser sábio quando a sabedoria não resulta em nada".*

### Woody Guthrie

*O grande cantor popular americano, Woody Guthrie (1912-1967), que teve grande influência sobre Bob Dylan, foi apenas um entre vários membros de sua família a morrer da doença de Huntingdon.*

* Esses sintomas são muito graves: deterioração mental e física, espasmos musculares descontrolados, mudança de personalidade, insanidade e, finalmente, a morte.

* O gene para a doença de Huntingdon foi clonado em 1993, e agora está disponível

até o momento NÃO HÁ CURA para a doença de Huntingdon

um teste simples para diagnosticar se uma pessoa é portadora do gene. Mas qualquer um que suspeite que possa ter o gene tem que encarar um dilema terrível. Deve fazer o teste e revelar seu destino? Ou será melhor permanecer no escuro e confiar na sorte?

* Muitas pessoas ficariam com a última opção. Mas se uma pessoa tem a doença e não faz o teste, ela pode passar o gene para seus filhos sem saber, antes que os sintomas apareçam.

## MAS...

* A única nota de otimismo neste pesadelo de escolhas é que um diagnóstico precoce do gene de Huntingdon pode contribuir para o desenvolvimento de um tratamento eficaz para a doença.

**GEORGE HUNTINGDON**

Em 1872, **George Huntington** escreveu sobre um defeito hereditário "que existe, pelo que sei, quase que exclusivamente na extremidade leste de Long Island". Os ancestrais da doença foram determinados, mais tarde, sendo dois irmãos em Suffolk, Inglaterra. É irônico que o nome de uma doença causada por uma mutação tenha também sofrido uma alteração. Por um erro em uma publicação de 1893, que passou despercebido, Huntington tornou-se Huntingdon e tem sido mantido com as duas ortografias.

o primeiro caso conhecido de Huntingdon ocorreu em Suffolk, Inglaterra

## SISTEMA PRECOCE DE PREVENÇÃO

* Embriões humanos, e prováveis pais, agora são rotineiramente examinados para genes que causam doenças e outras anomalias genéticas. Se um teste genético revelar que a criança terá uma vida curta e dolorosa, então a mãe pode considerar o aborto como a opção mais humana. Mas nem todas as doenças genéticas são fatais, e o diagnóstico precoce de algumas doenças pode aumentar as chances de sucesso nos tratamentos.

### TRIAGEM PRÉ-NATAL

O diagnóstico pré-natal é, em geral, oferecido apenas a mães mais velhas ou àquelas que têm uma história familiar de doenças herdadas. Se a interrupção da gravidez pode ser aconselhada, então é claro que o teste precoce é desejável. Infelizmente, nem a amniocentese nem a amostragem por vilosidade coriônica são ideais para isso: as amostragens de células não podem ser feitas antes de 16 e 10 semanas, respectivamente.

## OBTENDO AMOSTRAS

* Todo tipo de informação sobre a saúde genética de um embrião em desenvolvimento pode ser obtido a partir de uma pequena amostra de suas células. Os cromossomos podem ser observados ao microscópio para determinar seu sexo e para checar se há o número normal de complemento

a triagem pré-natal informa precocemente sobre anomalias genéticas

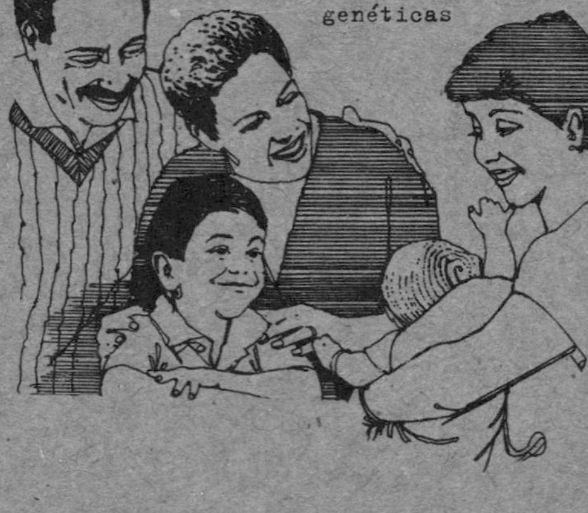

cromossômico de 23 pares. Cerca de 50 anomalias genéticas podem ser diagnosticadas observando-se os próprios genes (isto é, o DNA) ou seus produtos protéicos.

* Há duas maneiras de se obter células embrionárias do útero materno. Na AMNIOCENTESE, uma amostra do líqüido amniótico é retirada do útero materno. Este conterá células descamadas do tecido epidérmico do embrião. No método alternativo conhecido como AMOSTRAGEM DAS VILOSIDADES CORIÔNICAS (AVC), é retirada uma amostra de algumas células do embrião que estão destinadas a formarem parte da placenta.

## HISTÓRIA DE SUCESSO

* Uma das histórias de sucesso mais notáveis de diagnose precoce refere-se à doença recessiva FENILCETONÚRIA (PKU). Quando não é tratada, a PKU causa retardo mental grave. Os bebês que nascem com a doença parecem perfeitamente normais, mas não conseguem produzir uma enzima que metaboliza o aminoácido fenilalanina. No útero, o bebê pode sobreviver com a enzima da própria mãe – mas, após o nascimento, compostos químicos tóxicos se acumulam no corpo do bebê, levando a danos irreversíveis no sistema nervoso central. Se a doença é detectada precocemente, o bebê pode fazer uma dieta especial sem fenilalanina; em conseqüência, o sintoma não se desenvolve e a criança cresce normalmente. A triagem precoce para PKU salvou milhares de vidas.

### Os testes

*Até o momento, existe teste para apenas uma pequena porcentagem das 5.000 doenças genéticas conhecidas; e das que podem ser detectadas, apenas uma fração pode ser tratada com sucesso. Apesar de tudo, para doenças que são tratáveis, o diagnóstico precoce pode ser importante.*

o diagnóstico precoce é uma esperança

## ANTES DO ÚTERO

*** Existe hoje uma nova forma de triagem pré-natal, chamada diagnóstico pré-implantação, que pode beneficiar mulheres com história familiar de doença genética grave e para as quais o aborto é inaceitável ou medicamente desaconselhável.**

o espermatozóide e o óvulo se fundem em um tubo de ensaio

### BEBÊS DE PROVETA

*Cerca de 10% dos casais têm problemas para conseguir a concepção. A fertilização* in vitro *(FIV) é apenas um dos tratamentos para infertilidade, desenvolvido nos últimos anos. O primeiro "bebê de proveta" nasceu em 1978, na Inglaterra. Desde então, milhares deles foram concebidos.*

milhares de bebês foram concebidos, usando-se a FIV

## FUSÃO EM TUBO DE ENSAIO

* O diagnóstico pré-implantação examina as anomalias genéticas do embrião, antes de ser implantado no útero da mãe. Isto só é possível quando o embrião foi produzido por FERTILIZAÇÃO *IN VITRO* (FIV) – ou seja, quando o espermatozóide e o óvulo se fundiram em um tubo de ensaio, e não na trompa de Falópio materna.

## PRIMEIRO PEGUE UMA CÉLULA

* O ponto de partida para o diagnóstico pré-implantação é uma única célula retirada de um embrião de três dias. Nesse estágio, o embrião não é muito mais que uma minúscula bola de células indiferenciadas, e é capaz de lidar sem maiores problemas com a perda de uma única célula. A célula removida pode então ser usada para testar várias anomalias genéticas.

## DEBATE MORAL

* Se a receita genética da célula não apresentar anomalias genéticas, então o embrião pode ser implantado no útero materno e continuar seu crescimento e desenvolvimento. Se a receita genética traz más notícias, então o embrião será descartado.
* Essa técnica é moralmente inaceitável para algumas pessoas e, em alguns países, ela é proibida.

PESCAR é um novo desenvolvimento na triagem genética

* Na Inglaterra, o diagnóstico pré-implantação é freqüentemente recomendado para mulheres que já tiveram vários abortos, e seus embriões apresentavam doenças genéticas sérias. Se há riscos médicos associados com abortos subseqüentes, ou se a mulher está simplesmente fatigada pelo trauma emocional de abortos repetidos, o diagnóstico pré-implantação oferece uma solução.

### PESCANDO GENES

Uma das maneiras mais recentes de triar genes defeituosos é usar uma técnica conhecida como **FISH (hibridização fluorescente *in situ*)**. Depois que um gene defeituoso foi clonado, ele é marcado com um corante fluorescente para fazer uma **sonda** de DNA. Após a sonda ter sido adicionada ao DNA da célula a ser triada, um aquecimento rápido abre suas fitas. Se a seqüência de DNA da sonda combina com uma seqüência complementar na receita genética da célula, as duas se unirão formando uma nova fita, brilhante quando vista sob microscópio de fluorescência.

# FÁBRICAS DE CRESCIMENTO

* A biotecnologia é um grande negócio. As companhias agrícolas, farmacêuticas e médicas estão faturando com as ferramentas da revolução genética, desenvolvendo novas formas de vida com combinações únicas de genes, feitas para satisfazer as necessidades humanas.

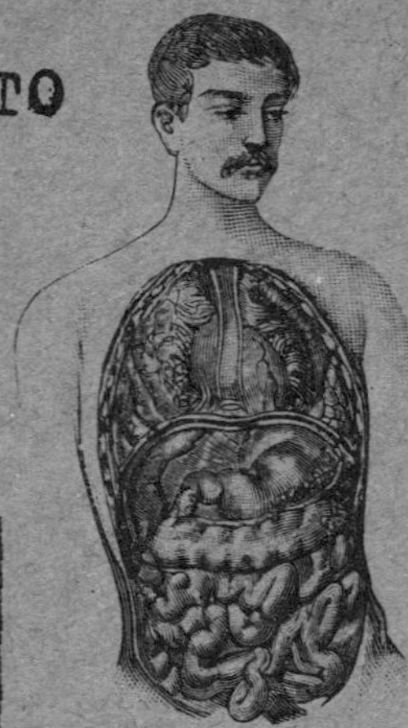

a insulina é produzida no pâncreas

fábrica de insulina

## DOCE E AZEDO

* A primeira aplicação comercial da ENGENHARIA GENÉTICA recaiu exclusivamente sobre bactérias, pois as técnicas de transferência gênica nesses organismos já estavam bem estabelecidas. Um dos primeiros sucessos em engenharia genética foi a produção de INSULINA HUMANA. A insulina é um hormônio protéico produzido no

### Humulina

*A primeira insulina humana transgênica foi comercializada pela Corporação Eli Lilly, sob o nome comercial de Humulina.*

### Hormônios

*Um hormônio é uma substância, produzida e secretada na corrente sangüínea por uma glândula, que regula o funcionamento de outro tecido ou órgão em outro lugar do corpo. Alguns, mas não todos, hormônios são proteínas.*

pâncreas, que controla o nível de açúcar no sangue. As pessoas com diabete não produzem quantidade suficiente de insulina. A falta de insulina significa que o açúcar no sangue atinge níveis perigosamente altos, levando a várias complicações. Em conseqüência, muitos diabéticos têm que injetar o hormônio em seus corpos para manter sob controle o nível de açúcar no sangue.

## CORTAR E COLAR

* Essa insulina injetada costumava vir do suco pancreático de gado. O problema era que alguns diabéticos tinham reação alérgica à insulina bovina. Para contornar isso, OS CIENTISTAS IDENTIFICARAM O GENE DA INSULINA HUMANA E O INSERIRAM NA RECEITA GENÉTICA DE BACTÉRIAS. Quando as bactérias crescem, elas produzem grandes quantidades da proteína humana, que pode então ser facilmente extraída. De fato, as bactérias estavam sendo usadas simplesmente como fábricas de crescimento para produção da insulina humana.

### Outros hormônios

*Vários outros hormônios e proteínas humanas são produzidos, agora, de maneira similar a insulina. Hemofílicos, por exemplo, não têm uma cópia do gene normal que codifica o fator VIII, a proteína que faz o sangue coagular. Mas o fornecimento regular de injeções de fator VIII garante uma vida perfeitamente normal aos hemofílicos. Hoje, grande parte do fator VIII disponível comercialmente vem de bactérias fabricadas com uma cópia funcional do gene humano para o fator VIII.*

as geadas podem
atacar as plantas

## O TIME GENÉTICO

*** Suas plantas estão sendo devastadas pelas geadas? Você está com problema de peso? Quem você chama? O time genético! Os engenheiros genéticos e suas fiéis bactérias amigas aparecem nos lugares mais improváveis, e estão sempre prontos a ajudar.**

## PREJUÍZOS LIMITANTES

* Nas regiões temperadas do mundo, uma das maiores ameaças às culturas e à produção agrícola são as geadas. Os danos são causados não só pelas baixas temperaturas mas também pela formação de cristais de gelo. Quando os cristais se formam, eles se expandem e destroem os tecidos vegetais.

* O gelo se forma normalmente a 0°C. Para que isso aconteça, é preciso uma "semente" – partículas microscópicas ao redor das quais o gelo pode se cristalizar. Sem a semente adequada, a água chegará a uma temperatura tão baixa quanto -8°C, antes de congelar. Assim, removendo-se a "semente", pode-se aumentar as chances de sobrevivência da planta em tempo frio.

* A "semente" que promove a formação do cristal de gelo em plantas é uma proteína conhecida como FATOR DE NUCLEAÇÃO DE GELO, que se projeta da parede celular de *PSEUDOMONAS SYRINGAE*, bactéria que passa seu tempo passeando pelos tecidos das plantas. Assim, para resolver o problema de danos de congelamento, os cientistas criaram uma linhagem especial dessa bactéria

### Dietas e dólares

*Os americanos gastam US$12 bilhões por ano com produtos para dietas. Além disso, os EUA têm a maior porcentagem de pessoas acima do peso, no mundo desenvolvido. Cerca de 35 milhões de indivíduos estão colocando sua saúde em risco com a superalimentação, e o custo estimado com saúde está ao redor de US$40 bilhões ao ano!*

nova, melhorada e
livre de gelo

com uma versão defeituosa do gene do fator de nucleação de gelo. ***Quando essas linhagens "livres de gelo" são pulverizadas em grandes quantidades sobre as culturas, elas substituem a linhagem original e permitem que as plantas sobrevivam a temperaturas muito mais baixas.***

gordura é um problema de leptina

## EMAGRECENDO RÁPIDO

✱ A indústria dietética também está de olho na da engenharia genética, especialmente após a recente descoberta de um "GENE DE OBESIDADE" em camundongos. Esse gene codifica um hormônio protéico chamado LEPTINA, que controla o apetite (enviando um sinal ao cérebro) e a velocidade com que a gordura é queimada. Observou-se que os camundongos que carregam duas versões defeituosas do gene da leptina são três vezes mais pesados que os camundongos normais. Quando recebem injeções de leptina começam a perder peso.

✱ ***O homem também tem o gene da leptina*** que já foi clonado; estão sendo feitas experiências clínicas visando seu possível uso nas dietas.

### Leptina

*Mesmo que a leptina torne-se disponível comercialmente como pílula dietética, é improvável que ela cure a obesidade. De fato, o nível de leptina parece ser relativamente normal em pessoas obesas. Isto não significa que a leptina adicional deixará de ter impacto, mas mostra que a obesidade é afetada por outros fatores genéticos e ambientais.*

antes depois

PALAVRAS-CHAVE

**CELULOSE:** o constituinte químico "lenhoso" da parede celular vegetal.
**ARMA GÊNICA:** um dispositivo para atirar partículas com DNA para dentro da célula.
**GENE REPÓRTER:** um gene facilmente detectável, usado para diagnosticar se o DNA estranho foi incorporado na célula.

## IMPLANTES GENÉTICOS

* A lista de produtos geneticamente modificados continua a crescer. Os alimentos transgênicos já estão nas prateleiras dos supermercados. Um desses produtos geneticamente modificados é a soja, usada em vários alimentos, incluindo pães, bolos, e margarinas. Superficialmente, a soja modificada não parece diferente da soja normal; mas em sua receita genética existe um gene bacteriano que torna a planta da soja resistente a herbicidas.

## HERBICIDAS

* Os herbicidas integram os métodos agrícolas modernos. Apesar da grande quantidade de dinheiro que os agricultores gastam tentando erradicar ervas daninhas, estima-se que 10% de todas as culturas são perdidas sob a influência esmagadora dessas plantas intrusas. Um dos problemas é que muitos herbicidas são incapazes de discriminar as ervas daninhas das próprias culturas, de modo que os agricultores só podem pulverizar seus campos em certas épocas do ano.
* Quando se descobriu uma linhagem de bactéria resistente ao herbicida, a engenharia genética

o gene repórter comunica o sucesso ou fracasso

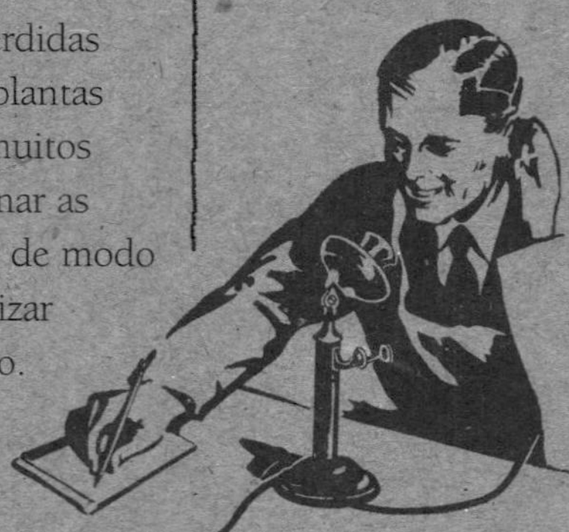

ofereceu uma solução instantânea para o problema. ***O gene de resistência da bactéria foi clonado e inserido na receita genética da soja, produzindo plantas resistentes ao herbicida.*** Assim, os agricultores podem pulverizar seus campos de soja com herbicida o ano todo, sem o risco de matar sua cultura.

guerra contra ervas daninhas

## PODER DE FOGO

* Na prática, inserir genes estranhos em plantas e animais é mais complicado que inserir genes estranhos em bactérias. Células vegetais, com sua grossa parede de celulose, são receptores difíceis. Um modo de contornar o problema é atirar bolas microscópicas de ouro, recobertas de DNA, com uma ARMA GÊNICA, através da parede celular.

### QUE HAJA LUZ

Como os cientistas sabem se um gene estranho foi incorporado com sucesso na receita genética de um organismo? Um **"gene repórter"** facilmente detectável é ligado ao DNA estranho. Um dos genes repórteres mais esperto é o que codifica a **luciferase**, enzima que emite luz e faz os vagalumes brilharem no escuro. Para encontrar as células que incorporaram o DNA estranho, os cientistas simplesmente procuram aquelas que estão brilhando.

# BATATAS SUICIDAS E FEIJÕES SEM GASES

a batata pensante

* Parece não haver limite para a imaginação científica dos geneticistas de alimentos. Centenas de novos tipos de alimentos estão sendo atualmente selecionados e testados, e muitos deles em breve podem estar em um supermercado próximo a sua casa.

chega de odores desagradáveis

### Feijões melhorados

*Os britânicos importam mais de 400 milhões de latas de feijão cozido por ano. Esse número seria até maior se não fosse a proporção relativamente alta da população que não quer comer feijão em razão de seu potencial de induzir flatulência. Mas talvez esses receios logo desapareçam porque um cientista de Cambridge produziu um novo feijão sem a enzima responsável pelo "ataque de gases" difícil de controlar.*

## AUTODESTRUIÇÃO

* Um dos exemplos mais bizarros de novas variedades de alimento é uma ***batata geneticamente manipulada para cometer suicídio***. Isso não é tão ridículo quanto parece. Essa batata é extremamente seletiva a respeito de quando deve se matar. Só quando mortalmente infectada com um fungo, ela decide que chegou a hora.

* A enzima responsável pela morte da batata se chama BARNASE, toxina de ocorrência natural, encontrada em uma espécie de bactéria que vive no solo. Os cientistas clonaram o gene barnase e depois o inseriram na receita genética da batata. O gene foi manipulado de forma a se ativar quando a batata for atacada por fungos.

* O raciocínio científico por trás da nova variedade de batata é sutil e inteligente. As doenças fúngicas, tal como a ferrugem da batata, podem dizimar plantações inteiras.

Normalmente, essas doenças só podem ser controladas pela aplicação generosa de fungicidas. Mas a nova batata pode eliminar a necessidade do uso de fungicidas. Assim que uma batata for infectada, ela comete um haraquiri. Para a batata individual é uma má notícia, mas para as batatas do resto da lavoura é uma boa notícia. ***O sacrifício da batata evita que a doença se espalhe.***

## INSETICIDA GENÉTICO

✱ Muitos tipos de *frutas e verduras tornaram-se resistentes a praga de insetos, com o uso de genes bacterianos que codificam venenos tóxicos para os insetos mas não para as plantas* – nem, certamente, para as pessoas que os comem.

## Mudanças cosméticas

*Algumas mudanças genéticas são cosméticas. A engenharia genética tem sido usada para melhorar artificialmente a cor e a forma de frutas e verduras. Agora está disponível uma nova qualidade de tomate, modificado pela engenharia genética, que é resistente ao esmagamento, prolongando assim seu período de conservação. O mais estranho de tudo, porém, é que os cientistas estão procurando maneiras de alterar as formas familiares de frutas e verduras, para tornar mais fácil e econômico seu acondicionamento. Assim, pode ser que não demore muito para encontrarmos maçãs quadradas e bananas retas nos supermercados.*

## ALIMENTO ARTIFICIAL?

**✱ Nem todos estão contentes com os alimentos transgênicos. Alguns argumentam que eles violam a natureza e carregam riscos potenciais para nossa saúde e para o meio ambiente. Esse ponto de vista alarmista reflete apenas um medo geral das novas tecnologias, ou existe um motivo real de preocupação?**

as modestas couves de bruxelas

TRANSFERÊNCIA

Os vírus e os plasmídeos têm uma grande capacidade para pegar genes de uma espécie e inseri-los na receita genética de outra. Esta **transferência horizontal** pode explicar porque proteínas como as hemoglobinas são encontradas não apenas em animais mas também em plantas leguminosas!

## TRADIÇÕES ANTIGAS

✱ Vamos encarar o fato: o homem vem se intrometendo com a natureza há milhares de anos. Porcos, carneiros e bois, assim como beringela, couve-flor e rabanete – são apenas alguns dos alimentos que costumam ser servidos nas refeições. E nenhum deles existiria sem a longa história de interferência humana na natureza. Em certo sentido, a engenharia genética é simplesmente uma continuação de uma tradição secular.

A DOMESTICAÇÃO SELETIVA e a engenharia genética têm objetivos idênticos – produzir organismos adaptados às necessidades humanas e não às da natureza.

✱ Algumas pessoas podem argumentar que a domesticação seletiva de animais e plantas é uma forma mais natural de interferência que a manipulação de genes da engenharia genética. Mas a distinção é vaga: os vírus regularmente transferem genes entre diferentes espécies na natureza, e o sucesso da engenharia genética

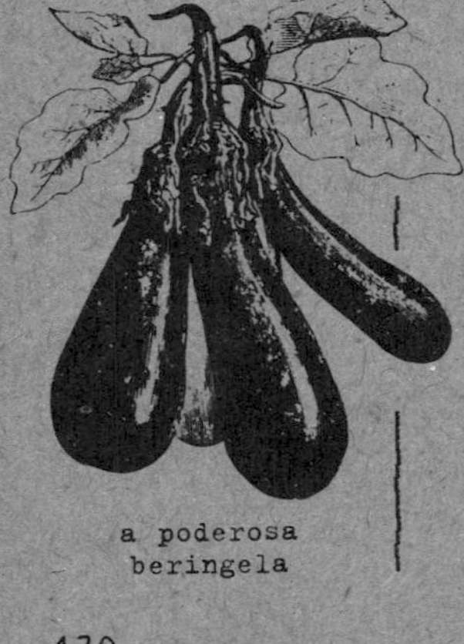

a poderosa beringela

freqüentemente se apóia na capacidade natural de organismos de transferir genes.

✱ E quanto à acusação mais séria de que alimentos geneticamente alterados podem

os genes trabalham em time

ser prejudiciais a nossa saúde? ***A introdução de um gene em uma receita genética completamente diferente pode ter conseqüências imprevisíveis, porque os genes geralmente trabalham juntos, como um time.*** Como nas transferências de jogadores entre os times de futebol, a transferência de um único gene não garante o sucesso. Há casos em que a manipulação genética produz características indesejáveis – como alimentos com valor nutritivo anormalmente baixo, ou alguns novos alergenos químicos. Mas os testes rigorosos devem, em teoria pelo menos, assegurar que qualquer problema seja resolvido antes que novos tipos de alimento apareçam nas prateleiras.

**SUPER ERVAS DANINHAS**

Talvez as preocupações mais realistas sejam as ambientais. Existe o risco teórico de que genes estranhos possam se espalhar mais do que se pretendia. Vejamos o exemplo da soja resistente a herbicidas. Se essas plantas cruzarem com seus parentes selvagens, ou se vírus selvagens fizerem uns truques genéticos do tipo "recortar e colar", então o gene de resistência pode se espalhar para outras espécies de plantas, dando origem a super-ervas daninhas, que poderiam monopolizar a zona rural e acabar com muitas plantas raras e ameaçadas.

porcos vem sendo selecionados há anos

## O REVERSO DO CINISMO

✱ A pressão dos grupos ambientalistas parte da idéia de que as companhias de engenharia genética estão motivadas mais pela ganância do que pelo desejo de melhorar a sorte da raça humana. No entanto, isto é mais uma crítica ao capitalismo como tal do que à engenharia genética.

gato gordo precisa de leptina

### A LUTA DOS ALIMENTOS

A oposição aos alimentos transgênicos parece ser muito mais forte na Europa que nos EUA.
Na Grã-Bretanha, alguns supermercados retiraram os produtos transgênicos de suas prateleiras.
Até o príncipe Charles discursou contra os alimentos transgênicos.

## NÃO QUEREMOS DESPERDÍCIO

✱ É FÁCIL SER CÍNICO SOBRE OS ALIMENTOS TRANSGÊNICOS. Então, aqui vamos nós. Será que realmente precisamos de todos esses novos produtos, quando grande parte dos alimentos no Ocidente acaba desperdiçada? Os "transgênicos" não são apenas um **gigantesco exercício de propaganda**, da qual os principais beneficiários são as companhias que os produzem? **E nós já não causamos suficientes danos ao meio ambiente para ainda acrescentar a introdução de novas e imprevisíveis criações genéticas?**

o que aconteceu com a comida que costumávamos comer

## FAMINTOS POR MAIS

* Tudo bem, este é o lado cínico. Qual é o outro lado? Quais os benefícios potenciais oferecidos? Eles são muitos e variados. Para começar, ***as plantas transgênicas podem realmente melhorar o estado de nossa zona rural quimicamente devastada.***

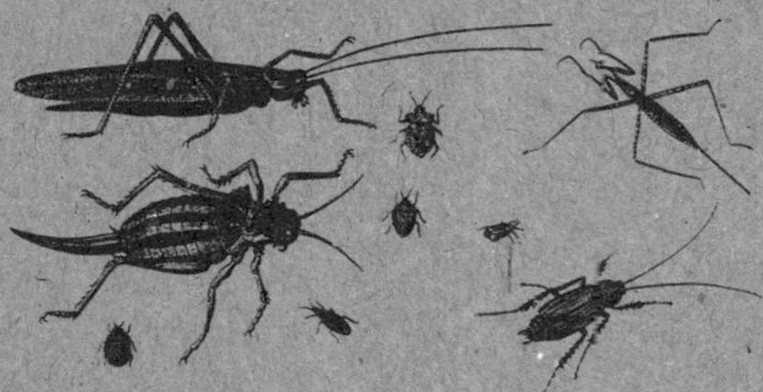

plantas resistentes a insetos reduzirão a necessidade de pesticidas

Muitos dos últimos produtos foram criados especificamente para ter resistência genética inata contra pragas de insetos e fungos, reduzindo a necessidade de pulverizar pesticidas e fungicidas químicos por toda a lavoura.

* A engenharia genética pode beneficiar os famintos? Em Bangladesh, o solo no delta do Ganges é tão salino que dificulta o crescimento de culturas como o trigo. Uma solução é modificar o trigo, introduzindo-se um gene de uma planta nativa de solo salino.

**A VACINA COMESTÍVEL**

A vacina comestível é outro desenvolvimento engenhoso.
No mundo em desenvolvimento, a diarréia mata milhares de pessoas todos os anos. Embora as vacinas estejam disponíveis, há problemas de custo e distribuição. Mas os cientistas esperam que uma banana transgênica forneça um modo mais eficiente de distribuir a vacina. A banana, que pode crescer localmente, teria um gene de uma proteína que confere resistência a bactérias e vírus que causam diarréia.

## DINHEIRO MEDICINAL

* Companhias que fabricam novos tipos de alimento estão no negócio para ter lucros. Mas alguns dos últimos produtos transgênicos parecem realmente oferecer avanços médicos e agrícolas que poderão ter grande impacto em muitas vidas humanas.

## CAMUNDONGOS E HOMENS

os camundongos são ideais para a pesquisa genética

*** Ao contrário das plantas, a maior parte das manipulações genéticas em animais é feita visando à pesquisa médica e não propósitos culinários. Assim, aqueles que esperavam por frango que se autocozinha ou boi sem ossos ficarão desapontados. De qualquer maneira, são várias as aplicações da tecnologia de DNA recombinante em animais. Grande parte de nossa compreensão científica sobre o desenvolvimento humano e doenças genética veio do estudo de camundongos transgênicos.**

## MODELOS IDEAIS

* Os camundongos são os principais suportes da engenharia genética em animais. Como *a maioria dos genes de camundongos faz quase a mesma coisa em camundongos que os genes humanos fazem nos homens*, eles são vistos como animais ideais para o estudo do desenvolvimento humano e de suas doenças.

* É mais fácil inserir genes estranhos em células animais que em células vegetais. As células animais são mais gelatinosas e, por isso, um gene pode ser microinjetado diretamente em um ovo fertilizado. É acertar ou errar, mas pelo menos algumas vezes o gene estranho irá se incorporar a um cromossomo. O ovo é então implantado no útero de um

PALAVRAS-CHAVE

**ANIMAL TRANSGÊNICO:** animal que contém um gene estranho (um transgene) inserido em um de seus cromossomos.

**CASSETE GÊNICO:** um segmento de DNA inserido em um gene para impedir que ele produza seu produto protéico normal.

**CAMUNDONGO NOCAUTEADO:** camundongo que tem ambas as cópias funcionais de um gene inválidas.

camundongo fêmea, para continuar seu crescimento e desenvolvimento.

***** ***As manipulações genéticas em camundongos permitiram que os cientistas respondessem a algumas questões básicas sobre a função de genes individuais.*** Uma das maneiras de se entender o que os genes fazem em camundongos é observar o que acontece neles quando as coisas (deliberadamente) dão errado. Após um gene de camundongo ter sido clonado, o gene é deliberadamente inativado pela inserção de um CASSETE GÊNICO em sua seqüência de DNA. Este gene inválido é então injetado em um óvulo de camundongo fertilizado para substituir uma cópia normal.

***** Os cientistas podem examinar o efeito de uma cópia única do gene defeituoso sobre o camundongo. Cruzando dois camundongos heterozigotos, podem criar um camundongo homozigoto ou nocauteado, e observar o efeito de duas cópias defeituosas.

**RATO E CAMUNDONGO**

A primeira transferência gênica bem-sucedida ocorreu em 1982, quando o gene do hormônio de crescimento de ratos foi inserido em um óvulo fertilizado de camundongo.

## Camundongos – um lamento

*É preciso reconhecer: os camundongos não tiveram muita sorte. Na natureza, eles vivem uma vida curta e desprezível, na qual são geralmente vítimas das corujas da vizinhança ou dos gatos locais. Mas seus primos de laboratório levam uma vida ainda pior – apesar do calor do seu meio ambiente e de estarem longe de corujas e gatos.*

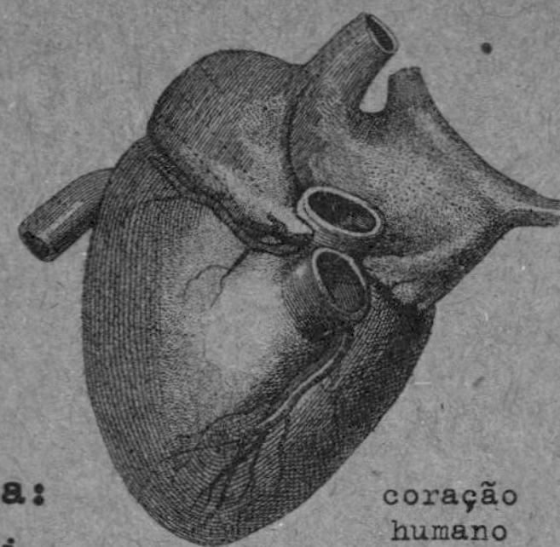

coração humano

# CORAÇÃO A CORAÇÃO

*** Os transplantes de coração, hoje, são considerados cirurgias razoavelmente rotineiras. Infelizmente, a demanda de corações excede em muito a oferta: simplesmente não há doadores suficientes para satisfazer a demanda. Todavia, com uma pequena manipulação genética, os corações de porcos poderiam trabalhar tão bem quanto os de homens – e certamente não há falta de porcos.**

PALAVRA-CHAVE

**XENO TRANSPLANTE:** o transplante de um órgão de uma espécie para outra (*xenos* em grego significa "estranho" ou "estrangeiro").

## ESTE PORQUINHO...:

* O coração do porco e o coração do homem têm a mesma função – bombear sangue pelo corpo. São também notavelmente similares em tamanho e forma. Mas você não pode apenas pegar um coração de porco e colocá-lo diretamente em um ser humano. O corpo reconhecerá o coração como estranho e o REJEITARÁ. São as proteínas da superfície das células do coração do porco que o desmascaram.

* A engenharia genética contornou esse problema

eu te dou meu coração

pego com a mão na massa

inserindo genes que codificam proteínas humanas da superfície das células na receita genética do porco, assim, ***o porco transgênico manifesta proteínas humanas na superfície das células de seu coração.*** Se o coração do porco for então transplantado para um homem, o corpo será enganado e pensará que o coração é humano.

## PERIGOS SECRETOS

* Ninguém tentou ainda transplantar um coração de porco para um ser humano. E não por temer que o coração do porco não trabalhe adequadamente – é quase certo que ele o fará – mas por causa de ameaças mais sinistras de transferência de vírus e doenças de porco para humanos. A AIDS e a "doença da vaca louca" nos mostraram bem como as doenças, dada uma chance, saltam facilmente de uma espécie para outra, com graves conseqüências.

**O SISTEMA IMUNE**

O sistema imune é a própria defesa molecular do corpo contra invasores estranhos. Se não existisse, seríamos atacados por uma grande quantidade de agentes infecciosos e morreríamos. O sistema imune se constitui de várias células e proteínas que patrulham o corpo, procurando por **antígenos** – moléculas que ele não reconhece como suas. Anticorpos são proteínas que reconhecem e se ligam a esses antígenos, desencadeando uma série de reações destinadas a eliminar o intruso.

a "doença da vaca louca" mostrou como as doenças pulam de uma espécie para a outra

argumentos éticos e morais continuam alertando

# TERAPIA GÊNICA

* A única maneira de se curar uma doença genética humana é substituir o gene defeituoso, ou genes, responsável pela doença por uma cópia funcional normal. A terapia de substituição gênica está sendo desenvolvida agora para ser usada no tratamento de algumas doenças genéticas. Mas considerações éticas e morais impedem o uso de terapia gênica em embriões humanos.

## HOMEM OU CAMUNDONGO

* Alterar a receita genética de um embrião de porco ou de camundongo é uma coisa – mas manipular genes de um embrião humano dá origem a todo tipo de questões éticas complicadas. Embora já exista tecnologia para fabricar novas receitas genéticas em embriões humanos bastante precoces, a pesquisa denominada TERAPIA GÊNICA DA LINHAGEM GERMINATIVA foi proibida. *Quando um novo gene é inserido em um ovo fertilizado, ele se torna parte da receita genética de cada célula do corpo, incluindo as futuras células da linhagem germinativa*. Para muitas pessoas, isso está perto demais de "bebês projetados" e da eugenia.

deveria ser permitido que você projete seu bebê?

## TECIDOS-ALVO

★ Portanto, em vez disso, os cientistas estão procurando um modo de inserir genes nas células dos tecidos que são mais afetados pela doença. A fibrose cística é um candidato muito promissor para a terapia gênica, porque afeta os pulmões, que são razoavelmente fáceis de serem atingidos.

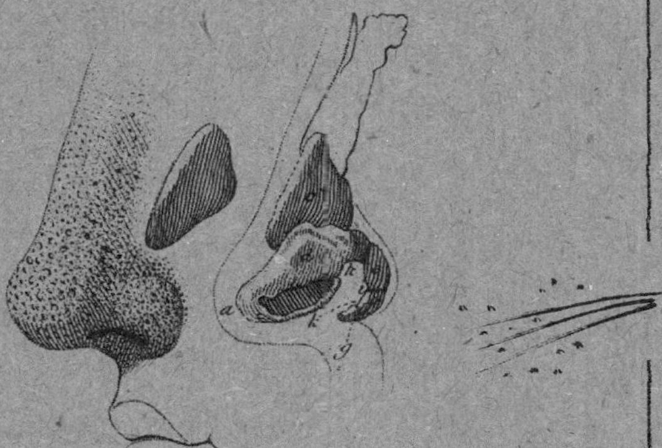

## SOCORRO VIRAL

★ Um vírus é usado para levar a cópia funcional normal do gene da fibrose cística para as células afetadas. Eles normalmente causam doenças quando entram no hospedeiro – assim, antes de ser usado como vetor, o vírus tem que ser geneticamente alterado para tornar-se benigno. Depois que o gene clonado da fibrose cística foi inserido no vírus desarmado, ele é introduzido pelo nariz e levado até os pulmões do paciente. Durante a infecção o vírus insere seu próprio DNA, com a cópia normal do gene humano, no DNA das células afetadas do pulmão.

**TESTE TERAPÊUTICO**

O primeiro teste em terapia gênica foi iniciado em 1990, por French Anderson, da University of Southern California. Ele tratou crianças que sofriam de Deficiência Imunológica Combinada Grave (SCID).

um pulverizador nasal pode administrar o vírus terapêutico

### Terapia nasal

*Já existe um teste relativamente bem-sucedido de terapia gênica para pacientes que sofrem de fibrose cística – e é possível que no futuro o vírus possa ser administrado por meio de um simples pulverizador nasal, tornando possível uma cura rápida, fácil e sem dor.*

# IMPRESSÕES DIGITAIS DE DNA

*** Os genes fazem parte de nossa identidade. Suas assinaturas visíveis, na forma de impressões digitais ou tipos sangüíneos, têm sido usadas para identificar indivíduos em investigações criminais e disputas de paternidade. Mas além desses métodos tradicionais de impressões digitais e tipagem sangüínea, a tecnologia do DNA tem fornecido novas poderosas ferramentas para descobrir suspeitos. As impressões digitais de DNA têm tornado muito mais difícil para os criminosos escapar da condenação de assassinato.**

## O ÚNICO

* As impressões digitais têm sido usadas para identificação desde o início de 1800. *Cada um tem seu próprio conjunto único de impressões digitais.* Mesmo gêmeos idênticos, que compartilham um conjunto idêntico de genes, têm pequenas diferenças no padrão fino dos sulcos epidérmicos que formam suas impressões digitais. Assim, as diferenças em padrões de impressão digital são devidas não apenas aos genes, mas a fatores ambientais durante o desenvolvimento fetal.

* As impressões digitais são uma maneira precisa de combinar um suspeito com a cena do crime. Infelizmente, os criminosos estão cientes disso, de modo que usam luvas para ocultar as

### IMPRESSÃO DIGITAL GENÉTICA

Imagine uma receita genética como uma grande corrente feita de 46 pedaços, cada pedaço representando a molécula de DNA que constitui um dos 46 cromossomos. Uma enzima de restrição funciona como um par de tesouras moleculares. Onde quer que reconheçam uma seqüência específica de letras de DNA, elas cortam a corrente. Como pessoas diferentes têm seqüências diferentes de DNA, os lugares onde as correntes serão cortadas diferem em cada indivíduo. Assim, depois que elas são cortadas em pedaços, cada pessoa terá sua própria combinação única de fragmentos da corrente, que variam em número e tamanho.

cada pessoa tem uma impressão digital única

marcas indicadoras de sua identidade. Mas, como eles não podem agir dentro de uma bolha de plástico, não podem evitar de deixar para trás fragmentos de pele, cabelos, e outros tecidos do corpo – e todos contêm cópias de sua receita genética única.

apenas uma bolha plástica não deixa vestígios

* A IMPRESSÃO DIGITAL DO DNA foi desenvolvida em 1980, por **Alec Jeffries,** na Universidade de Leicester, Inglaterra. O que torna a técnica tão poderosa é sua sensibilidade. Um minúsculo fragmento de tecido fornece cópias suficientes de uma receita genética para se obter um *fingerprinting* genético. Por isso, essa técnica tem sido tão amplamente adotada pelos cientistas forenses.

* Após a receita genética ter sido extraída de uma amostra de tecido, as enzimas de restrição são usadas para cortá-la em fragmentos menores, que podem ser separados uns dos outros pela eletroforese em gel.

o exame de retina também pode ser usado para checar identidade

## Identidade ocular

*Os cientistas descobriram recentemente que cada um de nós tem um padrão único de vasos sangüíneos na retina dos olhos. Assim, o **exame de retina** tem sido usado hoje, como prova adicional da identidade de um criminoso.*

## Tecnologia

*Embora a tecnologia básica da impressão digital do DNA seja supermoderna, os princípios por trás dela diferem pouco da impressão digital tradicional. Ela é também uma marca da identidade de uma pessoa – mas baseada em sua seqüência única de DNA, em lugar do padrão único dos sulcos das pontas dos seus dedos.*

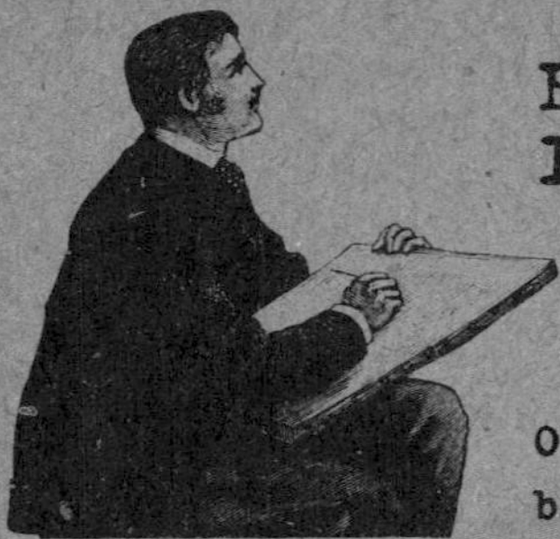

transfira o DNA para uma membrana

PALAVRAS-CHAVE

**GENOMA:** todo o DNA da receita genética de um organismo.
**SOUTHERN BLOTTING:** método de transferência de fragmentos de DNA para uma membrana de náilon, para depois visualizar os fragmentos através da **hibridização,** com uma sonda de DNA. O nome da técnica não tem nada a ver com os pontos cardeais – mas com o nome de seu inventor, **Ed Southern.**
**AUTO-RADIOGRAFIA:** imagem da distribuição de partículas radioativas, produzida sobre um filme sensível à radiação.

## REVELANDO A IMPRESSÃO

*** Mesmo após terem sido separados no gel, os fragmentos de DNA ainda estarão invisíveis. O DNA pode ser corado com brometo de etídio, mas não o suficiente para ser visto sob luz ultravioleta. Assim, outro método, conhecido como "Southern blotting", é necessário para visualizar os fragmentos de DNA.**

## "SOUTHERN BLOTTING"

* Primeiro, os fragmentos de DNA têm que ser transferidos do gel para um pedaço de membrana de náilon. Esta é colocada em cima do gel e, sob pressão, os fragmentos de DNA são forçados a migrarem para a membrana, onde eles aderem firmemente às longas moléculas poliméricas do náilon. A transferência do DNA do gel para a membrana não muda a posição relativa dos fragmentos.

## SEPARANDO AS FITAS

* O próximo estágio é incubar a membrana a uma alta temperatura. Isso faz com que as fitas duplas dos fragmentos de DNA se separem, resultando em duas fitas simples complementares. Novamente, a localização dos fragmentos de diferentes tamanhos sobre a membrana permanece inalterada.

## SONDANDO

* Então vem um truque molecular realmente refinado. Uma solução contendo uma SONDA DE DNA é adicionada à membrana. A sonda é uma pequena seqüência de DNA fita simples feita artificialmente, em geral com algumas centenas de letras de DNA, marcadas com isótopo radioativo.

encontrar a seqüência de DNA é tão fácil como o ABC

* Em um DNA *fingerprinting*, a sonda de DNA tem a mesma seqüência de uma das seqüências do DNA lixo encontrada em múltiplas cópias, em todas as receitas genéticas humanas. Quando a sonda de DNA fita simples for adicionada à membrana de náilon, ela se ligará a qualquer fragmento de DNA que contenha uma seqüência complementar. Como a seqüência de DNA lixo é onipresente no genoma humano, a sonda irá ligar-se a um grande número de fragmentos.

* Finalmente, a localização dos fragmentos de DNA aos quais a sonda radioativa se ligou são revelados cobrindo-se a membrana de náilon com um filme sensível a radiação. Quando o filme é revelado, temos finalmente um quadro visual dos fragmentos de DNA.

híbridos são intercruzados

### Hibridização

*Em biologia, hibridização tem dois significados. Pode referir-se ao intercruzamento entre duas espécies ou variedades diferentes, ou pode significar o pareamento de bases complementares entre duas cadeias de DNA de fontes diferentes (por exemplo, uma sonda de DNA e um fragmento de DNA).*

seu DNA "entrega" você

a sorte desempenha um papel na impressão digital de DNA

## A QUESTÃO DA CHANCE

*** Depois que um DNA *fingerprinting* for obtido, o próximo trabalho será encontrar um suspeito cujo próprio DNA *fingerprinting* se iguale ao encontrado na cena do crime. Como a chance de duas pessoas diferentes compartilharem a mesma impressão digital de DNA é extremamente baixa, encontrar um que se iguale pode ser apresentado como evidência razoavelmente condenatória na corte.**

## DÚVIDA RACIONAL

* Se o DNA *fingerprinting* de um suspeito não se iguala ao obtido na amostra encontrada na cena do crime, então as duas amostras devem ter vindo de duas pessoas diferentes e, portanto, o suspeito é inocentado. Mas o que acontece se as amostras combinam?

* Uma condenação baseada em uma equiparação de DNA *fingerprintings* parte da suposição de que as impressões digitais variam tanto entre pessoas diferentes que a chance de duas pessoas compartilharem a mesma impressão digital é baixa. Mas embora cada um tenha sua própria receita genética, a impressão digital de DNA amostra apenas uma proporção dessa receita. ***Pode existir uma chance, embora pequena, de que duas pessoas de fato compartilhem o mesmo DNA*** **fingerprinting*, revelado pelo teste genético.***

### DNA SUSPEITO

Nos EUA e na Grã-Bretanha, foram criados bancos de dados de DNA. O primeiro passo para procurar um possível suspeito é consultar o catálogo dessas impressões digitais.

a probabilidade trata das chances de um evento ocorrer

culpado! (ou inocente?)

* Assim, os cientistas têm que trabalhar sobre as probabilidades de haver chance de outra equiparação. Apesar da impressão digital de DNA da cena do crime igualar-se àquela do suspeito, os cientistas terão que calcular quais são as chances de ela vir a ser de outra pessoa.

## PROBABILIDADE

* A estimativa de probabilidade tem de se basear em amostras da população da qual o suspeito faz parte. Isso é importante porque ***duas pessoas do mesmo grupo étnico têm mais probabilidade de compartilhar genes e, portanto, o DNA*** **fingerprinting** ***do que duas pessoas tomadas ao acaso, da população como um todo.*** No entanto, calcular as probabilidades de equiparação nunca é uma ciência exata, e os advogados podem explorar esse elemento de dúvida na corte. Na Grã-Bretanha, algumas pessoas foram condenadas apenas com evidências de DNA – mas sem outras evidências criminais adicionais, isso ainda é raro.

### Incompetência

*Existem razões mais prosaicas para que evidências baseadas em DNA não sejam consideradas na corte. Qualquer suspeita de incompetência no modo como a amostra foi coletada na cena do crime, ou durante o próprio teste de laboratório, pode levar a alegações de que a amostra foi contaminada por DNA de outras fontes.*

eu tenho que me repetir?

## REPITA COMIGO...

*** Outra tecnologia forense de DNA surgiu depois da introdução do DNA *fingerprinting*. A técnica do PCR foi incorporada à caixa de ferramentas dos cientistas forenses, para revelar as seqüências de DNA repetitivo que estão dispersas em nossas receitas genéticas.**

SÍNDROME DO X FRÁGIL

A síndrome do X frágil é uma desordem mental congênita, relativamente comum em humanos, causada por seqüências trinucleotídicas repetidas, inseridas no meio de um gene do cromossomo X. Como a seqüência se inseriu lá é um mistério, embora possa ter sido parte de um gene saltador. A seqüência repetida interrompe completamente a função do gene. A cada geração aumenta o número de repetições – como conseqüência, os filhos sempre têm sintomas piores que seus pais.

## REPETIÇÕES CONSECUTIVAS

* Um dos problemas para os cientistas forenses é que, a menos que as amostras de tecido que eles coletaram na cena do crime sejam relativamente frescas, a receita genética das célula dos tecidos já terão iniciado seu processo de degradação.
Em outras palavras, os micróbios terão começado a quebrá-la em pedaços. Por motivos óbvios, isto pode tornar impossível encontrar o DNA *fingerprinting*.

* Mas ***o PCR tem a vantagem de requerer apenas uma pequena parte de DNA intacto***, e não a receita genética em sua totalidade. O método funciona desde que o DNA não tenha sido cortado no meio da seqüência que você quer amplificar.

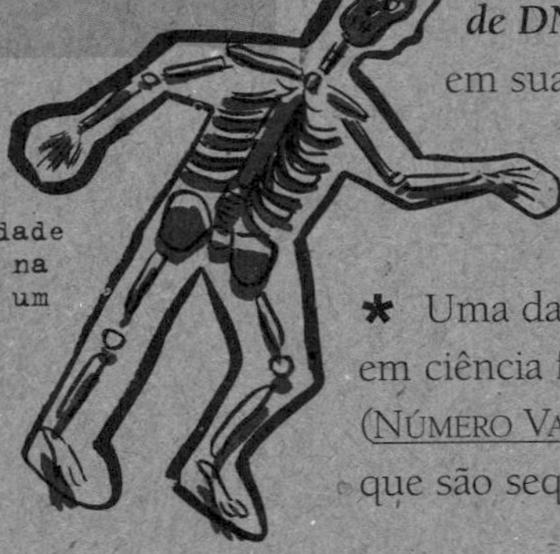

a velocidade é vital na cena de um crime

* Uma das aplicações mais comuns de PCR em ciência forense é o estudo de VNTRs (Número Variável de Repetições Consecutivas), que são seqüências não codificadoras,

um criminoso pode ser identificado a partir de um perfil genético?

encontradas no genoma, constituídas de "repetições consecutivas" intermináveis – por exemplo: ATATATATATATAT. O número de repetições varia enormemente entre indivíduos. Quando essas regiões são amplificadas por PCR, pessoas diferentes produzirão repetições consecutivas de tamanhos diferentes, que podem ser separadas pelo uso de eletroforese em gel. E como o PCR produz muitas cópias da seqüência amplificada, não há necessidade de perder tempo com as complexidades do "Southern blotting". O DNA pode ser visualizado pela coloração com brometo de etídio e observado sob luz ultravioleta. ***Pela observação de muitas dessas seqüências individuais repetidas consecutivamente, os cientistas podem produzir um perfil de DNA que é similar ao DNA* fingerprinting.**

DUAS, TRÊS, QUATRO...

As seqüências repetidas não se apresentam em apenas duas repetições. Repetições de três, quatro e muito mais unidades são bem conhecidas. Todas essas seqüências repetitivas têm uma taxa de mutação muito maior que os genes codificadores, e as alterações envolvem a adição ou deleção de uma ou mais unidades de repetição.

## O DNA falado...

*Quando a polícia está tentando resolver um crime, freqüentemente publica um retrato falado ou uma imagem produzida por computador de um suspeito, baseado nas lembranças das testemunhas oculares. No futuro, uma receita genética pode ser tudo o que se precisará para compor a imagem de um criminoso. Os cientistas no Reino Unido estão armazenando em um banco de dados as receitas genéticas de um grupo de voluntários, com imagens tridimensionais de seus rostos, para ver com que precisão o DNA pode predizer características faciais.*

sentado na árvore genealógica

**CONECTADOS**

A taxonomia é o estudo da classificação dos seres vivos. Já foi o tempo em que os taxonomistas passavam horas intermináveis e solitárias medindo o comprimento dos ossos. Hoje, eles passam horas igualmente intermináveis e solitárias seqüenciando genes de espécies diferentes para determinar o quanto elas são relacionadas umas com a outras.

desculpe-me, você poderia me dizer o caminho para minha história evolutiva?

## VESTÍGIOS DO PASSADO

* As mudanças evolutivas ocorrem, em última instância, pelo acúmulo de mutações novas no DNA. Pela comparação de seqüências de DNA de diferentes espécies, é possível investigar sua história evolutiva. O seqüenciamento de DNA também tem oferecido um maior entendimento sobre nosso próprio passado biológico.

## ESPLÊNDIDO ISOLAMENTO

* Imagine o seguinte cenário evolutivo hipotético. Uma população de porcos-da-terra está feliz cuidando da própria vida, quando uma pequena facção decide procurar pastagens mais verdes. Cada indivíduo da facção levará consigo a receita genética dos porcos-da-terra. Mas com o passar dos anos, as mudanças genéticas irão se acumular nas duas populações isoladas.

A extensão dessa divergência estará correlacionada com o intervalo de tempo que elas viveram separadas.

* Os porcos-da-terra ilustram o princípio geral de que ***quanto mais longo o intervalo desde que duas populações ou espécies compartilharam um ancestral comum, maior será a diferença entre suas seqüências de DNA.*** Assim, por lógica reversa, podemos usar as diferenças de seqüências de DNA entre espécies para analisar as relações evolutivas entre elas.

## TAXAS VARIÁVEIS

* A escolha sobre quais os genes que serão examinados é muito importante. ***Regiões diferentes do DNA evoluem a diferentes velocidades.*** Seqüências não codificadoras, por exemplo, evoluem muito mais rapidamente que genes codificadores de proteínas, porque as mutações podem se acumular constantemente no lixo genético, sem qualquer efeito danoso sobre o organismo.

* Genes que evoluem lentamente não são muito informativos para a investigação de relações evolutivas de espécies intimamente relacionadas, porque eles terão poucas, se alguma, diferenças acumuladas. Em geral, genes de evolução rápida são usados para distinguir espécies muito próximas; e genes que evoluem lentamente são usados para espécies mais distantes.

### Parentes próximos

*O seqüenciamento de DNA mostrou que os chimpanzés são nossos parentes evolutivos vivos mais próximos. O seqüenciamento de DNA de humanos e chimpanzés difere por apenas 2,5%. Dado que as receitas genéticas de humanos diferem umas das outras por uma média de 1%, isto significa que nossas próprias receitas genéticas diferem daquelas de um chimpanzé por cerca de 20 letras de DNA em cada mil.*

porcos-da-terra fazendo as malas para formar um novo grupo

a África pode ser o berço da história humana

# A GEOGRAFIA DOS GENES

*** A investigação de famílias, populações e nações ancestrais é um passatempo popular entre historiadores e arqueólogos. Artefatos culturais e outros restos humanos contêm indícios de nosso passado, e sua distribuição geográfica ajudou a elucidar os padrões de ancestralidade e migração humanas. Mas os genes contêm indícios muito mais confiáveis, e a tecnologia do DNA está dando uma nova dimensão aos estudos da história humana.**

## ORIGEM: ÁFRICA

* Antes da tecnologia do DNA, a única forma de investigar a origem humana era através dos fósseis remanescentes. Por serem difíceis de datar com exatidão, sempre houve um amplo espaço para especulação e conflito sobre quando e onde os humanos se originaram. Uma teoria sugere que o *Homo sapiens* evoluiu simultaneamente na África, Europa e Ásia. Outra teoria alternativa "origem África" postula que o homem é de origem exclusivamente africana e subseqüentemente se espalhou para outras partes do mundo. Os geneticistas optam por essa última teoria.

* Vários estudos genéticos recentes mostraram que as diferenças de DNA entre populações africanas modernas são muito

### DETECTANDO DIFERENÇAS

As diferenças de DNA entre populações humanas são pequenas. O DNA mitocondrial é usado freqüentemente para distinguir populações humanas, porque ele tem genes não codificadores que evoluem a taxas muito altas, tornando as diferenças relativamente fáceis de detectar.

a história genética dos africanos foi estudada

a população africana pode ser a mais antiga do munio

maiores que aquelas entre populações de outras partes do mundo. O fato de mais diferenças de DNA terem se acumulado entre as populações africanas implica que ***as populações africanas são mais antigas que outras populações humanas***.

## MARCANDO UMA DATA

* Os dados de DNA forneceram suporte para a hipótese "origem África". Mas os geneticistas foram capazes de ir além dessa informação e realmente estimaram quando os humanos surgiram. Esses cálculos se baseiam na suposição de que as mutações se acumulam no DNA a uma taxa constante, como um relógio. Contando-se o número de diferenças acumuladas, e conhecendo a taxa com que as mutações ocorrem, pode-se extrapolar para trás para determinar uma data de origem. Usando essa técnica, foi estimado que os ***humanos se originaram há cerca de 100.000 anos.***

### Bagagem genética

*Quando algumas populações humanas decidiram fazer as malas e deixar a África, elas não levaram apenas suas malas, linguagem, e cultura; levaram também cópias de seus genes. Como a linguagem e a cultura, a distribuição atual de genes registra os padrões de migração humana. O padrão geográfico de genes em humanos modernos sugere que os europeus chegaram à Europa via o meio oeste, cerca de 45.000 anos atrás. Os nativos americanos parecem derivar de duas migrações separadas, ambas da Ásia, há cerca de 10.000 e 30.000 anos.*

## MIGRAÇÃO E LOUCURA

*** A história e o movimento das populações deixam sua marca na distribuição atual dos genes. A distribuição global da doença genética dominante *porfiria variegada* fornece um dos exemplos mais surpreendentes desse fenômeno.**

a condição de lobisomem pode ser uma desordem genética

## INDO PARA O SUL

* Na maior parte do mundo, a *porfiria variegada* é muito rara. Mas entre os habitantes da África do Sul, que falam o holandês sul-africano, ela é muito comum. Hoje, cerca de um em cada 300 africânderes tem a doença. Os africânderes são descendentes de um casal de holandeses que fundou um povoado na África do Sul, no fim do século XVII. Embora a *porfiria* seja rara na Holanda, um ou ambos os parceiros devem ter tido o gene da *porfiria* em suas receitas genéticas.

o Rei Geoge III pode ter sofrido de *porfiria*

### Lobisomens e reis

*As lendas sobre lobisomens podem ter se originado com a doença* porfiria variegada. *Os efeitos da doença podem ser muito variáveis, mas em caso de sofredores extremos, estes podem experimentar sintomas tão diversos como sensibilidade extrema à luz, crescimento excessivo de pêlos sobre a pele exposta, urina vermelho-sangue, e ataques de loucura. Dizem que essa doença foi a responsável pela "loucura" do rei inglês, George III.*

# DOENÇAS DE ENDOGAMIA

* O casal holandês teve uma família numerosa, portanto o gene deve ter passado para alguns de seus filhos e netos, e assim por diante. Embora o povoado tenha crescido rapidamente, as barreiras religiosas e lingüísticas destinaram a população ao isolamento do mundo exterior, deixando-a exposta aos perigos da ENDOGAMIA.

a *porfíria* chegou à África do Sul com os primeiros colonizadores holandeses

* O risco genético de endogamia fornece uma boa razão biológica para explicar por que o incesto se tornou um tabu cultural na maioria das sociedades humanas. Parentes próximos compartilham mais genes em comum uns com os outros, incluindo os genes que causam doenças – portanto, se alguém se casar com um parente próximo e tiver filhos, há uma chance muito maior de ter um filho com duas cópias de um gene que causa doença.

### RISCOS ISOLADOS

Onde as comunidades permanecem pequenas e isoladas por barreiras religiosas, culturais ou geográficas, há um risco muito grande de um defeito genético se espalhar em sua população através da endogamia. Por exemplo, uma doença genética recessiva chamada da **síndrome de BIDS**, que causa cabelos extremamente quebradiços e redução da inteligência, é relativamente comum em comunidades Amish da América do Norte, que são isoladas pela religião, mas é desconhecida em outros lugares.

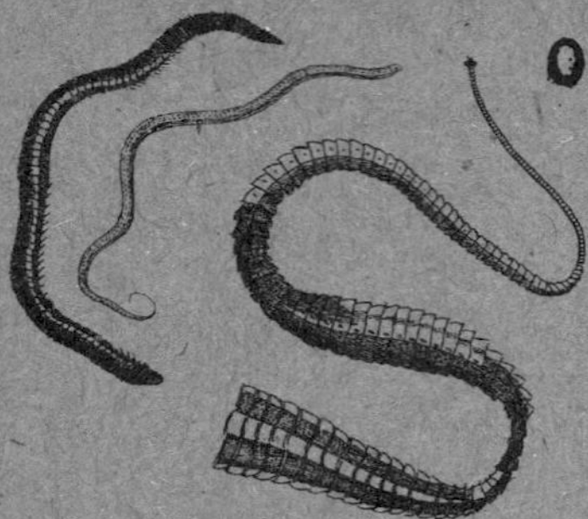

o DNA de vermes de milhões de anos foi recuperado

## O ANTIGO E O MODERNO

**✱ A morte de um organismo invariavelmente significa desastre para seu DNA. O DNA é quebrado junto com o resto dos componentes celulares, e um exército de microrganismos o devora em um banquete de moléculas. Mas, ocasionalmente, há alguns procedimentos notáveis de preservação.**

## VOLTANDO NO TEMPO

✱ O DNA mitocondrial (mtDNA) geralmente é mais resistente à degradação que o DNA NUCLEAR, e pode permanecer intacto por alguns milhares de anos. O mais impressionante de tudo, todavia, são as raras ocasiões em que um organismo inteiro e uma parte de seu DNA são preservados por milhões de anos. O mtDNA pode ser obtido de espécimes de museu de animais há muito extintos. Também já foi extraído de mamutes mortos há muito tempo, encontrados congelados e preservados nas geleiras siberianas.

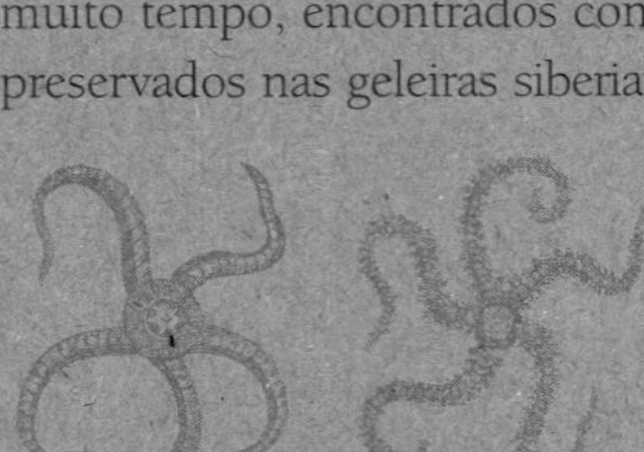

o DNA antigo fornece informações da história evolutiva

### Parque jurássico

*Muitos dos insetos encontrados preservados em âmbar existiram na mesma época dos dinossauros. No* Jurassic Park *(Parque dos Dinossauros) de Michael Crichton, o ponto de partida para a regeneração genética do dinossauro é um mosquito que estava imerso em âmbar, justamente após ter sugado sangue de dinossauro. Fora de Hollywood, isto não é plausível. Embora o sangue pudesse conter genes de dinossauro, a maior parte do DNA estaria degradada. Mas se alguém um dia encontrar um pedaço inteiro de carne de dinossauro preservada em âmbar...*

o DNA pode ser obtido de restos de animais extintos

* O mtDNA antigo pode ser usado para determinar as relações evolutivas entre animais extintos e seus parentes vivos modernos. Também é útil para calibrar relógios moleculares. Quanto mais você volta no tempo, mais precisas devem ser suas estimativas de taxa de acúmulo de mutações no mtDNA.

## RESIDENTES DE RESINA

* As histórias de preservação mais impressionantes são as que envolvem âmbar, uma resina vegetal endurecida. Insetos, lesmas, vermes e lagartixas têm sido encontrados em âmbar, parecendo tão frescos como no dia em que morreram, embora alguns deles tenham mais de 100 milhões de anos. Foi recuperado e seqüenciado o DNA intacto de alguns exemplares de insetos – e algumas ***bactérias antigas de 30 milhões de anos até mesmo reviveram***. Quando as condições são desfavoráveis, as bactérias formam esporos. Na verdade, elas paralisam todas as atividades metabólicas e esperam que as condições ambientais melhorem.

### DNA de uma múmia

*Foi extraído DNA de uma múmia egípcia de 2.400 anos. O DNA estava degradado, mas foi possível seqüenciar vários milhares de pares de base. Nenhum gene reconhecível foi identificado, mas como a maior parte do genoma humano é DNA lixo, é improvável que se encontre um gene em alguns restos intactos.*

### Esporos dormentes

*Foram recuperados esporos de bactérias do intestino de abelhas preservadas em âmbar. Quando se oferecia nutrientes a elas, as bactérias subitamente acordavam e emergiam de suas conchas! A despeito de estarem separadas por 30 milhões de anos, o seqüenciamento de DNA revelou que a bactéria antiga era similar à bactéria de abelha atual.*

## CÂNCER

**✱ Se há uma doença que nos causa mais medo e pavor que todas as outras, esta é o câncer. Esse medo não é irracional. A dura realidade é que um em cada quatro de nós morrerá de algum tipo de câncer. O câncer é causado por mutações em genes que controlam a divisão celular.**

há dúzias de livros sobre as descobertas de pesquisa de câncer

Causas do câncer

*Estima-se que 10% de todos os tipos de câncer sejam causados diretamente pela herança de um gene defeituoso. Mas a maioria resulta de uma interação entre fatores ambientais – nossa dieta e estilo de vida – e os genes que herdamos.*

## ENVIANDO OS SINAIS ERRADOS

✱ A divisão celular é necessária para o crescimento dos organismos. Mas é importante que essas divisões sejam monitoradas de perto e não saiam de controle. Elas são controladas por dois tipos diferentes de genes que têm efeitos opostos. Os ONCOGENES promovem a divisão celular, enquanto os ANTIONCOGENES a suprimem. A interação entre esses dois tipos de genes garante que nossos órgãos e tecidos cresçam até seus tamanhos corretos. Quando chegamos aos vinte anos, a maioria de nossas células pára de se dividir e estamos "completamente crescidos".

✱ Mas mutações nos oncogenes e antioncogenes de uma célula podem desestruturar todo o sistema de sinalização. Uma célula que parou de se dividir e estava feliz cuidando da própria vida pode ser transformada em uma célula cancerosa

um em quatro de nós vai morrer de câncer

que começa a se dividir novamente. Quando uma célula cancerosa se divide, ela começa a formar um tumor, que pode interromper a função normal do tecido do qual ele se originou.

* Se o tumor for removido nesse estágio por um cirurgião, há uma boa chance de cura total. Mas se o tumor crescer ainda mais, algumas das células cancerosas podem se separar e colonizar outros tecidos para formar tumores secundários. Nessa fase, as chances de cura são pequenas.

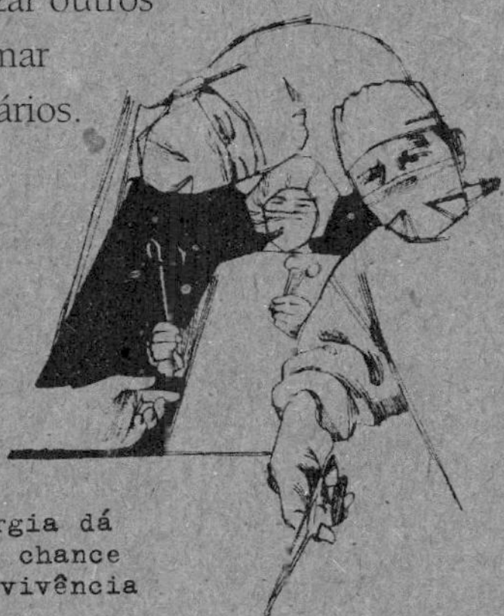

a cirurgia dá uma boa chance de sobrevivência

# HERANÇA

* As pessoas têm suscetibilidade variável a certos tipos de câncer. Se todos nós fumarmos 20 cigarros por dia, o risco de desenvolver câncer de pulmão não deverá ser o mesmo para cada um. Algumas pessoas podem herdar uma versão defeituosa de um antioncogene, que se tornará parte da receita genética de cada célula do corpo. E então é só ocorrer uma mutação na outra cópia funcional para que os problemas comecem. Se você herdar duas cópias funcionais normais do antioncogene, então o risco será muito menor – pois duas mutações serão necessárias.

**CORRENDO RISCO**

As mutações que causam câncer ocorrem do mesmo modo que as mutações em outros genes. A razão pela qual fumar causa câncer de pulmão não é porque os carcinógenos da fumaça do cigarro atingem especificamente os oncogenes e antioncogenes. É que eles simplesmente aumentam a taxa geral de mutação em seu DNA, o que aumenta a chance de uma mutação em um gene que causa câncer.

## Protetor solar natural

*Há outras maneiras pelas quais os genes podem influenciar nossas chances de desenvolver câncer. Pessoas brancas, que vivem nas regiões ensolaradas do mundo, desenvolvem câncer de pele mais freqüentemente que as negras. Isso, não porque os brancos tenham maior probabilidade de herdar genes defeituosos, mas porque os negros têm mais melanina em sua pele, o que protege seu DNA dos efeitos danosos da luz ultravioleta.*

a guerra contra o câncer continua

# À GUERRA CONTRA O CÂNCER

*** A guerra contra o câncer já está custando bilhões de dólares, e ainda não tivemos muitos resultados. Os principais avanços médicos têm sido na detecção e diagnósticos, mais do que na cura real. Mas novos desenvolvimentos em engenharia genética e terapia gênica oferecem esperanças para o futuro.**

### CÉLULAS SUBNUTRIDAS

O tratamento eficaz do câncer conta com a combinação de diagnóstico precoce, cirurgia para remoção do tumor, radioterapia e quimioterapia. A radioterapia envolve o bombardeio da área afetada com radiação para matar qualquer célula cancerosa remanescente. Apesar de seu potencial para se dividir, as células cancerosas são subnutridas e a quimioterapia explora sua fraqueza pelo uso de drogas tóxicas, que matam as células cancerosas, mas deixam as células normais relativamente ilesas.

## NOVOS DESENVOLVIMENTOS

* Muitos tipos de câncer são eliminados pelo próprio sistema de defesa imunonológico do corpo antes que o tumor tenha tempo de tomar conta da situação. Os glóbulos brancos são algumas vezes capazes de se infiltrar em pequenos tumores e liberar uma enzima chamada FATOR DE NECROSE DO TUMOR (TNF), que elimina as células tumorais (veja diagrama).

## BOA CHANCE

* Uma abordagem alternativa usa uma tática mais sutil, e conta com o sistema imune, lançando um ataque mais combinado e organizado contra as células cancerosas transgressoras. Sempre que um agente infeccioso, tal como um vírus ou uma bactéria, entra em nosso corpo, suas proteínas de superfície celular são reconhecidas como

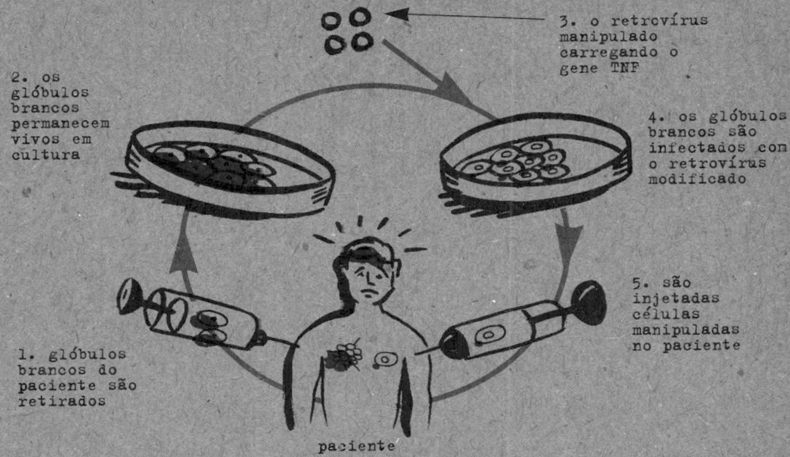


**TERAPIA GÊNICA PARA O GENE TNF**

Embora os glóbulos brancos sejam capazes de conter a tática agressiva de tumores grandes, a engenharia genética pode dar a eles mais chance de combate. **Uma possibilidade é inserir cópias múltiplas adicionais do gene TNF em cada glóbulo branco, para melhorar seu desempenho para derrotar o câncer.** Tendo extraído alguns glóbulos brancos do sangue do paciente, genes TNF clonados podem então ser inseridos em suas receitas genéticas. As células fortificadas seriam depois injetadas de volta no paciente.

estranhas pelo corpo. O sistema imune então vai à ofensiva total e aniquila os intrusos.

* O sistema normalmente não trabalha contra as células cancerosas, pela simples razão de que as células cancerosas são células do próprio corpo e não ***apresentam qualquer sinal estranho. Mas poderia trabalhar se genes estranhos, que codificam as proteínas alienígenas de superfície, fossem inseridos no DNA das células cancerosas***. Um modo de se fazer isso é usar lipossomos – glóbulos de gordura vazios. Os lipossomos contendo os genes estranhos podem ser injetados no tumor, onde eles se fundem com as membranas celulares lipídicas das células cancerosas e soltam seu DNA alienígena.

o envelhecimento
é um fato da vida

## FICANDO VELHO

*** Não há muitas certezas na vida, mas o envelhecimento é definitivamente uma delas. Muitos odeiam a idéia de envelhecer e estão preparados para gastar dinheiro ganho arduamente em cremes "milagrosos" e poções, num esforço para adiar o inevitável. Mas se você estiver procurando algo ou alguém para culpar por esse destino cruel, então culpe seus próprios genes.**

## CONSUMO E DESGASTE

* Ninguém sabe realmente com certeza por que envelhecemos, mas há várias teorias – e os genes, quase que inevitavelmente, destacam-se em todas elas. A explicação mais óbvia é que ***o envelhecimento é simplesmente uma conseqüência do acúmulo de mutações prejudiciais em nosso DNA, ao longo dos anos.***

* As mitocôndrias são as casas das máquinas da célula, e danos em seu DNA são equivalentes à paralisação de uma fábrica. Se você comparar as células de pessoas velhas com as de pessoas mais jovens, as células mais velhas têm muito mais mitocôndrias inativas. Uma paralisação gradual na produção de energia, causada por anos de acúmulo de mutações, é uma má notícia para a célula – e ainda pior para seu próprio dono!

### Viver mais, porém...

Algum homem por aí já considerou a hipótese de ser castrado? Pode não melhorar sua vida sexual, mas pode lhe dar alguns anos extra no planeta. Há algumas evidências mostrando que eunucos vivem, em média, 15 anos mais que machos não castrados. Isso sugere que a testosterona, o hormônio sexual masculino produzido pelos testículos, pode talvez ter um papel no processo de envelhecimento.

* Os danos mutacionais se acumulam mais rapidamente na mitocôndria porque elas não têm as enzimas que ajudam a remendar e reparar os danos no DNA. Mas isso também ocorre no DNA cromossomal. O DNA nuclear produz enzimas de reparo, mas os próprios genes que codificam essas enzimas são vulneráveis a mutações. Nada é perfeito no Jardim do Éden!

## PEGUE UMA PONTA

* ***Uma teoria alternativa sobre envelhecimento, defendida por alguns cientistas, destaca a importância dos telômeros.*** O telômero é apenas um apelido para a extremidade do cromossomo. Os telômeros consistem de centenas de repetições de seqüências TTAGGG. Cada vez que a célula se divide e os cromossomos se replicam, os telômeros de cada cromossomo se encurtam ao perder algumas dessas unidades de repetição. As unidades de repetição servem como pontos de ancoragem para o DNA polimerase se ligar quando ele inicia a replicação do cromossomo. O cromossomo todo pode ser replicado pela polimerase, exceto o pequeno trecho onde ela se ligou inicialmente – assim, a cada divisão celular, o cromossomo é encurtado.

* Quando o telômero é encurtado além de um determinado comprimento, a célula é incapaz de se dividir novamente e morre. Mas a célula pode ser rejuvenescida pela adição de uma enzima chamada TELOMERASE.

### Seco ao sol

*Se você fica muito tempo no sol, observará que sua pele apresenta sinais de envelhecimento prematuro – também conhecidos como rugas e manchas. A razão? O DNA nas células de sua pele não gosta muito de raios UV constantes, e os danos mutacionais se acumulam.*

o sol envelhece a pele prematuramente

### Eternamente jovem

*A telomerase é normalmente encontrada apenas nas células da linhagem germinativa, onde ela age para assegurar que a próxima geração vai herdar telômeros completos. Alguns cientistas sugeriram (sem maior reflexão!) que ela pode conter o segredo da juventude eterna.*

ninguém sabe onde as proteínas maléficas estão escondidas.

# AS VACAS LOUCAS E OS INGLESES

*** Até poucos anos atrás, o consenso científico era que todas as doenças infecciosas eram causadas por bactérias e vírus que carregavam seu próprio material genético. Mas os tempos mudaram, e surgiram agora agentes infecciosos que não têm nem DNA e nem RNA. Estes são os prions protéicos, versões maléficas das proteínas normais do corpo que podem devastar o sistema nervoso central.**

**NÚMEROS HORRÍVEIS**

Ninguém sabe quantas vacas estão, ou estiveram, infectadas com BSE. Nos últimos anos, mais de um milhão de vacas foram sacrificadas apenas na Grã-Bretanha. Mas alguns cientistas estimam que umas 50.000 pessoas tenham comido carne infectada antes que a doença fosse diagnosticada pela primeira vez, em 1986.

## BOM OU MAL

* Todos nós temos uma proteína em nosso corpo chamada PrP, que se liga ao lado externo das células nervosas, particularmente as do cérebro. *Embora sua função seja desconhecida, em sua forma normal a PrP é completamente inofensiva. Mas o que é estranho sobre a PrP é que ela pode mudar de sua forma normal "boa" para uma forma "má"*. Uma mudança no formato é a única diferença discernível entre as duas formas, mas o efeito dessa mudança no corpo pode ser catastrófica. A alteração estrutural da proteína desorganiza as células nervosas, levando à degeneração neural progressiva e morte.

a carne assustadora ainda enfurece

## DOENÇA DE PRÍON

* Pesquisas correntes sugerem que a DOENÇA DE PRÍON pode ocorrer pelo menos de duas

maneiras. A primeira rota, a mais ortodoxa, é através de mutação. Em humanos, por exemplo, a DOENÇA DE CREUTZFELDT-JACOB (CJD) é causada por uma mutação no gene da PrP. A mutação aumenta a chance de que a forma "boa" da proteína mude para a forma "má". Os carneiros têm uma forma similar herdada de doença de príon chamada "scrapie".

* A rota alternativa de infecção da doença está sendo manchete dos noticiários. BSE (ENCEFALOPATIA ESPONGIFORME BOVINA), ou doença da vaca louca, não é uma forma "natural", herdada, da doença de príon. Os cérebros de carneiros adultos constituíram parte da ração animal padrão por muitos anos; quando a BSE foi diagnosticada pela primeira vez na Grã-Bretanha, em 1986, o dedo da suspeita apontou para a ração animal contendo cérebro de carneiros infectados

a BSE pode ter sido transmitida para humanos através do consumo de carne infectada

com "scrapie". Uma vez ingeridos, os prions de carneiro eram capazes de se ligar aos prions "bons" do cérebro das vacas e mudá-los para a forma "má".

**MÁS NOTÍCIAS?**

Apareceu agora uma nova forma de doença de Creutzfeldt-Jacob em humanos, causada pela ingestão de carne contaminada com BSE. Os prions "maus" das vacas estão fazendo em humanos o que os prions "maus" de carneiro fizeram em vacas. Ninguém sabe quanta carne infectada foi consumida, ou se o Reino Unido está na iminência de uma nova epidemia. Mas acredita-se, ainda, que a maioria das pessoas seja resistente à ação modificadora dos prions da vaca louca.

**PESQUISA INCENTIVADA**

Em 1997, Stanley Prusiner, professor de bioquímica da Universidade da Califórnia, São Francisco, ganhou o prêmio Nobel por seu trabalho pioneiro sobre a doença de príon. Por causa do medo da "doença da vaca louca", essa pesquisa agora está sendo intensamente incentivada.

# CAPÍTULO 5

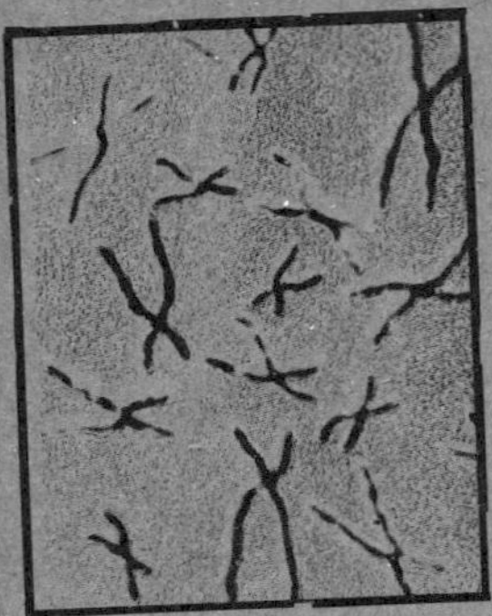

logo a receita genética será conhecida

## Seqüenciando o genoma

*Em parte, a corrida para o seqüenciamento do genoma humano tem tanto a ver com ganho financeiro quanto com o conhecimento científico. Há um desejo entre alguns cientistas e muitas companhias de biotecnologia de patentear genes humanos, particularmente os responsáveis por doenças. Os genes que causam doenças têm grande importância médica e, portanto, podem ser muito lucrativos para companhias farmacêuticas e cientistas. Mas a idéia de se apropriar dos direitos sobre um segmento de DNA é um conceito bizarro. Afinal, os cientistas não inventam os genes, eles meramente os identificam.*

## O FUTURO

* O Projeto Genoma Humano é um dos projetos científicos mais ambiciosos desde a corrida espacial. Seu objetivo final é mapear a posição de todos os 100.000 genes humanos nos 23 pares cromossômicos. Isto envolverá a determinação da seqüência total de letras de DNA na receita genética humana – todos os seus 3 bilhões.

logo nós todos estaremos mapeados

## MÁQUINA HUMANA

* Depois que se tornou possível seqüenciar o genoma humano total do início ao fim, era inevitável que esse objetivo ambicioso fosse tentado. Essa tarefa é onerosa, mas tem se tornado consideravelmente mais fácil por causa dos significativos avanços na tecnologia de seqüenciamento. Hoje, o seqüenciamento do DNA é quase totalmente automatizado. Uma máquina, em lugar de um ser humano, faz a maior parte do trabalho. Pode-se colocar um tubo contendo um segmento de DNA em uma extremidade da máquina e,

depois de algumas horas, pegar a seqüência de letras de DNA na outra extremidade.

* Embora esse sistema funcione bem, só é possível ler cerca de 400 letras de cada vez. Trabalhando todos os dias, durante um ano, uma pessoa levaria 10.000 anos para seqüenciar todo o genoma humano. Portanto, não é surpreendente que o Projeto Genoma Humano tenha sido dividido entre muitos cientistas, em vários países diferentes, incluindo Grã-Bretanha, Estados Unidos, Brasil, entre outros. Seu objetivo é terminar o seqüenciamento até o ano 2005.

o banco de dados conterá todas as seqüências de DNA humano

## LONGO E SINUOSO

* O que significará para nós a seqüência completa do DNA? Bem, inicialmente não muito. Por si só, a seqüência de DNA é uma leitura bastante tediosa. Contendo milhares de vezes mais letras que *Guerra e paz* de Tolstoi, ela nos dirá pouco sobre onde os genes estão ou o que eles fazem. No entanto, os organizadores do projeto esperam que a seqüência completa de DNA do genoma humano sirva como um livro de referência inestimável para o estudo da genética humana.

os cientistas estão trabalhando para terminar em 2005

### Dinheiro bem aplicado?

*Como a maior parte do genoma é composto de lixo genético, os críticos do Projeto Genoma Humano argumentam que a maior parte do dinheiro irá para o seqüenciamento de grandes segmentos de DNA com pouco interesse científico. Mesmo o DNA lixo, porém, pode se revelar com alguma função importante, até o momento desconhecida.*

## ACELERANDO A PESQUISA

**★ A procura pelo gene da fibrose cística fornece um bom exemplo do modo pelo qual os geneticistas encontram genes a partir de tentativas. Embora fosse uma descoberta científica muito valiosa, foi um exercício que consumiu muito tempo, e envolveu anos de trabalho árduo.**

tudo começou com uma ervilha

## FUTUROS DESENVOLVIMENTOS

★ Do ponto de vista de todos, seria útil encontrar alguma maneira de acelerar a procura por esses genes ardilosos – e o banco de dados do genoma humano pode tornar isso possível um dia.

a procura por genes é muito lenta

★ ***No futuro, será muito mais rápido e fácil localizar genes, usando seus produtos protéicos como indícios primários na pesquisa.*** Vamos tomar novamente o exemplo da fibrose cística. O principal sintoma da doença – acúmulo excessivo de muco espesso nos pulmões – é devido a uma única proteína defeituosa na membrana celular. Em indivíduos normais, essa proteína age como um portão para a passagem de íons cloreto através da membrana;

mas em sofredores de fibrose cística, o portão protéico não funciona adequadamente. O fluxo de íons cloreto para fora da célula é insuficiente, resultando em falta de água no muco.

os cientistas gradualmente estão descobrindo os segredos de nossos genes

* Depois que a proteína responsável pela doença for identificada, então uma análise química simples revelará sua seqüência de aminoácidos. Depois que souber a seqüência de aminoácidos, pode-se trabalhar em sentido contrário para determinar o código de DNA. Na prática, a existência de íntrons (as seqüências não codificadoras de um gene) significa que essa etapa pode ser apenas uma aproximação. Mas a seqüência de aminoácidos deverá pelo menos possibilitar que os geneticistas determinem uma proporção significativa da seqüência de um gene. Os geneticistas serão capazes, então, de procurar no banco de dados do genoma humano uma seqüência que combine com a deles. Uma seqüência similar automaticamente revelará o paradeiro exato do gene.

* *É claro que esse método de localização de genes é aplicável não apenas àqueles que causam doenças, mas a qualquer característica cuja variabilidade possa ser determinada por diferenças na estrutura de uma proteína codificada.*

**OS ELOS PERDIDOS**

Cada novo segmento de DNA humano que é seqüenciado, entra em um sempre crescente banco de dados de seqüências de DNA humano. No final, o banco de dados do genoma conterá a seqüência completa ordenada de cada cromossomo humano.

primeiro, as ovelhas, depois, os humanos?

## ALÔ, DOLLY!

*** As ovelhas nem sempre são manchetes. Mas, no início de 1997, uma ovelha em particular ocupou a primeira página dos jornais. A menos que você tenha recém-emergido de uma longa hibernação, certamente já ouviu falar de Dolly, a ovelha. E sobre o que foi todo aquele rebuliço?**

### O que é um clone?

*Um* **clone** *é uma cópia idêntica. Em biologia molecular, um clone refere-se normalmente a cópia de um gene, mas pode ser igualmente aplicado a uma receita genética inteira, ou a um organismo inteiro.*

### Por que uma ovelha?

*A clonagem de Dolly foi feita por uma equipe de cientistas do Instituto Roslin, em Edimburgo. Uma ovelha foi escolhida para a clonagem porque as ovelhas, como os humanos, são mamíferos – e também são fáceis e baratas para se manter!*

Dolly foi o primeiro clone de mamífero de uma célula adulta

## CLONAGEM

* Dolly não começou a vida como a maioria dos animais, com a fusão de um óvulo e de um espermatozóide. O complemento cromossômico integral de Dolly veio da célula de uma ovelha adulta de seis anos de idade. Em outras palavras, sua mãe era também sua irmã idêntica. Dolly foi o primeiro clone de uma célula de mamífero adulto. Os embriões já tinham sido clonados antes, mas há uma grande diferença entre a clonagem de uma célula de um adulto e a clonagem de uma célula retirada de um embrião. Um embrião inicial de um animal é

constituído de uma bola de células indiferenciadas. Se você remover e isolar uma daquelas células, a célula por si só tem o potencial para se desenvolver em um embrião. Ela crescerá e se dividirá para formar um clone idêntico ao embrião da qual foi derivada. Esta é a razão pela qual a clonagem de animais de células embrionárias é relativamente simples. Cada célula é indiferenciada e tem, por si só, a capacidade de dar origem a um organismo.

* Mas à medida que o embrião cresce, em determinado ponto, as células perdem sua autonomia e independência. Como combinações genéticas específicas são ligadas e desligadas, as células ficam comprometidas a seguir um caminho de desenvolvimento específico – para se tornarem células musculares, células epidérmicas, e assim por diante.

células adultas estão completamente desenvolvidas

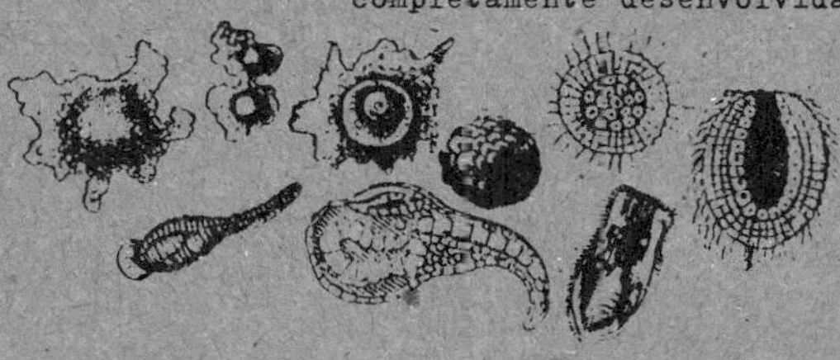

## DESTINO

* O que é surpreendente sobre Dolly é que sua receita genética veio da célula de uma ovelha de seis anos de idade, uma célula cujo destino já tinha sido decidido há muito tempo. Assim, os cientistas que criaram Dolly encontraram um modo de dominar as regras da natureza e persuadir a receita genética da célula a recuperar sua independência.

**CLONAGENS ALEGADAS**

Em 1981, dois cientistas na Suíça alegaram que tinham clonado camundongos a partir de células embrionárias não especializadas – os primeiros mamíferos a serem clonados. Mais tarde, surgiram dúvidas sobre essas alegações, com base em experimentos. Em 1986, carneiros e vacas foram clonados a partir de células embrionárias. Dessa vez não houve contestação.

### Sapos fracassados

*Em 1960, tentativas fracassadas para clonar sapos convenceram os cientistas que a clonagem a partir de células adultas era um sonho impossível. Dolly provou o contrário*

# A ARTE CULINÁRIA DA CLONAGEM

*** Após todo o barulho feito em torno do caso, pode ser surpreendente saber que Dolly não é realmente um clone perfeito. Um clone perfeito tem DNA nuclear e mitocondrial idênticos. Dolly recebeu apenas o DNA nuclear da ovelha de seis anos de idade; seu DNA mitocondrial veio de uma ovelha completamente diferente. Aqui está como ela foi feita.**

O mistério da ovelha

*Você já ficou curioso para saber como Dolly ganhou seu nome? Aqui está uma dica: tem algo a ver com "úberes" e uma certa cantora famosa. Os cientistas gostam de fazer suas piadinhas.*

## CLONAGEM PASSO A PASSO

* Primeiro, foi retirada uma célula do úbere de uma ovelha adulta. Ao contrário de Dolly, essa ovelha de seis anos de idade parece não ter tido um nome, portanto será referida daqui por diante como Ovelha N.º 1. Após ter sido removida, a célula do úbere "passou fome" – o que de algum modo, por meios ainda não totalmente compreendidos, faz com que ela "esqueça" que já foi uma célula de úbere e recupere sua independência juvenil.

* Entra a Ovelha N.º 2. Um óvulo foi retirado da Ovelha N.º 2, e seu conteúdo nuclear foi removido. Seu DNA mitocondrial, no entanto, ficou intocado. Os cromossomos da célula do úbere da Ovelha N.º 1 foram então extraídos e inseridos no núcleo vazio do óvulo da Ovelha N.º 2.

# NOVA VIDA

* O óvulo, então, levou um choque elétrico (o equivalente dos geneticistas de usar uma vela de ignição no motor do carro) para iniciar seu desenvolvimento, antes de ser inserido no útero de uma terceira ovelha, onde o embrião continuou seu desenvolvimento até nascer.

**BONNIE E DOLLY**

Às 4 horas do dia 13 de abril de 1998, Dolly deu à luz a Bonnie. Bonnie foi concebida pelos métodos convencionais, e seu nascimento parece reassegurar que animais clonados, como Dolly, podem se desenvolver em animais saudáveis capazes de se reproduzir.

## Não é tão fácil

*Embora todo procedimento possa parecer relativamente simples, houve cerca de 277 tentativas fracassadas antes que Dolly surgisse no mundo. Os cientistas descobriram que os embriões clonados crescem muito mais rápido que os normais, e muitos nasceram mortos ou tiveram que ser removidos por cesariana.*

a clonagem de ovelhas já produziu benefícios

**UM CARNEIRO VELHO VESTIDO DE CARNEIRO NOVO**

Dolly pode nos ajudar a entender como o envelhecimento funciona. Embora ela tenha apenas dois anos de idade, seu DNA tem oito anos, e os pesquisadores estão observando de perto os sinais de envelhecimento prematuro.

### Clonando de A a Z

*Primeiro tivemos Dolly, depois Polly. O que podemos esperar como nome da próxima ovelha clonada? Folly?*

# OS BENEFÍCIOS DA CLONAGEM

*** Os pesquisadores não estão clonando ovelhas para se divertir. Há objetivos a longo prazo que poderão trazer benefícios médicos reais para humanos. De fato, um novo clone de ovelha já está ajudando no tratamento de hemofílicos.**

## POTENCIAL DA POLLY

* Não muito tempo depois de Dolly ter nascido, uma ovelha chamada **Polly** fez sua estréia. Ao contrário de Dolly, ***Polly era um clone de uma célula embrionária, e não de uma célula adulta.*** Mas o embrião não era um embrião qualquer. Uma cópia funcional do gene da coagulação sangüínea humana, que é defeituoso em hemofílicos, foi inserido em sua receita genética. Polly cresceu produzindo a proteína de coagulação sangüínea humana em seu leite, que pode ser purificado e então injetado em hemofílicos. E, é claro, depois que uma ovelha amiga dos hemofílicos foi modificada geneticamente, a clonagem tornou possível a produção de muitas mais dessas ovelhas, de maneira rápida e eficiente.

se uma, por que não várias?

## ÉTICA À PARTE

* Da clonagem de uma ovelha para a clonagem de um humano pode ser uma pequena etapa científica, mas é um salto ético gigantesco para a humanidade. Contudo, deixando de lado as considerações éticas por um momento, há uma forte demanda científica e médica para que a tecnologia de clonagem humana seja desenvolvida.

os problemas éticos da clonagem são consideráveis

## BENEFÍCIOS

* Uma aplicação possível é no tratamento de uma rara doença causada por um gene mitocondrial defeituoso, que pode resultar em cegueira e epilepsia. Após a criação de um embrião por fertilização *in vitro*, o núcleo deve ser removido, deixando as mitocôndrias defeituosas para trás. Este deve ser então inserido em um óvulo doador, do qual o núcleo foi removido, mas não as mitocôndrias saudáveis.

### A clonagem e a lei

*A clonagem humana foi proibida na Grã-Bretanha. Todavia, há sinais de que a proibição pode ser suspensa se surgirem evidências suficientemente fortes que demonstrem os benefícios médicos que a clonagem pode oferecer.*

**NOVAS POSSIBILIDADES**

A clonagem também pode ser usada para fornecer mais embriões humanos para pesquisa médica. Na Grã-Bretanha, os embriões podem ser usados para propósitos de pesquisa durante os primeiros 14 dias após a concepção. A clonagem permitirá que muitas cópias geneticamente idênticas sejam feitas, criando novas possibilidades para o estudo do desenvolvimento e de doenças humanas.

gostaríamos realmente de um clone de Joseph Stalin?

## CLONAR OU NÃO CLONAR

**★ Para cada alegação de benefícios médicos positivos de clonagem, há uma contra-alegação apocalíptica. Os cientistas são acusados de estar brincando de Deus, de interferir na natureza. E se a tecnologia cair em mãos erradas? A mídia está cheia de previsões sensacionalistas de clones humanos sendo usados como fábricas para o crescimento e venda de órgãos humanos no mercado negro, ou de ditadores egocêntricos clonando a si próprios para prolongar seus regimes.**

## O FATOR NOVIDADE

★ As novas tecnologias freqüentemente geram suspeitas, particularmente as da biologia. Quando a fertilização *in vitro* foi introduzida, em 1970, muitas pessoas a rejeitaram como "não natural". Contudo, desde então, FIV tem capacitado milhares de casais não férteis a terem filho; hoje, ninguém pensa duas vezes a esse respeito. Ela já se tornou apenas outro tratamento médico. A clonagem também pode oferecer benefícios médicos. *Com certeza, não é natural. Mas assim é a maior parte da medicina.*

a clonagem de órgãos pode tornar-se um grande negócio

## MORALISTAS E MATERIALISTAS

✱ *Mas e quanto à acusação de que a clonagem pode ser mal usada, que considerações materiais podem substituir os direitos do indivíduo? Esta é uma preocupação moral séria.* A maioria dos indivíduos sãos não se sentiria à vontade com a noção de homens crescendo em fábricas, como o equivalente orgânico de uma cópia de computador. É claro que, se há dinheiro a ser feito, então, sem dúvida alguém irá tentá-lo. Mas o risco da tecnologia ser mal usada é um argumento adequado para não usá-la?

os cientistas estão brincando de Deus?

## DOLLY HUMANA

✱ A maior parte do medo quanto à clonagem parece estar relacionado com o espectro de uma Dolly humana, de se pegar uma célula de alguém e usá-la para fazer uma cópia genética idêntica daquela pessoa. No início de 1998, ***Dr. Richard Seed,*** cientista americano de Chicago, fez um anúncio declarando que esperava montar uma clínica justamente com esse propósito. No futuro, ele queria oferecer um serviço de clonagem para qualquer um que sentisse a necessidade de uma cópia de si mesmo. Uma coisa é certa – ele não teria falta de malucos querendo usar seu serviço!

**A SOMBRA DE FRANKENSTEIN?**

Mesmo que alguém desenvolvesse a tecnologia para fazê-lo, clonar um adulto a partir de uma de suas células pode ter conseqüências imprevisíveis. Uma célula tomada de um adulto pode ter acumulado todo tipo de dano no DNA. Usar o DNA daquela célula como receita genética de uma nova vida pode ser o equivalente da roleta russa.

## MITOS GENÉTICOS

* A clonagem certamente tomou conta da imaginação pública. Mas talvez o medo e a fascinação da clonagem reflitam o fato de que a sociedade está pensando demais sobre genes, e não o suficiente sobre outras coisas que nos fazem ser como somos. A idéia de ter um "você" idêntico pode ser sedutora ou apavorante. De qualquer modo, ela desafia a realidade. Ter uma receita genética idêntica não torna duas pessoas exatamente iguais. Além do mais, clones humanos já existem. Eles são chamados gêmeos idênticos.

como seria hoje alguém com a receita genética de Hitler?

## MÁQUINAS DE GENES?

* Gêmeos idênticos têm características similares, e podem ter preferências similares. Normalmente, porém, além de compartilharem genes, eles compartilham o mesmo

gêmeos idênticos compartilham os mesmos genes e as mesmas características

**GÊMEOS**

Gêmeos idênticos surgem quando as células de um embrião de duas células se separam uma da outra e se desenvolvem independentemente, como dois embriões. Gêmeos fraternos são simplesmente o resultado da fertilização simultânea de dois óvulos diferentes por dois espermatozóides diferentes. Em termos genéticos, gêmeos fraternos não são mais parecidos que irmãos que nasceram separadamente.

ambiente enquanto crescem. Embora os genes tenham, sem dúvida, uma influência importante no desenvolvimento físico e na aparência, e possa ter mesmo uma ampla influência sobre a personalidade, eles não trabalham isolados. Os seres humanos não são meras máquinas gênicas. Nosso ambiente – as circunstâncias em que crescemos, nossa dieta, estilo de vida, e o conjunto de experiências familiares e sociais únicas – também têm um papel importante em determinar como nós somos como indivíduos.

* Se alguns cientistas loucos encontrarem uma cópia perfeita da receita genética de Hitler e fizerem um clone individual dela, não teríamos outro Hitler. **Isto porque a memória e as experiências não são preservadas no DNA.** Hitler foi um produto de seu tempo e de seu conjunto único de experiências sociais, não apenas um produto de genes.

## IDÉIA IMPRATICÁVEL

* Ainda bem que a tecnologia requerida para recriar uma pessoa morta há muito tempo é uma idéia impraticável, pura ficção científica – para o tempo presente, pelo menos. Se a receita genética de Hitler fosse trazida de volta à vida, então, certamente a pessoa criada poderia se parecer um pouco com Hitler – embora, no século XXI, ele provavelmente tirasse aquele bigode ridículo. Mas ele poderia ser tanto um assistente social, um professor, ou um chefe de cozinha como um ditador facista. Os genes não são tudo.

aMadre Tereza

### Oportunidade perdida

*Dr. Richard Seed, o autodenominado "Dr. Clone" de Chicago, comentou uma vez que gostaria de ter guardado uma amostra do sangue de Madre Tereza, antes de sua morte, pois assim ele poderia fazer sua réplica clonada. Seu comentário revelou um mal-entendido fundamental da genética.*

gêmeos fraternos não são geneticamente idênticos

## GENES E BOLOS

*** A relação entre você e seus genes parece um pouco com aquela entre um bolo e a receita. A receita de um bolo por si só não faz o bolo. Ela é simplesmente um conjunto de instruções ou procedimentos que, se seguidos corretamente, deverão produzir algo semelhante a um bolo. Como qualquer um que tenha alguma prática na cozinha sabe muito bem, a mudança de ingredientes ou a temperatura do forno, podem ter conseqüências imprevisíveis.**

## ESTILO DE VIDA

** Da mesma maneira, nossos genes são simplesmente uma receita para nossos corpos. Eles não trabalham independentemente das condições nas quais nos desenvolvemos.* O peso humano, por exemplo. Não há dúvida de que os genes têm alguma influência sobre nosso peso. Ainda que todos comessem sempre a mesma quantidade de alimento, nossos pesos não seriam os mesmos. Por causa de seus genes, algumas pessoas queimam gordura mais rapidamente que outras. Pode-se dizer que algumas pessoas estão geneticamente predispostas a serem gordas ou magras – mas isto não significa que a sua cintura seja determinada exclusivamente por seus genes.

é mais provável que alguém engorde por comer muito bolo do que por sua predisposição genética

* Pessoas que consomem muito hambúrguer e refrigerante ficarão gordas, não importando o que sua receita genética diz, pois o comportamento e o ambiente podem sobrepujar a influência dos genes. Em muitos casos, os genes simplesmente marcam os limites dentro dos quais o desenvolvimento pode ocorrer – e algumas vezes esses limites podem, sem dúvida, ser muito amplos.

o estilo de vida pode influenciar os genes

## GENES FRAUDULENTOS

* Mesmo os genes que causam doenças não são sempre tão determinantes como podem parecer à primeira vista. As pessoas que têm a "doença" genética fenilcetonúria, por exemplo, são incapazes de metabolizar o aminoácido fenilalanina. Mas se elas evitam a fenilalanina em sua dieta, então efetivamente a doença não existe para elas.

* Ao contrário, se todos fumássemos, o câncer de pulmão seria considerado como doença genética, porque as pessoas variam quanto à sua suscetibilidade genética ao câncer. ***Freqüentemente, os genes e seus efeitos podem ser vistos apenas no contexto de seu ambiente.***

### A cauda do gato siamês

*Os gatos siameses fornecem um exemplo esclarecedor da maneira pela qual os produtos gênicos interagem com o ambiente. Uma enzima que controla a síntese do pigmento preto na pelagem do gato é sensível ao calor, e é ativa apenas em temperaturas baixas. Assim, a pelagem preta tende a se restringir às partes mais frias do corpo: orelhas, cauda, nariz e patas. Deixar um filhote de gato na geladeira seria eticamente inaceitável – mas resultaria num gato completamente preto!*

# GENES, AMBIENTE E GÊMEOS

*** O estudo de gêmeos é uma maneira potencialmente informativa para os biólogos estimarem a influência relativa dos genes e do ambiente sobre as características humanas. Contudo, esses estudos têm sido envolvidos por controvérsia e escândalo. Em nenhum lugar isso é mais verdadeiro que em estudos de genética baseados em QI.**

os estudos entre gêmeos não foram concluídos

**PRETO E BRANCO?**

Nos EUA, os testes sugeriram que o QI médio dos negros era mais baixo que o dos brancos. Em 1994, o polêmico livro de Richard Herrnstein e Charles Murray *The Bell Curve* (A curva do sino) afirmava que essa diferença era devida primariamente à genética mais do que ao ambiente. Suas idéias, ecoando aquelas de Francis Galton, 100 anos atrás, foram condenadas e severamente criticadas por muitos cientistas.

## VIDAS COMPARTILHADAS

* Gêmeos idênticos compartilham os mesmos genes. Portanto, se uma característica particular é influenciada apenas pelos genes, então ambos os gêmeos deverão tê-la. O problema é que como os gêmeos normalmente compartilham o mesmo ambiente familiar, as similaridades entre eles podem ser devidas tanto a genes similares quanto ao ambiente compartilhado.

## SEPARADOS AO NASCIMENTO

* Para distinguir entre essas duas possibilidades, os geneticistas procuram por gêmeos que tenham sido separados ao nascimento e tenham crescido em famílias inteiramente diferentes, em geral em locais diferentes. Se eles ainda são similares, isto sugere que a

similaridade é causada por genes. Embora isto pareça bastante fácil, esse tipo de estudo é repleto de dificuldades experimentais, não apenas a de encontrar suficientes pares de gêmeos da mesma idade para comparar.

* Vários estudos de gêmeos observaram a influência de genes no QI. O resultado de um dos estudos foi que 80% da variação de QI

a inteligência pode ser adquirida?

como as diferenças entre gêmeos podem ser explicadas?

humano estava fundamentada geneticamente. Em outras palavras, o QI de uma pessoa era influenciado primariamente pelos genes que ela herdava de seus pais – o ambiente e a educação exerciam apenas uma influência secundária.

* Foi revelado mais tarde que o estudo publicado tinha sido todo falsificado, incluindo o nome dos autores. Mas se ele fosse autêntico, mal podemos imaginar as ramificações políticas e sociais que um estudo assim poderia ter

## Testando a inteligência

*Se o QI tem um grande componente genético, e muitos cientistas acreditam que tenha, há ainda a questão controversa de se o QI é uma medida precisa da inteligência, ou simplesmente o reflexo de uma capacidade pessoal para fazer um conjunto específico e limitado de tarefas cognitivas.*

o QI é apenas uma medida da capacidade de se fazer um conjunto limitado de tarefas?

o crime é simplesmente um defeito genético?

## GENES E COMPORTAMENT

*** A idéia de que os genes podem influenciar o comportamento e a personalidade despertam fortes em ções. A sexualidade, a agressividade, a ansiedade, a criminalidade e o alcoolismo, para citar apenas algumas, foram todos ligados aos genes. Mas isto não significa que somos prisioneiros desamparados d nossos genes – embora a sociedade pareça freqüentemente adotar um ponto de vista diferente.**

## O X MARCA O LUGAR

* Em 1993, **Dr. Dean Hamer**, do Instituto Nacional do Câncer dos EUA, publicou um estudo que mostrava que a homossexualidade em homens tende a ocorrer em família. Hamer descobriu que a incidência de homossexualismo entre os irmãos de homens *gays* era muito maior que a que se poderia esperar pelo acaso. Isto sugeriu um componente herdado para a orientação sexual.

* Além disso, os tios maternos e primos homens maternos de *gays* também apresentavam uma maior incidência de homossexualidade que o esperado, indicando que a influência genética estava associada ao cromossomo X.

* Sempre à procura por uma boa manchete, a imprensa mundial respondeu ao estudo de Hamer anunciando a descoberta do "gene *gay*". O próprio Hamer rapidamente

**"Nós não encontramos o gene, e não acreditamos que exista, para a orientação sexual"**

DEAN HAMER, 1993

ZONA ERÓGENA

Em 1995, Hamer identificou uma região do cromossomo X que parece estar associada com a orientação sexual. A região era grande o suficiente para conter dezenas ou talvez centenas de genes diferentes.

desmentiu a notícia, salientando que tudo o que ele havia descoberto eram ***evidências de um componente genético para orientação sexual em alguns homens.***

## Teste discriminatório

*Após o furor do gene gay, houve uma considerável preocupação de que os militares e as companhias de seguro pudessem desenvolver testes para discriminar os homossexuais. Até o momento, esses temores não se confirmaram.*

## COMPORTAMENTO

* Os comportamentos humanos são complexos e parecem ser afetados por uma multidão de fatores. Parece inteiramente plausível que os genes possam ser um desses fatores que afetam nossa sexualidade, bem como muitos outros comportamentos humanos. Mas quando surge um relato de pesquisa científica, há sempre o perigo de que a sociedade adote uma visão simplista, e que algumas pessoas inescrupulosas deturpem a pesquisa para suas próprias finalidades políticas.

## DISCRIMINAÇÃO GENÉTICA

* Como mostra a resposta da mídia à pesquisa de Hamer, novas descobertas em relação a genes e comportamento tendem a ser tomadas como evidências de que o comportamento é determinado pelos genes. O medo é que estudos genéticos sobre comportamento possam abrir caminho para testes genéticos e discriminação genética. Na Grã-Bretanha, por exemplo, o *Daily Mail* anunciou a descoberta de Hamer com a manchete, "A esperança do aborto após o encontro de 'genes *gay*'".

# JOGANDO COM GENES

há um elemento de sorte em muitas doenças genéticas

*** No futuro, o conhecimento genético nos apresentará algumas escolhas difíceis. Já existem sinais de que as pessoas estão fazendo uso de informações sobre suas receitas genéticas para planejar o futuro. E mesmo que você prefira permanecer ignorante sobre o que os seus genes podem estar guardando para você, esteja certo de que há muitas pessoas por aí que estão morrendo de vontade de saber.**

algumas pessoas não querem saber seu futuro

## RECEITAS E REVELAÇÕES

* No caso de muitas doenças genéticas, os genes carregam uma mensagem clara. Quem tiver o gene, terá a doença. Mas os cientistas estão começando a descobrir outros genes que carregam mensagens mais vagas. Esses genes meramente sugerem o futuro, em vez de predizê-lo com certeza absoluta. Eles aumentam as chances de uma pessoa desenvolver câncer, ter um ataque do coração, ou desenvolver várias outras doenças. O efeito ambiental também tem seu papel – tal como o quanto você fuma, o que come e quanto bebe. Mas para a maioria das doenças, a genética assegura que nem todos começamos com um campo de batalha igualmente nivelado.

* Em 1996, houve um caso interessante de uma mulher na Grã-Bretanha, que decidiu ter suas mamas cirurgicamente removidas. Ela

não tinha qualquer sintoma de doença. Sua ação foi motivada por um teste genético que revelou que tinha um risco muito alto de desenvolver câncer de mama. Havia uma história de câncer de mama em sua família, e sua própria mãe morreu assim, na meia-idade. É claro, que não havia certeza absoluta de que essa mulher desenvolveria câncer de mama. Mas ela usou a informação de sua receita genética para dar a si mesma proteção total para o futuro.

outras pessoas querem saber o que está guardado para elas

* É compreensível que muitas pessoas não gostem de investigar muito profundamente suas receitas genéticas. Mas as companhias de seguro certamente gostarão. As companhias de seguro estão sempre procurando maneiras de identificar grupos de alto risco. Se seus genes, a despeito de qualquer culpa sua, colocam você em um grupo de risco, então você pode estar certo de que aquele pessoal tão amigável da companhia de seguros vai querer saber sobre isso. ***A privacidade das informações genéticas é atualmente um dos assuntos mais quentes em debate.***

**DETERMINAÇÃO DO RISCO**

Nem tudo pode ser como as companhias de seguro gostariam, mesmo que elas tivessem acesso aos resultados de testes genéticos. Embora os testes possam identificar indivíduos pertencentes a grupos de alto risco, eles também podem identificar uma pessoa com riscos extremamente baixos. No último caso, o teste genético pode reduzir potencialmente a necessidade de plano de saúde.

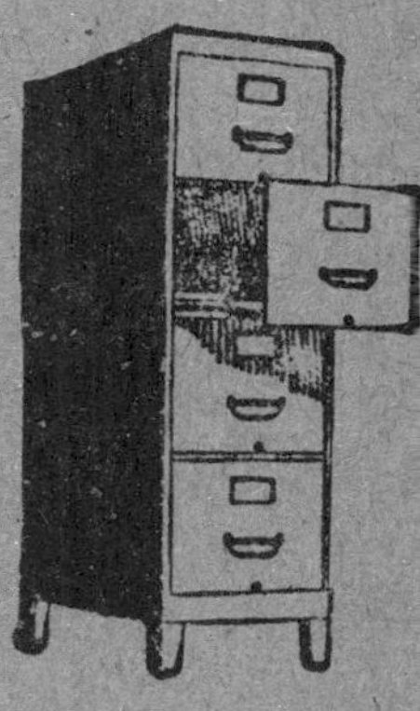

as companhias de seguro gostariam de ter arquivos de nossos detalhes genéticos

## LIBERDADE DE ESCOLHA

*** A idéia de se escolher um filho com base em suas características genéticas não é uma novidade. Em algumas partes da Índia e da China, por exemplo, há uma longa tradição de se abortar preferencialmente fetos femininos. Mas com a disponibilidade de novos testes genéticos, a gama de escolhas que se abre para os pais pode ir muito além de se querer um menino ou uma menina.**

em regiões da Índia, filhos homens são preferidos

## ESCOLHENDO OS FILHOS

* No futuro, a genética continuará a lavrar seu caminho através de um campo ético minado, constantemente nos confrontando com novas escolhas morais e decisões difíceis. Com mais e mais genes sendo descobertos, os testes genéticos provavelmente se estenderão além do diagnóstico de doenças genéticas mais sérias.

* É mesmo possível que os pais do futuro sejam capazes de escolher as características de seus filhos da mesma maneira que escolhem um carro, fazendo sua própria receita genética

nós seremos capazes de escolher as características de nossos filhos?

a partir de milhões de opções diferentes. Olhos castanhos? Não. Olhos azuis? Sim. Cabelos loiros? Não. Cabelos pretos? Isto soa bem! Os ossos das maçãs do rosto bem delineados, diretamente da nova variação genética de David Bowie? Talvez alguns genes clonados de Albert Einstein aqui e ali? Isso vai custar US$ 20.000, por favor!

* Se isto não é fantasmagórico o suficiente para você, que tal uma alternativa mais surrealista? Será possível um filho processar seus pais por lhe passarem um gene defeituoso – um caso de negligência genética –, se estava disponível a tecnologia para detectá-lo e corrigi-lo antes do nascimento? Os futuros pais terão que passar legalmente por testes genéticos antes de terem um filho?

## CAMPO MORAL MINADO

* Toda essa especulação selvagem é uma maneira indireta de dizer que, ***no futuro, a genética apresentará à sociedade e aos indivíduos escolhas e decisões que eles nunca fizeram antes.*** Devemos deixar os resultados de testes genéticos decidirem o destino de um embrião? Se é assim, para o que devemos testar? Apenas para as doenças genética mais sérias, ou qualquer uma das milhares de características genéticas? Quem decidirá que testes devem ser feitos? O indivíduo, o médico, o Estado? A engenharia genética e os testes genéticos parecem oferecer muitos novos e excitantes benefícios médicos, mas ***sem uma legislação cuidadosa, podemos terminar com uma mutilação moral.***

em regiões da Índia, as garotas não são consideradas economicamente viáveis

### Deslocando a balança

*Em certas regiões da Índia, os pais preferem filhos a filhas porque as filhas são mais caras. Quando elas crescem e se casam, espera-se que a família forneça um dote. Como resultado, em algumas cidades há, agora, 20% de homens a mais que mulheres.*

## O DESTINO DO MERCADO LIVRE

*** A genética avançou tremendamente desde seu modesto começo entre as plantas de ervilha de um monge austríaco. É realmente surpreendente o que foi conseguido em pouco mais de cem anos. Sua curta história tem sido uma mistura, algumas vezes emocionante, outras, cruel, e sempre com ondas de controvérsia.**

o que podemos esperar do futuro?

### A morte desapareceu

*Se a ciência chegar a compreender como envelhecemos, talvez um dia envelhecer e mesmo morrer possam se tornar coisas do passado.*

o que há mais para se descobrir sobre nossa história genética?

## O CHOQUE DO NOVO

* O que podemos esperar dos geneticistas no futuro? Em alguns anos, o Projeto Genoma Humano terá documentado toda a seqüência de DNA dos seres humanos. Será que isso nos dirá o que nos faz humanos, o que nos separa de nossos ancestrais evolutivos?

## A FRONTEIRA FINAL

* *O Projeto Genoma Humano revelará os genes de milhares de características que ajudaram a criar a imensa diversidade da vida humana.* Ele pode nos ajudar a entender um dos grandes mistérios da vida – como um óvulo fertilizado se desenvolve em algo tão imensamente complexo como um ser humano – e apresentará novas oportunidades para tratamento e cura de todas as doenças genéticas.

## A VOLTA DA EUGENIA?

* Mas a era do mercado livre pode logo nos dominar. Depois que os novos testes genéticos tornarem-se disponíveis, o espectro da eugenia pode reaparecer. Devemos permitir que os resultados de testes genéticos decidam o destino de nossos descendentes? O teste pré-natal para doenças genéticas já nos permite exercer algum nível de escolha. Será que se estenderá a outras características genéticas? Quem vai se beneficiar mais com as novas tecnologias, e elas vão realmente melhorar a qualidade de nossas vidas?

### Ervilhas irônicas

*De certo modo, é irônico que o homem que iniciou esta revolução científica e conceitual fosse profundamente religioso. Mas quando Gregor Mendel iniciou seu trabalho com ervilhas, ele plantou a semente de uma ciência que não mostra sinais de desaceleração.*

## APENAS O COMEÇO

* Estamos fascinados com a idéia de que nossos destinos podem ser determinados pelos nossos genes. Por milhares de anos, as pessoas viveram suas vidas na crença de que seu futuro era incerto e incompreensível. Pode-se viver até os cem anos, ou morrer jovem de alguma doença horrível. Confia-se na sorte, ou talvez em Deus. Mas o conhecimento sobre nossos genes está começando a mudar tudo isso.

Mendel provavelmente não imaginou aonde suas pesquisas levariam

* Consultar nossa receita genética é como consultar uma bola de cristal. A diferença é que ***a genética moderna não oferece apenas uma olhada no futuro, ela fornece um modo de mudá-lo.*** É o bastante para os últimos cem anos. Que venham os próximos cem!

# ÍNDICE REMISSIVO


## A

aborto, espontâneo 32-3
adenina 12, 19
alcaptonúria 64-5
alelos 20
ambiente 30-31, 131-3, 176-83
aminoácidos 14, 15, 64, 79-83, 167
amniocentese 118-19
anemia falciforme 28,29
antígenos 136-7
arma gênica 126, 127
árvore genealógica 48-9, 52-3
AZT (azidotimidina) 107

## B

bactéria 66-7, 69, 84-5, 88-9, 155
biblioteca gênica 97
BIDS, síndrome 153
brometo de etídio, coloração de DNA 93
BSE CJD 162-3

## C

camundongo, transgênico 134-5
câncer 29, 156-9, 184-5
características adquiridas 40-1, 45
cassete gênico 134-5
células 10-11, 16-17, 24-5, 42-3
células somáticas 20, 29
ciência forense 113, 140-5, 146-7
citosina 12, 19
clonagem 96-7, 110, 168-72, 173-7
cloroplastos 105
código de trio de bases 15, 78-9, 82-3
código genético 12-15, 26-7, 78-83
coloração 42, 93
comportamento, componente genético 182-3
crenças, superstições 8-9
Crick, Francis 72-3
cromossomo X 34-5, 51, 52, 53, 146, 182
cromossomo Y 34-5, 51, 52
cromossomos
  anormalidades 32-3
cromossomos
  homólogos 10, 11, 22-3
  ligação gênica 50-7
  mapeamento 54-5, 94-5, 109
  meiose 20, 21, 22-3, 32-3, 55
  mitose 16-19
  sexuais 34-5, 51, 52-3, 146, 182-3
  telômeros 161
  ver também DNA; genes

CVS (amostragem de vilosidade coriônica) 118-19

## D

Darwin, Charles 38
desenvolvimento 17, 24-5, 32-3, 168-73
determinação sexual 34-5
diferenciação 17, 24-5, 32-3
difração de raio X 72-5
distribuição geográfica dos genes 150-1
DNA (ácido desoxirribonucléico)
  código 12-15, 26-7, 78-83, 176-7, 180-1
  descobrimento da função 43, 66-70
  estrutura 12-13, 15, 70-7
  extração 90-1
  *fingerprinting* 113, 140-7
  lixo 100-3, 155, 165
  mapas 54-5, 94-5, 109, 164-7, 188
  mitocondrial 104-5, 150, 154-5, 160-1, 170, 173
  mutações 26-31, 41, 149-51, 154-9, 160-1, 163
  pares de base 12-13, 19, 75-7
  polimerase 18, 26, 99, 110-15, 146-7
  recombinação 55, 97
  replicação 18-19, 77
  seqüenciamento 98-9, 146-55, 164-7
  transcrição 81
  transformação 66-7, 88-9
  ver também cromossomos; genes
doença de príon 162-3
doenças de endogamia 153
doenças genéticas 113-21, 152, 184-5
domesticação 130-1
Down, síndrome de 33

## E

E. coli 85, 96-7
Edward, síndrome de 33
elementos transponíveis 102-3
eletroforese 93, 112, 141
embrião 17, 24-5, 32-3, 168-73
engenharia genética 122-32
envelhecimento 160-1, 172, 188
enzimas 14, 64-5
enzimas de restrição 92-5, 140-1
espécies, divergência 148-51
espermatozóide 20-1, 28, 34-5, 176
estrutura de dupla hélice 12, 76-7
estrutura helicoidal do DNA 12, 73-7
eucarioto 84, 100

eugenia 58-61
evolução 38-47, 148-55
exons 100-1

**F**

fago 68-9
fator de necrose tumoral (TNF) 158-9
Fator VIII, produção 123
fenilcetonúria (PKU) 28, 119, 179
fenótipo 48
fertilização 16, 17, 20, 21, 44
fibras do fuso 17, 22-3
fibrose cística 28, 108-9, 114-115, 139, 166-7
FISH (hibridização fluorescente *in situ*) 121
FIV (fertilização *in vitro*) 120-1, 173, 174
fumar 30, 31, 157

**G**

Galton, Francis 39, 58-9, 180
gametas 21, 34, 44, 55, 68
Garrod, Archibald 64-5
gêmeos 176-7, 180-1
genealogia real 52-3, 152
genes
  clonagem 96-7
  definição 6-7, 8
  dominante, recessivo 47
  evolução 148-55
  expressão 25, 60-3
  herança mendeliana 47-50
  influência ambiental 30-1, 176-83
  introns, exons 100-1
  mutações 26-31, 41, 149-51, 154-9, 160-1, 163
  pares 20
  Projeto Genoma Humano 164-7, 188
  recombinação 55, 97
  regulação 86-7
  seqüenciamento 146-55, 164-7, 188
  terapia de substituição 138-9
  ver também cromossomos; DNA
genes dominantes 47
genes homeobox 24
genótipo 48-9
gravidez 8-9, 118-19, 120-1
Griffith, Frederick 66-7
Guanina 12, 19

**H**

Hamer, Dr. Dean 182, 183
hemofilia 28, 52-3, 172
herança lamarckiniana 40-1, 45, 62
hereditariedade 6
hibridização 142-3
história da genética 38-47
HIV 106, 113
homossexualidade 182-3
hormônios 122-3
Huntingdon, doença de 116-17

**I**

insulina, produção 122-3
introns 100-1

**J**

Jenkin, Fleeming 39

**K**

Kleinefelter, síndrome 35

**L**

leptina, emagrecendo 125
Levene, Phoebus 70-1
ligação ao sexo 50-3, 182-3
linhagem germinativa
  células 20-1, 32-5, 55, 68, 176
  mutações 28
  terapia gênica 138
    teoria de Weismann 44-5
loci, cromossomos 54, 57
Lysendo, Trofim 62

**M**

mapas, genéticos 54-5, 94-5, 109, 164-7, 188
meiose 20, 21, 22-3, 32-3, 55
Mendel, Gregor 36-7, 46-50, 54, 189
microscópio 42, 44
mitocondrial, DNA 104-5, 150, 154-5, 160-1, 170, 173
mitose 16-19
Morgan, Thomas Hunt 50-1, 54
morte 154-5, 188
mosca-das-frutas 50-1
mutações 26-31, 41, 149-51, 154-61, 163

**N**

núcleo 11, 16-19, 20-3, 43
nucleotídeos 12-13, 19
número variável de repetições consecutivas (VNTR) 146-7

**O**

obesidade 125, 178-9
oncogenes 156-7
operon 86-7

organelas 164-5
órgãos 10, 24-5, 136-7, 174
origem humana 150-1
ovelha 163, 168-72
óvulo 21, 24, 28, 32-3, 176

**P**

pares de base, DNA 12-13, 19, 75-7
Pauling, Linus 74
PCR (reação em cadeia da polimerase) 110-11, 113, 115, 146-7
plantas de ervilha 36-7, 46-9, 188-9
plasmídeo 85, 96-7
polimerase 82, 87, 99, 110-15
porfiria variegada 152
portadores, doenças genéticas 114
procarioto 64
Projeto Genoma Humano 164-5, 166, 167, 188
promotor 86-7
proteína 14, 25, 64-6, 80-3
Prusiner, Stanley 163
pseudogenes 101

**Q**

QI, teste 58, 181

**R**

radiação 30-1, 158
recessivos, genes 47
recombinação, DNA 55, 97
regulação, genes 86-7
repetições consecutivas 146-7
replicação, DNA 18-19, 77
repórter, gene 126-7
repressor 87
reprodução, ver sexo e reprodução
retrovírus 106-7
ribossomos 80-1
RNA(ácido ribonucléico) 70-1, 80-3, 87

**S**

Sanger, Fred 98-9
sangue 38-9, 43, 123
SCID (deficiência imunológica combinada grave) 139
Seed, Dr. Richard 175, 177
seleção natural 38, 39
seqüenciamento, DNA 98-9, 146-55, 164-5, 167
sexo e reprodução 20-3, 88-9, ver também linhagem germinativa
sistema imunológico 106, 136-7, 158-9
sol, danos na pele 30, 31, 157, 161
Southern Blotting 142-3
substâncias químicas tóxicas 31
superstições 8-9

**T**

taxonomia, seqüenciamento de genes 148-55
Tay-Sachs, síndrome 115
tecido 10, 24-5, 174
telomerase 161
teste genético 112-21, 184-7, 189
timina 12, 19
tradução, RNA 81
transcrição reversa 106-7
transcrição, DNA 81
transferência horizontal de genes 130
transformação 66-7, 88-9
transgênico, animal 134-5
transplante 136-7
Turner, síndrome de 35

**V**

vacina 135
variação 6, 56-7
vetor 96-7
virulência 66-7
vírus 68-9, 89, 106-7, 113, 137, 139

**W**

Watson, James 72-3
Weismann, August 44-5
Wilkins, Maurice 73

**X**

X frágil, síndrome do 146
xeno transplante 136-7

# Faça você também sua coleção

Coleção Ser+

# MANUAL COMPLETO DE COACHING

**André Percia e**
**Mauricio Sita**
**Coordenação editorial**

**Você tem neste livro lições com Manual de *Coaching* dos seguintes especialistas:**

Ademilson Zerede
Adriano César Rosa da Costa
Ahlex Van der All
Alda Marmo
Amauri Nóbrega
Ana Cristina Arcioni
André Percia
Carlos Hilário de Andrade
Denise Lovisaro
Dino Mocsányi
Prof. Douglas de Matteu
Édio Kessler
Edson De Paula
Eduardo H.Rodrigues
Elisa Próspero
Emerson Ciociorowski
Fábio Di Giacomo
Fernando Santi
Fernando Viel
Flávio Souza José
Fred Graef
Gilson Pacheco
Glauco Carlos da Rocha
Gregório Ventura
Iraceles Pires
Jansen de Queiroz
João Alexandre Borba
Káritas de Toledo Ribas
Kátia Bueno
Lídia Batista
Madailda de Lima
Marcela Buttazzi
Marcello Árias Dias Danucalov
Márcia Rizzi
Marcos Wunderlich
Mario Divo
Nazareth Ribeiro
Nelson Vieira
Norma De Marchi Assunção
Patricia Gervasoni
Pedro Carlos de Carvalho
Rachel Zausner Skarbnik
Rafael Freitas
Ricardo Mendonça
Richard Alamino Shimada
Ritah Oliveira
Roberto Hirsch (Bob Hirsch RR)
Roberto Marques
Roberto Navarro
Sâmia Aguiar B. Simurro
Tércio Vitor

**Capa e Projeto Gráfico:**
Danilo Scarpa

**Revisão:**
Felipe Lima
Karina Cedeño

**Gerente de Projeto:**
Gleide Santos

**Diretora de Operações:**
Alessandra Ksenhuck

**Diretora Executiva:**
Julyana Rosa

**Relacionamento com o cliente:**
Claudia Lima

**Impressão:**
Imprensa da Fé

**Dados Internacionais de Catalogação na Publicação (CIP)**
**(Câmara Brasileira do Livro, SP, BRASIL)**

Manual Completo de Coaching – Grandes especialistas apresentam estudos e métodos para a excelência na prática de suas técnicas / Coordenação editorial: André Percia e Mauricio Sita – São Paulo: Editora Ser Mais, 2011.

Bibliografia.
ISBN 978-85-63178-13-8

1.Desenvolvimento Pessoal e Profissional
2. Carreira profissional – Desenvolvimento
3.Treinamento e Desenvolvimento
4.Sucesso profissional – Administração I. Título.

CDD 158.7

---

**Índices para catálogo sistemático:**

1.Desenvolvimento Pessoal e Profissional. 2. Carreira profissional – Desenvolvimento. 3.Treinamento e Desenvolvimento. 4.Sucesso profissional – Administração I.
Editora Ser Mais Ltda
av. Rangel Pestana, 1105, 3° andar – Brás – São Paulo, SP – CEP 03001-000
Fone/fax: (0**11) 2659-0968
Site: www.editorasermais.com.br e-mail: contato@revistasermais.com.br

# Índice

Apresentação ........ 09

*Coaching* em ação!
**Eduardo H.Rodrigues** ........ 13

Algumas descobertas no mundo do *Coaching*
**Fábio Di Giacomo** ........ 21

Sim, *Coaching* é um lugar e você pode estar lá
**Fernando Santi** ........ 29

Entenda a mente do seu *coachee* ou do seu liderado
**Fred Graef** ........ 37

*Coaching*, consultoria e terapia: sacos diferentes da mesma farinha?
**Gilson Pacheco** ........ 45

Aspectos filosóficos do *Coaching*
**Iraceles Pires** ........ 53

O efeito surpresa e a resistência
**João Alexandre Borba** ........ 61

*Coaching* como estratégia de Liderança
**Nelson Vieira** ........ 69

*COACHING* - Para termos com quem contar!
**Norma De Marchi Assunção** ........ 77

O papel do *coaching* no comportamento humano dentro das organizações
**Pedro Carlos de Carvalho** ........ 85

*Coaching* não é treinamento
**Ricardo Mendonça** ........ 93

*Coaching* de Carreira: uma ferramenta indispensável para o sucesso na vida profissional
**Adriano César Rosa da Costa** ........ 103

*Coaching* de negócios: uma tendência em evolução no mercado brasileiro
**Adriano César Rosa da Costa** ........ 111

Como posso aprender com os maiores e melhores *coaches* do mundo esportivo?
**Ahlex Van der All** ........ 119

*Life Coaching* ou terapia?
**Alda Marmo** ... 127

Como o *Coaching* Ontológico pode ser
um diferencial na vida de executivos
**Roberto Hirsch**
**(Bob Hirsch RR)** ... 135

Desenvolva as Competências do líder *coach*
com a Roda da Liderança *Coaching*
**Prof. Douglas de Matteu** ... 143

*Coaching* Sistêmico: uma abordagem autotransformadora
integrando corpo, mente e alma
**Elisa Próspero** ... 151

*Coaching* centrado em valores e talentos
**Emerson Ciociorowski** ... 159

Liderança *coach*: o poder da comunicação que transforma
**Gregório Ventura** ... 167

*Coaching* Executivo.br
**Jansen de Queiroz** ... 175

O *Coaching* Ontológico com base neurobiológica
**Káritas de Toledo Ribas** e
**Marcello Árias Dias Danucalov** ... 183

O bê-a-bá do *Coaching* de Vida
**Marcela Buttazzi** ... 191

*Coaching, Mentoring* e *Holomentoring*® - Sistema ISOR®
**Marcos Wunderlich** ... 199

*COACHING* MULTIFOCAL – Gestão do comportamento organizacional e
a plena utilização do potencial humano
**Tércio Vitor** ... 207

O *Coaching* e a Reflexoterapia Fisiológica Neural 1ª Parte
**Ademilson Zerede** e
**Patricia Gervasoni** ... 217

O *Coaching* e a Reflexoterapia Fisiológica Neural 2ª Parte
**Glauco Carlos da Rocha** e
**Richard Alamino Shimada** ... 225

Utilizando o BSC na avaliação dos resultados do *Coaching*
**Amauri Nóbrega** ........ 233

O brilho da autopromessa: consciência, crenças, comportamento e *coaching*
**Ana Cristina Arcioni** ........ 241

*COACHING* COM PNL E GESTÃO DE CONFLITOS INTERPESSOAIS
**André Percia** ........ 249

PROCESSO DE *COACHING*: UMA CONTRIBUIÇÃO PARA O DESENVOLVIMENTO DO LÍDER-*COACH* NO AMBIENTE ORGANIZACIONAL
**Carlos Hilário de Andrade** ........ 257

Por que *Autocoaching*?
**Denise Lovisaro** ........ 265

Você quer ser um consultor de sucesso?
**Dino Mocsányi** ........ 273

Centramento dos níveis neurológicos
**Édio Kessler** ........ 281

*Coaching* de Comunicação: a melhor forma de encarar o "monstro" da plateia
**Edson De Paula** ........ 289

Descubra o poder das decisões
**Fernando Viel** ........ 297

*Coaching* Executivo: a arte de maximizar talentos e resultados organizacionais
**Flávio Souza** ........ 305

*Self-Coaching*: o caminho para o que realmente importa
**José Roberto Marques** ........ 313

*Coaching* e o processo de individuação
**Kátia Bueno** ........ 321

*Coaching* e aprendizagem
**Lídia Batista** ........ 329

O Líder *Coach* não diz aos outros o que fazer, ensina-os a pensar
**Madailda de Lima** ........ 337

*Coaching* na pré-aposentadoria
**Márcia Rizzi** ........ 345

Lidere a relação, elimine os conflitos e faça seu cliente feliz!
**Mario Divo**.....353

*Coaching* e Neurofeedback: uma parceria de sucesso!
**Nazareth Ribeiro**.....361

*Wellness* e *Health Coaching*
**Rachel Zausner Skarbnik** e
**Sâmia Aguiar B. Simurro**.....369

*Coaching* para lidar com o medo
**Rafael Freitas**.....377

Tempo = oportunidade + Desejo + organização - desistência ÷ verdade ↔ ∞
**Ritah Oliveira**.....385

*Coaching* Financeiro
**Roberto Navarro**.....393

## Apresentação

O *coaching* veio para revolucionar nossas formas de pensar e agir pessoal, social e profissionalmente.

Graças à contribuição dos *coaches*, dentro de poucos anos veremos pessoas mais seguras, objetivas, produtivas e felizes. Quem está ativo no mercado, com certeza pode se beneficiar muito com a orientação técnica e disciplinadora que um *coach* pode dar.

Este manual é um divisor de águas na literatura sobre o tema. Reunimos a experiência dos mais importantes *coaches* do Brasil.

Você, meu caro leitor, tem a oportunidade de encontrar em um só livro a maioria das vertentes, segmentações e especializações do *coaching*, apresentadas em textos condensados, demonstrando objetivamente o que realmente interessa.

Todos os participantes foram criteriosamente convidados, e seus textos foram analisados e classificados pelo André Percia, referência no *coaching* brasileiro. Aproveito para agradecê-lo, por ter somado comigo na coordenação editorial e pela importante contribuição na estruturação deste manual.

Este, como os demais livros da Coleção Ser +, tem mais uma característica criativa e inovadora: não termina na última página. Por meio do *blog* http://www.editorasermais.com.br/manualsermais/manual-completo-de-*coaching* você se manterá atualizado, uma vez que todos os coautores têm sua página e darão continuidade ao tema. Nele você poderá interagir com todos e tirar suas dúvidas.

Agradeço também a todos os coautores, pela contribuição histórica que estão dando ao *coaching* brasileiro, ao exporem suas ideias e experiências neste manual.

Boa leitura!

**Mauricio Sita**
**Coordenador da Coleção Ser +**
**Presidente da Editora Ser Mais**

Manual Completo de *Coaching*

# Introdução e fundamentos do *Coaching*

# 1

# *Coaching* em ação!



O *coach* é um grande e importante parceiro que ajuda os clientes a seguir caminhos rumo aos seus objetivos de sucesso

**Eduardo H. Rodrigues**

## Eduardo H. Rodrigues

Todas as vezes em que nós pensamos em *coaching*, o associamos aos cumprimentos dos objetivos, tanto em nossa vida pessoal como em nossa vida profissional. O processo de *coaching* só vai funcionar se colocado em prática juntamente com seu *coach*, que o acompanha no que vem fazendo em prol daquilo que você mesmo determinou que iria alcançar, para com isso ter êxito.

Fazer comentário parece óbvio, porém, na prática, isso é muito diferente porque os caminhos para ter êxito em suas metas e objetivos passam longe da nossa área de conforto e, portanto, as coisas começam a parecer complicadas, uma vez que nós exigimos mudanças e, como já sabemos, promover mudanças em nossas vidas é o grande desafio e deve estar instalado em nós mentalmente como um objetivo que podemos chamar de *primário*. Além dessa resistência, precisamos nos dar conta de que temos tendências que invadem todos os instantes da nossa vida, e acabamos, por momentos, não enxergando essas tendências naturais que já estão instaladas.

Portanto, podemos chegar à conclusão de que o processo de *coaching* é a mais eficaz ferramenta com finalidade ajudar a desenvolver passos para alcançar objetivos e que, portanto, a presença de um bom *coach*, fazendo o trabalho de verdadeira parceria, ajuda as pessoas e os profissionais a se dedicarem, principalmente, a flexibilizar suas tendências e a superar as barreiras que as resistências à mudança impõem àqueles que se submetem a esse processo de parceria e dedicação de ambas as partes.

Quando falo em **bons *coaches*** é porque estes profissionais, além de ter boas formações, procedimentos éticos e conhecer o *coaching* (que é uma matéria complexa porque atua com pessoas, situações e estados mentais), têm necessariamente que ter um bom *background*, ou seja, uma experiência que consigam suportar e entender as necessidades do seus clientes ou *coachees*, como são chamados os clientes de *coaching*. Neste sentido, quando digo experiência, não me refiro à experiência em *coaching*, mas à vivência profissional para poder remeter situações e contribuir com o cliente nessa parceria de busca pelo sucesso.

O sucesso do *coach* é o seu *coachee* conseguir eliminar as dificuldades por si só e dar os passos necessários em busca dos seus objetivos, e sempre saber que é por suas forças que está conseguindo obter êxito.

A relação do *coach* com seu *coachee*, deve ser uma relação que envolva parceria, confiança, processos abertos de diálogo e, principalmente, é preciso que os dois estejam dispostos a buscar novas formas de atuar e construir situações produtivas. Costumamos dizer que os clientes do *coach* têm dúvidas e dificuldades na busca por seus objetivos e o *coach* tem, por obrigação, sempre perguntas a serem feitas ao *coachee* ao cliente. Essas perguntas são exatamente a ferramenta que amplia a visão do cliente para as suas dúvidas ou pontos a desenvolver e o natural é que as perguntas acessem as potencialidades que estão ocultas no *coachee*, mentalmente falando para os processos necessários de desenvolvimento dos assuntos que estarão em pauta de acordo

com o andamento do processo.

No processo de ***Coaching Executivo***, o cliente trabalha com uma série de variáveis que ficam latentes a todo tempo, ou seja, metas e objetivos pessoais, na maioria das vezes, andando paralelamente às metas e objetivos profissionais, que por sua vez estão paralelos aos objetivos da organização, que impõe prioridades em toda a cadeia de metas da vida do executivo. Neste caso, a complexidade torna-se ainda maior e os desafios se multiplicam, pois a necessidade de acesso a soluções e enfrentamento dos paradigmas aumentam consideravelmente, e é nessa hora que o *coach* deverá estar presente para atenuar o estresse provocado naturalmente por essas situações.

O desafio do executivo não para por aí. Ainda há pessoas sob a sua responsabilidade que precisam estar em consonância com a busca de todas as metas, e o poder de influência desse executivo, que é o líder, deverá estar muito focada. O *coach* vai exercer a parceria necessária certamente usando suas ferramentas para fazer com que todo esse cenário, que em primeira vista pode ser desesperador, se transforme em um novo cenário, mas agora em um de desenvolvimento, desde que o *coachee* siga seus passos com parcimônia, sempre junto ao *coach*, acessando suas potencialidades.



Muitas pessoas acreditam que o *coach* é um terapeuta, outras acreditam que seja um aconselhador ou, ainda, um consultor que precisa ter uma resposta para aquilo que é proposto e, na realidade, o *coach* é um grande e importante parceiro que simplesmente ajuda os seus clientes a seguirem seus caminhos rumo aos seus objetivos de sucesso e, por isso, em nosso país, onde o *coaching* é recente e por não se conhecer largamente essa ferramenta, as pessoas, executivos, profissionais e empresas se perguntam frequentemente: Por que, então, eu precisaria de *Coaching* ou de um *coach* para a busca dos meus objetivos? Esta pergunta já foi feita inúmeras vezes por executivos. Para citar um deles, Eric Schmidt, o ex-CEO (*Chief executive officer*) do Google Inc. (empresa que dispensa apresentação por seu incontestável sucesso global), quando lhe foi proposto um *coach* para uma parceria em sua função de CEO. Na ocasião não teve dúvidas em contestar, mas depois de conhecer o poder do *Coaching* no apoio das suas jornadas, tornou-se um dos maiores incentivadores e respeitadores dessa matéria tão nobre nas organizações.

Contratar um *coach* para uma parceria em busca de resultados certamente aumentará a *performance* da sua empresa ou equipe, assim como da sua vida profissional ou pessoal.

Nos dias de hoje, o *coaching* não é uma despesa com uma determinada ferramenta para facilitar algo subjetivo e, sim, um grande investimento capaz de ajudar a mudar a realidade ou sedimentar grandes resultados em curto prazo. Quando me refiro ao curto prazo é porque, efetivamente, esse processo deverá contribuir com uma mudança quase que imediata nas formas de pensamento e nas visões dos caminhos

na busca dos resultados, de uma forma consistente e duradoura, tornando as pessoas que se envolvem com o *coaching* profissionais muito melhor preparados. Do ponto de vista profissional e pessoal, tornam-se mais eficazes e dedicados à busca de seus objetivos de forma definitiva. Para isso, basta que cada um incorpore as formas de pensamento que o *coach* trabalha no passo a passo pela busca de objetivos.

**Como funciona?**

Muitos imaginam que o *coaching* é um trabalho permanente, porém, na verdade, é um trabalho que tem começo, meio e fim como qualquer outro que possamos executar em nossas vidas, e saber isso é muito importante porque tranquiliza as pessoas que imaginam que ficarão de "reféns" do seu *coach* para sempre ou por um longo período. Na verdade, o que pode acontecer é que, passado todo o processo de *coaching*, com suas chamadas agendas iniciais, esse profissional pode continuar por mais um período acompanhando o cliente e transformando seu trabalho naquilo que conhecemos como *Mentoring*, ou seja, utilizando o método como mentor, mas mantendo as características do processo de *coaching*. Essa continuidade é manifestada pelo cliente, pois uma das características do *Coaching* é a busca do acesso à firmeza nas atitudes e decisões através de processos de estados emocionais poderosos.

Cada cliente terá um programa que será desenvolvido a quatro mãos e na medida para atender às necessidades da empresa, da equipe, pessoais ou profissionais, de acordo com a modalidade de *coaching* e, por isso, o programa estará diretamente ligado individualmente para cada situação. Então, podemos juntos chegar à conclusão deque não se trata de uma ferramenta generalizada e sim personalizada, pois este método, sem dúvida alguma, foi testado e aprovado como o mais eficaz na busca de objetivos.



**Seguem algumas áreas de atuação do coach:**

Trabalhar preferências e estilos individuais, ou das empresas e equipes, em busca de definição da visão de mundo. Uma das mais importantes atitudes do ser humano que forma empresas e equipes é ter a consciência de que tem uma visão de mundo a partir dos seus ambientes complexos, ou seja, em cada ambiente que interage, forma uma visão de mundo a respeito dele, e essa é uma ferramenta importante a se trabalhar em nível de autoconhecimento;

Perceber pontos fortes e áreas a melhorar nos seus clientes usando sua visão externa, assim como tendências e paradigmas nas pessoas e equipes, pois, como sabemos, estas também são organismos vivos a serem melhorados e será o *coach*, com suas visões a partir do cenário real, que irá contribuir para o desenvolvimento a partir dessas potencialidades;

Identificar, avaliar e diminuir o nível de estresse que porventura

esteja em um nível prejudicial, pois esse é necessário para promover as mudanças, mas o que é prejudicial é esse estresse de forma ou em intensidade desnecessária, e o *coach* irá certamente ajudar a reduzi-lo sempre que necessário, reduzindo o valor de muitos procedimentos desnecessários junto ao seu *coachee* ou cliente.

Uma colocação nos dias de hoje, que é quase um dito popular, é o fato de ter metas e objetivos tangíveis, ou seja, que sejam desafiadores, porém alcançáveis, e é também função do *coach* promover que isso se torne uma realidade. Alinhar as metas de acordo com as necessidades do cenário é outro desafio que deve estar sempre latente para o *coach* e seu cliente, incluindo-se a missão de vida individual e da empresa.

Durante todo o processo de *coaching*, deverá ser trabalhado o acesso às potencialidades mentais que as pessoas disponibilizam, do ponto de vista emocional e de inteligência, para torná-los poderosos, processando modificações positivas em todo o processo. Desenvolver os mecanismos de motivação, tanto individuais como das equipes e empresas, para que sigam com essa poderosa ferramenta interna; muitos podem até questionar a motivação de equipes e empresas, porém, mais uma vez reafirmamos que elas são organismos vivos e por isso também respondem pela motivação gerada internamente por seus membros humanos.



O *coach* ainda atua junto ao seu cliente com processos internos e sentimentos que, em muitas situações, se tornam verdadeiros bloqueios em todo e qualquer nível de desenvolvimento do profissional, seja ele executivo ou não; os sentimentos e emoções bloqueantes, que na maioria das vezes tem justificativas próprias, acabam atrapalhando em muito o desempenho e o alcance de resultados esperados, e, nem nesse caso, o coach atuará como terapeuta e sim como apoio na superação dessas barreiras.

Espero ter esclarecido ao leitor muitos pontos das suas dúvidas a respeito do *coaching* e do seu processo infalível e, por esse desafio, quero dividir com todos vocês o prazer e o carinho que tenho em atuar nessa área tão desafiadora onde, há alguns anos, tenho dedicado com o coração na busca de profissionais e empresas cada vez melhores. Por isso posso reafirmar que o *Coaching* é uma das grandes ferramentas que o mundo tem à disposição para o desenvolvimento, pois ele se soma a todas as matérias de estudo mais atuais, e a seriedade com que os profissionais da área o aplicam fará com que todos os que alcançam sucesso pessoal ou profissional transformem as empresas também em empresas de sucesso. Desejo a você, leitor, do fundo do meu coração, muito sucesso, fico à disposição para maiores esclarecimentos e espero que você, a partir daqui, contrate seu *coach* para acompanhá-lo nesse sucesso.

## Eduardo H. Rodrigues

Palestrante, *Master Coach & Mentor Internacional*, conferencista, treinador e consultor, publicitário, administrador de empresas por formação com mais de 30 anos de experiência em empresas de grande porte nacionais e multinacionais. Atua há 20 anos como executivo na liderança de equipes profissionais. Estudioso do comportamento humano, profissional, e dos comportamentos de liderança. Formado "*Master Coach & Mentor*" com vários Reconhecimentos Internacionais e membro certificado da ICF - *International Coaching Federation*. Atua levando SUCESSO a profissionais como *MASTER COACH & MENTOR* de equipes (*Team Coaching*), executivos (*Executive Coaching*), carreiras, líderes e empresas (*High Performance Coaching*).

**Site**: www.sucessotd.com.br
**E-mails**: edu@eduardo-rodrigues.com;
eduardo@aosucessocomvoce.com.br
**Telefones:** (19) 3384-2020/(19) 8142-9459/(19) 7807-5832
**Skype:** edurodrigues26
**Facebook:** www.facebook.com/eduhrodrigues
**Twitter:** @eduardocoach
**Youtube**: eduhrodrigues

# Anotações

# 2

# Algumas descobertas no mundo do *Coaching*



Falar de *Coaching* é falar de gente. O que abrange pensamentos, sentimentos e comportamentos. Esse é um assunto que pode interessar a muitas pessoas, pois se refere a "como funcionamos"

**Fábio Di Giacomo**

Ao começar a escrever algo que me traz tanta inspiração, oportunidade de contribuição e realização, me deparei com algumas perguntas:

- •O que acredito sobre o *Coaching*?
- •O que o *Coaching* significa para mim?
- •Por que ele é importante na minha vida?

Quando me permiti essa reflexão, tive a oportunidade de rever alguns *flashes* muito importantes da minha vida, e ainda vieram, de brinde, momentos de muita emoção positiva. Colocando em uma frase a ação do *Coaching* em mim, posso afirmar: **"o *Coaching* mudou a minha vida de forma significativa!"**.

Eu sempre fui uma pessoa muito prática e objetiva, e fui para o curso de formação de *Coaching* buscando ferramentas para me tornar um pai e um líder melhor. Apenas pretendia me reeducar e me preparar para desenvolver pessoas, principalmente a minha filha, para um mundo que muda a cada instante. O curioso é que, embora o *Coaching* tenha me sido apresentado como um processo de realização de metas, ao vivenciá-lo, acabei indo muito além. Eu tive a oportunidade de conhecer-me melhor, de ter mais clareza de meus valores, de reconhecer a minha missão de vida e os meus talentos e, ainda, criar oportunidades para usá-los com mais consciência e precisão. O *Coaching* também permitiu que eu reconhecesse as minhas fraquezas, medos, ameaças, os pensamentos que me fortalecem e os que me limitam de chegar a novos patamares, fornecendo ferramentas para lidar melhor com todo esse conteúdo. Assim, com o *Coaching*, descobri que a vida é muito mais do que atingir objetivos. Passei a ser uma pessoa melhor, mais feliz, centrada e sou muito grato a minha *coach* Ana Paula Bellati por isso.

Agora compreendo as razões pelas quais me apaixonei por esse processo (a ponto de me dedicar também à formação de novos *coaches*) e por que me sinto motivado a compartilhar aqui algumas das minhas descobertas e aprendizados mais significativos nessa jornada.



**1. O *coach* facilita o encontro com o seu GPS:**

Aproximadamente, 95% das pessoas chegam até nós com total certeza daquilo que não querem ou sem total clareza do que realmente querem.

Normalmente, a pessoa está em um momento onde o que ela chama de problema a deixa presa em um labirinto mental, levando-a a falar sobre ele, na esperança que, dessa forma, ele seja resolvido. Seria algo muito parecido com alguém que está perdido em uma cidade, andando sem direção, dando voltas e voltas, pois não sabe com certeza aonde quer chegar. Neste caso, um GPS poderia ajudar e, quando ele recebe um, a primeira informação a ser colocada é o destino, o ponto de chegada, que, no *Coaching*, chamamos de objetivo, meta ou **ponto B**.

Para mudar esse estado, cabe ao *coach* fazer uma pergunta simples, porém poderosa, que uso muito: **"O que você quer no lugar disso?"**. Entendo que, como *coaches*, não trabalhamos com problemas e, sim, com soluções. Desta forma, convidamos a pessoa a sair desse

labirinto mental direcionando suas conversas para o ponto B.

Quando fazemos isso, mudamos de foco e consequentemente, levamos a pessoa a uma postura diferente, baseada em um estado emocional favorável. Para deixar essa imagem mais clara e viva na cabeça da pessoa, e mudar seu estado emocional de negativo para positivo, uso a pergunta: **"Quais são as evidências que vão mostrar que você conseguiu chegar aonde você queria?"**. Muitas pessoas podem travar diante desta pergunta, e quando elas param para pensar, muitas vezes se surpreendem consigo mesmas, pois é nesse momento que se vira a chave interna, trocando a imagem do que elas não querem para o que **realmente querem tornar visível**.

Aqui se inicia um processo de mudança de comportamento, pois as pessoas passam a **"operar para ganhar"** e não mais "para não perder". As imagens que elas tinham mentalmente até esse momento, eram do que elas não queriam e, inconscientemente, estavam trabalhando para evitar isso. Podemos exemplificar pensando num time de futebol: quando o time entra em campo para não perder, ele adota uma postura de defesa, sem um objetivo claro, chutando para todo lado e jogando na retranca. Contudo, quando o time entra com a determinação de ganhar, adota uma postura tática ofensiva, mais objetiva, de ataque e muito mais efetiva.

A partir do momento que colocamos o **foco no futuro**, muda o estado emocional para positivo, gerando esperança, fator importantíssimo para colocar a pessoa em movimento, para que ela entre **em ação**.



**As emoções fazem a diferença na vida das pessoas**. Se temos a emoção adequada, podemos realizar qualquer coisa. Por isso, é essencial ter clareza da razão por trás dos nossos objetivos, do por que são importantes e quais os valores que estão sendo satisfeitos. Se estou querendo ir para um determinado lugar, preciso saber por que é importante chegar lá, para que eu não desista no meio do caminho frente aos obstáculos que virão.

**2. O *coach* se torna uma lupa e inspira a pessoa a ir além do que acha que pode ir**

Muitas vezes, a pessoa fica paralisada devido a um estado emocional negativo por achar que não tem opções. Ela não percebe alternativas, só sabe um caminho e seu mapa está muito pequeno; de certa forma, se sente no *corner* e acredita que o melhor a ser feito é ficar ali mesmo. Para enfrentar essa sensação de ficar sem fazer nada, ela aproveita para reclamar ou, até mesmo, colocar a culpa nos outros, o que só piora a situação, pois não assume a responsabilidade para ter o controle que precisa para entrar em ação.

Neste caso, o papel do *coach* é **enriquecer o mapa**, contribuindo para que o *coachee* (cliente) amplie sua percepção e enxergue novas opções, o que trará disposição para agir.

**3. A verdadeira decisão traz foco e disciplina**

Quando decidimos, efetivamente, por algo, o **foco** faz a pessoa concentrar toda a sua energia naquilo que é realmente importante e,

consequentemente, a ter a disciplina de não aceitar mais as suas próprias justificativas para não fazer o que deve ser feito, quando e na qualidade que deve ser feito. Para isso, é de suma importância levantar e potencializar os **motivadores** (afastamento e aproximação) que darão energia para entrar em ação. Emperramos na indecisão por incerteza, ou até medo do que vamos encontrar pela frente e, também, pelo que temos que abrir mão ao decidir por X e não por Y. Para sair dessa perigosa armadilha, é preciso identificar e minimizar os **sabotadores**, que nos levam a querer ficar na zona de conforto ou resistir ao ponto B. Por serem inconscientes, normalmente não são fáceis de serem percebidos, assim, cabe ao *coach* atuar com excelência e ficar atento durante todo o processo para detectá-los e contribuir para que a pessoa caminhe em direção ao ponto B.

Vale reforçar que **o *coach* nunca decide pelo cliente**, afinal, o objetivo é dele e lhe cabe a responsabilidade por traçá-lo e atingi-lo. A decisão de focar no que é importante, nos dá maior poder e gera o fitness emocional, que serve como força propulsora para viver melhor.

**4. O exercício fundamental de potencializar recursos e minimizar as limitações**

Durante a caminhada, ao entrar efetivamente em ação na busca por seu objetivo, o cliente pode perceber que as coisas não estão funcionando como planejado, devido a obstáculos que o atrapalham, ou até o impedem, de ir mais rápido para o ponto B. Para não ficar retido nessa armadilha, ele precisará de mais recursos ou menos limitações.

Cabe ao *coach* inspirá-lo a reconhecer e criar oportunidades para que utilize conscientemente o que tem de melhor, **potencializando suas forças** e direcionando-as a seu favor.

Outro fator, dentro dessa categoria, inclui o reconhecimento de algumas limitações, como comportamentos inapropriados, emoções negativas ou pensamentos limitantes, que também compõem o atual mapa da pessoa, e é isso que permitirá, ou não, que ela chegue aonde quer chegar. Para superar essas limitações, ao invés de somente identificá-las e investir na mudança via repetição contínua de novos comportamentos (para formar novos hábitos), um excelente *coach* cria um ambiente de aprendizado propício para que o cliente aprenda com as experiências da própria vida, gerando, com frequência, **eventos com intensas emoções positivas** e, assim, enriquece e acelera o processo de mudança.

Gosto muito da frase de Napoleon Hill: ***"a mente humana é capaz de realizar tudo que puder conceber e tudo em que puder acreditar"***. Parto do princípio de que todas as pessoas têm as respostas que precisam dentro de si, e elas surgirão quando a própria pessoa permitir acessá-las (quando estiverem prontas e for o momento certo para lidarem com elas). A partir disto, me proponho a fazer perguntas que funcionem como **chaves**, para que as pessoas possam acessar essas respostas em si mesmas, levando-as a fazer com que a imagem do ponto B se torne algo visível e concreto.

5. **Outros pontos relevantes durante todo o processo de Coaching:**
   - É um **processo de parceria** entre *coach* e *coachee*, onde um não atua sem o outro;
   - O **ponto B deve estar claro e vivo para ambos durante todo o processo;**
   - O *coach* é um "gerenciador de conversas" que tem a oportunidade de contribuir para que o cliente adquira mais consciência de suas próprias conversas internas;
   - Se o seu cliente busca por uma mudança na vida, tenha certeza de que ele precisará fazer algo diferente, e isso significa mudar **o modelo mental**: aumente sua percepção e amplie seus filtros;
   - Dos nossos pensamentos geram-se emoções e das emoções, comportamentos, e estes nos trazem resultados. Então, para mudar os resultados de forma efetiva, devemos mudar o nosso mapa, a nossa maneira de pensar. Por isso, **desafiar pensamento**s (as "verdades" da pessoa) é uma arte essencial para os *coaches* que querem atingir a excelência. Contudo, lembre-se: **desafiar pensamentos é muito diferente de desafiar a pessoa**, pois o segundo enfrenta o ego como sendo o maior inimigo;
   - **Não nos cabe julgar** nenhum conteúdo do cliente como certo ou errado, apenas fazê-lo perceber o que está funcionando ou não, de acordo com seus modelos mentais e o contexto onde está inserido;
   - **Estipule um objetivo para cada sessão** e, antes de iniciá-la, visualize de forma bem nítida o que você quer que o seu cliente **pense** e **sinta** de essencial, que contribuirá para que ele se aproxime ainda mais do ponto B.



Como *coach*, desenvolva-se continuamente, pois como nos ensinou Gandhi, cabe a cada um de nós **sermos a mudança que queremos ver no mundo**.

Eu acredito em um mundo melhor, onde adultos e crianças possam viver, e não somente sobreviver; um lugar em que as pessoas tenham inspiração para sonhar e entrem em ação para realizar seus sonhos. Essa é a principal herança que quero deixar para minha filha Ana Luiza. E sei que para conseguir isso, devo começar por aquilo que tenho controle: a minha mudança interna, a mudança dos meus pensamentos.

Acredito que todo "pensamento de certeza" (crença) tem um prazo de validade, inclusive esse, por isso, é importante uma constante faxina mental, que nos permita descartar aquele que se tornou obsoleto.

Acredito que o ser humano não tem limite, que se eu quero algo grandioso, eu posso ir construindo de **UM** em **UM%**, e o que vai definir a minha velocidade é a minha motivação, fruto do meu propósito.

E você... O que te motiva? O que o faz acordar pela manhã com brilho nos olhos? O que o faz sentir realizado?

Como *coach*, acredito que a minha realização acontece quando vejo o meu cliente realizado!

Amo meu trabalho e vivo por isso!

Muito sucesso!

## Fábio Di Giacomo

Diretor Presidente da UM% - Empresa referência em Gente e especialista em *Coaching*. Co-Criador do *Coaching* em Rede – uma nova maneira de C.E.R. *Master & Leader as a Coach* - certificado pelo *Behavioral Coaching Institute®* (BCI) e *Graduate School of Master Coaches* e reconhecido pelo International *Coaching Council®* (ICC). *Trainer* licenciado e docente da Sociedade Brasileira de *Coaching*. Formador de mais de 500 *Coaches* pelo Brasil (Julho/2011). Neuro *Coach* de Liderança certificado pelo *NeuroBusiness Group™*. *Alpha Assessment Coaching* certificado pela *Worth Ethic Corporation®* (Síndrome do Macho *Alpha®* ). Especialista em Desenvolvimento Estratégico de Pessoas, com ênfase em Liderança e Formação de Equipes de Alta *Performance*. Possui ampla experiência profissional, atuando por mais de 19 anos em empresa multinacional liderando equipes nas áreas de: Recursos Humanos, Qualidade, Sistema de Gestão Integrada, Produção, Manutenção Mecânica e Laboratório. Há mais de 20 anos, vem se dedicando a estudar conceitos e técnicas que possam contribuir com o Desenvolvimento do Potencial Humano e a Excelência Pessoal. Bacharel em Química, Engenheiro Industrial Mecânico, especializado em Gestão Estratégica de Recursos Humanos (MBA).

**Site**: www.umporcento.com.br
**Twitter:** twitter.com/FabioDiGiacomo

# Anotações

# 3

# Sim, *Coaching* é um lugar e você pode estar lá



O presente artigo nos mostra de que maneira podemos balancear nossos passos em nossa vida tal qual um automóvel numa estrada, vezes sinuosa, vezes tranquila, tendo sempre um único destino em vista, o sucesso

**Fernando Santi**

*Coaching* é um estado de atenção focada, uma consciência que pode ser permanente na sua vida, enquanto direcionar seus dias para os mais altos objetivos.

Talvez você não tenha experimentado isso, ainda.

Através desse método, enquanto dirige pela estrada de sua vida, conseguirá aplicar de forma constante algumas ferramentas e técnicas de *coaching*.

São cinco atitudes a serem aplicadas diariamente que o manterão seguindo sempre em frente e, também, poderá orientar seu cliente a alcançar o seu estado desejado.

Provavelmente, você já conhece a forma como deve fazer para relembrar em qualquer ocasião esses passos simples e poderosos, que vão economizar muito tempo e energia de maneira a alcançar resultados rápidos e eficientes.

Então, vamos juntos nessa viagem! Sempre em frente!

1 – **Trace seu Percurso**

O primeiro item da nossa viagem é definir onde queremos chegar. Sem um objetivo claro e bem estabelecido, podemos nos desviar no meio do caminho e tomar outra direção, chegando a um lugar bem diferente do planejado inicialmente.

Então, vamos traçar o nosso mapa. Vamos definir o ponto de partida, o de chegada, os caminhos alternativos que poderemos utilizar e definir cada passo para chegar lá!

Para isso, vamos utilizar a ferramenta *GROW* (que é a junção das iniciais de *Goal*, *Reality*, *Options* e *Wrap-up*).

- *Goal* é nosso objetivo, nosso estado desejado ou ponto de chegada;
- *Reality* é a nossa realidade, nosso estado atual ou ponto de partida;
- *Options* são as opções que temos ou nossos caminhos alternativos;
- *Wrap-up* são as estratégias e os pontos que estabeleceremos para serem alcançados ao longo da nossa jornada;

É bem provável que, alguma vez na sua vida, você tenha traçado um mapa ou um roteiro de onde se encontrava em direção ao lugar que queria chegar. Será que você ainda se lembra dele?

Tire alguns instantes e trace seu percurso agora mesmo, anotando onde você está e aonde pretende chegar em sua vida. Defina os possíveis e melhores caminhos. Observe as rotas alternativas que podem te levar de forma mais rápida ou, talvez, lentamente ao seu objetivo. Lembre-se que o importante é chegar.

Divida essa viagem em estágios, em locais e condições a serem alcançados em um determinado período de tempo. Isso lhe dará, ao longo do caminho, uma sensação de conquista e dever cumprido. Então, assim que o mapa estiver pronto, comece sua viagem: você já sabe por onde ir!

**2 – Calibre os Pneus**

Ao longo da nossa jornada, quando rodamos com pneus descalibra

dos, sem estarem todos cheios por igual, acabamos por sofrer adiante, de forma inevitável, um desgaste excessivo e altamente prejudicial. E isso, então, começa a se refletir em todas as outras partes do automóvel.

Em nossa vida pessoal, às vezes damos muita ênfase a algumas áreas e quase nada a outras igualmente importantes. Esse desequilíbrio é notado ao longo dos meses, dos anos e, por fim, acabamos por colher um resultado desfavorável, seja através de uma família deteriorada, relações desgastadas, estresse no trabalho, infelicidade, angústia ou falta de motivação.

Embora a felicidade não seja um estado permanente, ela pode ser alcançada ao darmos atenção às diferentes esferas que compõem nossa existência. Essas áreas podem ser analisadas através da Roda da Vida, que é composta por quatro grandes grupos (nossos pneus), que devem estar sempre nivelados.

- Vida Pessoal
  - o Saúde e Disposição;
  - o Desenvolvimento Intelectual;
  - o Equilíbrio Emocional;

- Vida Profissional
  - o Realização e Propósito;
  - o Recursos Financeiros;
  - o Contribuição Social;

- Relacionamentos
  - o Família;
  - o Desenvolvimento Amoroso;
  - o Vida Social;

- Qualidade de Vida
  - o Criatividade, Hobbies e Diversão;
  - o Plenitude e Felicidade;
  - o Espiritualidade;

Se a nossa Roda da Vida tiver uma parte sem atenção, ficará desproporcional e deixará de girar suavemente. Ao rodar com um pneu meio vazio, iremos por altos e baixos no nosso dia a dia e, assim, acabamos por desgastar áreas que já havíamos potencializado antes.

Sem sombra de dúvida, é uma ferramenta fundamental. Então, fique sempre atento e mantenha todos os seus pneus cheios na mesma proporção.

**3 – Cuidado com o Ponto Cego**

Meu Pai me disse uma vez: "Cuidado com o ponto cego".

Existem comportamentos na nossa vida que, muitas vezes, são claros para aqueles que nos cercam, mas nós não os percebemos. Vivemos nosso dia a dia correndo e preocupados com tantas tarefas ou coisas

externas que nos distraem ou mudam o foco de nossa atenção, fazendo com que não notemos como somos, o que fazemos repetidamente ou mesmo como agimos em determinadas situações.

O ponto cego é aquela área do carro que o espelho retrovisor não mostra e, muitas vezes, o nosso descuido em uma manobra pode causar um grave acidente. É importante regular os espelhos em um ângulo de 90 graus, de forma que não seja necessário se inclinar para buscar ver aquilo que não vemos normalmente, pois com isso perdemos a visão da frente do veículo e podemos causar um acidente.

O *Feedback* 360 graus é uma ferramenta que fornece informações valiosas em relação a nós mesmos e, normalmente, passam despercebidas. Através da formatação de perguntas apropriadas, são criados questionários que serão respondidos por subordinados, pares, gestores ou líderes.

Podemos nos surpreender sobre o quanto não nos conhecemos e como as outras pessoas nos veem e nos percebem. Isso ultrapassa a nossa visão limitada; assim, é muito importante levar sempre em conta os resultados, mesmo que esses sejam bem diferentes daquilo que esperávamos, pois, com certeza, evitarão desvios de percurso no nosso futuro.

Dessa forma, o fluxo no ambiente de trabalho torna-se mais colaborativo e todas as ações são calculadas segundo o que é esperado em cada movimento.

Ponto cego é muito mais do que você imagina. Por isso, observe e cuide sempre das suas intenções e ações!



**4 – Observe as informações do painel**

Outro dia, quase fiquei a pé! Quando notei, a luz vermelha do carro estava acesa e a temperatura muito alta. Então, tive de parar no meio da estrada para ver o que tinha acontecido. Havia me esquecido de colocar água no radiador, que cabeça a minha!

É fácil evitar problemas se simplesmente prestarmos atenção, não é?

Quando nos distraímos com a viagem e não olhamos o painel do carro, passamos da velocidade, não notamos as luzes de alerta e nem observamos quando o combustível já está muito baixo. Então, pode ser tarde demais.

Utilizar uma ferramenta de análise comportamental para identificar as potencialidades e pontos de melhoria de um indivíduo é fator primordial para o sucesso nas ações de *Coaching*.

Através de exercícios de dinâmicas interativas, experimentamos uma variedade de situações e temos a oportunidade de observar e ajustar comportamentos para melhorar a eficiência de indivíduos e equipes.

Alguém que atua numa função que absorve o melhor da sua essência e das suas potencialidades, gera ao seu redor um ambiente motivacional e se integra facilmente ao restante da equipe. Observar constantemente cada indicador de performance é fator primordial para aproveitar ao máximo as características de personalidade de cada um. Cada membro posicionado no lugar certo proporcionará inúmeros benefícios conjuntos e um rendimento acima da média.

**5 – Tudo sempre tem um significado maior**

O que mais pode irritar alguém do que um engarrafamento por causa de obras na estrada, que fica em meia pista e ora vem, ora vai? Já notou como isso acontece principalmente quando se está indo rápido em direção aos seus objetivos?

Quando isso acontece é como se fosse um alerta. Eu paro, observo tudo ao meu redor e imagino o que poderia acontecer de melhor ou de pior se eu continuasse naquele mesmo ritmo de antes. Quando tudo nos parece dar errado, acontecem coisas boas que não teriam acontecido se tudo tivesse dado certo!

Você pode já ter passado por muitos engarrafamentos ou muitas paradas repentinas em sua vida, mas, com certeza, ter chegado aonde pretendia antes ou depois do planejado deve tê-lo conduzido a outras direções e a novos conhecimentos.

Tudo o que acontece na sua vida sempre teve e sempre terá uma intenção positiva, de onde pode extrair o melhor ensinamento e retirar mais força para seguir adiante, de forma a viver o melhor de sua existência.

A ressignificação pessoal e profissional é uma ferramenta muito forte, que mexe dentro de nossa alma. É a capacidade do indivíduo se perdoar conscientemente e também perdoar aos outros, de relaxar e entender que tudo o que aconteceu teve um significado e uma intenção positiva naquele momento.

Busque sempre um significado maior e, dessa forma, você perceberá o mundo de uma maneira mais agradável, proveitosa e eficiente.



Em certas ocasiões nos cobramos muito e nos exigimos demais. Às vezes, queremos atingir objetivos que não são nossos e, com isso, vamos, dia após dia, nos desviando do nosso caminho principal – viver nossa verdadeira essência – e da direção que um dia nos sentimos confortáveis em tomar.

Nunca é tarde para pegar a estrada certa e seguir rumo a objetivos relevantes para conquistar os seus mais altos sonhos. Essa é a função do Coaching: levá-lo para onde você quer verdadeiramente estar e transformá-lo na melhor pessoa que você quiser ser.

Trace o seu mapa, verifique seus pneus, observe por fora, por dentro e reduza a velocidade quando for necessário. O que, de fato, importa é chegar ao seu destino.

Aplique as cinco atitudes diariamente na sua vida pessoal, até que se tornem parte essencial do que você é. Oriente também seu cliente com essa forma intuitiva, e, com certeza, você viverá uma vida plena, realizada e feliz.

Lembre-se sempre que o comando do carro é seu. Ele é guiado por você! A escolha do caminho, do percurso e do cuidado ao dirigi-lo depende exclusivamente de você.

Através do *Coaching*, você seguirá seu caminho de forma segura e conduzirá seus passageiros para a melhor viagem que podem realizar juntos.

**Fernando Santi**



Atua potencializando indivíduos, líderes, gestores, equipes e colaboradores. Conduz cada pessoa de forma a encontrar e viver sua autenticidade e a utilizar suas melhores características comportamentais para alcançar resultados de excelência na vida profissional, empresarial, familiar, sentimental e espiritual. Realiza isso através de palestras, treinamentos e *Coaching*. Graduado em Ciências da Computação, apaixonou-se por Programação Neurolinguística, Linguagem Ericksoniana e Neurociências, especializando-se em Gestão de Pessoas com *Coaching* e Análise Comportamental pelo GCC. Em suas palestras e *workshops* vivenciais utiliza histórias, psicodramas, analogias e arquétipos como forma de conduzir os participantes a uma experiência profunda e transformadora, aumentando de maneira natural e positiva a interação entre as pessoas e seu ambiente.

**Site:** www.fernandosanti.com.br
**E-mail:** contato@fernandosanti.com.br
**Telefones:** (11) 4063-7321 / (21) 4063-3278 / (24) 9229-3260

# Anotações

# 4

# Entenda a mente do seu *coachee* ou do seu liderado

Realmente, é inegável uma melhora nos relacionamentos e no trato com as questões diárias quando as pessoas aumentam a especificação de suas conversas

**Fred Graef**

Meu objetivo com este artigo é chamar a atenção para a especificação de seus diálogos. Esteja você atuando como *coach* em um processo de *coaching* clássico ou como líder que usa o *coaching* como ferramenta, você precisa estar atento à especificação do que o seu cliente/*coachee*/liderado está dizendo.

Neste texto, vamos usar as 3 palavras - cliente/*coachee*/liderado - como equivalentes, por mais que você saiba que conceitualmente são 3 coisas diferentes. Isso deixa a nossa conversa mais direta e fluida.

**Qual é o problema?**

As pessoas não estão acostumadas a terem conversas específicas. Ao contrário, os diálogos são usualmente genéricos. Você escuta coisas do seu cliente como "as pessoas não são comprometidas aqui na empresa", ou "as coisas estão muito paradas", ou "os negócios estão difíceis", ou "sinto que não tenho direção", ou "a situação está complicada lá na empresa", ou "as pessoas da minha equipe não se dedicam", ou "a empresa não tem clareza de onde quer chegar" e por aí vai. Perceba como estas frases são inespecíficas. Cada uma delas dá margem para inúmeras interpretações por parte de quem ouve, no caso, o *coach*. Além disso, aposto com você que quem diz estas frases também **não tem**, no momento em que as pronuncia, uma visão clara e específica do que está dizendo.

É fundamental nos darmos conta que cada ser humano possui um mapa mental. E o que é um mapa mental? É o conjunto das visões, crenças, valores, verdades que a pessoa carrega na cabeça. Pois bem, saiba que neste nosso mundo existem mais de 6 bilhões de mapas mentais. Isso ocorre porque cada cabeça é uma sentença. Portanto, cada vez que uma pessoa se expressa, que expõe seu ponto de vista, ela está externando o seu mapa mental. Acontece que o volume de informações e conteúdo que temos em nosso mapa é incrivelmente superior à capacidade que temos de verbalizar exatamente o que passa na nossa cabeça. Qual o resultado disso? Conflitos, desentendimentos, confusões, interpretações erradas, falta de clareza, falta de foco e outros.

Então, analise o quadro geral. Primeiro, temos um problema que, é a diferença dos mapas entre os interlocutores, por exemplo, você e seu *coachee*. Depois, temos outro desafio que é o emissor da comunicação (cliente) procurando deixar o mapa dele claro, tentando explicar o que tem na cabeça. Em seguida, temos mais uma variável nesta equação, que é o recebedor da comunicação. Neste caso é você, como *coach* ou como líder. Você tenta entender exatamente o mapa de seu cliente e, às vezes, cai na tentação de usar o seu mapa.

Por fim, temos a própria comunicação como um complicador. Sempre haverá perdas de conteúdo e sentido entre o que seu cliente diz e o que você capta, por mais que os diálogos tenham passado por um processo de especificação.

Considero a especificação uma das competências primordiais para um *coach*. Você pode conhecer muitas ferramentas de análise de situação atual, de construção de cenário desejado, de definição de metas, de planejamento, de resolução de problemas, de mudanças comportamentais etc. Contudo, para fazer uso destas ferramentas, você precisa primeiro ter a matéria-prima. E a matéria-prima é o conteúdo especificado. Saiba que seu cliente ou seu liderado raramente têm isso em mente.

**Benefícios em resolver o problema**

Vários clientes me dizem que o aprendizado a respeito da especificação de conversas é um dos maiores benefícios colhidos durante o processo de *coaching*. Falam que, além de terem obtido maior clareza em seus pensamentos, levam esta prática para o seu cotidiano. Passam a usar este comportamento com liderados, pares, superiores, amigos e, até, familiares. Realmente, é inegável uma melhora nos relacionamentos e no trato com as questões diárias quando as pessoas aumentam a especificação de suas conversas.



Quando você se concentra em entender e especificar o mapa mental de seu cliente, você conhece mais o mundo dele e, acima de tudo, assessora seu *coachee* a ter mais clareza sobre seus desafios ou sobre o cenário desejado que está tentando construir.

Minha experiência me diz que as pessoas não têm muito claro os cenários (atual e desejado) em suas cabeças. Quando os *coachees* têm um desafio ou problema a resolver, enquanto esta coisa está só nas suas cabeças, é como se elas estivessem remoendo sem fim as ideias, sem avanços concretos. A especificação auxilia os clientes a evoluírem. O pensamento se torna mais claro e focado.

Além disso, outro benefício é acabar com a visão de "tudo/nada; todos/ninguém; sempre/nunca; etc.". Por exemplo, quando seu cliente diz "nada funciona por aqui" e você usa as perguntas de especificação, as coisas adotam a sua devida proporção. O "nada funciona por aqui" pode se transformar em "precisamos criar um passo a passo de como resolver os problemas de pós-venda". Só esta especificação já melhora o estado emocional do seu cliente, pois agora ele percebe que o desafio é pontual. Outro benefício é que, para dizer o mínimo, esta especificação cria as condições para que se defina uma meta, um planejamento e um sistema de acompanhamento e controle para o atingimento do objetivo. Em suma, o problema começa a se resolver. Começa a ação de fato. Seu cliente se motiva ainda mais!

**Como resolver o problema?**

A solução do problema começa pela conscientização e pela atenção. Você precisa se lembrar constantemente de estar muito consciente e atento. Você deve ter presente que em toda e qualquer conversa (fundamentalmente em conversas de *coaching*), grande parte do seu trabalho é especificar o que seu cliente tem na cabeça e o que ele deseja.

Como fazer isso? Vamos analisar alguns dos exemplos apresentados no início deste artigo.

Quando seu cliente diz "as pessoas não são comprometidas aqui na empresa", você poderia fazer as seguintes perguntas:

- Quem não é comprometido?
- O que exatamente a pessoa faz ou deixa de fazer para que você o considere não comprometido?
- Que evidências você tem de que a pessoa não é comprometida?
- Caso a pessoa fosse comprometida, que comportamentos ela estaria tendo?

Quando seu cliente diz "as coisas estão muito paradas", você poderia fazer as seguintes perguntas:

- O que exatamente está parado?
- O que você quer dizer com parado?
- Como são as coisas quando elas não estão paradas?
- Você pensa em alguém quando diz que as coisas estão paradas?

Quando seu cliente diz "a situação está complicada lá na empresa", você poderia fazer as seguintes perguntas:

- O que exatamente você quer dizer quando diz que está complicado?
- Complicadas como?
- Como estaria a situação se ela não estivesse complicada?

Em todos os exemplos de perguntas acima, recomendo que você use a *Técnica do Telespectador*. O que é esta técnica? Imagine que duas pessoas estejam num cinema ou diante da TV assistindo a cena que você está descrevendo (cenário atual ou desejado). O que, em termos de fisiologia, movimento ou ação, elas veriam? A cena precisa ter tanta clareza de forma que não exista divergência de opinião sobre o que os dois telespectadores estariam vendo.

**Dicas práticas**

Diga a seus clientes ou liderados que você costuma usar esta técnica de especificação. Explique que é mais fácil identificar problemas, definir metas ou produzir mudanças quando as conversas são específicas.

Esta ação é importante para que você deixe seu *coachee* preparado para o método. Isso evita desgaste e irritação do cliente. Ele passa a saber antecipadamente que este método é importante e benéfico.

Também gosto de usar a metáfora do GPS. Uso esta metáfora para alertar o *coachee* a respeito do processo que vamos viver juntos e também para preparar as conversas de especificação. Explico que um GPS precisa de 2 pontos muito bem identificados para fazer o planejamento da rota ou da viagem. Mostro ao cliente que a mente é como um GPS. A mente precisa exatamente de 2 pontos para realizar uma mudança. Estes 2 pontos são a situação atual e a situação desejada especificadas, sendo que a essência da última é a meta. Uso esta abordagem para que o cliente se sinta à vontade. As pessoas não estão acostumadas com perguntas de especificação e a este nível de diálogo.

Quando falamos da especificação da situação desejada, explico que nosso objetivo, em última instância, é construir uma meta.

São raras as pessoas que têm muito claro aonde querem chegar. Para tanto, é necessário uma conversa razoável sobre este ponto. Para muitos clientes, o processo é longo. Já cheguei a ter *coachees* que levaram três sessões para especificar a meta. E aqui a conversa pode também não ser fácil para muita gente. Você pergunta coisas como por exemplo "quais são exatamente as evidências que você vai ter que atingiu o que deseja"?; ou "como você vai saber que atingiu seu objetivo"?; ou "como outras pessoas saberão que você chegou aonde que chegar"? Aqui também gosto muito de usar a metáfora do telespectador. Digo ao cliente o seguinte:

"Imagine que eu esteja assistindo você na TV. Neste programa passam imagens da sua vida futura, ou da sua carreira, ou dos seus negócios. Imagine que estou vendo imagens do momento em que você já atingiu a sua meta. Aí pergunto: que imagens eu estarei vendo na TV? Quais, especificamente, serão as evidências? O que eu ouvirei?". Geralmente este exercício é muito útil para a especificação.

Por fim, esteja sempre atento. A forma que seu *coachee* está falando é passível de ser identificada por uma imagem, sem dubiedades? A forma que seu cliente está falando é passível de ser interpretada da mesma forma por duas ou mais pessoas? Se isso estiver acontecendo, fique tranquilo. Você fez bem o seu papel de *coach* e ajudou seu *coachee* a ter mais clareza mental. Caso haja mais de uma interpretação para o que seu *coachee* está dizendo, saiba que há trabalho a fazer. É seu papel assessorar seu cliente a especificar a conversa. Sua conduta deve ser a de sempre trabalhar este ponto ao máximo.

## Fred Graef



*Coach*, Palestrante e Trainer. *Certified Executive Coach* e *Leader as a Coach* pelo Behavioral *Coaching Institute* (BCI – EUA). Membro da Sociedade Brasileira de *Coaching*, Diretor da FG Desenvolvimento Pessoal e Empresarial Ltda. Como *coach*, conduz processos de *Coaching* junto a líderes, gestores e empresários. Especialista, palestrante e trainer em *Coaching*, Liderança, Vendas, Desenvolvimento Pessoal e Comportamento Humano. Experiência Corporativa de 15 anos em empresas nacionais e multinacionais como líder de equipes e executivo comercial. Master Practitioner em Programação Neurolinguística. Pós-graduado em Marketing pela Escola Superior de Propaganda e Marketing. Graduado em Economia pela Universidade Federal do Rio Grande do Sul.

**Site:** www.fredgraef.com.br
**Telefone:** (54) 3021-3870
**Facebook:** http://www.facebook.com/fredgraef
**LinkedIn:** http://br.linkedin.com/pub/fred-graef/8/737/606
**Twitter:** http://twitter.com/coachfredgraef

# Anotações

# 5

# *Coaching*, consultoria e terapia: sacos diferentes da mesma farinha?



Um executivo queixa-se do potencial inaproveitado de seu negócio. Humilde, atribui a si a causa da taxa reduzida de crescimento, acredita que a instabilidade emocional tem influenciado sua competência profissional. Deseja uma consultoria. Levantei uma questão: seu caso será de consultoria, terapia ou *Coaching*? A pergunta que ele me devolveu é a razão de ser deste artigo: na prática não é tudo a mesma coisa?

**Gilson Pacheco**

Para relacionar os três conceitos, consideremos a perspectiva empresarial. No início era só consultoria. Terapia e *Coaching* vieram depois.

Estas duas lidam diretamente com emoções, enquanto a consultoria trata dos aspectos técnico-administrativos. O avanço da psicologia organizacional constatou que a empresa não se chama organização por acaso, deriva de organismo ou, mais especificamente, dos organismos vivos. Desenvolvida por pessoas para pessoas, a empresa acabaria assimilando características humanas. A companhia tem crenças, valores, filosofia de trabalho e alma. A emoção está presente em cada procedimento de uma organização. Na cadeira de um CEO há sempre um ser humano. Uma consultoria especializada jamais obterá resultados efetivos se o componente emocional não for considerado.

A vivência dos processos empresariais mantém-me alerta quanto a sempre incorporar aspectos comportamentais aos meus instrumentos. Há 15 anos, auxiliado por um terapeuta, desenvolvi um modelo que conectasse a essência humana dos trabalhadores ao seu comportamento profissional. Os fatores emocionais contemplados na consecução dos objetivos fizeram a terapia transpor os portões da fábrica. Esse modelo, ao qual chamei "consultoria pessoal", nasceu com vistas a reformular paradigmas empresariais com a inclusão do fator humano. Enquanto isso, importado dos esportes, chegava às organizações o *Coaching*, um modelo de aprendizagem humana assistida.

Neste ponto, os três modelos se misturaram: o que é *Coaching*? O que faz a terapia? Para que serve a consultoria?

Há pontos comuns e distintos, individuais e coletivos na lida com problemas. A quem deve o empresário procurar?

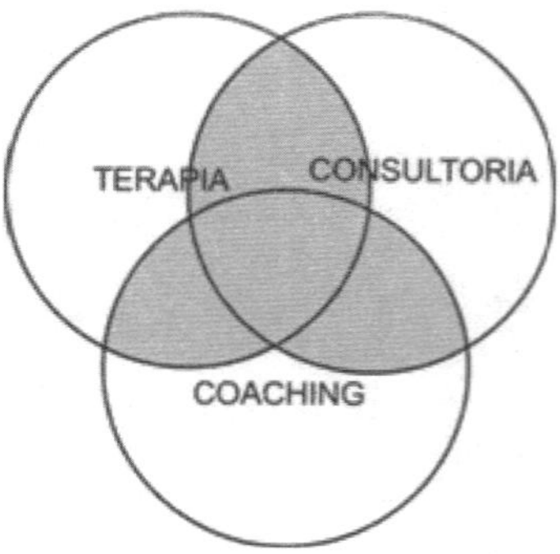


Cada modelo tem seu domínio, mas há um espaço interseccional visitado por todos. Os três podem funcionar harmonicamente, desde que se entenda o que pretende cada conceito.

Terapia vem do latim *therapia* e do grego *therapeía*, que significam cuidado, tratamento de doentes ou disfunções orgânicas, comportamentais e psicológicas. Aqui, o termo se refere à psicoterapia, terreno das emoções.

O objetivo da terapia é a cura de grupos ou de indivíduos, o que pressupõe que a pessoa (ou grupo) a ela submetido está enfermo ou, no mínimo, com inadequações comportamentais. Em outras palavras, a terapia é indicada quando um problema de relações ou

emoções é identificado e interfere na qualidade dos resultados da pessoa, equipe ou empresa.

O consultor tem como primeira obrigação manter-se atualizado. Não é incomum um empresário adquirir tecnologia avançada e dela não obter o melhor. Sem tempo ou paciência para manuais, apela para a consultoria.

A palavra vem do latim *consultum*, reunir para deliberar, tomar conselho; e *consultore*, o que dá conselhos e pareceres sobre assuntos de sua especialidade.

No mundo dos negócios, o consultor é o especialista externo. Faz análises e elabora diagnósticos e deve ter uma especialização: financeira, comercial, de *marketing*, produção, planejamento etc.

Em geral, consultores são ex-gerentes de empresa ou executivos que se aposentam e aliam ao conhecimento proporcionado pelas escolas a experiência de situações reais.

O perigo ocorre quando contrata-se alguém de outra origem, como executivos desempregados que se autodenominam consultores.

O consultor é um especialista, transfere tecnologia, não interfere diretamente nas operações, não atua como *staff* e nem aparece no organograma. É um recurso externo contratado para projetos específicos; um insumo de paletó e gravata.

O termo *Coaching* vem das carruagens (*coches*, tradução de *coaches*). Os *coches* eram conduzidos por cavalos tocados por um cocheiro (*coachman*, que depois virou *coach*). Cabia ao *coach* orientar os animais e deles obter o melhor desempenho. A tarefa era executada normalmente pela cenoura, através da qual era recompensado o bom comportamento dos cavalos, ou pelo chicote, que castigava-os para que obedecessem. Isso perdurou até que os coaches perceberam que, por si só, jamais movimentariam as carruagens; seus empregos dependiam das patas dos animais. Cavalos felizes rendiam melhor. Posto de outra forma, o trabalho do *coach* deveria estar voltado mais para treinar e cuidar dos cavalos do que simplesmente comandar. E, como não se ensina um cavalo a correr, o *coach* descobriu que sua missão era ajudá-lo a desenvolver sua própria capacidade. Assim nasceu a nova ideia de *coach*, o profissional cuja principal função é obter dos outros o melhor em suas habilidades naturais.

O conceito de Coaching saltou dos haras para as quadras. Treinadores de equipes não marcam gols, não dão cortadas e não fazem cestas de três pontos. Seus atletas, sim. Por isso, passaram a ser denominados *coaches*.

O *Coaching* extrapolou os esportes porque em todas as atividades e contextos humanos há pessoas falhando por se julgarem incapazes de determinadas ações.

Minha antiga consultoria pessoal ganhou roupa nova, instrumen-

tos mais versáteis e se tornou *Coaching* de executivos, cujo objetivo é trazer à tona as habilidades dos colaboradores.

Inspirado, Leonardo Wolk deu a seu livro o fantástico título *Coaching*: A Arte de Soprar Brasas. É o que se espera de um *coach*, a capacidade de reacender a brasa dormida que todas as pessoas trazem nas cinzas do cérebro, a brasa das capacidades.

Uma das pressuposições da Programação Neurolinguística salienta que os seres humanos possuem todos os recursos necessários para qualquer mudança que desejam. Cumpre ao *Coaching* fazer emergir capacidades e habilidades latentes.

Em resumo, *Coaching* desenvolve e libera o potencial de uma pessoa para expandir seu desempenho. Transcende o treinar e o educar, ajuda o indivíduo com um processo de aprendizagem, é individual mesmo que ocorra em grupo.

O *Coaching* intervém nos aprendizes (*coachees*) através deles mesmos, utilizando um sistema de evolução ativa que redireciona seus próprios recursos.

Como toda aprendizagem é emocional, neste ponto, *Coaching* e terapia se cruzam. Nas empresas, o *Coaching* pode ser utilizado por diretores, gerentes, supervisores, líderes em geral e instrutores de treinamento, sempre com metas específicas ligadas a habilidades. É um processo que incrementa a capacidade e a eficiência dos líderes nos contextos, nos relacionamentos e nas interações, sempre com vistas a gerar resultados.



**Conclusão**

Embora terapia, consultoria e *Coaching* tenham parentesco, são coisas distintas. Têm suas demandas específicas e áreas comuns, são sempre solicitadas em virtude de algum incômodo; o que as distingue é a natureza do problema.

A terapia atende a algum distúrbio pré-existente, uma reação inadequada a contextos ou experiências. Há uma intervenção direta do terapeuta sobre o indivíduo, promovendo melhores escolhas e mais adequadas respostas comportamentais, o que a transforma num processo de aprendizagem induzida por instrumentos de cura terapêutica.

A consultoria é normalmente acionada por uma queda de produtividade ou necessidade de avanço dos resultados atuais. O *Coaching* também é demandado por esses motivos. A diferença é que o consultor é profundo conhecedor do assunto com que lida, sobre o qual treina e aconselha.

O *Coaching* pode ser acionado em virtude de alguma deficiência limitadora do crescimento pessoal de um indivíduo ou grupo, deficiência pré-existente ou construída pelo vertiginoso progresso ou novas experiências. O foco principal do *Coaching* é a expansão do potencial do próprio indivíduo, por necessidade ou desejo. Essa

brasa dormida é, em última análise, o potencial de aprendizagem. O *coach*, ao contrário do consultor, não necessita conhecer o conteúdo da habilidade a ser desenvolvida, o fundamental é que detenha credenciais para levar o *coachee* a aprender por si mesmo.

A partir de especialistas nas três áreas, elaborei o quadro a seguir:

| | **TERAPIA** | **CONSULTORIA** | **COACHING** |
|---|---|---|---|
| Necessidade | Distúrbio | Evolução | Limitação |
| Objetivo | Cura | Desempenho | Habilidades |
| Atuação | Emocional | Administrativa | Comportamental |
| Tempo | Passado | Futuro | Presente |
| Processo | Tratamento | Aconselhamento | Aprendizagem |
| Foco | Emoção | Conteúdo | Forma |
| Envolvimento emocional | Total | Pouco | O necessário |

As mudanças sempre ocorrem no indivíduo, que é simultaneamente mecanismo transformador e objeto da transformação; processo e produto de si mesmo. Transformações na mente traduzem-se em comportamentos, são emoções antes de ações. A citada interseção entre os três modelos está no emocional e nos comportamentos que dele advêm.

O modelo mais adequado a você, sua equipe ou seu processo administrativo depende do resultado que deseja. Escolhido o caminho, siga em frente. Cuidado com o risco extremamente atrativo de iniciar o processo com um modelo e deixar-se escorregar para outro. Já vi gente começar um trabalho de *Coaching* para desenvolver a habilidade de falar em público e concluí-lo mergulhado em tratamento de ansiedade numa belíssima terapia de vidas passadas. Não se permita incluir em seu currículo uma experiência de tal gabarito. Boa sorte!

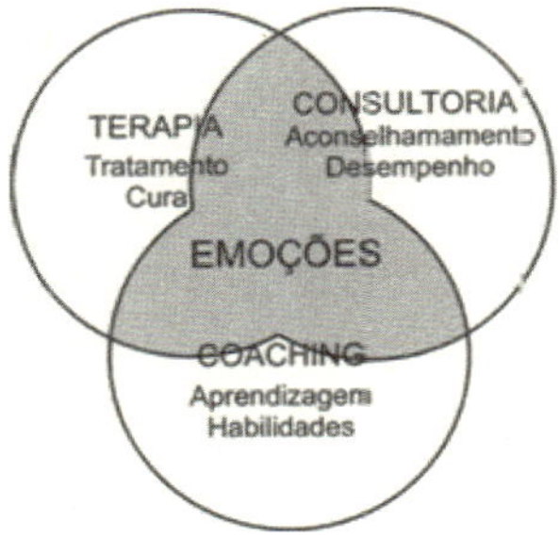

## Gilson Pacheco



Fundador do Potencial Instituto de Programação Neurolingüística. Administrador pela Universidade Federal de Minas Gerais e Mestre em Engenharia de Produção pela Universidade Federal de Santa Catarina, lecionou por mais de três décadas em diversas Instituições de Ensino Superior, nos níveis de graduação e pós-graduação. Concluiu seus estudos de Programação Neurolingüística na Europa, obtendo o grau de Trainer Internacional em três níveis. É Atendant em Hipnose Ericksoniana, certificado pela International NLP e credenciado pelo Southern Institute of Neuro-Linguistic *Programming*. Tem trabalhado no Brasil e outros países em empresas como Unilever Brasil e América Latina, Polícia Militar de Minas Gerais e de Tocantins, Unimed, Companhia Siderúrgica de Tubarão (Arcelor Mittral), Gerdau e muitas outras. É autor do livro Exercícios de Programação Neurolinguística, atualmente em segunda edição, adotado por diversos institutos de PNL do país.

**E-mail:** gilson@potencialpnl.com.br
**Telefones:** (31) 3425-6817 / (31) 9970-3887

# Anotações

6

# Aspectos filosóficos do *Coaching*



Este processo está em fase de amadurecimento, mas devemos considerar sua rápida e extensa disseminação no Brasil, tendo em vista os resultados positivos já alcançados em sua aplicação

**Iraceles Pires**

Estamos sempre em busca de respostas às perguntas: "Por que estou aqui?"; "Porque opto por determinada coisa?"; "O que posso fazer para a evolução de minha vida?".

Fazemos isto na tentativa de conscientizar-nos de qual é nossa missão, a fim de nos orientar na difícil tarefa de viver bem, em paz, com harmonia, produtividade e, em consequência, feliz.

Ao conseguirmos atribuir este maior significado à vida, através de nossa missão, maximizamos o meio para expressar nossos talentos, capacidades e valores, o que nos traz novos motivos para entrarmos em ação e obtermos mais resultados em qualquer área.

O grande segredo de nossa motivação, para almejarmos algo e focarmos nos resultados que esperamos, está nas diferenças individuais, como disse Sigmund Freud: "As pessoas têm valores diferentes, necessidades diferentes, interesses diferentes, organização familiar diferente, *background* diferente, formação profissional diferente, enfim, uma história de vida diferente que condiciona suas motivações".

Através do autoconhecimento, conseguimos alinhar nossas ações à nossa missão de vida, em direção de resultados específicos, utilizando, com precisão, nossas forças, criando oportunidades e minimizando as ameaças, que se formam através de nossos pontos a serem melhorados.

O princípio do *Coaching* está em aprendizagem pessoal especializada, comprometimento, identificação e reconhecimento de pontos fortes e pontos fracos, com o intuito de aceitação e apreciação de seu conteúdo.

Este processo está em fase de amadurecimento, mas devemos considerar sua rápida e extensa disseminação no Brasil, tendo em vista os resultados positivos já alcançados em sua aplicação. Porém, os profissionais envolvidos ainda estão altamente focados para extrair o máximo desta tão em evidência, e ainda misteriosa, ferramenta de desenvolvimento.

A finalidade do *Coaching* é de focar na identificação e dissipação do conflito estrutural contido na tomada de decisão de partir do ponto A para ir ao ponto B, que é onde estão os resultados que almejamos.

Desmotivação, problemas de relações interpessoais, infelicidade, baixa *performance*, etc., estão associados a não contemplação de seus valores, associados ao desalinhamento com culturas, que levam às problemáticas, como o que vemos acontecer diuturnamente.

Somos responsáveis por nossa própria motivação quando nos conhecemos e sabemos o que esperamos de nosso trabalho e/ou empresa a que estamos prestando serviços.

Cada indivíduo sabe o que é melhor para si mesmo, basta identificar.

*Coach* é o profissional que facilita e ajuda o *coachee* a se conhecer e elevar a performance, através de alinhamento, tanto profissional, como de relações humanas.

É através de um processo de *Coaching* que obtemos acompanhamento, mensuração, orientação e reinícios, que concordam em estratégias para colocar as ações do receptor em prática, a fim de desfazer o que o está impedindo de viver plenamente sua vida, em todos os

seguimentos, de forma prazerosa.
Existem várias teorias que definem o processo de *Coaching*. Utilizo em minhas abordagens a definição que, em minha concepção, é a mais condizente com minha vivência e aplicabilidade ao longo de vários anos no exercício desta profissão: "Um processo que ajuda as pessoas a transpor ou modificar as barreiras que existem entre o 'querer fazer' e realmente 'entrar em ação' para concretizar."

Partimos do pressuposto que a base da inspiração motivacional para a transformação é acionada através do conhecimento de "Quem sou eu?; Onde estou?; O que quero?; Como fazer para chegar lá?; Por que quero isto?; Quanto vou precisar pagar por isto?; Quem está envolvido neste contexto?" e, em um nível mais profundo, "O que existe de superior em tudo isto?".

Enfatizo que cada um é responsável pelo seu pensamento e sentimento, que o levará às ações positivas ou negativas para lidar com tudo que quer ter, ser ou fazer, não podendo depender de ninguém, nem mesmo do *coach*, que o está conduzindo a pensar de forma diferenciada.

A busca é pela ação, que torna o trabalho árduo diante das circunstâncias de fatores escassos, como "tempo", pe o tamanho da demanda de informações e oportunidades disponíveis.



Toda ação vai exigir excelência em planejamento, administração e, principalmente, foco.

Neste relacionamento, onde o *coach* se compromete a apoiar o *coachee* para o seu desenvolvimento, conhecimento e reconhecimento de oportunidades, desbloqueando seu potencial para maximizar desempenho, também poderá fornecer técnicas e ferramentas atuais de gestão, participando com seu *background* na evolução do processo.

Os passos a serem seguidos pelo *coach* devem conter: obtenção de compromisso e disponibilidade por parte do cliente; orientação e aconselhamento, através de questionamento, para atingirem juntos uma 3ª visão estratégica e direcionada para o entendimento mais completo das circunstâncias abordadas.

Em todas as fases, e principalmente nesta de identificar o caminho a ser seguido, é muito importante que o *coach* se mantenha livre de julgamento e posicionamento com base em suas experiências.

O processo continua a seguir suas importantes etapas da gestão do desempenho esperado, com a avaliação e mensuração de cada ação em direção aos resultados.

As avaliações, além de quantitativas, também devem ser qualitativas para aproveitamento dos aprendizados observados, pois o direcionamento é feito sempre com o princípio de que não existem erros, e sim aprendizados, e todo o conteúdo trazido para uma sessão é importante para o desenvolvimento.

O processo se torna independente de interação entre as partes para que continue dando frutos, uma vez que o objetivo é expandir a visão e estabelecer novas formas de pensamento, enquanto ele dura.

O bom *coach* não gera dependência, sua presença deve ser marcante durante o processo, que dura em média três meses.

Neste período, sua atuação é impactante, preparando o cliente

para caminhar sozinho em busca de melhoria contínua sempre, com foco no desenvolvimento de suas mais variadas competências e metas, passando de coparticipante à protagonista de sua própria história.

Existem situações nas quais o *coach* jã não é mais remunerado, mas, ainda assim, mantém relacionamento com seus clientes por anos após o término desta primeira etapa, seja por telefone, e-mail ou conversas informais, o que é feito para ajudar o cliente a manter acesa a chama de seu autoconhecimento, propósito e conteúdo desenvolvido durante o programa, para novos *insights*.

O *Coaching* não serve para pessoas disfuncionais, que não completam seus planos e não se responsabilizam pelos seus comportamentos e atitudes.

As pessoas que têm dificuldades de aceitar confrontos ou acham que sabem tudo (se mostrando pessoas resistentes a se moldarem a novos comportamentos, se sentindo, através das intervenções, forçadas a participar do processo e sair de sua zona de conforto), terão que ser conduzidas de forma adaptada para resultados efetivos.

Nem sempre o processo é aprazível, ele requer visão de futuro e concretização, às vezes, a longo prazo.

Os resultados, em geral, são: redução de stress, mais energia, maior produtividade, relevância, precisão, qualidade de vida, resiliência e novas competências emocionais.

É uma ferramenta de desenvolvimento estratégico da área de recursos humanos (RH) de uma organização por ser altamente transformacional e por ser um investimento no aprimoramento dos colaboradores, com o propósito de elevação de performance a curto prazo, com retorno de investimento comprovado.

Ele tem capacidade de desenvolvimento de equipes como um todo, através de programas aplicados em um só líder.

Este líder, com a cultura do *coaching* assimilada, multiplicará sua visão expandida através de novas ações e envolvimento de seus liderados, num contexto de expansão também das visões de cada um.

Vale a pena a empresa investir em *coaching*, pois, quanto maior o número de beneficiados e mais elevado o nível de quem o recebe, maior será o benefício, tanto pessoal como multiplicador para os níveis hierárquicos diversos.

As personalidades e os estilos das pessoas e dos altos executivos são variados, e, por isso, é muito importante que o *coach* esteja preparado e saiba utilizar ferramentas de análises tipológicas, que chamamos de *assessment*, como DISC, MBTI, Dominância Cerebral, etc., para uma avaliação de perfil e entendimento das emoções e comportamentos.

Estas ferramentas são úteis para acessar a profundidade da verdade exposta através do comportamento, estabelecendo uma visão mais sistêmica no processo de pensamento, sentimento e ação, que geram relacionamentos, criações e execuções em qualquer setor da vida.

Ressalto que, utilizar após uma escolha criteriosa um *assessment* que se adapte ao seu estilo de *Coach*, fará diferença em sua abordagem e resultados.

Já houve casos de sucesso, com esclarecimentos de cenário atual, praticamente imediatos com a aplicação de *assessment*, pois houve re-

conhecimento das emoções contidas, e/ou adaptadas, o que facilitou identificar o rumo do cenário desejado em somente uma sessão de devolutiva de relatórios de análise de perfil e valores.

Visamos independência e empoderamento, que significa saber, ter consciência e desenvolver habilidades, isso numa esfera mental, sendo que o observável e visível é a atitude.

Por isso a importância da participação no processo de pessoas dispostas a assumir responsabilidades, pessoas abertas a experimentar novas formas de pensamento e estimuladas a quebrar paradigmas.

A melhor prática de *coaching* para líderes, executivos e organizações, consiste em:

- Planejar;
- Obter apoio da alta direção para adaptar o processo à cultura da organização;
- Designar um líder interno para apoiar o desenvolvimento;
- Estabelecer os objetivos e metas, de forma clara, para desenvolvimento e execução do projeto contratado;
- Comunicar, através de relatórios iniciais, as expectativas quanto ao cenário atual X cenário desejado;
- Estabelecer, através de medição inicial, em que fase de contemplação do objetivo se encontra o líder;
- Acompanhar o desenvolvimento, com mensuração e manutenção de um histórico;
- Manter elevados padrões de ética e confidencialidade na condução;
- Encerrar no prazo determinado, apontando a evolução através de relatórios finais contendo *feedbacks* do *coach*, *coachee*, gestor e avaliação de encerramento;
- Melhoria contínua;
- Contatos formais ou informais.

A melhor prática para pessoa física consiste em:

- Identificar cenário atual e cenário desejado;
- Estabelecer foco;
- Responsabilidade e comprometimento;
- Missão, valores, sabotadores;
- Resultados;
- Melhoria contínua.

Pessoas, líderes e executivos são conhecidos pelas suas características excepcionais de inteligência, perspicácia, técnicas e estratégias; no entanto, o exercício de práticas de processos, sentos ao seu dia-a-dia, o apoiará e será um facilitador em seu desenvolvimento.

O aspecto de relevância em tudo sso é focar na confiança em si mesmo, *coach* e *coachee*, e incrementar sempre visão de presente para o futuro.

## Iraceles Pires



Graduação em Psicologia (Un.Farias Brito); pós-graduação em Administração Financeira (FEC Armando Álvares Penteado); Curso Gestão de Pessoas (FGV); Personal e Profissional Executive *Coach* (SBC); Analista da Teoria Comportamental DISC - (*Success tools*); Certificação Internacional da teoria comportamental DISC –(*Success Tools Insight*); Analista *Alpha Assessment* – por Kate Ludeman e Eddie Erlandson; *Master* PNL - *American Board of* Neuro Linguística; Treinamento nível II -Técnicas *Emotional Freedom Techniques*; Participação no 1º. Fórum Internacional de Liderança e *Coaching* – AMCHAM/ SBC; Workshop de Neurociência (16 horas) Neuro-*Coaching*; Srini Pillay(Harvard) e Hendre Coetzee (*Behavior Coaching Institute*); Partcicipação no 1º. Encontro Livre de *Coaches* no Brasil –*Freedom Coaches* – INEP - Instituto de Neurociências e Psicologia Aplicada –RJ; *Workshop 90day turn System – Coaching Advanced Center* – Hendre Cotzee.

## Anotações

# 7

# O efeito surpresa e a resistência



O **efeito surpresa** e a **resistência** são dois temas pouco comentados e de grande importância no *Coaching*. Um processo inteiro pode se beneficiar e muito quando o *coach* passa a detectar o momento em que estes temas se fazem presente. O objetivo deste artigo é discutir tais temas, bem como algumas maneiras de trabalhá-los nas sessões

**João Alexandre Borba**

Através deste artigo, busco refletir e correlacionar duas questões que tenho me deparado constantemente em meus processos de *Coaching*: o efeito surpresa, termo designado por mim, e a resistência, questão muito comum em algumas abordagens psicoterapêuticas. A decisão sobre o tema da resistência foi devido ao fato de ter visto diversos processos de *Coaching* alcançando seu resultado final ou, até mesmo, processos que estavam completamente estagnados recuperando seu fôlego quando a resistência foi trabalhada na sessão.

Ao longo do processo de *Coaching*, outras situações diferentes da meta principal acabam se solucionando. O efeito surpresa é este ganho adicional e paralelo que surge quando o *coachee* passa a se aproximar do alcance de sua meta. Este efeito é muito gratificante e auxilia bastante a impulsionar a meta principal.

Há pouco tempo, atendi um caso em que o cliente tinha uma grande dificuldade de se colocar perante os funcionários de sua empresa. O que eu não sabia era que seu relacionamento amoroso passava pela mesma problemática. Por volta da penúltima sessão, o cliente chegou extremamente feliz e comemorando o fato de que sua vida afetiva estava indo de "vento em popa" (palavras do mesmo). Já estava conseguindo se expressar para seus funcionários, obtivera diversos ganhos em seu trabalho e sua esposa o estava admirando mais. Fato este que ele achava ser bastante difícil de conseguir. O resultado final foi melhor que o esperado. Nossa meta era com relação ao trabalho, entretanto, seu relacionamento afetivo também foi beneficiado. Além disso, quando criança, tinha um desejo de aprender a escrever poesias. Comprou alguns livros e começou a fazer alguns textos. A melhora em seu relacionamento com a esposa e sua redescoberta nas poesias foram o seu efeito surpresa.

Depois de vários casos em que ganhos paralelos se tornaram constantes, comecei a me questionar: o que faz o efeito surpresa acontecer? O que propicia o fato de trabalharmos uma área em específico e outras estarem sendo afetadas paralelamente? A conclusão foi a de que somos seres sistêmicos. Basta uma leve ação em uma área da vida para que todas as outras áreas também sejam impactadas. É como atirar uma pedra num lago e observar as ondas se propagando por toda sua extensão. Assim, não existirá na água do lago uma só parte que não receberá a mínima influência que seja daquela pedra.

Por ser um processo que envolve ação através das tarefas, o *coaching* é um gerador de habilidades e capaz de, em pouco tempo, tirar o cliente de sua zona de conforto. Muitas vezes, o cliente, sem perceber, vai se

libertando desta zona e realizando suas transformações.

Seria, então, preciso saber detectar qual seria a área correta a ser trabalhada? Teria o *coach* de pesquisá-la para que o processo acelerasse? Na prática, percebo que o que importa é manter a visão do todo, pois caso uma área permaneça estagnada, o *coach* pode recorrer a outras que possam vir a causar o efeito surpresa na área em questão. Esta simples estratégia tem gerado grandes resultados.

A partir da perspectiva teórica de Wilhelm Reich, discípulo de Freud, discutirei a segunda questão deste artigo: a resistência. Meu objetivo não é me aprofundar neste tema, mas, sim, trazer algumas questões que possam auxiliar alguns casos em que o *coach* possa estar paralisado junto ao seu *coachee*. Segundo Reich, de uma maneira bem sucinta, resistência seria o movimento em que o paciente levaria a terapia a fracassar. Obviamente, existe um ganho para que isto aconteça. No fim, todo esforço teria sido anulado e o paciente retornaria às suas neuroses habituais.

A resistência vive de mãos dadas com os ganhos secundários, que são as gratificações que se recebe por ter aquele problema em específico. Imagine um estudante que recebe pouquíssima atenção de seus pais. Um dia ele tira uma nota baixa em uma prova e sua mãe se oferece para estudar com ele. Neste momento, por causa desta nota, ele passa a receber atenção e carinho de sua mãe. O carinho é tão agradável que ele passa a se preocupar menos com os estudos, já que a "gratificação" ao tirar nota baixa será o amor e a atenção da mãe. Caso este aluno fosse submetido ao processo de *Coaching*, por mais que ele tentasse melhorar suas notas, estaríamos o "ameaçando" de não receber mais este carinho da mãe. Entraríamos em conflito com seu ganho secundário, sendo assim, ele "resistiria" ao processo de *Coaching*. Por diversas vezes, o *coach* perceberá que a relação entre ele e seu *coachee* precisará ser trabalhada. Em momentos em que isto se faz necessário, caso não ocorra este momento, o processo permanecerá empacado e poderá ser inutilizado. É uma das maneiras em que a resistência vence.

Tive um *coachee*, uma vez, que me trouxe a seguinte meta: emagrecer quinze quilos. Trabalhamos sua meta, levantamos seu valor central e uma crescente empolgação se fez presente. Eu não tinha dúvidas de que sua meta seria atingida. As tarefas eram cumpridas à risca. As sessões transcorriam num bom ritmo. Ele sempre saía motivado e ansioso para o nosso próximo encontro. A partir da sexta sessão, o *coachee* chegou muito irritado. Ao sondar o que estava acontecendo para tanta irritação, ele me disse ter tido uma discussão com seu endocrinologista, que o criticara. Ele me relatou, a seguir,

que não tinha cumprido suas tarefas e que estava pensando em desistir do *Coaching*. Achei curioso o fato de que uma discussão tivesse colocado nosso processo em risco. Qual seria a relação entre a discussão e o *Coaching*? Neste momento, desconfiei estar diante de uma resistência, afinal, nada justificava o não cumprimento de suas tarefas precisamente naquela semana. O cliente iniciou dizendo não suportar críticas e que preferia ficar do jeito que estava. A discussão com o endocrinologista havia sido tão forte que ele chegou até a se emocionar. Ele me disse odiar profissionais que se acham os donos da verdade e que dizem aos seus clientes o que fazer. Tive a certeza, neste momento, de estar vendo a resistência e me arrisquei em trabalhar nossa relação. Perguntei se em algum momento, seja num grau maior ou menor, eu havia agido assim com relação a ele, se eu passei a impressão de ser o dono da verdade. O *coachee* olhou para mim e respondeu imediatamente que não. Eu perguntei novamente e disse que estávamos em um ambiente seguro, de confiança e que ele poderia me contar se tal fato já tivesse ocorrido. Foi quando ele disse que sim. Não só disse que sim, como também alegou que eu fazia isso toda sessão. Disse estar melhor por ter falado o que estava sentindo e afirmou que esta foi a primeira vez em que teve confiança para se abrir. Contou-me que seu pai o censurava muito e sempre lhe dizia o que era o certo e o errado. Não aguentava mais ninguém lhe dizendo o que fazer. O *coachee* tinha recuperado a alegria que, até então, não havia aparecido naquela sessão. Saiu motivado para realizar a tarefa e a força em sua meta principal recuperada. A resistência foi aliviada.

Em uma terapia, o caso acima tomaria um rumo completamente diferente. Como o acordo inicial foi atendê-lo como *coach*, segui pelo caminho descrito anteriormente. Após mais duas sessões, o *coachee* me contou estar mais independente e desejoso em parar o *coaching*. Faltava ainda mais uma sessão. Ele disse estar querendo interromper o processo, pois já sabia o que fazer para se manter com o foco em seu objetivo. Já havia emagrecido bastante, mas ainda faltavam quilos a serem perdidos. Agradeceu-me e, antes de sair, disse estar feliz por eu não ter feito nenhuma objeção à sua saída, pois estava respeitando sua opinião. Alguns meses depois, recebi sua visita e ele havia alcançado sua meta.

A resistência me mostrou que o *coachee* tinha uma espécie de botão de alarme interno que era acionado sempre que alguém o criticava ou dizia a ele o que fazer. Este botão fora adquirido na época de seu pai. Em uma psicoterapia, isto seria analisado. Como coach, meu objetivo foi passar rapidamente pela resistência, encarando-a e

seguindo adiante.

O mais importante ao se deparar com uma resistência é trazê-la à tona para ser discutida. Enquanto isso for ignorado, o processo pode ser prejudicado.

Ainda sobre este tema, gostaria de levantar um outro tipo comum de resistência ao processo de *Coaching*. Muitas vezes, o *coachee* opta em ficar se sabotando ao longo das sessões. Por mais que ele não saiba que melhorando em uma área outras também melhorarão, lá no fundo, ele sente que algo ficará diferente. Após alcançar a meta desejada, sua vida passará para um novo ciclo. Afirmo isto, pois, uma pessoa com metas simples e de fácil solução, raramente procura o processo de *coaching*, uma vez que ela própria conseguirá resolvê-las. Sendo assim, tenho me deparado com metas que quando as detecto já imagino que quando o *coachee* alcançá-las, sua vida não será mais a mesma em vários aspectos. O efeito surpresa, mesmo sendo desconhecido pelo *coachee*, muitas vezes funciona como uma resistência. Só do cliente se imaginar alcançando a meta e tendo várias outras áreas de sua vida se transformando, isto já gera um incômodo. Incômodo este por ter de assumir sua própria vida, tornando-se responsável por ela. Administrar este incômodo é tarefa do *coach*, pois a má administração gerará resistências fortíssimas. Uma estratégia que funciona bem em casos com muita resistência é ir acompanhando o *coachee* no alcance de suas metas, porém, passo a passo e sempre de maneira suave e, muitas vezes, quase imperceptível. Em um dado ponto do *Coaching*, o *coachee* percebe que já realizou tantas modificações que já não consegue mais voltar para sua zona de conforto, que as mudanças já estão acontecendo e que sua vida já está se transformando.

Ao iniciar um processo de *coaching*, fico muito atento ao que o *coachee* me fala ao descrever sua meta. Sei que para ele não a tê-la alcançado até o momento, é porque existem fatores que ele desconhece e, muito provavelmente, resistências. Já cheguei a ouvir de um *coachee*, em uma sessão, que sua vida ficaria tão boa quando alcançasse sua meta que talvez e e não suportasse tanta alegria. Aquela frase me chamou atenção e mais tarde pude comprovar que em alguns momentos ele realmente impediu o progresso de nosso trabalho. Trabalhar com o comportamento humano é sempre uma caixa de surpresas. Nunca se sabe o que sairá. De qualquer maneira, acredito que quanto mais ferramentas e conhecimentos estiverem disponíveis para levar o cliente a alcançar suas metas, maiores serão as chances de sucesso.

## João Alexandre Borba



Instrutor de *Coaching* pela Academia Brasileira de *Coaching*, *Coach* pelo *Behavioral Coaching* Institute (BCI) e European *Coaching Association* (ECA); Trainer em PNL; Treinador Comportamental pelo IFT; Constelador Familiar; Psicólogo pela UNESA e Psicoterapeuta Corporal Reichiano. Atua como psicólogo clínico e desportivo, *coach*, hipnólogo e terapeuta em EMDR. Possui pós-graduação em Psicologia Desportiva pela Consultoria Estudo e Pesquisa em Psicologia do Esporte (CEPPE). Formação básica e avançada em Trauma First Aide, pelo Trauma First Aide Associates,LLC. Ministra cursos e treinamentos voltados ao autoconhecimento, desbloqueios emocionais e elevação de *performance*.

**E-mail:** joao.alexandre@live.com
**Site:** www.abracoaching.com.br

# Anotações

# 8

# *Coaching* como estratégia de Liderança



*Coaching* é um processo de aceleração de resultados e, como tal, é um instrumento indispensável ao processo organizacional, sobretudo para as lideranças, que precisam constantemente lançar mão de um recurso para a obtenção de resultados positivos para a empresa

**Nelson Vieira**

Dentre os vários métodos e ferramentas disponíveis atualmente, encontra-se o *Coaching*, que pode ser entendido como uma versão mais moderna e original do *empowerment*, no caso da liderança propriamente dita, já que propicia ao indivíduo descobrir e acessar o que há de melhor em si, através de perguntas assertivas que o levem a pensar de uma forma que, sozinho, ele não pensaria, de modo a assumir as responsabilidades pelos seus erros e acertos, fracassos e sucessos, atitude ou a ausência dela. Pois é natural que muitas pessoas, para aliviar a sua "carga", responsabilize a tudo e a todos, principalmente no que diz respeito aos seus piores resultados.

Liderança, segundo James C. Hunter "é a habilidade de influenciar pessoas para trabalharem entusiasticamente visando atingir aos objetivos identificados como sendo para o bem comum", ou seja, desenvolver o propósito em um grupo de pessoas despertando o sentido de equipe para a obtenção de um resultado específico.

Seguindo essa mesma linha, Allan Cohen, diretor de empreendedorismo corporativo do Babson *College*, afirma que o líder é o "responsável pelas decisões, no topo de alguma unidade de negócios da organização, cujo trabalho é criar as condições para que as outras pessoas sejam eficazes". Neste sentido, o *Coaching* aparece como uma ferramenta estratégica sem precedentes, principalmente porque vem a romper com os velhos padrões de liderança tradicional que se baseiam fundamentalmente no exercício do poder do cargo, onde:

1- Utiliza-se da posição ou força para conseguir seus objetivos;
2- Persiste a faculdade de forçar ou coagir alguém de fazer as coisas segundo a vontade de quem está no poder;
3- Adota como lema: "manda quem pode, obedece quem tem juízo";

O *Coaching* dentro das organizações pode ser exercido de maneira formal ou informal:

O *Coaching* formal funciona muito bem quando se trata de desenvolver um processo para alcançar um objetivo, sendo, neste caso, mais prudente contratar um *coach* externo, que seja neutro e imparcial, para atender no âmbito da empresa, pois há uma relação de ética e confidencialidade implicada, o que fica comprometido, sobretudo quando há a relação de subordinação, tornando mais difícil abordar certas questões que possam incomodar o *coachee* prejudicando dessa maneira a relação de confiança e parceria, fundamentais no processo de *Coaching*.

O *Coaching* informal é o modelo mais indicado para a atuação do líder *coach*, que consiste em desenvolver uma cultura de *Coaching*,

realizando intervenções no dia a dia da empresa, individualmente ou em grupos, por meio de perguntas que conduzam os colaboradores a entrar em ação para que estes atinjam os resultados propostos pela empresa sem que necessariamente sejam formalmente convidados a participarem do processo.

Para tanto, é imprescindível que ele conheça os princípios absolutos do *Coaching* e seus fundamentos:

Princípios absolutos do *Coaching*:

1- Suspender todo tipo de julgamento, apesar disso ser inerente a todo ser humano;

2- O líder deve ter sempre em mente a meta a ser alcançada e compartilhá-la com a equipe para que estes possam manter sempre o foco no futuro, evitando explicações e justificativas para os possíveis erros e/ou omissões que venham a ocorrer, mas, ao contrário, os erros são convertidos em aprendizado e ações que se traduzem em evolução contínua;

3- Manter o foco pressupõe ações específicas para o alcance de metas de curto, médio e longo prazo. Nesse caso, a criação de indicadores, que pode ser definida juntamente com o colaborador, é fundamental para a mensuração dos resultados alcançados, onde, através do acompanhamento do líder, se definem novas estratégias de ação, implementando melhorias para os resultados negativos e o reconhecimento e celebração pelo alcance dos resultados desejados;

4- E, por fim, não podemos esquecer a ética e a confidencialidade. É possível que os colaboradores sintam a necessidade de compartilhar coisas particulares que possam estar impactando em sua performance, o que exige certa sensibilidade por parte do líder para tratar do assunto com maestria e discrição;

Os fundamentos são os cinco passos que se deve adotar durante uma abordagem de *Coaching*, em qualquer situação, ambiente ou modalidade (formal ou informal).

Isso nos leva a refletir sobre outra habilidade de *Coaching* que o líder deve desenvolver, que é a arte de fornecer *feedback*, onde o líder entrega o que há de melhor nele, com a intenção positiva de contribuir genuinamente com o desenvolvimento contínuo do colaborador. Deve ser feito de uma forma verdadeira, segura e transparente.

*Feedback*, palavra de origem inglesa, que significa "retorno", é um processo empregado para fornecimento de informações necessárias ao desenvolvimento pessoal e profissional, bem como para promover melhoria na performance de um colaborador ou equipe. A técnica mais comum utilizada no *feedback* consiste em enfatizar as carac-

terísticas positivas de quem o está recebendo, citar os pontos críticos com suas respectivas sugestões de melhoria e, finalmente, fornecer novo apoio e palavras de afirmação e reconhecimento.

Normalmente, o *feedback* é feito intuitivamente e sem os cuidados devidos, levando a uma distorção da ferramenta, ocasionando a quebra da confiança, a desmotivação e contribuindo para o aumento do turn over (rotatividade) da empresa.

Por isso, o líder *coach* deve atentar para os auxiliares linguísticos empregados, sendo, neste caso, o principal deles a conjunção "mas", que uma vez empregada após a vírgula, tem o poder de anular tudo o que foi dito anteriormente. Assim, como o *Coaching* é a arte da soma e não da subtração, o líder deve empregar a conjunção aditiva "e" em vez de "mas", para gerar novos padrões de comportamento e para promover melhorias no plano e nos resultados.

Outro cuidado em relação à linguagem empregada diz respeito ao uso do "por quê", que requer uma causa ou explicação e inevitavelmente vem seguido de uma resposta justificativa eximindo o receptor de sua responsabilidade. Sabe-se, porém, que em determinadas situações, é importante buscar a causa, o motivo de determinado acontecimento, desde que não envolva necessariamente uma mudança de comportamento ou a busca pela responsabilidade do colaborador.



Exemplo:

Em vez de perguntar para o colaborador "por que você chegou atrasado ao compromisso?", o que nos remete à busca pelo motivo do atraso e logo sugere uma série de justificativas que expliquem tal fato, pergunta-se: "o que depende somente de você para que isso não mais ocorra?", que sugere, por sua vez, uma mudança de postura, comportamento e assunção de responsabilidade por parte do colaborador.

Vale ressaltar ainda que, ao fornecer o *feedback* a quem quer que seja, o líder *coach* deve separar a pessoa do comportamento, ou seja, quando se afirma que a pessoa é de determinada maneira, caracteriza-se um rótulo, um critério de julgamento podendo ser recebido como uma ofensa moral, o que contraria o primeiro princípio absoluto do *Coaching* "suspender todo tipo de julgamento", por outro lado, quando se afirma que a pessoa está se comportando de determinada maneira, a ênfase passa a ser no comportamento atual da pessoa que recebe o feedback, sendo, portanto, passível de mudança.

Exemplo:

Ao afirmar: "Você não resolve nada!", o emissor está julgando o

receptor como sendo, de fato, uma pessoa irresponsável e incapaz de resolver qualquer coisa, limitando assim o seu processo de mudança pessoal, podendo gerar desmotivação, sentimento de impotência e até uma possível reação ao emissor do *feedback*, numa atitude defensiva por parte do receptor, colocando o *feedback* a perder.

Por outro lado, ao afirmar: "Neste momento eu percebo que você está apresentando dificuldades em resolver os assuntos que lhe são demandados. O que está acontecendo?" o foco, nesta situação, é direcionado para o comportamento, levando o receptor, a recebê-lo com maior abertura e possibilidade de mudança para um comportamento desejável, sem perder de vista a relação de confiança e parceria estabelecida no decorrer da relação entre o líder *coach* e seus subordinados.

Durante o *feedback*, é muito importante considerar a linguagem não-verbal que acompanha a mensagem do líder *coach*, tais como: gestos, expressão facial, equilíbrio emocional, postura corporal, volume e intensidade da voz, contato visual, *feeling* (sensibilidade em relação ao receptor) e *timing* (atentar para o tempo presente com foco no futuro), pois trata-se de componentes essenciais na comunicação e que fazem uma diferença substancial no *feedback*.



Enfim, o líder, por meio do *Coaching*, deve levar sua equipe a descobrir e acessar o seu potencial infinito, gerando um clima propício ao desenvolvimento pessoal, corresponsabilizando a equipe pelos resultados alcançados e, sobretudo, promovendo um clima organizacional que valorize as habilidades interpessoais e as qualidades de liderança, melhorando a eficácia das pessoas, levando-as a lidar melhor com a pressão e o estress, minimizando os obstáculos para que obtenham o sucesso profissional, aumentando assim a sua satisfação no trabalho, o que possibilita maior produtividade, qualidade nos produtos, serviços, atendimento ao cliente e dá à empresa um padrão mais competitivo no mercado.

## Nelson Vieira

*Master Coach Trainer*, certificado por diversas instituições internacionais - BCI (*Behavioral Coaching Institute*), ICC (*International Coaching Council*), ECA (*European Coaching Association*) e GCC (*Global Coaching Community*), especializado em Gestão de Pessoas pela FGV, Psicólogo Clínico e Organizacional, empresário, diretor executivo da *Quantum Consulting* e representante oficial do Instituto Brasileiro de *Coaching* no Estado do Pará. Acumula uma experiência de mais de treze anos na área de RH em grandes empresas. Tem obtido destaque realizando palestras, programas de Desenvolvimento Comportamental e formação em *Coaching* em todo o Brasil. Compõe a equipe de Treinamento do Instituto Brasileiro de *Coaching* e *Global Coaching Community*.

**E-mail:** contato@nelsonvieira.com.br

# Anotações

# 9

# *COACHING* - Para termos com quem contar!

Ter alguém que nos oriente a ultrapassar nossos limites, que nos auxilie a escolher táticas eficazes e transforma-las em hábitos, e que nos direcione até aquilo que queremos, torna a caminhada mais simples e muito mais estimulante!

**Norma De Marchi Assunção**

Quantas vezes sentimos falta de uma pessoa ao nosso lado para nos motivar e apoiar nos momentos difíceis?

Uma espécie de "treinador parceiro" que ajudaria a olhar para nossos desafios e a planejar o futuro de acordo com o que queremos, desejamos e necessitamos?

Alguém sempre pronto a ajudar a superar os desafios que impedem que realizemos todos os nossos sonhos?

Alguém para ajudar a organizar as finanças, definir as prioridades e nos auxiliar a assumir a direção de nossa vida pessoal e profissional?

Alguém para auxiliar a criar a nossa realidade? Para ajudar a melhorar nossa qualidade de vida? Ajudar a confiar mais em nossa intuição?

Alguém para ajudar a colocar a máscara de oxigênio primeiro em nós? Ajudar a definir aquilo que mais importa em nossas vidas? Auxiliar a identificar os furos da mangueira que enfraquecem o fluxo natural da nossa energia em direção ao que mais queremos?

Até que começa a brotar uma vontade enorme de dar um novo rumo em nossa vida! Anseios de buscas, cursos e um processo de *coaching*!

Com o *coaching* surge um rumo, uma determinação. Aprendemos a priorizar cuidar de nós, de nossos sonhos, de nossos propósitos e continuar com todas as atividades que fazíamos antes.

Um processo de transformação, de crescimento, de expansão... A partir de um ponto dentro de nós!

É o primeiro passo para a grande transformação – Colocando-nos no topo da lista!

Nesse cenário é que entram em ação ferramentas e instrumentos para a promoção do autoconhecimento , que fornecem informações sobre nosso perfil psicológico e que mostram nossos pontos fortes e os pontos de ajustes.

Juntamente com o *coach* escreveremos a nossa história.

Destacaremos as passagens importantes e marcantes da nossa vida e isso nos levará a refletir profundamente sobre as seguintes questões:

- Estamos sentados no banco do motorista dirigindo nossos comportamentos no sentido de nossos propósitos?
- Ou estamos agindo segundo crenças limitantes e padrões que se repetem em todo o nosso trajeto e nos impedem de realizar nossos objetivos?

**Segundo passo** – Definiremos exatamente o que queremos alcançar, em termos pessoais e profissionais, como resultado de nossos investimentos na estruturação da nova fase.

[1] (MBTI Myers Briggs Type Indicator)

Perceberemos como é lindo sonhar em conjunto, transformar o sonho em objetivo bem claro e, depois, numa meta expressa de forma positiva, mensurável (para ser medida e acompanhada), específica (para ser bem definida), que tenha um tempo de realização definido (para ser concretizado) e que seja atingível (para ser possível). Será o prêmio que fará valer a pena todos os esforços. Será como criar uma nova vida, renascer.

**Terceiro Passo** - Com base nas informações surgirá:

• O comprometimento em passar um tempo maior conosco, assim como quando queremos conquistar alguém. Começamos escolhendo dia e horário mais adequados, relacionamos tudo que mais gostamos de fazer, nossas habilidades naturais, crenças expansivas e os valores que dão sustentação às nossas falas e ações. E descobrimos que ao contar as bênçãos, mais nos entusiasmamos conosco e com o futuro.

• O comprometimento completo com nosso objetivo, semelhante a quando estamos num deserto com sede e precisamos desesperadamente de água. Em nossa cabeça somente passa esse desejo e ele vai se tornando ardente em função da necessidade que vai aumentando. Apenas esse pensamento nos move: encontrar água! Observaremos que, à medida que alimentamos diariamente nosso objetivo, mantendo-o vivo no centro de nossos pensamentos e sentimentos, mais ele se transforma em desejo ardente e mais nos sentimos prontos, energizados e dispostos!

**Quarto passo** – Iniciaremos uma fase de estruturação, contendo: a) o que queremos; b) por que e para que queremos o que afirmamos que queremos; c) quais são nossas competências e nosso potencial de crescimento; d) como faremos para alcançar nossos propósitos; e) qual é o ambiente escolhido para realizarmos nosso objetivo (onde) e f) qual será o prazo que nos daremos (quando).



**Quinto passo** – Com a prontidão para a nova fase, mais perceberemos os processos de transformações acontecendo. Para tudo fluir adequadamente nesta nova forma de vida será necessário organizarmos um plano de ação. Com os passos acima existem dados suficientes para alinharmos todos nossos níveis de aprendizado e será possível estabelecermos, claramente:

- **Visão maior** - A marca que deixaremos por onde passarmos. Como queremos ser lembrados. O exemplo de pessoa que escolheremos ser. A visão nos dará asas para voar.
- **Missão** - o que iremos fazer para alcançar a nossa visão e que refletirá em nós como pessoa.
- **Crenças positivas e expansivas e os valores** - darão suporte e sustentação para persistirmos firmes e determinados na realização da missão, sem nunca desistirmos. As regras pelas quais viveremos.
- **Habilidades e Recursos** - Para orientar e dar direção aos nossos comportamentos: a) quais habilidades temos; b) quais desenvolver; c) quais buscar e d) quais recursos temos e/ou precisamos buscar para alavancar nossas ações na direção de nossos propósitos. As estratégias mentais que auxiliarão a atingir o objetivo.
- **Comportamentos** - Como atuaremos para realizar a missão. Primeiro nos comprometer conosco, com nossos objetivos. Eliminar qualquer escapatória, manter foco firme em nossas metas, transformar a caminhada na direção de nossos propósitos de vida em algo prazeroso, agradável e leve. Segundo, definir claramente quais serão as nossas ações.

- **Ambiente e quando** - Elementos externos que provocarão uma reação positiva em nós. Onde realizaremos a missão, a partir de qual data e até quando.

Será tão especial e gratificante que, ao terminarmos de explorar esses níveis estratégicos, nos sentiremos inteiramente alinhados e perceberemos que estaremos dando uma atenção muito diferenciada para nós!

Estaremos respeitando, acolhendo e valorizando nossas características pessoais!

Como decorrência, iremos para a nova fase com muito mais entusiasmo!

- **Perceberemos que**:

o Passaremos a caminhar pela vida com níveis de consciência mais elevados;

o Somos maiores que nossas palavras, pensamentos e sentimentos;

o Ao agirmos de forma próativa alcançaremos maiores e melhores resultados na vida pessoal, profissional e nos negócios, pois estes decorrem essencialmente de nossas escolhas;

o A nossa produtividade melhorará acentuadamente;

o Potencializaremos as competências;

o Ao estabelecer um **foco**, nos sentiremos honrados por manter nossos compromissos;

o O **planejamento** delineará nossos passos e saberemos claramente tanto **o que realizamos** quanto **o que realizaremos**;

o A fonte de maior felicidade estará além da realização material de um objetivo, ela estará nos meios para a sua realização;

o Ao expandir nossas referências externas, melhoraremos de forma significativa e de maneira transformadora os comportamentos e todos os demais aspectos da vida!

Com um **plano de ação** formatado, faremos os **ajustes**, de tempos em tempos, de acordo com os resultados alcançados.

Reconheceremos os erros, faremos as correções e aprenderemos com os erros.

Como decorrência, teremos momentos de mais alegria, mais felicidade e maior satisfação pessoal e profissional.

Será possível termos a percepção e a expansão de muito mais felicidade e realização do que do momento anterior ao processo de *coaching*. Será sensacional e importantíssimo ter com quem contar!

O *coach* será semelhante a um técnico que atua como um inspirador, como uma mola propulsora que desperta forças motivadoras em nós:

- Será paciente com o nosso tempo;
- Terá um "jogo de cintura" incrível com nossas necessidades;
- Saberá exatamente o que fazer e como fazer para nos auxiliar;
- Estará por dentro de uma gama imensa de informações;
- Demonstrará estar atualizado sobre o que acontece;
- Será coerente e ético com o que fala e faz;

- Saberá nos ouvir com serenidade e sem críticas;
- Com sua fala e comportamentos, despertará em nós um sentimento de acolhimento e de valorização que nos deixará cada vez mais confiantes no processo e no apoio dele;
- Preparará nossas tarefas de casa de forma que sejam atraentes e estimulantes;
- Será solidário e incentivador;
- Reconhecerá que estamos progredindo e nos fará elogios sinceros;
- Saberá fazer perguntas eficazes.

E então, **será que queremos:**

- Dar uma direção em nossa vida?
- Colocar nossos desejos e necessidades no topo de nossa lista de prioridades?
- Descobrir o que nos sabota e esgota nossas energias?
- Investir na nossa saúde financeira?
- Buscar ferramentas que auxiliem a externar momentos de maior felicidade e impulsionar nossa carreira?
- Construir conscientemente o nosso futuro e as nossas vidas?

Um processo de *coaching* poderá nos levar da dependência para independência, e desta para a interdependência, num aprimoramento contínuo.



Ter alguém que nos oriente a ultrapassar nossos limites, que nos auxilie a escolher táticas eficazes e as transformar em hábitos, e que nos direcione até aquilo que queremos, torna a caminhada mais simples e muito mais estimulante.

Ter alguém com quem contar poderá ser fonte de maior alegria e de mais saúde!

*"Quando medito sobre a felicidade que desfrutei, tal como faço com frequência, às vezes digo a mim mesmo que, se me fosse dada a oportunidade, eu procuraria reeditar do princípio ao fim. Apenas o que eu iria pedir seria o privilégio de ter alguém para corrigir os erros da primeira."*

Benjamin Franklin

**Referência bibliográfica:**

CHOPRA, Deepak. *As Sete Leis Espirituais do Sucesso*. São Paulo: Editora Best Seller, 1994.

DOOLEY, Mike. *Infinitas Possibilidades*. São Paulo: Universo dos livros, 2010.

HELLER, Robert. *Entenda e ponha em prática as idéias de Stephen Covey*. São Paulo: Publifolha, 2001.

KIM, Tae Yun. *O Mestre Silencioso*. São Paulo: Editora Best Seller, 1994.

LAGES, Andrea & O'CONNOR, Joseph. *Coaching com PNL: o guia prático para alcançar o melhor em você e em outros: Como ser um coach máster*. Rio de Janeiro: Quality Mark, 2004.

RICHARD, Cheryl. *Sua vida em primeiro lugar*. 1ª. Ed. Rio de Janeiro: Sextante, 2002.

## Norma De Marchi Assunção



Preparação para banca examinadora do Programa Nacional da Qualidade pela Fundação para o Prêmio Nacional da Qualidade FPNQ. Hipnose Ericksoniana Avançada pela ACT Instituto Internacional de Treinamentos em Hipnose, Traumas & Pesquisas. Personal & Professional *Coach* pela Sociedade Brasileira de *Coaching*. Formação para o uso da Teoria dos Tipos Psicológicos de Carl Jung por meio do MBTI Myers Briggs Type Indicator (Indicador de Tipos Psicológicos de Myers e Briggs) pelo IDH/SP. Trainer na Arte da Programação Neurolinguística pela Actius Consultoria Desenvolvimento e Liderança. Curso intensivo em Psicologia Tibetana Budista e Psicologia Transpessoal pela Associação Brasileira de Psicologia Transpessoal em Dharamsala, Índia. Formação em Leitura Corporal pela CreSer/SC. Autora dos livros Minutos Reflexivos da Editora Loyola e Minutos de Reflexão da Editora Ibrasa. Pratica os Ritos Tibetanos há 17 anos. Atua na área de Desenvolvimento Humano há mais de 20 anos.

**Sites:** www.realizadora.blogspot.com; www.espacoser.com
**E-mail:** normassuncao@gmail.com
**Telefone:** (41) 9974-1685

## Anotações

# 10

# O papel do *coaching* no comportamento humano dentro das organizações

As atividades de *coaching* permitem aumentar os níveis de qualidade e produtividade, integração, comprometimento, valorização e destaque de empresas e profissionais

**Pedro Carlos de Carvalho**

Em pleno século XXI vemos muitas discussões sobre questões relacionadas ao comportamento humano nas organizações, assim como a preocupação dos indivíduos com a sua respectiva formação pessoal e profissional.

A palavra *comportamento* pode ser utilizada com o significado de resposta a um estímulo e dentro do ambiente organizacional representa, de forma acentuada, nas diversas formas através das quais os profissionais apresentam a sua capacitação, qualificação e o preparo para os desafios empresariais.

Existem três aspectos importantes sobre o comportamento humano nas organizações:

1. O enfoque ao *comportamento observável*, como por exemplo:
    - Conversar com colegas de trabalho;
    - Utilizar equipamentos ou
    - Elaborar um relatório de trabalho.

Este tipo de comportamento atua com ações internas do indivíduo, como pensar, perceber e definir, que irão acompanhar ações externas.

2. A preocupação com o comportamento das pessoas tanto como *seres humanos* quanto como *componentes de unidades sociais maiores*.
3. A necessária análise sobre o *comportamento dessas unidades sociais maiores - grupos e organizações – por si*:
    - Nenhum grupo social nem as organizações se comportam do mesmo jeito que uma pessoa;
    - Alguns eventos de unidades sociais maiores não são explicados somente como consequência de comportamentos individuais.
    - Determinados eventos merecem receber uma análise coerente com processos grupais ou organizacionais.

O início dos estudos acerca do comportamento humano nas organizações aconteceu nos anos 40 do século XX, quando pesquisadores de psicologia, sociologia, ciência política, economia e outras ciências sociais objetivavam o desenvolvimento de uma estrutura que pudesse unificar as pesquisas sobre questões organizacionais.

Desses estudos surgiram definições significativas sobre o papel e o comportamento do ser humano nas organizações:

1. O comportamento microorganizacional, que compreende as análises acerca do ser humano que trabalha sozinho;
2. O comportamento mesoorganizacional que se enquadra exatamente entre as duas áreas de análise desenvolvidas, focando, especificamente, o indivíduo que trabalha em equipes ou grupos.
3. O comportamento macroorganizacional, que analisa aspectos gerais concernentes à necessidade de entendimento do comportamento da empresa como um todo.

Vale a pena destacar que, aliadas à sua base em ciências sociais, essas áreas também estão inseridas nos estudos que evidenciam e valorizam a pesquisa e a análise do papel da administração nas organizações. E o que o ser humano espera da organização onde atua?

- Autoaceitação;
- Crescimento pessoal;
- Propósito;
- Relação positiva com os outros;
- Domínio sobre o ambiente e
- Autonomia.

E a organização, preocupada com a sua participação em um mercado globalizado, volta-se, necessariamente, para questões relacionadas a:

- Tecnologia;
- Gestão da qualidade;
- Produtividade;
- Redução de custos;
- Incentivo à criatividade;
- Gestão de pessoas;
- Gestão ambiental;
- Administração mercadológica etc.

Dentro desta visão, surge como fator decisivo e extremamente importante a imprescindibilidade do trabalho de *coaching* dentro das organizações.



Segundo o livro *Coach*, de Ane Araújo (Ed. Gente, 1999), o termo *coach* é proveniente do idioma inglês e é originado do mundo dos esportes ao designar o papel de professor, treinador, preparador, o "técnico" como se conhece. Em questões empresariais, o *coach* é aquele que dá suporte ao cliente.

Assim, é possível entender que o trabalho de *coaching* representa a estratégia essencial para se apoiar alguém em busca de resultados objetivados.

Todos os indivíduos necessitam apresentar:

- A sua própria missão (por que existimos?);
- Seus valores (o que é importante?);
- Sua visão (o que se procura ser?);
- Sua estratégia pessoal (qual é o seu planejamento de carreira?);
- Seu direcionamento (como estabelecer os passos necessários para o sucesso?);
- Sua forma de avaliação das etapas desenvolvidas (controle);
- A definição de metas e iniciativas a serem implementadas (o que pode ser feito?)
- Seus objetivos pessoais (o que é preciso ser feito?)

A atuação de *coaching* nestes casos torna-se essencial para o desenvolvimento de estratégias pessoais que poderão oferecer alternativas para que os profissionais de uma empresa mostrem suas habilidades e competências necessárias à obtenção dos resultados determinados.

Um trabalho de *coaching* deve ser realizado por profissionais experientes e sempre considerar que cada pessoa é constituída de um próprio temperamento, valores, objetivos, desempenhos, capacidades de absorção de informação etc., que refletem no seu desempenho e nos

resultados organizacionais.

O ser humano necessita se mostrar interessado na obtenção de informações e crenças que possibilitarão o conhecimento de outras pessoas e tudo o que acontece em seu meio ambiente, assim como deve oferecer condições e acessibilidade para a análise e adoção de novas estratégias comportamentais e profissionais, que possam aumentar a sua empregabilidade.

O trabalho de *coaching* também é necessário quando se busca conhecer o conteúdo mental do ser humano e a maneira como este é obtido, ou seja, suas percepções e como elas influenciam e interagem para a concepção da realidade ambiental que o envolve.

Podem-se destacar os seguintes fatores internos que incidem sobre os indivíduos:

1. Capacidade de aprendizagem

O *coaching* deve considerar esta questão, entendendo e definindo parâmetros que possibilitem a aprendizagem dos indivíduos, independentemente de sua característica pessoal;

2. Motivação

Um trabalho de *coaching* irá detectar rapidamente o nível de entrosamento do indivíduo com suas funções e o seu comprometimento com a organização. Um indivíduo motivado torna muito mais fácil o trabalho de *coaching*, pois aceitará as recomendações, orientações e informações recebidas.

3. Percepção do ambiente interno e externo

A relação do indivíduo com a sua área de trabalho, com a sua organização, com seus clientes, fornecedores, comunidade etc., apresenta variáveis imprevisíveis. O *coach* deve permanecer atento a esta questão, analisando e apresentando recomendações coerentes com a situação constatada, para a devida orientação ou aconselhamento do profissional indicado.

4. Atitudes e emoções

As atividades de *coaching* também devem considerar as questões atitudinais e emocionais. Será necessário analisar, perceber e chegar a conclusões sobre estes procedimentos para depois apresentar recomendações que contribuam para o devido enquadramento do indivíduo em seu ambiente organizacional.

5. Valores

Muito se discute sobre os valores éticos e morais. O trabalho de *coaching* deve ser firme e forte neste item, posicionando e conduzindo o profissional para a obrigatoriedade de observação correta e adequada das normas e procedimentos e demais práticas empresariais vigentes.

6. Educação

Cabe ao trabalho de *coaching* a devida recomendação para que o profissional continue ou retome seus estudos em busca de habilidades imprescindíveis para o desempenho de suas atribuições.

O trabalho de *coaching* também deve atentar aos fatores externos que incidem sobre os indivíduos, impactando e exigindo transformações ou novas posturas e procedimentos profissionais.

Destacam-se, entre eles:

1. Pressão da chefia

O *coach* precisa estudar as situações apresentadas e oferecer alternativas que viabilizem a devida adequação do profissional em questões que envolvam o relacionamento entre supervisão e supervisionado.

2. Influência dos colegas

Dentro do ambiente organizacional, o indivíduo pode se deixar levar pelas amizades internas e externas, prejudicando o seu desempenho ou sua visualização na execução de suas responsabilidades.

3. Sistema de recompensas e punições

Este é um fator importantíssimo a ser tratado pelo *coach*. Todo indivíduo pode apresentar questionamentos, reclamações, vantagens etc., sobre os múltiplos aspectos derivados das políticas vigentes nas organizações, concernentes aos sistemas de recompensas e de punições.

4. Mudanças na tecnologia

A globalização impeliu as organizações a agirem rapidamente, em suas decisões acerca de produtos, sistemas, métodos e processos. Isso acarreta uma conscientização do profissional a estes novos tempos, com respostas eficientes e eficazes. O *coach* deve sempre considerar este fator, como impulsionador de carreiras.

5. Demandas da família

É inegável que todos os profissionais se submetem a múltiplos cenários no mercado com objetivos pessoais e profissionais. O *coach* também deve se manter atento às questões advindas da família, que podem afetar, prejudicar, incentivar ou interferir na progressão funcional dos indivíduos.



6. Programas de Treinamento e Desenvolvimento de Pessoal

As organizações precisam oferecer alternativas internas e externas para o aperfeiçoamento de seus empregados. As atividades de *coaching* devem considerar estas situações, sabendo recomendar programas de Treinamento e Desenvolvimento de Pessoal apropriados para o crescimento profissional das pessoas.

7. Condições ambientais

O *coach* precisa se manter atento às questões derivadas das condições ambientais, procurando avaliar e propor medidas condizentes sobre pontos relacionados ao ambiente organizacional, como: layout, ar-condicionado, ruídos, móveis, máquinas e equipamentos, limpeza etc.

As atividades de *coaching* são extremamente valiosas e se tornaram profundamente recomendadas. Através destes trabalhos será possível aumentar os níveis de qualidade e produtividade, integração, comprometimento, valorização e destaque de empresas e profissionais.

A função do *coaching* não compreende tão somente a integração do indivíduo com as metas determinadas, mas sim com os aspectos gerais de sua realização e seu próprio desenvolvimento, contribuindo, de forma significativa, para o surgimento de novas competências e o acesso a relevantes processos de aprendizagem pessoal e profissional.

## Pedro Carlos de Carvalho

Administrador de empresas pela ESAN – Escola Superior de Administração de Negócios (SP) e mestre em Administração pela UNISAL (Americana). Professor de Ensino Superior em cursos de graduação, MBA, pós-graduação e extensão. Autor dos livros: Empregabilidade – a competência necessária para o sucesso no novo milênio (7ª ed.); Administração Mercadológica (3ª ed.); Recursos Humanos (1ª ed.); O Programa 5 S e a Qualidade Total (5ª ed.); A trajetória do Sindicalismo (1ª ed.) e Administração de Pessoal (1ª ed) – (todos publicados pela Editora Alínea de Campinas). Ministra cursos e palestras pela Junior Consultoria, Felcom Comunicação, Poderh, Mission, ADPO, IBC, Faculdade Anhanguera (Campinas e Indaiatuba), UNIP – Universidade Paulista, FATEP – Faculdade de Tecnologia de Piracicaba, FACP – Faculdade de Paulínia, Veris Faculdade, Empresas etc. É diretor executivo da Colocar Assessoria em Recursos Humanos.

**Site:** www.pedro.pro.br
**E-mail:** pedrocarvalhorh@yahoo.com.br

## Anotações

# 11

# *Coaching* não é treinamento

Diferente do treinamento na empresa, o processo de *coaching* acompanha o indivíduo até que atinja sua meta

**Ricardo Mendonça**

*Coaching* não é treinamento e essa é uma confusão ainda comum no meio do RH e gestão em geral.

A palavra *coach* está associada muitas vezes em nossa compreensão a esportes e ao futebol, principalmente. Quantas vezes vemos pela televisão a descrição dos nomes dos jogadores e, quando chega a vez do técnico, é tratado por "*coach*". Ora, se associamos *coach* ao esporte unicamente, podemos naturalmente entender a palavra como "técnico, líder etc".

*Coach* também significa carruagem e seu condutor é o *coach*. *Coaching* seria o ato de "andar de carruagem". Mais uma vez a palavra está associada à condução de algo. Alguém conduz e algo ou alguém é conduzido.

*Coachee* é a pessoa que se submete ao processo de *coach*, o *coaching*.

**Mas afinal, o que é o *coaching*?**

Podemos dizer que *coaching* é um processo de descoberta pessoal e/ou profissional, que para acontecer necessita da presença de dois personagens, o *coach* e o *coachee*.



Via de regra, o *coachee* tem uma ou mais questões a tratar e, juntamente com o *coach*, promove estratégias e prazos para atingir as metas no tempo determinado. Ao contrário da psicoterapia, por exemplo, ao *coach* não interessam os obstáculos que se apresentam no caminho do *coachee*, mas, unicamente, como ele fará para superá-los. Importante ressaltar que a solução sempre vem do coachee e não cabe ao *coach*, salvo em raras exceções, dar opinião ou sugerir alternativas.

Muitíssimo importante frisar que *coaching* não é psicoterapia, não interpreta e não faz juízo de valor. Também não é treinamento, portanto não se utiliza de filmes, metáforas e outras ferramentas próprias de treinamentos e não comporta mais de duas pessoas trabalhando na mesma sala. Diferente do treinamento na empresa, o processo de *coaching* acompanha o indivíduo até que atinja sua meta. O treinamento, por sua vez, para se mostrar eficaz ou não à meta do indivíduo ou da equipe, pode demorar um longo tempo. Além disso, o treinador não mantém contato pós-treinamento com os treinandos e pode nunca ter conhecimento do resultado de seu trabalho. Em muitos casos é necessária a formação de multiplicadores para que o aprendizado dos treinamentos se mantenha "vivo" e

não se dilua no tempo.

O *coaching* se utiliza mais da experiência do diálogo socrático, da maiêutica, do que de outros métodos de investigação. Isto significa que seu foco, ou melhor, o foco do *coach*, é tentar que o *coachee* vasculhe ao máximo seu mundo interno para a busca de referências ou para a criação de estratégias voltadas às mudanças desejadas.

Cabe ao *coachee* formular suas próprias respostas a partir dos horizontes que vislumbra nas sessões. Sua construção é constantemente adicionada de informações, vivências e soluções que incorpora nos encontros, nas tarefas e nas reflexões que faz. Ele deve tentar "arrancar" de dentro de si estas respostas, como propõe a maiêutica socrática. Seu novo cabedal de referências vai se descortinando à medida que mergulha na experiência do *coaching*.

O *coach*, por sua vez, deve ter muito cuidado para não se investir de um papel de terapeuta, especialmente se tiver formações e prática na área. Ele deve esquecer as ferramentas de sua formação original ao máximo e só utilizá-las caso sejam de valor e adequadas para o processo. É importante também ao *coach* que fique atento aos próprios sentimentos durante as sessões. Não é difícil se sensibilizar com situações dolorosas e deixar a técnica em segundo plano, em detrimento da criação de um companheirismo ou amizade desnecessária e improdutiva para o *coachee*. A confusão de papéis e sentimentos descaracteriza todo o processo e pode destruir o trabalho começado com capricho e disciplina.



Cabe ao *coach* pesquisar e valorizar com o *coachee* os recursos que este dispõe para as mudanças que pretende. O *coach* usa as ferramentas e referenciais teóricos que julga necessários e satisfatórios para seu trabalho, desde que não descaracterize o processo de *coaching* e se torne qualquer outra coisa. Ele não ensina ou dá ferramentas para o trabalho como nos treinamentos tradicionais, tampouco dá uma resposta caso haja dificuldades por parte do *coachee*. Cabe ao *coachee*, por sua vez, aprender a desenvolver seu potencial para atingir suas metas. Posso arriscar que passado o processo de *coaching*, o indivíduo terá ferramentas para fazer um "*autocoach*" sempre que necessário. Sua capacidade de perceber e pensar os próprios recursos ficou mais aguçada após a experiência. Quando se vir numa situação em que seja necessário atravessar sozinho uma ponte desconhecida, saberá fazê-lo sem grandes dificuldades.

A prática nos mostra que o processo de *coaching* ultrapassa o período contratado e se insere na vida do indivíduo como uma poderosa ferramenta para reflexão e pesquisa de soluções. Ele pode inclusive adaptar e ensinar o método aos filhos, parentes e amigos em geral, como nos contam informalmente depois do processo terminado. A ferramenta, num contexto não "oficial", pode ser utilizada de maneira superficial, porém funcional, para a exploração e a busca de resposta a situações familiares, afetivas e de qualquer outra natureza. Esta talvez seja uma das benesses que o *coachee* leva de "brinde" do processo!

No decorrer dos encontros, vemos claramente o envolvimento e o entusiasmo do *coachee* pela certeza de que alcançará a meta estipulada. A meta deve ser realista e provocante, para que ele se sinta desafiado a todos os dias lutar um pouco para "chegar lá". Como *coach* devo dizer que também fico feliz e realizado ao possibilitar que alguém atinja um objetivo tão almejado.

Por se tratar de uma prática recente de relação profissional, o *coachee* deve buscar previamente informações sobre este tipo de trabalho. Deve também buscar informações sobre o profissional que pretende contratar para o processo. Para tanto, pode solicitar uma entrevista inicial para que se conheçam e "tateiem" mutuamente o conteúdo a ser explorado.



Será que é realmente do processo de *coaching* que ele precisa? Será que pode estar confundindo com a necessidade de uma intervenção mais profunda, como a psicoterapia? Será que espera receber respostas prontas para suas dúvidas? Será um que treinamento informativo poderia ajudá-lo no que pretende? Algumas destas dúvidas podem ser elucidadas pelo próprio coach na sessão para contato inicial.

O tempo do processo deve ser estipulado previamente entre ambos, assim como prováveis datas dos encontros, preço e responsabilidades de cada um. Algumas variáveis também devem ser consideradas como, por exemplo, no caso de viagem de um ou outro. Nesta situação podemos fazer a sessão de *coaching* pela *internet,* se possível no formato videoconferência. Não há impeditivos comportamentais ou de qualquer natureza para isto, somente os tecnológicos.

Em resumo, podemos dizer que os treinamentos se utilizam de técnicas e ferramentas que têm a função de instruir o treinando em

alguma habilidade específica. O *coaching*, por sua vez, se utiliza de técnicas e feramentas que têm a função de induzir o indivíduo a pensar de forma mais ampla, conhecer e utilizar mais seu arsenal de recursos e obter a resposta para o que deseja por si próprio.

Uma vez definidas as ferramentas e acordados os termos e responsabilidades de um e outro, é hora de começar o trabalho!

## Ricardo Mendonça



Psicólogo – mestre em Psicologia – especialista em Educação a Distância, coordenador, *coach*, articulista e instrutor na Diferencial Educação & RH – onde também é conteudista e tutor dos cursos *e-learning*. Professor de gestão de pessoas e liderança - SENAC - RJ, Professor no MBA - Gestão de Pessoas e Consultoria Organizacional - Universidade Gama Filho - RJ, Consultor e instrutor do Sebrae-RJ por onze anos na área do Empreendedorismo e no Sebrae Nacional como tutor do curso Aprender a Empreender, no período de 2002 a 2008. Consultor e instrutor por seis anos do IBQN – Instituto Brasileiro da Qualidade Nuclear, em programas de implantação da GQT, Gestão da Qualidade Total. Responsável por dois anos pelo Serviço de Orientação Psico-Pedagógica. Colégio Betânia, Niterói, RJ. AED – Agência de Educação para o Desenvolvimento. Credenciado como consultor em programas de empreendedorismo para as MPEs, Governo e Terceiro Setor. Avaliador do Prêmio Qualidade Rio.
Formação em *coach* pela Potencial Psi, com Prof. Sergio Behnken, líder-*coach* pela Pro-Fit/*Corporate Coach*. Formação em Mapeamento e Seleção por Competências – Âncora RH, SP.

**Emails:** atendimento@diferencialbr.com.br, ricardo@diferencialbr.com.br
**Telefones:** (21) 2255-6470 / 9492-1557
**Site**: www.diferencialbr.com.br

# Anotações

# Escolas de *Coaching*

12

# *Coaching* de Carreira: uma ferramenta indispensável para o sucesso na vida profissional

A partir da mudanca de visão e de acepção comumente atribuída ao termo carreira(s), esse artigo tratou de apontar alguns contextos nos quais um processo de *Coaching* é aplicável e, mais ainda, recomendável, além de apontar as principais vantagens desse processo tanto para o profissional quanto para as organizações

**Adriano César Rosa da Costa**

Quem nunca pensou em mudar de carreira que atire a primeira pedra ao mar! Mesmo para os que estão trabalhando na empresa ou na(s) carreira(s) considerada a dos sonhos, a ideia de guinar o barco para outros rumos (desafios) vez ou outra parece insistir em rondar as nossas consciências.

Em oceanos não muito distantes deste primeiro, à deriva talvez, estão os que navegam sem saber ao certo para que destino ir e/ou por quais rotas seguir em busca da tão sonhada realização profissional. Para ambas as situações (aparente calmaria ou à deriva), o *Coaching* de Carreira é uma ferramenta indispensável para quem deseja obter resultados e sucesso nessa importante dimensão da nossa vida pessoal que é a carreira profissional.

Dentre os diversos nichos de mercado e possibilidades de atuação de um *coach* profissional, o *Coaching* de Carreira é, sem dúvida, uma das áreas em franca expansão, seja no âmbito interno ou externo das organizações, junto a profissionais ou estudantes, por exemplo.

Mas, afinal, do que estamos tratando quando nos referimos à carreira?!

**Carrreira: um conceito em mutação (a começar pelo uso no plural – carreiras!).**

O termo carreira, originário do latim *carrarìa* (caminho de carro; estrada; rastro; trilha; trilho) expressava, até o final do século passado, um caminho – geralmente único – pelo qual o trabalhador percorria ao longo de sua vida até o ponto final, simbolizado pela aposentadoria.

Todavia, nos últimos anos, várias são as razões que podemos elencar para não mais tratarmos de carreira no singlular (e em sentido linear), mas, sim, no plural. Eis algumas delas:

1. **o aumento da expectativa de vida:** graças aos avanços tecnológicos em geral e da medicina em particular, a expectativa média de vida da população mundial vem se elevando a cada década. Viver mais de 100 anos já não é algo tão raro. Aposentar-se já não mais significa um ponto final na carreira profissional, mas sim um simples ponto e vírgula! Para muitos, o verdadeiro sentido do trabalho é descoberto justamente nesse período. Felizmente, não precisamos esperar tanto tempo assim para trabalhar naquilo que desejamos e obter os resultados que almejamos. Em síntese, podemos e devemos empreender várias carreiras no decorrer de nossas longas vidas;
2. **as habilidades e competências subutilizadas nos ambientes de trabalho:** as organizações preconizam um paradoxo pouco inteligente. Ao mesmo tempo em que, por um lado, elevam cada vez mais o nível de rigorosidade nos seus processos seletivos, exigindo que os profissionais sejam dotados das mais variadas e complexas competências, por outro lado acabam por subutilizá-las no dia a dia. Além de ser acometido por um mal-estar psicológico, o profissional que se percebe nessa situação, a

depender do seu perfil profissional (mais ou menos empreendedor; mais ou menos ambicioso e inquieto), tenderá a buscar outras oportunidades de trabalho para além dos muros da atual organização;

3. **a diversidade de oportunidades profissionais:** felizmente, vive-se um momento bastante favorável no que se refere às oportunidades profissionais. Todavia, mesmo em momentos economicamente pouco favoráveis, oportunidades disfarçadas e ótimas ofertas de trabalho sempre existirão, o que implica, na maioria dos casos, em rever os rumos até então traçados para a carreira profissional;

4. **As motivações, as ambições e os sonhos de cada um estão em constante mudança:** no decorrer da nossa vida, é natural que as nossas motivações oscilem, mudem e se complexifiquem. A empresa que era a dos sonhos há algum tempo, amanhã pode não ser mais. As motivações de hoje certamente não mais serão as de amanhã. Logo, a revisão do planejamento de carreira é algo que tem de ser realizado periodicamente.

Assim sendo, alguns contextos e aplicações de um processo de *Coaching* de Carreira se apresentam de forma direta, como os que seguem.

### Contextos e indicações de aplicação do *Coaching* de Carreira



Em linhas gerais, as principais situações ou contextos nos quais um processo de *Coaching* é recomendável, ou mesmo indispensável, são os seguintes:

1. *Planejamento* (seja para aposentadoria, sucessão ou promoção): planejar é preciso, tanto no sentido de necessidade quanto de precisão. Para ambos, e dada a complexidade desse processo, a orientação de um *coach* proporcionará maior segurança, imparcialidade e um contraponto de vista diferenciado e especializado;
2. *Desenvolvimento* (treinamento de novas habilidades e competências) e *projeção interna* (busca ou candidatura por uma posição mais elevada na hierarquia da organização): além de ajudar na identificação de quais habilidades e competências percisarão ser desenvolvidas, o *coach* "treinará" o *coachee* para o desenvolvimento destas e ajudará no processo de iluminação dos caminhos que precisarão ser percorridos para uma maior projeção interna, seja na organização ou no mercado de trabalho;
3. *Transição* (mudança de emprego, mudança de cargo ou atividade): toda transição requer analisar riscos e, se bem conduzida, pode trazer resultados extraordinários!
4. *Crise* (falta de sentido, foco e motivação para o trabalho; perda de rendimento): este, sem dúvida, é o momento mais comum e no qual a maioria dos profissionais recorrem a um processo de *Coaching* de Carreira. Dada a complexidade da situação, os resultados, em geral, costumam ser mais visíveis no curto prazo, porém o maior desafio está no estabelecimento (manutenção) dos novos resultados alcançados.

Conforme se observa, o *Coaching* de carreira se aplica tanto aos mais diversos contextos e situações de trabalho, quanto aos que estão temporariamente em situação oposta (desempregados) ou na iminência de entrar no mercado de trabalho (estudantes técnicos, de nível médio ou superior).

Se a essência de um processo de *Coaching* radica-se na arte e na habilidade do *coach* de realizar boas e inquietantes perguntas, no processo de *Coaching* de Carreira essa competência tem que ser desempenhada com extrema maestria, pois, conforme acima referenciado, trata, antes de tudo, de uma das dimensões mais centrais das nossas vidas nos dias atuais, o trabalho.

Dessa forma, em um processo de *Coaching* de carreira, o *coachee* deve avaliar tudo o que realmente é importante para sua vida profissional. Via de regra, são sopesadas não somente as possibilidades atuais, mas, principalmente, as futuras, aquelas que se deseja atingir de corpo, de alma e de coração. Não por acaso, as primeiras perguntas direcionadas ao *coacheee* estão relacionadas aos seus sonhos, às suas aspirações e aos seus valores, ou seja, a tudo aquilo que de fato o motiva e que, sob todas as formas, o traz sentido.

A partir das respostas a essas perguntas, no plano do concreto, é definido o foco de atuação e os possíveis rumos a seguir, quais os tipos e formas de trabalho e de profissões que melhor se adequam a esses rumos, as oportunidades do mercado de trabalho, as ameaças e os riscos envolvidos. Finalmente, são traçadas as melhores estratégias (incluindo recursos e pessoas, em especial) que o conduzirão ao longo do seu caminho rumo aos objetivos delineados.



Conforme pode-se inferir, o processo de direcionamento de carreiras segue, em termos metodológicos, fases muito semelhantes as de um processo de planejamento estratégico de uma organização. A diferença é que a organização ou o negócio a ser empreendido, nesse caso, é a própria carreira profissional. Assim como as organizações costumam analisar a viabilidade de um negócio, metrificar os riscos de atuação em mercados e mares nunca dantes navegados ou explorados, identificando oportunidades de novos negócios e desafios a serem superados, analisando assim seus pontos fortes e pontos fracos, um processo de *Coaching* de carreira também o faz.

Idem quanto a revisar a sua missão, visão de futuro, valores, objetivos de curto, médio e longo prazos: o mesmo deve ser vivenciado por um *coachee* que esteja nesse processo. Todavia, convém ressaltar que a nossa missão enquanto seres humanos não está circusncrita apenas às nossas atividades profissionais. Projetos dessa esfera devem considerar os impactos nas demais dimensões da nossa vida (familiar, espiritual, social etc.), sob pena de causar malefícios no longo prazo tanto às

próprias carreiras que se trilhou quanto a essas dimensões.

Portanto, em certo sentido, todo processo de *Coaching*, seja em que nicho for, é sempre um processo *Coaching* de Vida.

**Principais benefícios de um Coaching de Carreira**

Por fim, à guisa de conclusão, para o profissional, os principais benefícios de um processo de *Coaching* de Carreira são os seguintes:

- Elevação do nível de bem-estar, de satisfação e, principalmente, de motivação e de energia para o desempenho das atividades laborais;
- Compreensão e (re)encontro do sentido do trabalho;
- Alinhamento e sinergia da missão profissional no ensejo da missão de vida;
- Direcionamento (foco) para aquilo que se interessa e faz sentido, evitando desperdício de energia, esgotamento mental e doenças psicossomáticas relacionadas ao trabalho;
- Utilização das potencialidades profissionais e não-profissionais;
- Desbloqueio dos entraves mentais de que limitam a atuação profissional;
- Reconfiguração do padrão de pensamento para um novo modelo de atuação;
- Desconstrução de crenças inverídicas e limitantes sobre si mesmo e sobre o mundo do trabalho;
- Abertura e expansão para novas possibilidades de atuação profissional etc.



Para as organizações, a realização de processos de *Coaching* junto aos seus colaboradores proporciona:

- Mapeamento das competências profissionais atuais e potenciais;
- Diminuição do desperdício da subutilização das potencialidades de cada colaborador;
- Alinhamento e sinergia dos interesses dos profissionais aos da organização;
- Elavação do nível de produtividade;
- Redução do nível de absenteísmo e das doenças ocupacionais decorrentes da perda de sentido do trabalho.

À semelhança de um atleta profissional de elite, ser treinado por bom técnico (*coach*) é indispensável para a elevação do nível de performance e para a obtenção dos resultados desejados. O mesmo vale para um profissional que deseja obter sucesso e realização em sua carreira. Para ele, um processo de *Coaching* de carreira passa a ser uma ferramenta indispensável!

## Adriano César Rosa da Costa



Sócio-diretor, consultor organizacional e palestrante da FATORH Consultoria. Graduado em Psicologia e Doutorando pela Universidade Federal do Rio Grande do Norte (UFRN), Mestre em Administração pela Universidade Estadual do Ceará (UECE). *Personal & Professional Coach* pela Sociedade Brasileira de *Coaching* (SBC). "*Black Belt*" em *Six Sigma*. Mais de 10 anos de experiência em projetos de consultoria nas áreas de planejamento estratégico, gestão de pessoas e gestão da qualidade. Foi consultor interno de Recursos Humanos e executivo do Banco do Nordeste do Brasil S/A (BNB). Consultor credenciado do SEBRAE/AL. Professor de cursos de graduação e de pós-graduações nas áreas de Gestão de Pessoas e de Gestão de Negócios. Membro do Instituto Brasileiro de Governança Corporativa (IBGC).

# Anotações

13

# *Coaching* de negócios: uma tendência em evolução no mercado brasileiro



É inestimável a contribuição que o *Coaching* de negócios pode proporcionar para o desenvolvimento sustentável dos empreendimentos de um país. No Brasil, por razões de ordem incialmente culturais, essa modalidade de *Coaching* ainda revela-se uma tendência. Assim sendo, esse artigo visou não somente lançar luz sobre a conceituação desse tipo de *Coaching*, mas, apontar as suas possibilidades de aplicação e, principalmente, as vantagens que podem ser proporcionadas tanto aos empreendedores quanto aos seus negócios atuais ou potenciais

**Adriano César Rosa da Costa**

Dentre os diversos nichos e possibilidades de atuação de um *coach* profissional, certamente o *Coaching* de negócios é um dos menos difundidos no Brasil. No mercado americano e britânico, por exemplo, a situação é inversa. No Reino Unido, 9 em cada 10 empreendedores recorrerem a essa poderosa ferramenta de alavancagem de negócios. No Brasil, por sua vez, essa modalidade de *Coaching* ainda é uma tendência, em evolução. Parte desse fato se explica pela nossa cultura.

Apesar de sermos considerados um país de população empreendedora, tendemos a desbravar o mundo dos negócios por conta própria, de forma quase solitária, sem recorrer necessariamente a ajuda de alguém para tal (muito menos de um profissional que nos possa ajudar no processo de amadurecimento e reflexão sobre o negócio em si). Além disso, empreendemos nossas ações de negócios fortemente movidos pelo simples sonho (ou pela necessidade) de ter o próprio negócio, seja ele qual for (em geral, para se livrar do antigo e desmotivante emprego), na torcida para que tudo dê certo e se concretize conforme planejado. Em suma, há muita emoção, pouca razão e, para finalizar, uma pitada de sorte: a receita-base do empirismo e do amadorismo.

Mas, afinal, o que é *Coaching* de negócios? Como ele pode ajudar a reverter esse quadro? Quais são as suas vantagens e principais aplicações, seja para o empreendedor individual ou em sociedade e/ou para o seu negócio?



### *Coaching* de negócios: conceituação e principais vantagens

Em linhas gerais, o *Coaching* de negócios é um processo que busca elevar o desempenho de um negócio e proporcionar impactos positivos, em especial no curto e médio prazo. Por meio desse processo, procura-se (re)educar os empreendedores a aplicar os fundamentos de negócios rumo ao sucesso empresarial e corrigir os rumos da empresa na direção de atender as suas necessidades, em geral, e as do mercado e do cliente, em particular.

Uma das maiores vantagens do *Coaching* de negócios é a imparcialidade e racionalidade que se pode imprimir na análise de um negócio. Conforme acima referenciado, em geral, as análises dos empreendedores sobre o seu próprio negócio são carregadas de emoções, de paixões e de esperanças, ou seja, atributos nada racionais. Não se quer afirmar, desse modo, que um processo de gestão e de empreendedorimo não possa, ou mesmo, não deva contemplar e considerar o uso das emoções. Ainda que isso fosse o pretendido, na prática não seria possível. Questiona-se apenas a quase ausência de

atributos e contrapontos de ordem racional frente a esses primeiros.

De forma direta ou indireta, os benefícios do *Coaching* de negócios, mesmo quando dirigidas inicialmente ao empreendedor, em geral expandem-se para toda a equipe da empresa. Assim sendo, as principais vantagens para o empreendedor são as seguintes:

1. **promove o clareamento e a organização das ideias:** conforme seja o grau de "ebulição" das ideias do empreendedor, é natural a sensação de açodamento e de embaralhamento das ideias. Tal situação faz com que, em geral, as ações não se concretizem de forma ordenada, ou nem sequer saiam do plano do abstrato (das ideias) por mera falta de organização, planejamento e consecução, ou seja, por "inanição";
2. **proporciona maior segurança para a tomada de decisões:** o exercício da liderança e do empreendedorismo é, via de regra, solitário. Em várias situações, mesmo cercado por colaboradores, amigos, familiares etc., o empreendedor se vê sem ter com quem compartilhar suas preocupações, suas ideias e angústias empresariais;
3. **desenvolve as competências que lhes são ou serão requeridas para empreender com sucesso o negócio:** ao longo do processo de *Coaching* de negócios é realizado o mapeamento das competências requeridas para o sucesso do negócio e, em seguida, um cruzamento dessas competências com as existentes no empreendedor. O *gap* deverá ser suprido mediante treinamento e desenvolvimento pessoal.



Além das vantagens para o negócio em si, as principais vantagens para a equipe de trabalho das organizações são as seguintes:

1. **sinergia e foco em estratégias vencedoras:** a partir do clareamento, organização e acompanhamento das ações planejadas, as equipes de trabalho concentram seus esforços em ações que lhes fazem sentido e evitam a dispersão e dispêndio de energia;
2. **melhoria dos relacionamentos interpessoais e do clima organizacional:** a partir do envolvimento, compartilhamento e participação da equipe nas principais decisões da empresa, a melhoria no clima organizacional é percebida;

**Consideradas as vantagens acima, leia a seguir algumas das formas de aplicações do *Coaching* de negócios nos dias atuais:**

### Aplicações do *Coaching* de negócios

O *Coaching* de negócios é aplicável e recomendável para empreendedores (individuais, em especial, ou em sociedade) que:

1. **Estão na iminênia de abrir um negócio:** ou seja, para aquelas pessoas que desejam empreender algum negócio, mas encontram

difuldades na tomada de decisões para tal, ou mesmo que encontram dificuldades na ordenação das ideias e na clareza quanto à viabildiade e sucesso do negócio que almeja empreender;

2. **Já possuam um negócio, porém estejam insatisfeitos com os resultados obtidos:** esse tipo de *Coaching* destina-se a Organizações que querem desenvolver seus colaboradores, desde a alta administração até equipes no seu ambiente de trabalho para aprimorar aspectos profissionais. É um prosseguimento crucial ao treinamento de negócios, pois muitos não causam os resultados benéficos esperados por causa da falta de apoio às pessoas no seu ambiente de trabalho depois de finalizados os treinamentos;
3. **Estão em processo de tomada de decisão quanto aos rumos a serem dados ao negócio:** ou seja, que apresentam dificuldades no clareamento das ideias e das melhores estratégias para a perpetuação do negócio (entrada em novos nichos de mercado ou em mercados até então não explorados, atendimento de novos tipos de clientes, diversificação ou manutenção dos produtos e serviços oferecidos, formação ou descontinuidade de parcerias com outras empresas e fornecedores; compra ou fusão com concorrentes de interesse; e, em alguns casos, tomada de decisão quanto ao melhor momento para a venda da empresa).



Conforme se observa, trata-se de questões de elevada complexidade e que, para o êxito do processo de *Coaching*, requer-se do *Coach* algumas competências, tais como:

- conhecimentos gerais e, principalmente, vivências das práticas administrativas e empresariais (seja como empresário ou consultor de negócios, em especial);
- conhecimentos sobre o mundo dos negócios, em geral, e sobre o mercado onde o cliente atua ou pretende atuar;
- além, obviamente, da habilidade e da arte fundamental do *Coaching* de fazer boas perguntas e levar o *coachee* às reflexões necessárias para a tomada de decisões, planejamento e monitoramento das ações (estratégias).

Assim como no *Coaching* de Carrerira, é papel e dever do *coach* questionar o *coachee* (empreendedor) acerca do sentido do negócio em sua vida, de forma ampla, e de que modo o negócio se conecta com as demais dimensões da vida de forma recíproca, ou seja, até que ponto o negócio está alinhado como os seus objetivos, sua visão de futuro pessoal, seus valores, enfim, com os seus propósitos de vida e da sua família.

Esse questionamento é tão importante quanto um estudo preliminar de viabilidade (pesquisa de mercado) no setor onde se preten-

de atuar. Ambos os procedimentos são imprescindíveis para tornar o processo de estruturação, continuação ou mesmo a abertura de um negócio menos árduo e arriscado. Aliás, ponderar os riscos do negócio e identificar eventuais oportunidades disfarçadas que, casualmente, não são visualisadas pelos empreendedores também se constitui um dos papéis fundamentais do *coach* nesse processo.

Por fim, convém ressaltar que a metodologia do *Coaching* de negócios pode ser aplicada em processos de consultoria empresarial, porém, como parte desse processo, não em sua substituição. Seu foco maior é, em um primeiro plano, o empreendedor e depois o seu empreendimento.

Conforme se apontou acima, o papel principal de um *coach* no processo de *Coaching* de negócios é orientar, apoiar e, principalmente, desenvolver (treinar) as competências dos empreendedores no seu negócio como um todo ou em áreas administrativas específicas (vendas, *marketing*, formação de equipes etc.) e assim torná-lo não somente viável, mas, principalmente expansível e sustentável.

## Adriano César Rosa da Costa

Sócio-diretor, consultor organizacional e palestrante da FATORH Consultoria. Graduado em Psicologia e Doutorando pela Universidade Federal do Rio Grande do Norte (UFRN), Mestre em Administração pela Universidade Estadual do Ceará (UECE). Personal & Professional Coach pela Sociedade Brasileira de *Coaching* (SBC). "*Black Belt*" em *Six Sigma*. Mais de 10 anos de experiência em projetos de consultoria nas áreas de planejamento estratégico, gestão de pessoas e gestão da qualidade. Foi consultor interno de Recursos Humanos e executivo do Banco do Nordeste do Brasil S/A (BNB). Consultor credenciado do SEBRAE/AL. Professor de cursos de graduação e de pós-graduações nas áreas de Gestão de Pessoas e de Gestão de Negócios. Membro do Instituto Brasileiro de Governança Corporativa (IBGC).

## Anotações

# 14

# Como posso aprender com os maiores e melhores *coaches* do mundo esportivo?

Neste artigo vamos provar, de forma clara e objetiva que potencializar sucesso pessoal, de carreira, profissional e de negócios é algo simples, basta utilizarmos ferramentas de *coaching*, *holomentoring*, da liderança Alpha, e a nova metodologia que criei e desenvolvo em meus treinamentos em todo Brasil, o fantástico método *Hand Leadership*

**Ahlex Van der All**

Com esta pergunta inicio este artigo que irá ampliar sua visão naquelas horas em que você estiver assistindo ou ouvindo aquela partida de futebol, um jogo de basquete, vôlei, ou qualquer outra modalidade esportiva que você goste...

Há alguns anos, venho estudando e aplicando técnicas dos melhores "*head coaches*" do planeta em meus treinamentos, programas de *mentoring* e consultorias pelo Brasil adentro, e os resultados são maravilhosos e palpáveis.

Como base neste estudo, vamos falar de técnicas que nos dão subsídios para entender a dinâmica emocional, relacional e os aspectos de liderança, como o *Coaching* Alpha da Worth Ethic, a Gestão/Seleção por competências, *Holomentoring* do Sistema ISOR e Metodologia *Hand Leadership*, da qual eu sou o criador e desenvolvedor. Pode-se notar que todo grande técnico consegue explorar o máximo de seus jogadores; consegue trazer e encaixar as melhores peças; motivar nas horas mais adversas; buscar talentos da base, mesmo que o atleta tenha apenas 17, 18 anos; consegue se relacionar com seus diretores e presidentes e, mais do que isto, consegue manter a equipe no topo, mesmo depois de conquistar os maiores títulos...



**Vamos trabalhar com exemplos claros e concretos:**

O caso Barcelona FC - Quando assistimos a um jogo do Barcelona, seja no Camp Nou, ou em qualquer arena do mundo, vemos um espetáculo e, geralmente, reverenciamos os jogadores. Muitas vezes, nos esquecemos do *backstage*, e lá encontramos um *alpha* líder estrategista (que espetáculo de esquema tático! É tudo executado em detalhes, parecendo uma grande orquestra) e um alpha executor (ele vai pro campo ensinar como se faz, o que ele quer especificamente para a equipe) de nome Josep "Pep" Guardiola, um profissional discreto, que trabalha com a premissa de que, no campo de jogo, o jogador deve se divertir (foco na jornada magnífica), pois deve esmerilhar-se ao extremo nos treinamentos para que, na hora do jogo, solte-se e faça o seu máximo!

Aí, você, amigo leitor, me pergunta: "Ok, mas como fazer com que minha empresa, meus negócios, minha vida, ou minha carreira seja um Barcelona FC?".

Digo que é bem fácil. Basta você utilizar esse modelo a partir de hoje, de agora, para planejar o seu futuro, traçando a matriz da seleção e gestão por competências, chamada de CHAVE + FÉ:
C (Conhecimento) + H (Habilidade) + A (Atitude) + V (Valores) + E (Experiência) + F (Fé) + E (Expectativas).

Veja como é simples, e como o Pep Guardiola faz no Barça. No item **Conhecimento**, ele conta com os grandes craques da bola que

possuem amplo "conhecimento da cancha", casos como o do ala Dani Alves, que sabe tudo de apoio; dos excelentes Xavi e Iniesta; dos defensores Puyol, Mascherano, Busquets e Piqué, que são ótimos no que fazem; dos matadores Pedro e David Villa; do exemplo de superação do francês Éric Abidal, que há poucos meses foi acometido de um tumor no fígado (este serviu como tema de preleção para motivar a equipe, e o mesmo não era capitão da equipe, mas levantou a taça da "*Champions*" para demonstrar claramente os valores do Barcelona FC); do **ultracraque** Lionel Messi e os ótimos suplentes e toda comissão técnica, que faz deste um time dos sonhos e exemplo de *know-how* para empresas, para vida, para carreira, para negócios, liderança etc. Isto é **conhecimento**: as pessoas certas nas funções certas.



Daí, eu lhe pergunto: quando você contrata alguém, realmente sabe se os conhecimentos dela estão dentro das necessidades de que o cargo necessita? Quem são os seus defensores? Quem arma a jogada? Quem segura a bola? Quais os exemplos de superação (liderança pelo exemplo) você utiliza na sua empresa? Quem é, ou, quem são os craques do seu time? E o que você faz com estas junções de conhecimentos?

Vamos ao próximo *step (passo)*, **Habilidades: isto é algo *sine qua non***. Quem, no time Barcelona, não possui habilidade pra jogar futebol? Resposta: ninguém, pois habilidade é questão inerente para que a pessoa possa fazer bem e potencializar seus talentos. Se você tem alguém aí na sua empresa que não possui a mínima vocação para qualquer função, por gentileza, é hora de se permitir a busca de alguém que seja hábil e goste de fazer tais tarefas, busque e preserve pessoas de talento.

No terceiro item, temos A, chamada "**Atitude**". Vamos começar com outra pergunta... Você já viu alguém que, por mais conhecimento e habilidade que possua, conseguiu vencer sem se esforçar, sem buscar contribuir com o máximo? Pense no Leo Messi parado na ponta esquerda, só esperando a bola chegar aos pés dele. Então, as coisas andam se nós buscarmos o nosso máximo, "pedir e saber movimentar a bola da vida", saber dar o passe na hora certa, chutar pro gol, tentar, ousar, driblar... Ou seja, **atitude**!

Agora chegamos à fase 4, que é fundamental. Você sabe quais são seus **Valores? O que são valores? Qual sua missão nesta vida? Qual a missão de sua empresa? Qual sua visão como líder?** E isso temos de sobra no Barcelona, pois o time sabe exatamente que união é importante, assim como respeitar o grupo e os adversários, ter respeito pelos seres humanos (veja que sempre o "Barça" carregou

a bandeira da Unicef em seu peito); que disciplina é essencial para reter a bola; que marcar sob pressão é imprescindível para ter a "pelota" perto do gol; que é fundamental o comportamento dos jogadores (eles são exemplos). Você já ouviu alguém noticiar algo que prove o contrário? Isto são valores, e toda pessoa, toda empresa, todo profissional, deve estar alinhado com seus valores internos e os **valores** da instituição que ele trabalha, e isto leva à máxima felicidade e a **resultados extraordinários!**

Dentro da matriz **CHAVE**, chegamos ao quinto item: **Experiência**. Dá pra formar um time só de garotos na sua empresa? Há como reunir uma equipe de trabalho de uma indústria só de profissionais com mais de 30 anos de mercado? O que eu quero dizer com isto é que uma equipe tem que ser equilibrada, mesclar pessoas experientes e outros que estão em fase de crescimento, e adaptar cada um nas funções corretas, de acordo, também, com a experiência do profissional.

*Obs.: Dado importante: a média de idade da equipe do Barcelona campeão da Champions League 2011 era de 27,4 anos, sendo o jogador mais experiente do time titular, o zagueiro Carles Puyol, com 33 anos (por sinal o capitão da equipe) e o mais jovem do "onze principal", o volante Sergio Busquets i Burgos, com apenas 22 anos.*

Associado a todos estes fatores acima há de se ter **FÉ**, e na matriz de Gestão por competências, **FÉ** significa:

**F**: **Fé mesmo**. Em que você crê? Você acredita em você? A quantas anda a sua autoestima? Como você pensa que é a autoestima do técnico do Barcelona FC? Será que ele se desanima com uma derrota? Em que será que ele acredita?

**E**: **Expectativas.** O que você espera para sua carreira nos próximos cinco anos? O que você quer para os próximos três meses? Quais são seus objetivos até 31 de dezembro deste ano? Será que o Barcelona FC joga com maestria meramente por acaso? Quais serão as expectativas do "Barça" para temporada 2011/2012? Será que o time vai "relaxar" só porque ganhou tudo na temporada passada?

Este é apenas um exemplo dentre outros tantos. Poderíamos fazer o mesmo com o Santos FC de Pelé ou de Neymar, de "PH Ganso" e do grande Muricy Ramalho; a Seleção Brasileira comandada pelo *alpha comandante* Luiz Felipe Scolari, em 2002; aqueles fantásticos times conduzidos pelo estrategista Vanderlei Luxemburgo; os times de basquete do multicampeão Phil Jackson na NBA; os fantásticos times de vôlei dos técnicos Bernardinho e José Roberto Guimarães;

os tempos áureos de Schumacher na Ferrari,
conduzidos pela dupla de *alphas* Jean Todt e Ross Brawn; e muitos outros times de sucesso e de extremo valor. E você é um espelho do que é o seu mundo, e o universo te devolve aquilo que você dá a ele (lições fundamentais do *holomentoring*).

E para ver se no *checklist* realmente está tudo "nos conformes", utilize os 5 pilares da metodologia que criei para desenvolvimento de lideranças, o "Método *Hand Leadership*", inspirado em cinco fases que penso serem essenciais. **Você levanta uma de suas mãos e conta nos dedos:**

1. **Planejamento:** verifiquei todos os detalhes do meu plano: Onde quero chegar? Como vou chegar? Com quem vou chegar e como saberei que cheguei ao objetivo?

2. **Comunicação:** a forma que me comunico é a esperada pelo meu público-alvo? Estou atingindo o canal dos meus ouvintes, clientes e telespectadores?

3. **Negociação:** negociar é fundamental: com você mesmo (verificar se seus planos são congruentes para você); com a família; com seus funcionários; com o mercado, enfim, negociar é essencial...



4. **Liderança:** lidere a você mesmo (autocontrole, autoestima), lidere os próximos, lidere o mercado e aprenda a liderar os líderes. De acordo com a "Lei do crescimento explosivo", de John Maxwell, uma pessoa, ou instituição, multiplica seu crescimento quando multiplica líderes.

5. **Valores:** respeite os seus valores mais nobres; verifique se aquilo que você pensa ser valor não passa de crenças limitantes; verifique os valores da empresa onde você irá trabalhar, se eles forem muito divergentes dos seus, por favor, procure outro emprego; respeite, principalmente, os valores dos outros, a diversidade é essencial para um mundo pleno, com melhores e maiores oportunidades pra todos.

Pense e reflita de forma consciente sobre isto toda vez que você quiser focar sua carreira, sua liderança, sua empresa, sua vida etc. Utilize o modelo **CHAVE + FÉ + Método Hand**, e, para facilitar, trace um comparativo com uma equipe comandada por um líder de sucesso, seja ela do futebol, do *baseball*, do *hockey*, de equipes de corrida ou qualquer modalidade do desporto e sinta o quão maravilhoso pode ser o seu presente e o seu futuro! Sucesso hoje e sempre, você merece!

Forte abraço, certo de um fantástico crescimento! Aguardo seu *feedback*, será um prazer receber seu comentário.

## Ahlex Van der All



*Coach, Mentor & Master Coach International* - ISOR®. Criador e Treinador da Metodologia *Hand Leadership & W.I.N. Coaching*. Coautor do novo Livro "Manual de Coaching" Editora Ser Mais. Membro e Embaixador do Conselho Mundial de Cidadania Planetária - WCPC. Diretor Presidente e *Trainer Leader* - Academia dos Vencedores *Coaching & Mentoring*. Treinador e Consultor Associado - Universo *Marketing* & RH Especialista em *Marketing* Estratégico e Comportamental. CRT 46644.

**Sites:** www.universomarketing.adm.br | www.wcpc.org.br
www.academiadosvencedores.com.br
**Facebook:** www.facebook.com/Ahlex.Van.der.All
**Telefones:** (35) 3421 6356|(35) 9117 2737| (35) 3423 2921
(11) 8159 7407

# Anotações

# 15

# *Life Coaching* ou terapia?



O *coach* trabalha com pessoas que estão "funcionando" bem, mas que querem melhorar ainda mais sua *performance*

**Alda Marmo**

Trabalho como terapeuta analítico-comportamental há pouco mais de dez anos, mas estou inserida no mundo da investigação do comportamento humano há quase vinte anos. Minha abordagem na análise experimental do comportamento tem como características a pesquisa e a constante produção de conhecimento sobre o comportamento humano em seus mais diversos aspectos. Pesquisas são conduzidas tanto no laboratório com animais como com humanos no ambiente em que vivem. Nossos esforços em conhecer os mistérios do comportamento humano têm a finalidade última de contribuir para que o ser humano tenha uma vida melhor. São através de métodos específicos de investigação e análise que compreendemos e propomos intervenções, a fim de contribuir para a melhora dos clientes/pacientes.

Em geral, quando se procura um consultório de psicologia há algo que não vai bem, seja de ordem emocional ou comportamental. O sofrimento varia de intensidade, podendo ir de uma depressão profunda a uma tristeza que impede a rotina. Fomos preparados para lidar com as dores e angústias das pessoas, era raro sermos procurados para lidar com processos de autoconhecimento sem que houvesse uma questão dolorosa que acompanhasse o processo, podia acontecer, mas era raro.

Hoje, o *zeitgeist* (espírito) é outro, as novas demandas trouxeram um movimento novo à busca por novos métodos de intervenção e novas perspectivas de entendimento sobre o comportamento humano, que resultaram em novas tecnologias de desenvolvimento pessoal, incluindo aqui o *coaching*.

A cada dia, a demanda por processos de desenvolvimento pessoal tem aumentado nos consultórios psicológicos. As pessoas não só nos procuram para resolver problemas, tratar de dores emocionais, mas também a fim de alcançar o desenvolvimento pessoal.

Uma coisa é resolver um problema, se apaixonar por ele, outra é encontrar uma solução, pensar em possibilidades, mudar de perspectiva. O modo como nos posicionamos diante da questão faz toda, digo **toda**, a diferença. Ao mudar de perspectiva mudamos a maneira de conduzir o processo.

E aqui podemos começar a delinear dois processos parecidos, mas bastante distintos, que são: o processo terapêutico e o processo de *coaching*.

O processo de *coaching* é um processo que, apesar de estar ganhando cada vez mais espaço, ainda é pouco conhecido. Geralmente, as pessoas que já ouviram falar de coaching, ou que passaram por ele, estão relacionadas ao mundo coorporativo, onde, de fato, ele é bem mais conhecido devido à sua difusão pelos profissionais da área de Recursos Humanos (RH). Muitas vezes, é preciso explicar em detalhes o que é, por exemplo, um processo de *life coaching* (ou mesmo que o processo de *coaching* pode ser realizado para alcançar objetivos que nada tenham a ver com questões profissionais); as dúvidas sobre o processo e seus resultados ainda são frequentes.

Quando psicólogos clínicos se tornam *coaches*, essas questões se tornam ainda mais confusas, provavelmente devido à relação que mantivemos por muito tempo com o modelo médico e,

consequentemente, com a dicotomia normal e patológico, dando mais ênfase ao que estava "quebrado" ao invés de melhorar o que já estava bom.

Neste capítulo, faremos um paralelo entre o processo de *life coaching* e o processo terapêutico, na tentativa de trazer mais clareza e compreensão naquilo que os difere. Para tanto, farei uso das 10 perguntas mais frequentes que me foram, e ainda são, feitas sobre a diferença entre os dois processos.

1. **É preciso ser psicólogo para ser *coach*?**

Não, o *coaching* não é uma profissão regulamentada, qualquer pessoa pode fazer uma formação em *coaching* e se tornar um (bom) *coach*. A diferença é que um psicólogo estudou por, pelo menos, quatro anos sobre as diferentes maneiras de compreender o homem, o que lhe proporciona mais ferramentas para lidar com algumas situações, principalmente de ordem emocional, mas não é pré-requisito, para ser um bom *coach*, a formação em psicologia. No entanto, é essencial que o *coach* tenha habilidade no trato com as pessoas, que goste de se relacionar com gente e que esteja capacitado a aplicar as ferramentas.

2. **O que é Life *Coaching*?**

*Life Coaching* é um dos processos de *coaching*. É realizado por um *coach* que, através de métodos e técnicas específicas, auxilia uma pessoa (*coachee*) a alcançar uma meta, um objetivo, seja ele qual for, não estando necessariamente relacionado a uma questão profissional, mas que diga respeito à vida desta pessoa. Timothy Gallwey, professor de Harvard e um dos fundadores do processo de *coaching*, diz que: "o papel do *coach* é liberar o potencial de uma pessoa para maximizar sua performance, ajudá-la a aprender em vez de ensiná-la".



3. **Quando devo procurar terapia e não um processo de *coaching*?**

A busca por terapia, em geral, ocorre quando as pessoas estão sob efeitos de condições aversivas (tristeza, ações sem resultados, desmotivação, sob efeito de fármacos, encaminhadas por médicos devido a alguma patologia, etc...) e, sozinhas, não conseguem alterar estas situações. Um terapeuta ajuda o cliente a mudar padrões de comportamento que estão mantendo seus problemas e dificuldades atuais. As intervenções realizadas tem o objetivo de diminuir ou eliminar a condição aversiva, para isso, é necessário conhecer a história da vida do cliente para, daí, propor intervenções que produzam mudanças naquilo que determina a condição aversiva, caso contrário, o quadro permanecerá o mesmo. Na terapia, envolve-se mais profundamente com o problema, com o passado do cliente, já no *coaching* o foco é no futuro, enfatiza-se o ponto B, aonde o cliente quer chegar.

4. **Como vou saber se preciso de um processo de *coaching* ou de terapia?**

Esta, de fato, não é uma pergunta fácil de ser respondida. Ambos os processos podem produzir benefícios, desenvolvimento e autoconhecimento (algumas abordagens psicológicas são mais

diretivas e preocupam-se mais com resultados, assim como o *coaching*[2] ). De qualquer forma, inicialmente, você deve fazer uma autoavaliação de seu estado emocional atual e de seus objetivos, para escolher o tipo de auxílio que precisa. Muitas pessoas se envergonham de dizer que precisam de terapia e procuram o *coaching* a fim de resolver estados emocionais difíceis (raiva, ansiedade, tristeza). O *coaching* não está capacitado a tratar pessoas, quem faz isso é o psicólogo ou o médico. Uma pessoa que esteja passando por dificuldades emocionais não se beneficiará de um processo de *coaching*. O *coach* trabalha com pessoas que estão "funcionando" bem, mas que querem melhorar ainda mais sua performance. Além disso, o profissional que for procurado deve saber fazer esta avaliação. Um profissional competente deve fazer uma entrevista detalhada com o futuro *coachee* avaliando sua condição atual para dar início ao processo, além disso, deve avaliar sua própria capacidade e seus limites como *coach*, devendo sempre levar em conta os benefícios para seu cliente. No entanto, inicialmente, a pessoa pode parecer apta a iniciar um processo de *coaching*, mas no decorrer deste podem surgir "bandeiras vermelhas" (estados emocionais ou questões comportamentais difíceis ou que poderiam comprometer o processo), nesse caso, o processo de *coaching* deve ser interrompido e o *coachee* encaminhado a um profissional adequado.

5. **Posso fazer os dois processos concomitantemente?**

Essa questão deve ser avaliada na parceria *coach/coachee* e em conjunto com ambos profissionais. Cada caso é um caso e deve ser tratado de forma particular. O processo terapêutico pode ser benéfico, necessário ou, até mesmo, fazer parte de um grande pacote de desenvolvimento, bem como o processo de *coaching*. Há situações em que devem ser realizados um de cada vez, em outros casos podem até se complementar. Mais uma vez deve-se sempre levar em conta os benefícios que serão gerados para o cliente/*coachee*.

6. **Gostaria de iniciar um processo de *coaching*, mas não tenho um objetivo específico, mesmo assim, posso iniciar um processo de *coaching*?**

Sim, pode. Poucas pessoas sabem realmente o que querem e faz parte do processo de *coaching* especificar um objetivo para ser trabalhado. O mais importante é você querer sair do lugar onde está para alcançar outro, ter disposição e estar comprometido com você mesmo.

7. **Tomo antidepressivos e já passei por processos terapêuticos, posso fazer *coaching*?**

Se você estiver emocionalmente equilibrado, sim, você pode. Durante o processo de *coaching* são realizadas constantes avaliações, o que permite tanto ao *coach* quanto ao *coachee* analisar os benefícios que estão sendo alcançados durante o processo. O *coaching* é feito passo a passo e os resultados são imprescindíveis para a manutenção do processo.

*[1]Algumas abordagens, como a Terapia Analítico-comportamental possuem o modelo analítico-funcional. Para saber mais sobre isso procure (Banaco, R. 2001)*

*[2]Procure sobre Terapia Analítico Comportamental, ACT ou Terapia Cognitivo Comportamental)*

8. **Como são as sessões e quanto tempo leva um processo de *coaching*? E um processo psicoterápico?**

O formato das sessões de *life coaching* é muito parecido com o de terapia. Geralmente, são realizadas uma vez por semana e podem durar entre 50 e 90 minutos. O processo psicoterápico não tem uma duração preestabelecida, pode durar anos. Isso vai depender dos objetivos e do tipo de "tratamento" que vai ser realizado; muitos clientes não param a terapia, seja por questões que envolvem o problema ou por escolha própria do cliente. Independentemente do caso, cabe ao terapeuta sinalizar a melhora ou a possibilidade de interrupção do processo (alta terapêutica). Já no processo de *coaching*, a duração do processo deve ser preestabelecida desde o início. Geralmente, faz-se um pacote entre 12 a 15 sessões, podendo ser estendido. Neste caso, cabe a dupla *coach* e *coachee* avaliarem a necessidade da continuação.

9. **Se meus objetivos são de longo prazo, o *coach* vai me acompanhar ao longo do processo, como pode ocorrer na terapia?**

Não necessariamente. No processo de *coaching* é feito um planejamento de ações a curto, médio e longo prazo. Além disso, o *coach* trabalha a autonomia do *coachee*, assim, mesmo que as sessões tenham chegado ao fim antes do *coachee* ter alcançado seu objetivo, ele pode dar continuidade às ações sozinho. Também é uma possibilidade planejar sessões mais espaçadas quando se chega a um determinado ponto do processo de *coaching*, para que este termine junto com a realização da meta.



10. **Na terapia o terapeuta não diz o que temos que fazer, o *coach* vai me dizer as ações que devo realizar?**

Não, nem o *coach* nem o terapeuta vão dizer o que tem que ser feito, tanto um quanto outro farão perguntas e avaliarão possibilidades de ação, quem decide o que deve ou não ser feito é você, em ambos os processos. Tanto o *coach* quanto o terapeuta terão ferramentas que ajudarão no esclarecimento do que deve ser feito.

Embora ainda existam muitas questões a serem respondidas acredito que alguma clareza foi proporcionada. Esse é um início, alguns dados para que uma decisão possa ser tomada. A parceria, seja com um bom *coach* ou com um bom terapeuta, com certeza vão trazer-lhe benefícios e possibilidades de levar uma vida melhor.

**Referências bibliográficas**

Banaco, R. Técnicas cognitivo-comportamentais e análise funcional. In: Kerbauy, R. R., & Wielenska, R. C. (Orgs.). *Sobre Comportamento e Cognição*. Santo André: ESETEC, 2001. vol. 4 cap. 9, pp. 5-82.

# Alda Marmo



Mestre em Análise Experimental do Comportamento pela PUC/SP, especialista em Clínica Analítico-Comportamental pelo Núcleo Paradigma. *Master Coach* pela Sociedade Brasileira de *Coaching* (certificada pelo *Behavioral Coaching Institute* e reconhecido pelo *International Coaching Council*). Membro da Associação Brasileira de Medicina e Terapia Comportamental. Atualmente atua em consultório particular; é supervisora e professora do curso de especialização em Clínica Analítico-Comportamental do Núcleo Paradigma. É proprietária da Alda Marmo *Coaching* & Terapia.

# Anotações

# 16

# Como o *Coaching* Ontológico pode ser um diferencial na vida de executivos



Neste artigo, propomos uma reflexão sobre a importância e a contribuição que os *Coaches* que atuam com a metodologia do *Coaching* Ontológico Transformacional propiciam aos executivos recém chegados ou seniores que ocupam esta posição.

**Roberto Hirsch**
**(Bob Hirsch RR)**

**Roberto Hirsch**
**(Bob Hirsch RR)**

Definimos o *Coaching* Ontológico Transformacional, como um processo de aprendizagem e transformação, que leva à expansão da consciência e à efetividade nas ações, que seguramente serão transformadoras, pois estão sendo "revistas" através de novos olhares. Ontologia significa estudo do ser. O *Coaching* Ontológico Transformacional ajuda as pessoas a olharem para dentro e não para fora.

Os *Coaches* Ontológicos têm a compreensão de um "Ser" que está buscando desenvolvimento em um de seus papéis, o papel de Executivo. Para nós, *coaches*, é vital identificarmos que as experiências vividas pelo cliente, no decorrer de sua vida, resultam do seu modo de "olhar o mundo", o que denominamos de "modelos mentais". E a verdadeira transformação ocorrerá somente quando este cliente mudar este olhar, isto é, quando transformar "o observador" que é de si. Desta forma, falar em mudança apenas no âmbito da ação é a mesma coisa que se queixar de uma dor nas costas e não nos preocuparmos em entender que aquela dor é um alerta de nosso organismo de que há algum outro fator que esta ocasionando essa dor, e que esta pedindo alguma ação diferenciadora, que é ir além da ação de tomarmos um remédio. Muito além.

Processos de *Coaching* que tem como foco de atuação apenas a ação, os processos conhecidos como *Coaching* de resultado, são eficazes e produzem bons resultados. No entanto, as mudanças nesses processos se dão no âmbito comportamental e não no atitudinal. Pode parecer insignificante esta distinção, mas quando observamos a manutenção dos resultados nos trabalhos que desenvolvemos nos processos com a metodologia do *Coaching* Executivo Organizacional, que tem como sustentação o as bases do *Coaching* Ontológico Transformacional, principalmente a médio e longo prazo, percebemos que não se trata apenas de uma questão de vocábulo. Assim, quando atuamos junto ao executivo para que este se perceba enquanto parte responsável "neste e deste" sistema, contribuímos para a mudança no "observador" que ele é de maneira que possa conquistar resultados diferentes. Abre-se a possibilidade de mudanças neste ser que é parte de um sistema.

Vejamos um exemplo: Alguns novos executivos se queixam que sua equipe não tem iniciativa. Se fôssemos atuar apenas na ação, trabalharíamos no sentido de que este adote medidas para motivar a equipe, para dar um treinamento, fazer um alinhamento, enfim, todas aquelas medidas que já conhecemos e que produzem resultado. No entanto, com o transcorrer do tempo, a equipe volta a ter a mesma falta de comprometimento. Com isto, o executivo começa a se queixar novamente e o ciclo se instala. Trabalhando com este executivo na abordagem ontológica, este fará um investimento em descobrir quais são as suas atitudes que estão colaborando para que a equipe não se comprometa; qual sua responsabilidade nesse sistema. Poderia ele, por exemplo, perceber que alimenta uma relação

de dependência para com seus colaboradores "dando o peixe e não os ensinando a pescar". Enquanto executivo, ele até pode contratar um treinamento, fazer uma reunião de alinhamento, procurar alguma atividade que potencialize a motivação, etc., mas isso não garantirá a mudança desejada conforme afirmamos há pouco. Somente a partir do momento que este executivo se perceber como fator contribuinte da falta de iniciativa de seus colaboradores, ele certamente vai rever sua postura e irá adotar outra postura que venha a colaborar para que seus colaboradores sejam mais proativos.

Outro exemplo é o que ocorre com um executivo sênior, que usaremos para ilustrar nossa concepção de trabalho com o *Coaching* Ontológico Transformacional.

Consideremos um executivo sênior bem sucedido, com excelente desempenho no alcance de resultados, porém, com pouca sensibilidade para as questões de relações interpessoais e que tem sob seu comando um gerente que vem apresentando resultados inconstantes no alcance das metas, atritos constantes entre os líderes das áreas envolvidas, aumento do índice de absenteísmo nos últimos seis meses, entre outros fatores. Este executivo opta por contratar um *coach* para que os resultados voltem a atingir as expectativas desejadas. Como *coach*, iniciamos o processo procurando ouvir deste gerente o que está ocorrendo, procurando fazer um levantamento da percepção pessoal dele sobre o comportamento de seus colaboradores diretos, a forma como está gerindo e lidando com a equipe, enfim, buscando contextualizar e entender as queixas e incômodos vividos por ele. Entendemos como esse profissional lida, além das situações apresentadas, com as relações pessoas e interpessoais com os membros de sua equipe.



Ao fim, a fala apresentada por este gerente estaria em total concordância com o que nos foi apresentado inicialmente pelo executivo que nos contratou.

Para evitar este equívoco e o risco de "comprarmos" a fala inicial deste gerente, buscamos aprofundarmo-nos no entendimento de sua fala, de maneira que o mesmo possa identificar o quanto suas argumentações são baseadas em fatos e dados ou em justificativas e desculpas pela situação. Para isso, nosso foco é o de estarmos atentos à sua "Corporalidade" e, principalmente, à forma como este expressa suas "Emoções", tanto nesta situação apresentada, como em outras situações similares. Ao atuarmos nestes dois aspectos somados ao "Verbal", estaremos atuando naquilo que denominamos DOMÍNIOS. Além de trabalharmos nos domínios, estaríamos buscando dados e fatos que mostrassem os impactos e reflexos no "EU = PESSOAL" e nas "RELAÇÕES INTERPESSOAIS".

Voltando ao caso de nosso gerente, ao aprofundarmos nossa conversa com o intuito de buscarmos que impacto o mesmo está vi-

vendo nessa situação, identificamos que ele está apresentando sinais de "ansiedade" (sua fala é acelerada, muitas vezes cortando palavras e mudando de um assunto para outro sem perceber estas mudanças) e de estresse (comenta que tem vivido nos últimos seis meses noites de insônia, desanimo com atividades pessoais que gosta de realizar e impaciência em casa com os filhos). No ambiente profissional, comentou que comanda sua equipe com acentuado estado de irritação (gritando, desqualificando, ameaçando) e que muitas vezes encerra seu dia de trabalho acreditando que o mesmo não foi produtivo, que sua equipe aparenta estar emburrecendo e a cada dia que passa seus colaboradores estão se eximindo de assumir a responsabilidade pelo que executam e estão transferindo essa responsabilidade para a equipe de operação, comentando que estes profissionais são cada vez mais despreparados e sem a menor motivação para a realização de seus trabalhos.

Seguramente, por não apresentar sensibilidade para estas questões de relacionamento interpessoal, este executivo não repara que os profissionais sob seu comando não estão tratando bem os colaboradores de sua equipe, e que os mesmos apresentam baixa habilidade no relacionamento interpessoal com os colegas de trabalho e principalmente com a equipe de colaboradores.

Enquanto este profissional não perceber que sua fala somente será efetiva a partir do momento em que seu interlocutor puder expressar-se de maneira clara e transparente. Ele não terá êxito em qualquer transformação que deseje, pois estará focando suas futuras ações em meras intenções e não em ações efetivas. Partindo de nossa suposição acima relatada, partimos para questões com nosso executivo em questão, que o levem e refletir e identificar o quanto suas ações interferem e podem estar sendo o elemento provocador desse contexto no qual a área de trabalho se encontra.



Iniciamos por questioná-lo sobre como é sua maneira de comunicar -se com a equipe e identificamos que seus pedidos de trabalho, na realidade, não eram pedidos e sim imposições. Ao identificar isso, o mesmo percebeu que tal atitude contribuía para que seus colaboradores não assumissem a responsabilidade por suas ações e buscassem alternativas de solução para as tomadas de decisões necessárias aos problemas existentes. A partir desse momento, este executivo identificou que a mudança na sua maneira de comunicar-se com a equipe tornou possível o início de uma transformação no ambiente de trabalho e as conversas passaram a ocorrer em um clima emocional, onde a energia era mais intensa e o tempo utilizado para a busca de soluções era maior.

Quando esta constatação de mudança partiu da percepção do próprio executivo, perguntamos quais emoções estavam presentes a partir daqueles resultados. Ele percebeu que sua mudança de com-

portamento provocou uma mudança em seus colaboradores que, por sua vez, passaram a agir da mesma maneira com os seus colaboradores.

As mudanças ocorreram não somente no âmbito das tarefas e da execução de ações, mas sim na percepção de si e das relações interpessoais e, dessa maneira, a transformação ocorreu no "Ser" que é esse executivo e com uma grande probabilidade de manter-se ao longo da vida, já que esse indivíduo identificou como sua emocionalidade contribui para entender seu próprio funcionamento e o de seus colaboradores.

Esta maneira de atuar em processos de *Coaching* está tendo uma maior receptividade nos ambientes organizacionais, pois, as organizações estão mais atentas às questões dos sentimentos e do desempenho de seus colaboradores, pois entendem que as questões de inteligência emocional, sustentabilidade, desenvolvimento do capital intelectual, gestão do conhecimento, relacionamento interpessoal, solução de conflitos, ambiência organizacional, desenvolvimento de liderança, entre outras, passam especificamente pelos sentimentos, motivação e respeitabilidade pelo homem como um ser em sua totalidade.



As organizações que contemplarem estes aspectos construirão um ambiente que auxiliará seus colaboradores a lidar com suas emoções – o que significa ajudá-los a saber o que fazer com as emoções, a ouvir, a falar, a pedir, a reclamar, a compreender o outro, a desenvolver a paciência (ciência da paz) –, certamente irá crescer muito mais e fará do ambiente profissional um ambiente onde a conquista de resultados passa necessariamente pelo ser humano, que fica mais livre para expressar sua alegria e bom humor, seu afeto, seu prazer com as coisas da vida organizacional, a sua criatividade, inventividade, flexibilidade e a saúde física e mental terão ganhos imensuráveis.

Bibliografia:

Wolk, Leonardo - A arte de soprar brasas - Qualitymark Editora – RJ - 2008

Wolk, Leonardo - A arte de soprar brasas em Ação - Qualitymark Editora – RJ - 2010

Echeverria, Rafael - Ontología del Lenguaje - Granica Editora – Madrid – 2008

Echeverria, Rafael - Texto - "FRAGMENTOS DE : ONTOLOGIA DA LINGUAGEM"

CAPÍTULO 5 : O ESCUTAR: O LADO OCULTO DA LINGUAGEM –

material de uso da Formação em *Coaching Executivo Organizacional*

Tradução: Suzana R. de Senna - São Paulo - 2007

# Roberto Hirsch (Bob Hirsch RR)



CEO da Opus Soluções Empresariais Ltda, Mestre em Psicologia pela Unimarcos e Psicólogo pela UFMG, Criatividade (*Creative Education Foundation-University* Buffalo-NY-USA), Dinâmica dos Grupos (SBDG). Presidente da Federação Ibero Americana de *Coaching* Executivo (Brasil), Idealizador da Formação Internacional em *Coaching* Executivo Organizacional, base Ontológica, no Brasil. *Coach*, Máster *Coach* e Instrutor para programas de formação de *Coaches*, pela Lambent do Brasil, reconhecido pela International *Coaching Community*. Consultoria Sistêmica Empresarial, *Coaching* e Constelações Organizacionais pela Hoffmann & Partners Alemanha / Brasil. Atua como *Coaching* Executivo, de Carreira e de Equipes no Brasil e América Latina. Professor responsável pelo programa MBA Carreiras da ESPM - Programa de *Coach* de Carreira, para alunos dos programas MBA. Facilitador em CRIATÉGIA, junto ao Instituto Latino Americano de Criatividade e Estratégia. Professor do MBA na ESPM, FIA/USP, PUC/PR. Conferencista e Facilitador em Congressos no Brasil e América Latina.

**Site:** www.opussol.com.br
**E-mail:** bobhirsch@opussol.com.br
**Telefone:** (11)5565-0685

# Anotações

# 17

# Desenvolva as Competências do líder *coach* com a Roda da Liderança *Coaching*



Este artigo tem como objetivo pôr em evidência algumas das principais variáveis que compõem as características do líder *coach* contemporâneo, bem como oferecer ferramentas para o processo de *Coaching*, por meio da proposta de uma Roda da Liderança *Coaching* e de poderosas perguntas que podem contribuir para o desenvolvimento do líder *Coach*

**Prof. Douglas de Matteu**

O *Coaching* pode ser definido como um processo de desenvolvimento humano para o qual convergem conhecimentos de diversas ciências, com o objetivo de levar o indivíduo a alcançar resultados extraordinários. Nesse processo, considera-se o desenvolvimento de competências técnicas, emocionais, psicológicas e comportamentais focadas na potencialização do ser humano e em seus resultados.

O processo de *Coaching* permite o afloramento das potencialidades humanas e recorre a perguntas poderosas e ferramentas próprias, promovendo, dessa forma, uma investigação interna por meio da reflexão que perpassa pela reavaliação de crenças e pode gerar a conscientização quanto ao propósito de vida de quem a ele se submete. Nesse sentido, contribui para a clarificação de suas motivações pessoais, além de favorecer uma clara apreciação de seus valores. Essa reflexão mental permite o despertar da conscientização de si mesmo, e o reconhecimento de suas responsabilidades ante os resultados da vida.

A proposta aqui presente consiste em encorajar o líder a refletir e, talvez, incorporar as 26 competências/características que compõem o modelo de Liderança pautado pelo *Coaching*.

Evidentemente, esse modelo se apresenta como proposta e tem como alvo principal levar o líder a refletir sobre sua atuação em cada uma das variáveis abaixo elencadas. A lista apresenta esses elementos seguidos de breves comentários e leva em consideração os seguintes autores: Daniel Goleman (1995), James C. Hunter (2004), Getúlio Pinto Sampaio (2006), José Roberto Marques (2011), Idalberto Chiavenato (2008), Joseph O'Connor e Andrea Lages (2008, 2010), além das pesquisas realizadas pelo Grupo de Ensino e Pesquisa em Liderança e *Coaching* - GEPLICO da Faculdade de Tecnologia de Mogi da Cruzes e minha experiência como *coach*.



**AS 23 COMPETÊNCIAS PARA O LÍDER *COACHING***

1. **Amor:** Nesse campo, o mais relevante não é o seu significado, mas a reflexão sobre como ele se apresenta no processo de liderança no que tange às relações humanas e no próprio trabalho em si;
2. **Competência Técnica:** Refere-se aos conhecimentos, habilidades e atitudes do líder relativos à sua área de atuação, ou seja, relaciona o saber técnico ao seu contexto de trabalho;
3. **Resiliência:** Consiste na capacidade de o indivíduo lidar com problemas, adversidades, superar obstáculos ou resistir à pressão de situações adversas. A habilidade de lidar com adversidades também é conhecida como Quociente de Adversidade (QA), que pode ser responsável por 92% do sucesso de uma pessoa (SAMPAIO, 2006);
4. ***Dar feedback***: O *feedback* é uma ferramenta essencial do líder *coach*, que deverá utilizá-lo com maestria. Para tanto, é necessário conhecer e aplicar as diversas técnicas envolvidas no que tange respeito à comunicação, inclusive a assertividade;
5. **Receber *feedback:*** O líder *coach* precisa estar aberto ao *feedback*, ou seja, ser receptivo aos retornos da equipe e, mais que isso, deve incentivar que seus liderados realizem *feedbacks* sobre o seu comportamento. O *feedback* deve ser encarado como uma oportunidade de crescimento e

desenvolvimento;

6. **Diversidade:** Como você lida com as diferenças? Hoje, cada vez mais, as pessoas são singulares, isto é, únicas, diferentes. O líder *coach* deve ter como princípio a suspensão de julgamentos, ou seja, ele não julga ninguém, ao contrário, aproveita a diversidade como vantagem competitiva;

7. **Trabalho em Equipe:** É, basicamente, o conjunto de pessoas trabalhando juntas rumo a um objetivo comum. Pergunta-se: as relações são harmoniosas? Os resultados são atingidos?

8. **Autodesenvolvimento:** O líder *coach* atua no desenvolvimento das pessoas. Para tanto, recomenda-se que ele mesmo se atualize constantemente, no sentido de tomar consciência da necessidade de buscar sua evolução contínua;

9. **Heterodesenvolvimento:** Para alcançar resultados, o líder *coach* precisa desenvolver sua equipe, seja por meio de treinamentos, cursos, participação em seminários, eventos, reuniões, leituras ou perguntas poderosas. O líder *coach* preocupa-se com as pessoas e incentiva o seu desenvolvimento, fomentando o compartilhar do conhecimento;

10. **Visão Sistêmica:** Consiste na capacidade de ter um olhar complexo da realidade ao visualizar o todo e as partes e compreender as relações e tensões entre os sistemas que compõem o mundo. Tem por finalidade o complexo na busca de soluções que considerem essa perspectiva holística;



11. **Criatividade e Inovação:** Podem ser entendidas como a capacidade de pensar diferente e de fazer diferente, fomentar e aplicar propostas para inovar os processos, produtos e serviços;

12. **Visão de Futuro:** Mais do que ser visionário, o líder *coach*, tem que fomentar esse olhar em sua equipe para que consiga desenvolver nela a capacidade de enxergar, ouvir e sentir o futuro, o que pode ser considerado um primeiro passo para sua realização;

13. **Flexibilidade:** Diz respeito à capacidade de mudar. O líder deve ser agente de mudança e, se possível, ser seu promotor e facilitador;

14. **Sensibilidade/Percepção:** Relaciona-se ao desenvolvimento de suas percepções e sensibilidades, no sentido de ver além do visual, ouvir o inaudível e, principalmente, sentir a essência. Em especial, refere-se a perceber qualidades e verdadeiras intenções nas pessoas;

15. **Despertar da consciência:** Capacidade de fazer o liderado tomar consciência de suas responsabilidades e comportamentos rumo aos resultados almejados, contribuindo para liberação do potencial humano.

16. **Proatividade:** Repousa na ousadia. O líder *Coach* deve ser realizador, ousado, proativo e a ele cumpre imprimir esse sentimento na equipe;

17. **Definir prioridades:** Saber identificar as prioridades é uma capacidade relevante dentro do processo de liderança que lida com diversas demandas;

18. **Servir:** Exige ajudar, apoiar, facilitar. O modelo pregado no livro O Monge e o Executivo, de James C. Hunter, faz todo o sentido no pro-

cesso de liderança;

19. **Mensurar Resultados:** Para alcançar os resultados almejados, é necessário realizar o monitoramento e medir constantemente o desempenho;

20. **Administração de Emoções:** Gerenciar as emoções é uma das competências relevantes do Líder *coach*. Como você gerencia o medo, a raiva e os demais sentimentos?

21. **Empatia:** É a capacidade de se colocar no lugar do outro. O líder *coach* tem foco nas pessoas e no resultado. Para tanto, a empatia torna-se relevante;

22. **Automotivação:** O líder deve exalar motivação, para tanto, é necessário que possua capacidade e consciência para se automotivar;

23. **Humildade:** A humildade é a chave para o desenvolvimento e o crescimento;

24. **Ética:** Valor fundamental do líder *coach*;

25. **Espiritualidade:** Independente da religião, a espiritualidade é uma variável que interfere no desempenho humano;

26. **Resultado:** o foco do *Coaching* e do líder *coach* é alcançar os resultados;

Para facilitar a utilização deste material, foi desenvolvida a Roda da Liderança *Coach*, inspirada na *Roda da Vida* de O'Connor e Lages, (2004) e na *Roda da Liderança* de Marques, (2011).



**Como usar a Roda:** A Roda da Liderança *Coaching* é um *assessment* que permite diagnosticar algumas posturas e comportamentos. Como preconiza a filosofia *Coaching*, a Roda deve ser utilizada no sentido de o líder *coach* refletir sobre os elementos elencados, atribuindo um significado para cada palavra e refletindo como é sua atuação no que tange à temática. Em seguida, o líder atribui uma nota de zero a dez para cada item e preenche a roda. Posteriormente, analisa e pensa sobre ela, buscando desenvolver tarefas para realizar melhorias, no sentido de "harmonizar" os itens, procurando extrair aprendizados deste processo.

Mais que oferecer respostas, o líder *coach* ouve a essência e fornece perguntas poderosas para que o seu liderado consiga resolver os problemas, contribuindo, desta maneira, para a liberação do potencial humano. Ao mesmo tempo, ele atua como um treinador de elevado desempenho, ou seja, incentivando para a obtenção do resultado e utilizando-se do potencial do próprio liderado.

Para concluir, espero que, no leitor, fique a intenção positiva de cada palavra aqui inscrita. Que cada um consiga visualizar todas elas, ouvi-las e senti-las. Mais que isso, te convido a acreditar que, talvez, com a Roda da Liderança *Coaching*, atrelada a técnicas *Coaching*, poderemos cocriar, desenvolvendo pessoas e organizações.

**Bibliografia**

CHIAVENATO, I. Gestão de Pessoas. Rio de Janeiro: Campus, 2008.
GOLEMAN, D. Inteligência Emocional. Rio de Janeiro: Objetiva,1995.
HUNTER, J. C. O Monge e o Executivo:uma história sobre a essência da

Liderança. 18ªed. Rio de Janeiro:Sextante, 2004.
MARQUES, J. R. Professional Self-Coaching. IBC, 2011.
______. Business and Executive Coaching. IBC, 2011.
O`CONNOR, J; LAGES, A. Coaching com PNL: Guia para alcançar o melhor em você e em outros: como ser um coach master, Rio de Janeiro: Qualitymark, 2008.
______. Como a Coaching Funciona. Rio de Janeiro: Qualitymark, 2008.
SAMPAIO, G. P. Teoria do Sucesso: empreendedorismo e felicidade. São Paulo: Nobel, 2006.

Perguntas poderosas que podem apoiar a utilização da Roda da Liderança Coaching e contribuir para despertar a conscientização:

- Qual foi o melhor líder que você já teve? Quis são suas características? O que você pode aprender com esse líder?
- Qual foi o pior líder que você já teve? Quais são as suas características? O que você pode aprender com esse líder?
- Qual o seu propósito no processo de liderança? Qual sua intenção? O que o move?
- Como você é como líder? Você se seguiria?
- Qual o seu estilo de liderança: autocrático ou democrático?
- Como você gostaria de ser visto por sua equipe? E o que é necessário para que eles o vejam dessa maneira?



## Roda da Liderança Coaching

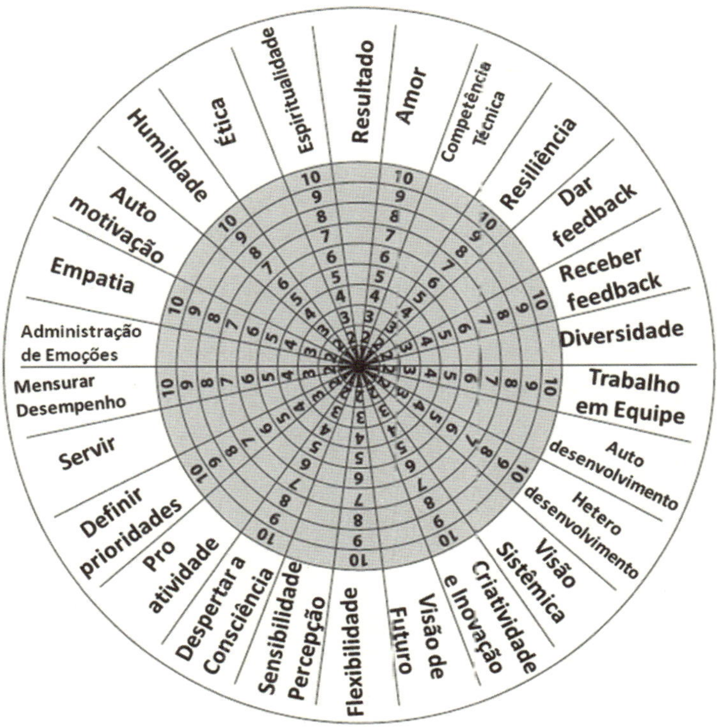

## Prof. Douglas de Matteu



Mestre em Semiótica, Tecnologias da Informação e Educação, Coordenador do Grupo de Ensino e Pesquisa em Liderança e Coaching - GEPLICO da FATEC-MC.( Blog http://geplico.blogspot.com/), especialista em Marketing e em Educação a Distância, pós-graduando em Gestão de Pessoas com *Coaching*, administrador de empresas, formado em *Marketing* e Promoção de Vendas. *Professional Self Coach* e *Business and Executive Coaching* pelo Instituto Brasileiro de *Coaching* com reconhecimento internacional pelo ICI – *International Association of Coaching Institutes*, ECA – *European Coaching Association* e GCC – *Global Coaching Community*. Docente na Fatec de Mogi das Cruzes, Universidade de Mogi das Cruzes, Faculdade Unidade de Suzano - UNISUZ e em cursos de pós-graduação. Atuante nas áreas de Administração, *Marketing*, Comercial e Desenvolvimento Humano/*Coaching*. Desenvolve treinamentos *in company*, palestras, *Coaching* e Consultoria. Coautor do Livro Ser+ com Criatividade e Inovação – Editora Ser Mais e co-autor do Livro Ser + em vendas Volume II.

**Site:** www.douglasmatteu.com.br
**E-mail:** douglasmatteu@hotmail.com
**Blog:** douglasmatteu.blogspot.com
**Telefone:** (11) 3419-0585

# Anotações

# 18

# *Coaching* Sistêmico: uma abordagem autotransformadora integrando corpo, mente e alma



O *Coaching* Sistêmico, através de alguns passos, nos permite atingir a busca pelo autoconhecimento. Este artigo pretende contribuir para a sua compreensão deste processo quando integrado às possibilidades de desenvolvimento pessoal, grupal e organizacional

**Elisa Próspero**

"A experiência iluminadora maior é ser capaz de relacionar os acontecimentos da própria vida – tanto os positivos como os negativos – com as forças internas que os criaram. Ela nos conduz para casa, para o cerne unitivo em nós mesmos, para a nossa identidade criadora verdadeira".
Eva Pierrakos

As possibilidades de crescimento e descobertas no seu caminho pessoal e profissional são a proposta do *Coaching* Sistêmico. Este oferece não somente a integração de pontos fortes e pontos a melhorar em sua *performance*, mas permite, principalmente, a potencialização do relacionamento verdadeiro consigo próprio e com a vida em tudo o que ela pode oferecer em termos de vivências pessoais, relacionais e profissionais, integrando, assim, as experiências mentais, corporais e espirituais – aqui compreendidas e integradas como autoconhecimento.

No livro *A 5ª Disciplina*, Peter Senge já abordava a importância do pensamento sistêmico e sua ressonância em todas as ações e práticas organizacionais, onde disciplina significa um conjunto de técnicas que devem ser estudadas e dominadas para serem postas em prática. E você só se torna competente numa disciplina mediante a prática.

Deste modo, este artigo pretende contribuir para a sua compreensão do processo de *Coaching* Sistêmico quando integrado às possibilidades de desenvolvimento pessoal, grupal e organizacional.

A primeira fase do processo: Liberdade e Responsabilidade

*"Existe um milagre em cada novo começo".*
Hermann Hesse

Em um primeiro encontro, as expectativas são traçadas, assim como a definição de propósito e contrato do período a ser trabalhado.

Aqui encontramos a sintonia com a disciplina do Domínio Pessoal, da qual Peter Senge também discorre, como sendo o momento onde é importante esclarecer e dedicar-se continuamente ao que é importante para você ou para o grupo. O cotidiano tende a induzir as pessoas a cuidarem dos problemas mais urgentes, o que faz com que acabem por esquecer o porquê se está naquele caminho. Esta realidade corta o vínculo emocional e essencial para que a sua consciência trabalhe a favor de seus sonhos, visão, objetivos e metas, que deixam de ser prioritários.

Deste modo, através de ferramentas e exercícios de análise pessoal e grupal, o *coach* poderá ajudá-lo nesta primeira fase da trajetória, a fim de definir qual a melhor maneira de escolher e decidir seu propósito e novas possibilidades de encaminhar sua jornada pessoal ou grupal na conquista de maior responsabilidade pessoal

e interpessoal em abraçar suas escolhas e decisões, aproveitando-se do livre arbítrio que a vida oferece.

Neste percurso, o desafio é aprender sempre a ter a clareza do lugar onde se está para aquele que se quer alcançar, gerando uma tensão criativa e mobilizadora de forças do potencial humano. Para tanto, exercícios corporais – por exemplo, caminhar, respirar e alongar – podem ser apropriados e integrados nesta fase do processo.

Um alto grau de domínio pessoal, que ajuda a clarificar expectativas, envolve pessoas que aprenderam a lidar com as forças da mudança, onde a realidade atual e ocasional é um aliado e não um inimigo; elas sentem-se parte de um processo criativo maior, onde podem influenciar, embora não tenham o controle unilateral de todas as variáveis. Respeitam-se em suas individualidades, mas interagem com cuidado e gentileza diante da diversidade do outro.

A segunda fase do processo: autogestão

*"O universo é a harmonia dos contrários".*
Pitágoras

Neste momento da trajetória, já se esclareceram dúvidas, estabeleceu-se um trato a ser cumprido no programa, balizou-se a confiança e o diálogo.



Através dos exemplos cotidianos e reflexões sobre a realidade do momento, sejam trazidas por você ou pelo grupo, o *coach* utiliza-se de técnicas de vivência e exercícios corporais e de relaxamento para contribuir na identificação e compreensão mais profunda de crenças arraigadas e limitantes – ora de um olhar mais claro e cristalino sobre a realidade, ora de condicionamentos e imagens que podem estar equivocadas.

A proposta incentiva a busca com coragem das realidades emergentes e urgentes onde se está instalado no mundo pessoal e interpessoal. A verdade é incentivada, apesar das contradições e dificuldades muitas vezes autoimpostas pela própria pessoa ou grupo, ainda com base em crenças que se cristalizaram ao longo do caminho individual, grupal e cultural. Neste momento, podem ser integrados exercícios com movimento corporal, música, literatura e poesia, a fim de facilitar os passos e a abertura de uma nova visão, alargando a compreensão sobre os fatos e novas possibilidades.

Busca-se identificar no percurso individual e grupal os altos e baixos, as conquistas e os erros, tudo o que já se sucedeu de forma tão boa e consistente e aquilo que ainda não se alcançou. E tudo isto para ver e sentir com clareza e profundidade as lições do caminho. Só é preciso estar atento, concentrado e firme para persistir em suas conquistas.

A autogestão bem desenvolvida indica pessoas comprometidas com a sua melhoria e a do grupo em pequenos passos, com a gentileza

diante dos equívocos, com a descoberta das verdades pessoais e a melhor comunicação dos conteúdos conscientes e subconscientes nos processos de autotransformação, fazendo com que aproveitem ainda mais este momento do percurso.

A terceira fase do processo: liderança

*"A melhor maneira de prever o futuro é criá-lo".*

Peter Drucker

Dalai Lama cita: "Por menor que seja, toda criatura viva é importante e não deve ser comparada com nenhuma outra". Assim, pode-se instigar a liderança que existe dentro de cada indivíduo, uma vez que neste momento o acompanhamento e o cumprimento dos passos de um plano de ação se fazem necessários para a alavancagem dos resultados esperados. As varáveis importantes no processo de sua liderança podem ser representados por sua capacidade de equilibrar razão e intuição, ter a visão global e sua ligação com o mundo que o cerca, a compaixão, a empatia e o compromisso com o todo.

Nesta etapa, cada um é confrontado com seu potencial de expressão em validar sua responsabilidade perante o compromisso firmado consigo próprio, com o outro e com o meio. Depara-se com a perspectiva de criar a própria vida e novas realidades, assim como de delinear relacionamentos com maior qualidade e consistência de vínculo, realizando-se através de missão e valores pessoais e grupais, a fim de consolidar sua visão e sonho.

São considerados exercícios de dimensão do tempo: assertividade, integração e desenvolvimento de pessoas e grupos, além de propostas de visualização criativa e técnicas de relaxamento e meditação ativa, como caminhadas.

Na liderança pessoal, pessoas que a consolidaram sabem que podem influenciar e criar a realidade à sua volta, vivenciam a compaixão como uma dimensão da consciência onde se percebem conectadas com tudo e todos, além de buscar continuamente a expansão das possibilidades em tornar-se uma pessoa cada vez mais aberta às possibilidades da vida e suas conexões em rede de relacionamentos, cada vez mais complexas e inteligentes.

E, com certeza, contribui-se para um mundo mais humano, onde o benefício é uma cultura de paz e bem para todos.

Para refletir:

"Felicidade: energia que arromba o peito e faz uma festa sem nos consultar. Estado de graça. Estado de achar graça na vida. Efeito alcançado pela ação de simples noites estreladas até poéticas declarações de amor. Fazer a vida valer a pena!"

Para Dalai Lama, todos nós temos o direito de conquistar a felicidade e evitar o sofrimento. No entanto, a felicidade não depende das coisas materiais, mas do modo como conseguimos nos desapegar delas.

**Desafio Final**:

1. Qual a sua definição de Felicidade?
2. O que você vê no espelho é somente uma imagem idealizada de si próprio ou trata-se da pessoa real e verdadeira que você gostaria de ser?
3. Olhando, vivenciando e sentindo o lugar onde você está: é o lugar onde você gostaria realmente de estar?

Caso estas questões suscitem em você curiosidade, desejo de conversar e refletir, ou mesmo a vontade de mergulhar nelas, o Coaching Sistêmico poderá ajudá-lo neste caminho para acessar a consciência maior, que habita em todo ser humano, ampliando cada vez mais suas possibilidades de autoexpressão e autorrealização na vida.



**Sugestão de Filmes**

Gênio Indomável, 1997, (EUA)

Matt Damon é Will Hunting, um jovem humilde, porém brilhante. Nunca esteve numa universidade e vive de pequenos trabalhos, mesmo assim é capaz de citar fatos históricos e resolver complicadas equações matemáticas. Quando seu brilhantismo é descoberto por um professor da universidade onde trabalha como servente, Will tem a sua chance. Mas antes precisará livrar-se de uma ordem de prisão. Sua única esperança é Sean McGuire (Robin Williams), um professor universitário e terapeuta que o admira e compreende o que é lutar por seu espaço na vida.
(Fonte: www.saraiva.com.br)

Invictus, 2009 (EUA)

*Invictus* acompanha o período em que Nelson Mandela (Morgan Freeman) sai da prisão (1990), torna-se presidente (1994) e vira um ícone mundial. Na tentativa de diminuir a segregação racial na África do Sul, o *rugby* é utilizado para tentar amenizar o fosso entre negros e brancos, fomentado por quase 40 anos. O jogador Francois Pienaar (Matt Damon) é o capitão do time e será o principal parceiro de Mandela na empreitada.
(Fonte: cineclick.uol.com.br)

## Elisa Próspero



Consultora Organizacional, psicóloga, especialista em *coaching* executivo, docente na pós-graduação e MBA da Fundação Armando Álvares Penteado – FAAP/SP e docente na UNIP/SP. Pós-graduada em Administração de Recursos Humanos e Técnica em Administração de Empresas pela FGV-SP. Especialização em Psicologia Social e do Trabalho pela PUC/SP. Formação em programas comportamentais e especializações em abordagens corporais, psicodramáticas e psicoterapêuticas. Estudiosa de filosofia oriental e voluntária em programas de relaxamento, concentração e meditação na Fundação Lama Gangchen para a Cultura de Paz. *Master* na coordenação e realização de eventos, palestras e programas de desenvolvimento organizacional. Credenciada no *Frameworks Coaching Process* , pela *Innerlinks Associates*, EUA. Facilitadora licenciada em Biodanza – Sistema Rolando Toro de Desenvolvimento Humano e especializada em Educação Biocêntrica para organizações. Nos últimos vinte anos vem atuando junto a organizações bem-sucedidas e já ministrou programas de gestão e liderança abrangendo mais de 35.000 profissionais. Coautora no Livro *Ser+com Coaching*.

**Site:** www.elisaprospero.com.br
**E-mail:** eprospero@terra.com.br
**Telefone:** (11) 9622-7157

# Anotações

# 19

# *Coaching* centrado em valores e talentos



O texto que vem a seguir tem como objetivo trazer uma reflexão e uma troca de experiências não só com o leitor interessado em se submeter ao processo de *coaching*, mas também com os profissionais que têm no *coaching* sua atividade diária

**Emerson Ciociorowski**

Como pioneiro na área de *coaching* no Brasil e ainda pelo fato de, na época, além do desconhecimento dessa atividade, não ter em quem me espelhar, tive que galgar essa atividade como autodidata, estudando, experimentando e aprendendo com meus clientes, até chegar a um sistema que é fruto de um processo que desenvolvi ao longo de mais de quinze anos de atividade.

Dentro desse meu processo, gostaria de dividir com você, leitor, dois pontos que considero essenciais no processo de *coaching*, pois, a cada dia que passa, mais me convenço de sua importância pelos resultados obtidos e pelo *feedback* que recebo de meus clientes a partir do contato com esses dois aspectos: valores e talentos.

Assim, vamos iniciar esta reflexão conceituando o que são "valores". Antes disso, porém, há de se notar que não pretendo aqui nenhuma erudição filosófica profunda, mesmo porque a questão dos valores é amplamente discutida, gerando controvérsias e debates intensos desde a Antiguidade.

Segundo o Dicionário de Filosofia de Nicola Abbagnano, "Valor (lat. *Aestimabile*, in. *Value*; fr. *Valeur*, al. *Wert*, it. *Valore*): o uso filosófico do termo só começa quando seu significado é generalizado para indicar qualquer objeto de preferência ou escolha, o que acontece pela primeira vez com os estóicos, que introduziram o termo no domínio da ética e chamaram de 'valor' os objetos de escolha moral".

Seguramente, o verbete vai adiante com visões de várias abordagens filosóficas. No entanto, para nós aqui, essa definição já basta, ainda mais quando a agregamos à visão de Bateson, para quem "valor" é a base das nossas escolhas e está no nível lógico da mente, no que ele chama de inconsciente, tornando-se a fonte da motivação e do comprometimento (Teoria dos Níveis Lógicos da Mente, do antropólogo inglês Gregory Bateson, descrita em uma de suas mais notáveis obras, *Steps to an Ecology of Mind* [1972]).

Quero ressaltar que, para o nosso propósito, a definição de "valor" é algo que vai além da abordagem que está ligada à ética, à moral, aos costumes e à cultura como referencial externo. Valor é algo que está ligado ao "sentimento" interno do que é realmente importante para nós. Cabe, neste momento, uma reflexão de Scheler, que afirma que o sentimento é "uma forma de experiência cujos objetos são completamente inacessíveis ao intelecto, que é cego para eles assim como a orelha e o ouvido são incessíveis às cores"; essa forma de experiência nos apresenta autênticos objetos dispostos numa ordem hierárquica eterna que são os valores (Der Formalimus in der Ethick, 3ª. ed., 1927, p. 262).

O que podemos observar hoje é uma verdadeira crise de valores

na nossa sociedade, resultado de um profundo sonambulismo das pessoas que não entram em contato com seus valores e se baseiam apenas nos valores externos da mídia, da cultura, da "modinha barata" e descartável.

Sem dúvida, há na sociedade atual uma carência de oportunidades e de fóruns próprios para a discussão e a reflexão sobre os valores, o que deixa esses "valores" que aqui nos interessam intactos na sua origem e inacessíveis a um processo de reflexão a respeito das decisões que norteiam nossas escolhas.

Creio que, exatamente por não ser tema corriqueiro, esse caminho de definição de valores dentro do processo de *coaching* acaba sendo uma poderosa ferramenta de transformação em si, independentemente de outras etapas e objetivos deste trabalho.

No processo de *coaching*, proponho aos meus clientes uma profunda reflexão sobre seus valores de vida e seus valores profissionais, utilizando ferramentas de *mind map* sobre atividades que já quiseram exercer desde a infância, testes de congruência e, em certos casos, até o uso de relaxamento dirigido.



O resultado das reflexões traz como efeito maior foco, capacidade de priorização de objetivos e facilitação das escolhas e tomadas de decisão.

Por outro lado, devemos ter em mente que a busca constante da felicidade que todos querem pode também ser atingida pela satisfação em situações nas quais nossos valores mais profundos são atendidos. Essa "felicidade" eu defino como o gatilho emocional que é disparado quando deparamos com algo que realmente tem valor para nós, desde algo mundano e material, como um belo prato da comida que apreciamos, passando pela defesa de uma causa, como a preocupação sobre a sustentabilidade num contexto industrial ou o reconhecimento dentro do ambiente de trabalho.

Na medida em que trazemos nossos valores mais profundos para nossa consciência, passamos a fazer nossas escolhas de maneira mais fácil, além de valorizarmos mais aquilo que temos em vez de lamentarmos aquilo que não temos.

Tenho vivenciado na prática o resultado de clientes que, em entrevistas de seleção e recrutamento, chegam ao ponto de quase conduzirem a entrevista baseando-se nos valores que buscam encontrar no ambiente de trabalho, o que favorece a escolha de uma empresa em detrimento de outra.

Em resumo, nós nos comprometemos e nos motivamos por aquilo que é importante para nós.

**Agregando a Teoria de Valores à descoberta de talentos.**

Em 2003, um grande amigo, o dr. Randall S. Rigs, médico psiquiatra residente em Seattle, me presenteou com um livro provocativo que gerou uma série de conversas e estimulou mudanças significativas no meu trabalho de *coaching* pessoal e profissional, e me induziu à quebra de um paradigma instalado nos processos de treinamento e no próprio planejamento estratégico como ferramenta de gestão de empresas.

O livro foi escrito por Marcus Buckingham e Donald O. Clifton, Ph.D., e se chama *Now, Discover Your Strengths*, hoje com versão em português pela Editora Sextante, *Descubra seus pontos fortes*.

As principais conclusões de Buckingham e Clifton, que serviram de base para uma nova perspectiva no meu trabalho, foram:

- existe a crença de que qualquer pessoa pode aprender a ser competente;
- evidência: o foco dos processos de *coaching* e treinamento, nas empresas, está nos pontos fracos dos indivíduos;
- despende-se muito mais tempo e dinheiro em treinamento do que em seleção;
- promovem-se as pessoas com base em suas habilidades e experiências adquiridas, mas não por seus talentos;
- são mais bem remuneradas e mais prestigiadas as pessoas com mais experiências adquiridas ao longo do tempo;

Então, antes de mais nada, vamos definir o que é talento: um padrão natural de pensamentos, sentimentos ou comportamentos que podemos aplicar de forma produtiva.

As principais características do talento são:

- talento não se transmite;
- quando o talento se manifesta, você não despende muita energia;
- ao longo do tempo, você reconhece o talento naquelas coisas que faz bem feitas e com constância;
- quando você faz algo para o que tem talento, você faz com paixão;
- você reconhece o seu talento para aquelas coisas que lhe proporcionam uma satisfação intrínseca porque têm muito valor para você;

Outro ponto importante é que talento não é habilidade nem conhecimento!

- talento é um padrão que se repete de forma sempre natural;
- o conhecimento está relacionado a eventos e lições aprendidas;
- a habilidade está relacionada com a sua capacidade de desenvolver as etapas de uma atividade;

Vale lembrar aqui a questão do funcionário certo no lugar certo, tão difundida por Edward Deming, na década de 80. Neste mundo de inovações e mudanças tão constantes, às vezes incorremos no erro de jogar fora uma boa teoria quando aparecem novos "gurus" com suas teorias revolucionárias e uma boa dose de *marketing* em cima. Portanto, se você for fundo e descobrir seus talentos, agregar conhecimentos e desenvolver habilidades direcionadas para esses talentos, você estará caminhando na direção de sua excelência e fazendo as coisas de maneira única, diferenciada e, certamente, com muito mais prazer. Neste ponto, imagine como poderá ser o trabalho na medida em que, no dia a dia, você possa focar sua energia em coisas que lhe têm valor, agregando a atividades que você tem talento para executar. Certamente seu nível de satisfação irá aumentar e a consequência disto é que você atingirá seu potencial pleno de excelência. Além disso, estimule os liderados a descobrir seus talentos e valores. Você terá melhores resultados com menos dispêndio de energia, num ambiente mais harmonioso e prazeroso de se trabalhar.

# Emerson Ciociorowski



Graduado em Economia pela Universidade Mackenzie, com especialização em Marketing pela NYU, em Nova York. Entre 1980 e 1991 desempenhou funções na área comercial e relações corporativas na Carbocloro SA, do Grupo Oxychem. A partir de 1991 passou a atuar como consultor na área de planejamento e comércio exterior. Pioneiro na introdução do conceito de *Coaching* no Brasil, desde 1996 desenvolve trabalhos individuais e em grupos a partir de quatro alicerces: Planejamento Estratégico, Inteligência Emocional, Teoria de Valores e Teoria dos Talentos.
É membro-fundador do Grupo de Estudos de Excelência em *Coaching* do Conselho de Administração – CRA-SP.
Consultor e palestrante, tem trabalhado para empresas no Brasil e exterior.
É autor do livro Executivo, o super-homem solitário, com prefácio de Abílio Diniz e coautor do livro Ser+Líder, onde aborda o tema "Líder 2.0".
É criador da marca e conceito *Stressbreak*, um jeito novo de lidar com a vida.

**Sites:** www.tempusnet.com.br
www.stressbreak.com.br
**E-mail:** emerson@tempusnet.com.br
**Telefones:** (11) 3052-3028 | (11) 3052-3469
**Twitter:** emersontempus

# Anotações

# 20

# Liderança *coach*: o poder da comunicação que transforma



A Liderança *Coach* é o modelo mais adequado ao perfil do novo líder, promovendo o autodesenvolvimento das pessoas em direção às metas com foco e ação. Leia neste artigo alguns caminhos para desenvolver esse potencial de liderança

**Gregório Ventura**

## Gregório Ventura

*"O modelo de liderança anterior funcionou bem até o fim do século XX, mas já foi superado faz dez anos".*
*César Souza*

Como um líder pode transformar positivamente as pessoas e obter os resultados esperados?

Esta é a pergunta-chave feita constantemente pelos profissionais de alto desempenho. No atual cenário de crescimento do mercado brasileiro, as organizações começam a sentir o efeito do "apagão de talentos e liderança", constituindo um autêntico gargalo para aproveitar as oportunidades do mercado. Este é o desafio atual, onde as competências comportamentais começam a entrar na pauta de avaliação dos líderes para se construir ao longo dos anos o crescimento sustentável. No Brasil, o líder aprendeu durante muito tempo a ser um executador e agora o perfil é de estrategista com uma capacidade de envolver as pessoas nas suas estratégias. Aqui urge a necessidade do líder em ser um excelente comunicador. A comunicação eficaz passa pela capacidade de um diálogo efetivo e produtivo.

O diálogo autêntico não se resume em pontos finais, mas sim na reflexão, compreensão do processo, abertura à capacidade de pensar e desenvolver decisões, onde é fundamental que os colaboradores utilizem o potencial máximo para se atingir resultados.

O diálogo passa a ser um comportamento ativo da reinvenção do novo líder. Quando é permitido ao liderado se revelar tal como ele é, o líder constrói a comunicação autêntica, exercendo o poder da sabedoria através da escuta ativa e consegue orientar e conquistar para o comprometimento.

Para desenvolver novas habilidades e se formar um líder, é preciso um tempo considerável. Neste sentido é que surge o *Coaching* enquanto processo que aumenta de forma rápida o desempenho e favorece o desenvolvimento de uma comunicação produtiva entre líderes e liderados. A liderança *Coach* é uma resposta para que os líderes possam transformar positivamente as pessoas e obter resultados. A liderança *Coach* é uma proposta onde o líder vai utilizar as ferramentas, técnicas e comportamentos como um estilo de liderança visando potencializar o desempenho das pessoas.

Um dos modelos utilizados com eficácia é aquele em que o *coaching* promove o autoconhecimento do líder. **Um líder precisa se conhecer e fazer um mergulho profundo para compreender seus pontos fortes e fracos, suas aptidões, seu momento atual e alinhar seus principais propósitos com os da organização, para em seguida aprender a utilizar as técnicas de *coaching* com**

**seus colaboradores**. Nos meus seminários sobre Liderança *Coach*, eu sempre abordo que nenhum líder pode liderar pessoas se não consegue liderar a si mesmo, com um forte senso de propósito e uma causa muito forte. Organizações sustentáveis são feitas por líderes com forte senso de propósito e causa. O autoconhecimento pode ser feito através de ferramentas de *assessment* que existem no mercado, como testes que podem identificar e mapear seu comportamento. Isto é tão importante que sempre começo o seminário de Liderança *Coach* trabalhando o Método *Quantum*, que é um método brasileiro de mapeamento de perfil. Para melhor desenvolver o autoconhecimento, é fundamental comparar sua avaliação com uma avaliação 360 graus de quem o conheça profissionalmente, oferecendo uma visão das pessoas e atuando sobre discrepâncias entre a sua avaliação e a forma como as pessoas o percebem.

Desarmado de si mesmo, o líder está pronto para desenvolver o aprendizado de ferramentas que necessita aplicar para uma melhor comunicação com a equipe. Uma ferramenta eficaz é o Modelo EGAN.



O modelo EGAN contribui para identificar oportunidades e enfrentar desafios com uma nova perspectiva, contribuindo para ajudar o colaborador e a equipe a pensar e, automaticamente, desenvolver o potencial. Veja como funciona:

O modelo apresentado é o modelo dos três estágios de Gerard Egan.

**O ESTÁGIO 1: ESTABELEÇA O ESTÁGIO ATUAL**

Faça perguntas no estágio 1 para compreender o que está de fato acontecendo. Entenda bem a situação atual:

- O que realmente está ocorrendo?
- O que você estava pensando?
- Explique-me sobre a situação.
- O que é mais importante sobre o que você me contou?
- Como outras pessoas enxergam a situação?

**O ESTÁGIO 2: QUAL O CENÁRIO PREFERIDO?**

Faça perguntas que conduzam a um cenário pretendido e faça a pessoa sair do PONTO A para o PONTO B:

- Como gostaria que fosse a nova situação?
- O que seria ideal para você?
- Quais são seus objetivos e desejos em relação a isso?
- Quais os benefícios ao atingir seus objetivos?

**O ESTÁGIO 3: ESTRATÉGIAS DE AÇÃO – COMO CHEGAR LÁ**

Estabeleça uma linha de pensamento que levará a pessoa a encontrar alternativas e estratégias para entrar em ação:

- Como pode fazer isto de forma a atingir seus objetivos?
- Quais as formas diferentes para resolver isto?
- Quais os passos ou o primeiro passo?
- Quando vai fazer?

**A essência do Líder Coach não está na ferramenta em si, mas na forma de utilizá-la onde o líder se coloca na postura de escutar integralmente seu liderado e ajudá-lo a desenvolver um caminho onde o colaborador vai se comprometer com uma postura motivadora com o processo**. O grande diferencial é a capacidade de gerar comprometimento no liderado através da postura *Coach* de ser.

Paralelamente, o líder deve utilizar constantemente o *feedback*, oferecendo retorno do desempenho do colaborador. *Feedback* é um daqueles momentos ricos para comunicar ao colaborador o que foi feito adequadamente e, o que não foi feito satisfatoriamente e que poderia melhorar ou até mesmo uma correção mais efetiva. Muitos colaboradores não sabem o que o líder pensa a seu respeito e de seu desempenho. *Feedback* é para ser feito sempre que necessário e não pode se deixar passar muito tempo. É para reconhecer e elogiar? Então faça. É para corrigir e ajustar comportamentos? Então aja.

Em síntese, a Liderança *Coach* é o modelo mais adequado ao perfil do novo líder, promovendo o autodesenvolvimento das pessoas em direção às metas com foco e ação. Sugiro três perguntas tiradas do meu e-*book*, Dicas de Liderança *Coach*, para responder em uma folha de papel e desenvolver sua habilidade em ser *Coach*:

1. De 0 a 10, qual a nota que dou para a minha liderança no momento atual?

______________________________

2. Cite 3 habilidades de liderança que deseja desenvolver de imediato.

______________________________

______________________________

______________________________

3. Como posso me comportar de forma diferente para ter maior efetividade na minha comunicação e transformar positivamente minha equipe?

______________________________

______________________________

______________________________

Estas são perguntas que um líder precisa constantemente se fazer. Um líder que pretenda agir como *Coach* tem que saber fazer perguntas para compreender a situação, para encontrar soluções e para produzir compromisso. O diálogo efetivo produzido por este processo traz crescimento para toda a organização e constroi um time e não apenas um grupo de pessoas. É este novo modelo de líder que fará os novos serem desenvolvidos, pois como disse Jack Welch, "no futuro, todos os líderes serão *Coaches*. Quem não desenvolver esta habilidade, automaticamente será descartado pelo mercado".

Para finalizar, é bom deixar claro que *Coaching* não é treinamento como muitos conhecem, no entanto, o *Coach* potencializa resultados pós-treinamentos. Líder *Coach* é uma habilidade de ser, é desenvolvimento gratuito assumido pelo gestor.

Desenvolva seu plano de ação pessoal para mudar seu comportamento, construa um modelo que seja sustentável e forme outros líderes no seu time. Então, qual vai ser o primeiro passo?

# Gregório Ventura



Formado em Administração pela Universidade Estadual de Montes Claros – MG, é consultor, professor, escritor, palestrante e *coach*.
Foi Presidente da Empresa Júnior Unimontes – EJU e foi cofundador da Federação Mineira das Empresas Juniores – FEJEMG. Em 1997 recebeu o prêmio "Acadêmico Destaque de Minas Gerais", concedido pelo Conselho Regional de Administração de Minas Gerais – CRA/MG. Pós-graduado em Gestão Empresarial e com MBA em Gestão Comercial pela Fundação Getúlio Vargas – FGV com extensão em Empreendedorismo pela Babson *College* – EUA.
É Personal *Coach* e Executivo *Coach* formado pela Sociedade Brasileira de Coach. *Master Coach* formado pela Graduate *School Of Master Coaches* do *Behavioral Coaching Institute* – BCI. É autor da série de DVD´s Atitudes que vendem, do livro Seja um Fera em Vendas e dos e-*books* Aprenda a Vender! – Para quem acredita que não precisa ou não sabe" e Dicas de liderança Coach. Coautor dos livros *"Ser+ com T&D", "Ser+ com Coaching" e "Ser+ em Vendas" (2ª Ed.).*
Recentemente foi homenageado na revista Guia dos Palestrantes 2010 como um dos palestrantes de destaques do Brasil.

**Site:** www.gregorioventura.com.br
**E-mail:** contato@gregorioventura.com.br
**Telefones:** (31) 9819-1203 / (38) 8414-6225 / (38) 3213-4206

# Anotações

# 21

# *Coaching* Executivo.br



O *Coaching* é uma atividade vocacional antes de ser uma atividade remunerada, indispensável ao desenvolvimento pessoal, profissional e organizacional, com qualidade de vida

**Jansen de Queiroz**

A seguir, exponho UMA metodologia de *Coaching* que considero alinhada com a cultura brasileira. Essa leitura é válida para as metodologias de *Coaching*, utilizada em qualquer parte do mundo. Porque ainda não existe A metodologia de *coaching*.

Por que o interesse em participar da elaboração de uma metodologia de *Coaching* adequada à realidade brasileira? Primeiro, por uma questão teórica desenvolvida pelo sociólogo da Administração, Guerreiro Ramos, no seu renomado livro *Redução Sociológica*, no qual demonstra que não se deve assimilar teorias ou práticas de uma cultura nacional ou organizacional sem o necessário alinhamento com a cultura local ou organizacional. Segundo, porque, no Brasil, valorizamos excessivamente a prática, a "sacada" e algum "levar vantagem", certo?! Alguns chegam a desqualificá-la. Diz-se, de forma categórica: a teoria na prática é outra coisa, serve, possivelmente, como escudo para não se reconhecer ou declarar que não se estudou suficientemente bem a teoria para aplicá-la com eficácia; enquanto nos Estados Unidos e na Europa, se valorizam igualmente teoria e prática. Terceiro, nas regiões desenvolvidas do mundo, o tempo é valorizado. Há consciência de que tempo é um recurso valioso, escasso de consumo instantâneo e irrecuperável. Tempo é **vida**! Quarto, os profissionais dos países desenvolvidos reconhecem que o que vendem é conhecimento, passível de ser transmitido, e que a prática é uma questão individual e intransferível.

No contexto descrito acima, entendo que não seja eficaz utilizar apenas as ferramentas clássicas do *Coaching*: perguntas desafiadoras e estimuladoras da reflexão, programa de metas e *feedback*. Aqui, precisamos de algo mais: discussão de uma estrutura conceitual que abranja os aspectos técnicos, comportamentais, gerenciais e a gestão do tempo para apoiar o trabalho de *Coaching*.

Toda atividade humana é complexa, porque o ser humano é rico de possiblidades, naturalmente falível, e potencialmente bom e ruim – consigo mesmo e com os outros -, que interage com as variadas tarefas e circunstâncias. Estas características sinalizam que o *Coaching* não é mais um modismo e insinuam que é uma atividade vocacional antes de ser uma atividade remunerada, indispensável ao desenvolvimento pessoal, profissional e organizacional, com qualidade de vida. Pode ocorrer que haja, por certo período, banalização de sua prática, assim como ocorreu com uma de suas valiosas ferramentas: o *feedback*, que ficou banalizada pela má compreensão, que passa aparente facilidade prática. Alguns profissionais, que se acham competentes para ensiná-lo, ancoram-se na conceituação elaborada pela engenharia elétrica. Não percebem o elevado grau de complexidade que a sua prática eficaz requer no âmbito das ciências sociais.

## I. Premissas do Coaching Executivo.BR:

1. Todo Ser Humano é falível;
2. O Ser Humano é potencialmente bom e ruim;
3. Para reduzir a probabilidade de erro humano é preciso compartilhar sentimentos, intenção de ação e resultados;
4. Nada é permanente;
5. Tudo que é aprendido poderá ser desaprendido;
6. Desaprender é muito mais complexo do que aprender;
7. Trabalho centrado no cliente;
8. Nada acontecerá se o cliente não quiser mudar;
9. Tempo é vida;
10. O conceito modela o pensamento e este modela a ação;
11. Nem tudo que é lógico é motivacional;
12. Pensamento sistêmico;
13. O trabalho executivo, sem planejamento do tempo, se caracteriza pela brevidade, diversidade e fragmentação;
14. Mudar crenças, comportamentos e atitudes requer tempo e esforço, muito maiores do que para simplesmente alterar conhecimentos. Demanda reflexão crítica, *feedback* e acompanhamento de ações alinhadas com os objetivos declarados do cliente.



## II. Metodologia:

1. Entrevista inicial – exposição das premissas, da metodologia, das técnicas e do contrato tácito ou formal;
2. Elaboração e aplicação do QAP - questionário de autoprospecção;
3. Análise das respostas ao QAP;
4. Levantamento da heteropercepção sobre o cliente, com sua permissão, de pessoas próximas ou significativas para ele, no início e no final do contrato de *Coaching*;
5. Reuniões de *Coaching* com duração de duas horas;
6. Avaliação da interação cliente-*coach* e da satisfação do cliente a cada reunião;
7. A partir da segunda reunião, o cliente faz relato de eventos relevantes, ocorridos entre as reuniões;
8. No decorrer das reuniões, é possível utilizar-se das técnicas de *Coaching*, *mentoring* e *counselling*, sempre em resposta às necessidades ou desejo do cliente, que são prevalentes à metodologia, ao programa de atividades ou às necessidades do *coach*;

## III. Técnicas utilizadas:

A primeira intervenção é a entrevista, seguida da aplicação do QAP – questionário de autoprospecção - atividade que possibilita ao cliente ampliar

sua autopercepção, avaliar sua disposição para refletir sobre questões fundamentais para seu desenvolvimento como pessoa e como profissional, conscientizar-se sobre pontos fortes e sobre os que precisam de melhoria. É uma anamnese estruturada, que economiza tempo e dinheiro do cliente. Durante as reuniões, são formuladas perguntas estimuladoras, oferecidos *feedbacks* e apresentados conceitos e práticas sobre competências técnica, comportamental e gerencial que precisam ser reforçadas, renunciadas ou adquiridas, com o objetivo de facilitar o desenvolvimento do cliente como pessoa e como profissional, sem gerar dependência em relação ao *coach*, com consciência de que saúde e tempo são condições essenciais para se realizar qualquer atividade e de que a teoria é tão relevante quanto a prática.

Pode existir, ou não, contrato formal escrito. O relevante é as partes construírem relação de certeza e terem a liberdade para romper o contrato a qualquer momento, sem ônus e sem constrangimento excessivo, quando não se sentirem confortáveis ou quando não estiverem satisfeitas com os resultados. Esta regra é integralmente válida quando o cliente for pessoa física. Sendo pessoa jurídica, há contrato, com definição de aviso prévio mínimo, acordados entre as partes.

O local de realização das reuniões é acordado entre as partes. Preferencialmente, em local neutro, nem no escritório do *coach*, nem na "trincheira" do cliente.



### IV. *Coach* interno, líder *coach* e *mentoring*

Tenho manifestado que o *coach* interno oferece riscos ao cliente e duvidosa redução de custos. Para a organização, é limitada a eficácia nos níveis primários da função executiva e improvável de ser eficaz do nível médio da hierarquia para cima.

Cliente e *coach* interno, muito dificilmente, construirão legítima relação de certeza, que gere absoluta convicção de confidencialidade, para exposição profunda. Seja porque o *coach* interno, como ser humano, é bom e ruim; seja pela insegurança do arquivamento das informações sobre o cliente; seja, ainda, porque o *coach* interno não terá tempo de ampliar seus conhecimentos técnicos, comportamentais e gerenciais, para apoiar o trabalho de *Coaching* e, também, porque não terá uma visão descondicionada da cultura organizacional em que ambos atuam, que pode ser uma das causas que influenciam o comportamento, o desempenho e o desenvolvimento do cliente.

Líder *coach*, um eufemismo para executivo competente. Líder, para Peter Drucker, é quem tem seguidores. Executivo é quem obtém resultados com pessoas. As organizações pagam profissionais para terem seguidores ou para obterem resultados com pessoas? Além do que, se o líder for do tipo carismático, fará um estrago danado. Infantilizará seguidores e não fará sucessor e, provavelmente, dará preferência ao seu projeto de poder ou influência, e

não aos objetivos organizacionais. Considere que o cliente do "líder *coach*" o perceberá com o poder efetivo de premiá-lo ou de puni-lo. Como expor-se completamente, tendo a "espada de Dâmocles" sobre a cabeça?

Coach interno e o executivo competente – vulgo líder *coach* - devem utilizar-se do *feedback* tecnicamente elaborado, que é uma ferramenta poderosa de desenvolvimento mútuo e de melhoria da competência interpessoal, do desempenho e da produtividade com qualidade de vida.

O *mentoring* deve ser incentivado nas organizações porque acelera o amadurecimento profissional. É desejável que o mentor tenha, além da competência do saber-fazer, competência em dar e receber *feedback*, para acolher o novato e conceder-lhe com respeito o espaço para manifestações diversas, para trabalhar erros, acertos e caminhar em direção ao desenvolvimento autônomo.

O administrador, no exercício da atividade de *Coaching*, é passível de ser punido no Brasil, porque o CRASP agregou ao Código de ética do administrador as melhores práticas que este deve cumprir, no exercício da atividade de *Coaching*.

**V. A essência do processo de *Coaching*.**



O *Coaching* não é terapia, mas pode ser terapêutico. Combina as técnicas da anamnese, da maiêutica, o estabelecimento de objetivos e o *feedback* tecnicamente elaborado. A transferência de conhecimento específico, não é objeto do processo de *Coaching*, como é no treinamento, mas estimula a aprendizagem e o desenvolvimento continuado. O acompanhamento sistematizado e alinhado com os objetivos definidos pelo cliente é o diferencial essencial com relação a outras técnicas de apoio à mudança. O acompanhamento sistematizado é basilar para o *Coaching*, pois a mudança é um processo complexo, que requer esforço, tempo e renúncia. O acompanhamento mantém o cliente conectado com seus objetivos, com estímulos não contaminados pelos hábitos, valores, contexto, conceitos e crenças limitantes do cliente, a fim de ampliar e diversificar visões, alternativas e ações produtivas.

Espero ter oferecido uma metodologia de *Coaching* Executivo.BR para análise e avaliação do leitor; algumas indicações sobre a adoção ou não do *Coaching* interno, um estímulo para reflexão sobre o papel do executivo competente, dito líder *coach*, sobre mentoria e, principalmente, a provocação de que é indispensável fazer redução sociológica na transferência de tecnologia de gestão de pessoas.

Obrigado pela sua leitura e fico aguardando seus comentários.

## Jansen de Queiroz



Administrador e pós-graduado em RH e Finanças pela FGV e em dinâmica de pequenos grupos pela SBDG; economista pela UERJ, experiência de vinte anos como executivo em nível de diretoria. Membro do Grupo de Excelência em *Coaching* do CRASP. Experiência de dez anos em *Coaching* Executivo com empresários, executivos e jovens profissionais. Realiza treinamentos sobre mentoria, *feedback*, gestão do tempo e construção de equipes de alto desempenho. Tem artigos publicados em jornais de grande circulação e em sites e revistas especializadas.

**E-mail:** jansen@gestaopolifocal.com.br

## Anotações

# 22

# O *Coaching* Ontológico com base neurobiológica



O *Coaching* Ontológico não faz uso de roteiros ou fichas preestabelecidas, não organiza as sessões previamente e não tem, a priori, uma linha de perguntas a seguir. Seu principal instrumento é uma folha em branco e as bases teóricas da filosofia da linguagem

**Káritas de Toledo Ribas e Marcello Árias Dias Danucalov**

**Káritas de Toledo Ribas e**
**Marcello Árias Dias Danucalov**

O *Coaching* Ontológico é possivelmente a única escola de *Coaching* originária na América Latina, e difere em muitos pontos das demais escolas existentes atualmente no mundo. Seu precursor é o filósofo chileno Fernando Flores, que em 1973, durante o golpe militar proferido pelo general Pinochet, atuava como ministro do governo chileno sob a presidência de Salvador Allende. Pinochet manteve Flores preso por três anos, e no cárcere, as ideias que dariam origem ao *Coaching* Ontológico começaram a florescer.

O *Coaching* Ontológico dá grande importância à linguagem, e as visões de Fernando Flores sobre este tema, sua estrutura e sua função, foram moldadas sob a ótica de diversos pensadores, como o biólogo chileno Humberto Maturana, o também chileno e neurocientista da cognição Francisco Varela – ambos pioneiros na área de pensamento sistêmico, assim como John Rogers Searle, filósofo e professor americano da Universidade de Berkeley, na Califórnia, que inicialmente dedicou-se à linguística e à filosofia da linguagem, e posteriormente à filosofia da mente. Mais tarde, o *Coaching* Ontológico ganhou força com outros pensadores, como Rafael Echeverría e Julio Olalla.

A Ontologia ou "conhecimento do ser" é a parte da filosofia que trata da natureza do ser, da realidade, da existência e do significado das coisas. O *Coaching* Ontológico preocupa-se com o significado da visão de mundo do cliente. Para isso, investe na compreensão da forma como este se apropria do mundo, de seu modo de ser e estar no mundo. Nosso "modo de ser" é fruto da interação dinâmica entre a linguagem, as emoções e a fisiologia. Essa interação determina nosso comportamento e dá origem ao que sentimos, ao que dizemos, ao que fazemos, assim como aos nossos juízos do mundo e de nós mesmos. Nesta escola de *Coaching*, a linguagem não é vista somente como descritiva dos fenômenos da realidade, mas também como geradora de realidade e promotora de percepções existenciais. Saber fazer uso das ferramentas linguísticas, ser mais eficaz nas distinções linguísticas e dominar as diversas formas de comunicação pode ser uma maneira de aproximar a situação desejada (meta) da situação atual.

No *Coaching* Ontológico o cliente deve ser respeitado como um "outro legítimo". Para tanto, o *coach* deve esforçar-se para compreender o modelo mental de seu cliente e, por meio de perguntas, ajudá-lo a expandir sua capacidade de produzir ações efetivas. Nas sessões de *Coaching* Ontológico, o *coach* elabora junto com o cliente a distinção entre asserções (fatos) e opiniões (apreciações), ampliando assim a visão das questões trazidas por este e possibilitando que

o mesmo perceba a situação por meio de diversos pontos de vista, diversas óticas e distintas interpretações.

Uma das ferramentas usadas nesta escola facilita que o cliente perceba seus diálogos internos e os analise com mais racionalidade, moldando assim uma nova perspectiva para observar o mundo e a si mesmo. Desta forma, o *Coaching* Ontológico almeja fazer com que sejamos capazes de questionar nossas ideias, crenças, pressupostos, opiniões, patrocinando assim uma nova competência, que é a de observar nossa própria maneira de ver o mundo.

Contudo, o *coach* precisa conter inúmeros impulsos que podem prejudicar o processo, abstendo-se de fazer julgamentos sobre o cliente, de dar conselhos, de emitir opiniões, de interpretar ou conduzir a fala do cliente e, acima de tudo, de não contaminar as perguntas dirigidas ao cliente com os seus próprios pressupostos. Por estes motivos o *Coaching* Ontológico não faz uso de roteiros ou fichas preestabelecidas, não organiza as sessões previamente e não tem, a *priori*, uma linha de perguntas a seguir. Seu principal instrumento é uma folha em branco e as bases teóricas da filosofia da linguagem.



O *Coaching* Ontológico pode ajudar o cliente a explorar determinadas crenças disfuncionais, geralmente alicerçadas em autopercepções distorcidas, oriundas de hábitos comportamentais adquiridos durante a vida. Uma afirmação como "Eu sou uma pessoa que tem dificuldade para aprender" pode ser examinada por meio de várias óticas, e as perguntas do *coach*, para ajudar seu cliente a ter uma visão mais abrangente da situação em foco, podem ser: quais fatos levam você a chegar a essa conclusão?; o que você almeja conseguir que você pensa não estar apto e necessite de um aprendizado?; Conte-me em quais circunstâncias essa dificuldade se manifesta; de acordo com quais padrões você está julgando a si e aos outros ao seu redor?; como esta opinião tem influenciado na consecução de suas metas?; a qual área de sua vida você está se referindo especificamente?; para você, aprender é uma qualidade dualista, do tipo "tudo ou nada"?; quais fatos você poderia enumerar contra essa sua autoapreciação negativa?; em quais áreas da vida você tem sido bem-sucedido?; quais competências você acredita que deva adquirir para obter o que deseja agora?; enfim, o *coach* ajuda seu cliente a perceber generalizações, crenças e autodepreciações não fundamentadas em fatos.

O *Coaching* Ontológico alicerça-se na linguagem e propõe investigações mais profundas sobre a forma com que temos erigido nossa comunicação, questionando-nos sobre as configurações pelas quais temos expressado nossas ideias e nossos desejos. Como temos feito declarações, asserções, apreciações, solicitações, propostas ou promessas? Nossos atos linguísticos têm sido eficientes ou é possível

mudar a linguagem para obter resultados mais satisfatórios?

Outra área trabalhada pelo *Coaching* Ontológico são as emoções. Contudo, diferentemente das psicoterapias, no processo de *Coaching* não se busca necessariamente a origem das tendências emocionais. O objetivo é sempre o futuro. É imprescindível que conheçamos nossos sentimentos e assumamos responsabilidade sobre eles, deliberando racionalmente sobre o afeto percebido.

Emoção, em uma definição mais geral, é um impulso neural que move o indivíduo para a ação. É um estado psicofisiológico. Genericamente, toda emoção tem uma história, e toda a emoção pede uma ação específica. Por vezes, o *coach* de base ontológica questiona as emoções do cliente para, junto com este, decidir pela ação mais apropriada. Tomemos como exemplo a chateação ou o aborrecimento. A história por trás desta emoção é a de que algo mau ocorreu e não deveria ter ocorrido, um limite ou um padrão considerado justo foi transgredido, uma promessa ou um compromisso foi quebrado. O *coach* primeiramente questionaria o cliente se o aborrecimento é justificado, pois muitas vezes podemos nos aborrecer com um comportamento alheio sem que tenhamos pactuado um compromisso prévio com o suposto agente do aborrecimento. Caso o compromisso tenha sido feito, o *coach* elabora com o cliente qual a melhor estratégia de ação para minimizar o aborrecimento e também os eventuais prejuízos para a relação, de forma que a reclamação possa ser efetiva e, ao mesmo tempo, traga conforto emocional para ambas as partes envolvidas no dilema. Esta é uma questão para a ontologia da linguagem.

O *Coaching* Ontológico é apoiado no tripé consciência, responsabilidade e aprendizagem. A consciência diz respeito à forma como o cliente olha para aquilo que possa impedir a realização de sua meta. É relativa à proximidade, clareza, interpretações e competências necessárias para lidar com a questão. Os esforços do *coach* são direcionados para a aquisição de uma visão menos alienante da vida. Durante todo o processo, este assume que cada indivíduo é responsável por suas escolhas e que estas escolhas conduzem ou não aos objetivos. Portanto, o profissional trabalha com o cliente para que este tenha consciência dos aspectos de sua vida onde, eventualmente, esteja culpando outros ou negando suas responsabilidades. Finalmente, o *coach* trabalha de forma que o cliente construa um aprendizado que possa ser transportado para várias áreas de sua vida e para que o ganho no processo não seja apenas pontual.

O *coach* ontológico de excelência, que é estimulado constantemente em seus estudos filosóficos e no comportamento humano, ganha envergadura profissional para atuar na área executiva, com equipes, no ambiente acadêmico ou na área da saúde; sendo um

profissional reconhecido por sua flexibilidade, pois não cristaliza o processo em modelos preestabelecidos ou importados de culturas e ambientes diversos dos nossos.

Em resumo, esta escola parte da compreensão do tipo de observador que é o cliente, para, posteriormente, ajudá-lo a observar seus modelos mentais, ressignificar suas crenças e seus pressupostos e a escolher as melhores estratégias para erigir conversas mais sadias, elegendo atos linguísticos que possam transformar sua realidade, uma vez que para a filosofia da linguagem, esta é gerativa da realidade e não meramente descritiva dos fenômenos do mundo.

Apesar de Fernando Flores não fazer uso explícito da neurociência, a essência do *Coaching* Ontológico flerta com tais questões, uma vez que os pensadores que embasaram as ideias dele, Searle, Maturana e Varela, são oriundos das ciências da cognição humana. Nós, da Appana *Coaching,* ministramos formações em *Coaching* Ontológico e concedemos a ela uma interessante visão sistêmica, correlacionando de forma clara, profunda e divertida os pressupostos filosóficos com as recentes descobertas das neurociências no que tange ao comportamento humano e à neurobiologia dos afetos.

# Káritas de Toledo Ribas e Marcello Árias Dias Danucalov



**Marcello Árias Dias Danucalov**

Psicobiólogo e Psicofisiologista; experiência em Técnicas de Integração Cérebro, Mente e Corpo e *Biofeedback*; *coach* com formação Ontológica; especialista em *Mindfulness* (UniFMU); especialista em Fisiologia (UNIFESP); mestre em Farmacologia (UNIFESP); doutor em Psicobiologia (UNIFESP); acadêmico de Filosofia; professor universitário com experiência de 25 anos de docência; autor de diversos livros e artigos científicos; sócio-diretor da empresa Appana *Coaching* – Desenvolvimento Humano e Psicofisiologia Aplicada.

**Káritas de Toledo Ribas**

Graduada em Administração de Empresas (UERJ/RJ); *coach* com formação Ontológica; especialista em Medicina Comportamental (Centro de Estudos em Medicina Comportamental - UNIFESP); pós-graduada em Dinâmica dos Grupos (SBDG); acadêmica de Filosofia; mais de 20 anos de experiência como consultora, professora e palestrante; sócia-diretora das empresas Appana Mind e Appana *Coaching* – Desenvolvimento Humano e Psicofisiologia Aplicada.

**E-mail:** contato@appanamind.com.br
**Telefone:** (11) 3815.0863
**Site:** www.appanamind.com.br

## Anotações

# 23

# O bê-a-bá do *Coaching* de Vida



O *Life Coaching* ou, popularmente conhecido como *Coaching* Pessoal, é uma metodologia de mudança destinada a pessoas físicas, que buscam mudar de vida, pensar positivamente, agir e atingir objetivos pessoais, profissionais e qualidade de vida

**Marcela Buttazzi**

## O que você precisa saber sobre *Coaching*

**O que é *Coaching*?**
*Coaching* é um processo de parceria com cliente para descobrir o melhor caminho para a conquista desejada. No *coaching*, o *coach* trabalha as habilidades do cliente para que ele conquiste seus objetivos, criando consciência, produzindo motivação, revelando e aprimorando talentos e desempenho. Durante todo o processo, o *coach* trabalha com quatro premissas:

- Foco
- Ação
- Resultados
- Melhoria Contínua

O *coach* concentra-se no ponto em que seus clientes estão hoje, nas suas metas e no que estão fazendo para conquistá-las. O *Coaching* pressupõe que o cliente seja capaz de refletir sobre seu próprio pensamento e subentende responsabilidade. Ele não é indicado para clientes portadores de sérios problemas de saúde física ou mental, pois o cliente precisa estar atuante em sua vida antes de recorrer a um *coach*.

**O que é *Coach*?**
O *coach* é um profissional especializado no crescimento pessoal e profissional das pessoas. É um motivador nato, que auxilia, acompanha e direciona o indivíduo a alcançar novos e melhores níveis de satisfação e de realização em diversas áreas da vida.
O *coach* (técnico) conduz a pessoa de um lugar para o outro, ou seja, do lugar onde ela está hoje para aquele que ela almeja chegar.



**E o que significa "*coachee*"?**
O indivíduo que está passando por um processo de *coaching* é chamado de *coachee*, ou seja, o cliente.

**Qual é a história do *Coaching*?**
Um breve resumo histórico:
*Coaching* é uma palavra anglo-saxônica que surgiu em 1500, na Inglaterra, para denominar aquele que conduzia uma carruagem. Já em 1850, a palavra "*coach*" era utilizada nas universidades da Inglaterra denominando o tutor de uma pessoa (responsável por orientar os universitários com os estudos). Em 1950, o conceito de "*Coaching*" foi primeiramente introduzido na literatura dos negócios, como sendo uma habilidade para o gerenciamento de pessoas. Dez anos depois, o programa educacional em Nova York introduziu pela 1ª vez as habilidades de ***Coaching* de Vida**. Este programa foi transportado para o Canadá e melhorado com a inclusão da resolução de problemas. Na década de 80, os programas de liderança incluíram o conceito de ***Coaching* Executivo** e o mundo dos negócios começou a dar importância a esse tema. A partir desta década, o *Coaching* emerge como uma ferramenta extremamente poderosa. A necessidade de planejamento; de alinhamento estratégico; de exigência crescente de qualidade; de constante preocupação com a otimização dos custos; de reter talentos e de desenvolver lideranças internas são aspectos que as empresas vêm enfrentando nos dias atuais, onde assistimos a um crescente processo de competição local e mundial. Foi em meio a este cenário que ocorreu a crescente intensificação da cultura do *Coaching* no ambiente empresarial, com o objetivo de atender, de forma customizada, às necessidades de organizações, executivos, líderes, profissionais e colaboradores de todos os níveis.

**O que é o *Coaching* Executivo?**

O *Executive Coaching*, ou popularmente conhecido como *Coaching* Executivo, é voltado ao mercado empresarial que tem por finalidade a expansão profissional e o alinhamento do gestor às metas corporativas. É um trabalho direcionado aos proprietários, diretores e gerentes corporativos, alinhados com as metas, valores e missão de suas empresas para alcançar melhores resultados e gestão.

**Como funciona o trabalho de *coaching*?**

O *coaching* acontece através de sessões periódicas de atendimento individual (presencial e/ou online) que podem ser semanais ou quinzenais. Nessas sessões, lidamos somente com o estado atual (presente) e o futuro, onde trabalhamos os sonhos, reais objetivos, missão de vida, crenças e valores.

**Qual é a fórmula matemática do coaching?**

Metodologia + Ação = Resultados

**O que leva uma pessoa a procurar um *coach*?**

- Escolher uma profissão;
- Adquirir autonomia e liberdade;
- Transformar sonhos em realidade;
- Estabelecer e alcançar objetivos;
- Tomar decisões na sua vida pessoal e/ou profissional;
- Aumentar o nível de satisfação na sua vida;
- Identificar e superar obstáculos e circunstâncias limitantes;
- Trilhar o caminho do autoconhecimento e da expansão da autoconsciência;
- Tomar nas mãos as rédeas de sua própria vida.



**Quais são os benefícios do *coaching*?**

- A pessoa transforma-se na pessoa que quer ser;
- A pessoa revê seus valores;
- A pessoa segura nas mãos as rédeas da própria vida;
- A pessoa reserva um tempo exclusivo para dedicar-se a si mesmo e realizar seus projetos de vida.

**A pessoa adquiri:**

- Autoconhecimento;
- Autodesenvolvimento;
- Esclarecimento;
- Confiança em si mesmo;
- Segurança em suas ações;
- Foco e assertividade;
- Motivação;
- Novas perspectivas;
- Equilíbrio;
- Harmonia;
- Alegria;
- Autocontrole;
- Felicidade;

**Como escolher um *coach*?**

Ao procurar um *coach* é necessário buscar referências, validar a certificação

do profissional, conversar com um ou dois ex-*coachees* e solicitar uma sessão experimental para conhecer a pessoa que te ensinará o *coaching*.

**O que é um *Assessement* (avaliação comportamental)?**

É um teste que identifica perfis pessoais e profissionais, avaliando a tendência comportamental das pessoas, suas aptidões, características, estilo de ação, forma de se comunicar e agir.

**Os *coaches* convidam os clientes a serem os arquitetos de suas próprias futuras personalidades, fazendo escolhas e assumindo a responsabilidade por essas escolhas.**

**Momento equilíbrio**

**Como a lei da atração influencia a sua vida?**

Começo de ano é a época de reflexões, planejamentos e de colocar as metas no papel. Antes disso, é preciso organizar nosso dia a dia começando pelas pequenas coisas. Você já parou para pensar nisso? Como está a sua energia interna?

Para alcançarmos a plenitude, é necessário verificar como você toma seu café da manhã... E o seu quarto, ele está arrumado, limpo? E seus produtos de higiene pessoal (*shampoo*, perfume), você escolhe do seu gosto, ou você utiliza qualquer um? Detalhes como estes influenciam bruscamente em nossas vidas se não prestarmos atenção neles.

Para atrair prosperidade e felicidade, você precisa tê-las. E geralmente nós passamos a vida toda correndo atrás delas. Mencionaremos pontos-chave que precisam de atenção redobrada para garantir energia positiva e alto-astral para conquistar tudo que almeja!

**1ª lição:** Em casa, conserte ou troque aquela lâmpada quebrada, queimada, conserve o local que você mora limpo e arrumado. Pinte e decore sua residência, consuma alimentos que aprecie, utilize produtos de higiene pessoal da marca de sua preferência. No café da manhã, procure reservar alguns minutos para sentar-se à mesa e se alimentar corretamente, ingerindo leite e carboidratos.

**2ª lição:** Seguindo para o trabalho, se for de transporte público, não estrague seu dia por causa da condução lotada e do possível atraso, não entre na vibração das pessoas que reclamam logo cedo, fique em silêncio, ouça sua música predileta, pense em algo que te eleve! Se puder, espere o próximo metrô ou ônibus.

Ao se dirigir ao trabalho de carro, verifique como você preserva seu carro... Ele está limpo, em ordem, de tanque cheio e de funilaria perfeita? Se não está, providencie já! Tanque na reserva e carro batido nunca mais!

**3ª lição:** Em nosso dia a dia, convivemos com pessoas em todo momento e, na maioria das vezes, elas estão em uma frequência diferente da nossa por stress, irritação, cobrança e/ou por algum outro problema, então, **atenção redobrada** para não perder a sintonia com si mesmo e deixar se contaminar! Não revide, não responda, respire, fique em silêncio e dê uma volta se possível, tome um chá, uma água ou um café.

Você já reparou que tem dia em que acordamos com o "pé esquerdo"? "O transito está um caos, a internet está lenta, a impressora quebra e ainda falta papel! Oh não, você pensa: Hoje meu dia está um **caos**!" Troque de pensamento, pois agindo desta forma você esta irradiando a vibração negativa...

**Faça diferente, mude de atitude e automaticamente seu dia vai melhorar num piscar de olhos.**

**4ª lição:** Dinheiro, *hummm*, é muito bom não? Para atrair lucro, abundância,

você precisa saber lidar bem com o seu dinheiro. Primeiro passo é abrir uma conta poupança, nem que seja para começar colocando 5% do seu salário; é bom também deixar as contas em dia e ter um pequeno planejamento financeiro, na agenda do ano ou em uma planilha no Excel.

**5ª lição:** Saúde & Beleza. Como é bom cuidar de si!

Consultar o dentista regularmente, fazer um *check up* anual, praticar esportes, seja ao ar livre ou na academia, manter as unhas limpas, cortadas e/ou pintadas. Cuidar do cabelo, mantê-lo bonito e perfumado. Evitar o cigarro, bebida alcoólica, café e chocolate em demasia.

**6ª lição:** Relacionamentos - cuide bem deles! Conviver com a família, dizer "eu te amo", "obrigado (a)", "sinto muito" e perdoar o próximo são atitudes de uma pessoa madura e que busca a paz interior. Resolva relacionamentos mal resolvidos e evite falar mal das pessoas, ou seja, fofocar.

**7ª lição:** Crenças limitantes: "Ahh, não consigo mais fazer isto, já passei da idade"; não deixe que estes pensamentos limitem você de fazer algo que goste, que lhe traga prazer, a vida é muito curta para deixarmos de fazer algo que temos vontade! Viva intensamente e seja você mesmo em suas palavras e atitudes. Esqueça essas frases: "Preciso agradar a todos"; "Sou assim mesmo, não tem jeito"; "É preciso sacrifício para ter sucesso" e "Não acredito e ponto final".

**Pesquisa sobre a mudança no Modelo Mental depois de passar por um processo de *Coaching*.**



Esta pesquisa foi realizada por mim, baseada em meus atendimentos no ano de 2010 até Maio/2011

Dados para a pesquisa: Projetos de *Coaching* de Vida

Como base, utilizamos os pilares do *Coaching*:

Os resultados abaixo mostram quantos % os indivíduos progrediram em relação a estes modelos desde o início e o fechamento do projeto.

- **Foco** - 83,5%
- **Ação** - 95%
- **Resultados** - 75%
- **Melhoria contínua** - 85%

O objetivo desta pesquisa é mostrar que o processo de *Coaching* traz resultados comprovados e seguros quando ocorre a sinergia entre a metodologia e a ação humana.

Atualmente precisamos reciclar nossos modelos mentais e também nos atualizar constantemente para acompanhar a velocidade do mercado profissional, o desenvolvimento das pessoas e a atuação da nossa própria vida!

Para saber se você está preparado para assumir este desafio particular, **pergunte-se se você deseja crescer, se desenvolver, seguir em frente e realizar.**

"**O *Coaching* é o poder de realizar**". (Marcela Buttazzi)

Bibliografia:

Penin, Ana; Catalão, João Alberto.3 ed.: *Ferramentas de Coaching*. Lidel - Zamboni.

Andrea Lages, Joseph O' Connor, *Como o Coaching funciona – O guia essencial para a história e prática do Coaching Eficaz* Qualitymark, 2010.

## Marcela Buttazzi



Fundadora e sócia-diretora da MBTV *Coaching & Consulting*; *coach* formada pela Sociedade Brasileira de *Coaching*; analista quântica formada pela Universidade Quantum; administradora de empresas e pós-graduada em Negócios pela Universidade Anhembi Morumbi; prof. tutora do curso de Administração de Empresas EAD e aluna do curso de pós-graduação (lato sensu) em Psicologia Geral nas Organizações na Universidade Cidade de São Paulo (UNICID), em São Paulo-SP. Atua com orientação vocacional/carreira, recolocação profissional, *Coaching* de vida e avaliação comportamental. Inserida na área de Recursos Humanos desde 2003, com experiência em empresa e consultoria. É membro da Sociedade Brasileira de *Coaching*.

**Site:** www.mbtvcoaching.com
**E-mails:** contato@mbtvcoaching.com; coachmbuttazzi@hotmail.com
**Telefone:** (11) 9201-7997
**Facebook:** MBTV Coaching
**Twitter:** @mbtvcoaching
**Blog:** www.mbtvcoaching.blogspot.com

## Anotações

24

# *Coaching, Mentoring* e *Holomentoring*® - Sistema ISOR®



ISOR® pode ser definido como um conjunto de instrumentais científico-pedagógicos de cunho holístico-sistêmico voltados ao desenvolvimento de pessoas e suas organizações

**Marcos Wunderlich**

Em função dos objetivos deste Manual de *Coaching*, vou apresentar a Metodologia ou o Sistema ISOR® para obtenção de instrumentais para atividades de *Coaching* e *Mentoring*. Os mentalizadores são Marcos Wunderlich, Prof. Renato Klein e sua esposa, Dra. Maria Luiza Furlan Klein.

Espero que possa servir ao leitor como uma inspiração ou abertura para melhoria de sua atuação como *coach* ou mesmo para um incentivo que se torne um futuro profissional de *Coaching* e *Mentoring*.

O Instituto Holos – do qual faço parte – fornece tecnologia e ferramentas de *Coaching* através do Sistema ISOR®. Esta metodologia foi desenvolvida totalmente no Brasil, é utilizada por *coaches* profissionais e também adotada como metodologia oficial de *Coaching* em várias empresas e organizações públicas. No exterior já é denominada carinhosamente por muitos como "Sistema Brasileiro de *Coaching*", pela sua singularidade seja quanto à concepção dos instrumentais de aplicação, abordagem holosistêmica, e principalmente pela ênfase maior nas pessoas e menos em processos.

**Acesso ao Sistema ISOR®**

O Instituto Holos promove regularmente cursos abertos de Formação e Certificação Internacional da sua metodologia ISOR®. Além da chancela Holos/ ISOR®, os mesmos também têm aprovação do ICF - *International Coach Federation* / CCE – *Continuous Coaching Education*. Empresas podem requisitar cursos internos para fornecimento da instrumentação ISOR®

**Aplicações**

O Sistema ISOR® é aplicado para atividades de *Coaching* e *Mentoring*, seja por profissionais, gerentes ou Líderes-*Coach* em empresas ou organizações de ensino, bem como por profissionais autônomos de *Coaching*. Pode ser aplicado em Coaching formal ou informal, e também como suporte em atividades de ajuda e orientação a pessoas de um modo geral.

**A linhagem**

O Sistema ISOR® tem origem com o advento do pensamento sistêmico de Wiener na década de 1930, o que foi utilizado magistralmente pelo cientista político e sociólogo A. Rubbo Muller da Fundação Escola de Sociologia e Política de SP para seu doutoramento em 1951 na Inglaterra. Ali ele defendeu e criou a famosa TOH – Teoria da Organização Humana.

Esta, por sua vez, deu suporte para Waldemar de Gregori formatar os instrumentais da Criatividade Comunitária (1968-1970) e logo em seguida da Cibernética Social, movimento brasileiro de forte conteúdo e propostas inovadoras no pensamento humano, ainda ativo nos dias atuais no Brasil e em diferentes países das três Américas.

Da Cibernética Social surgiram derivações caracterizadas por trabalhos de desenvolvimento humano, sendo os mais conhecidos a Sinopse Holográfica, o Movimento Isor e a Bio-Cinergia de Odival Serrano, físico brasileiro. Odival foi meu mentor por muitos anos. Muitas das sementes que hoje continuam germinando em mim provêm da ação e da influência dele, uma pessoa de grande generosidade e detentor de grande sabedoria, a qual tenho eterna gratidão.

Todos estes trabalhos congregaram ao longo dos anos muitos participantes que permitiram a experimentação e a validação de diferentes instrumentais que deram suporte - a partir de 2004 - a novas formatações e atualizações que chamamos de Sistema ISOR®.

Foram incorporados neste processo importantes vertentes da milenar sabedoria humana, da moderna ciência e neurociência e de expoentes da moderna administração.

**O significado**

ISOR® pode ser definido como um conjunto de instrumentais científico-pedagógicos de cunho holístico-sistêmico voltados ao desenvolvimento de pessoas e suas organizações.

ISOR vem do prefixo grego *ISOS*, que significa "igual", "da mesma forma"; e o "R" final, que abrevia a palavra Relacionamento, nos remete à atividades e relacionamentos isomórficos, isto é, coerentes, condizentes. Ou seja, ISOR se propõe fundamentalmente a desenvolver nas pessoas uma vivência relacional com base no isomorfismo, na coerência, na transparência, na reciprocidade entre VISÃO E AÇÃO.

**Por que Holomentoring®?**

A abordagem particular adotada em ISOR® integra o *Coaching* e o *Mentoring* – o primeiro como o aspecto de resultados e o segundo como o aspecto humano e atitudinal.

Adicionamos o *Holomentoring®*, cujo significado é o uso de uma abordagem holístico-sistêmica nas atividades de *Coaching* e *Mentoring*. Insistimos nesta diferenciação, pois atualmente o componente mentalidade do *coach* ou do mentor não é considerado. Trata-se, porém, do mais importante diferencial. Quem é formado no Sistema ISOR® realiza as atividades de *Coaching* com mentalidade holísticosistêmica e complexa, superando as visões mais mecanicistas ou lineares adotadas em *Coaching* comum.



**O modelo de atividades do Sistema ISOR®**

O principal foco, pelo menos nos estágios iniciais, está em atividades de *Life, Self & Professional Coaching, Mentoring* e *Holomentoring®*

A aplicação prática do modelo conduzido pelo *Coach* ISOR® consiste em dois momentos:

**Primeiro Momento** – Atividades de oito encontros de *Coaching* com temas pré-agendados, de modo que o *coachee* possa reformular aspectos básicos pessoais e profissionais que julgar necessários a partir de referenciais e mentalidade sistêmica.

**Segundo Momento** - Atividade de oito encontros com temas livres trazidos pelo coachee ao seu *coach*. Neste momento os instrumentais ISOR® utilizados na fase anterior servirão como linguagem e referenciais comuns e permitirão atividades mais profundas ou consistentes.

**As agendas ISOR®**

O *Coach* ISOR® conduzirá a sequência de encontros de *Coaching* com temas pré-agendados, cuja sistematização tem se revelado de grande eficácia. Vou aqui resumir os objetivos e resultantes de cada uma destas agendas, lembrando aqui que cada um dos temas abaixo contém instrumentais em forma de holográficos – gráficos sintéticos de ampla aplicação – e que todos os instrumentais se inter-relacionam,

se cruzam e são relativizáveis entre si, o que permite o surgimento de um diferencial qualitativo em *Coaching*, que é a possibilidade da Visão do Todo e a Visão Sistêmica – a interligação e interdependência das partes.

Então, vejamos:

**Coaching de Cosmovisão ou Visão de Mundo**

Objetivos: revisão/ ampliação / mudança da visão de mundo como base para a evolução pessoal e profissional.

Resultante: ativação da competência de ampliação da visão e ativação da mentalidade holísticosistêmica.

**Coaching de Relacionamentos e Atitudes**

Objetivos: fluidez nas relações e no mundo processual; possibilidade de relacionamentos com energia mais livre; condução e superação dos mecanismos comportamentais condicionados.

Resultante: ativação da competência de Ativação de Relacionamentos Focados segundo a referenciação ISOR®.

***Coaching* Tensorial - Clima e Centramento**

Objetivos: condução da realidade sutil energética (ordem implícita de Bohm) como base dos comportamentos e consequente sucesso / fracasso; obtenção de centramento e delimitação pessoal; ajustes frente aos diferentes climas de pessoas, grupos e empresas.

Resultante: ativação da competência de Centramento e Potencialização da Energia Pessoal ou Clima Organizacional.

***Coaching* de Gestão de Mudanças**

Objetivos: entendimento da dinâmica cíclica da vida e processos humanos; reconhecimento dos diferentes momentos epigenéticos ou cíclicos; ambientação e gerenciamento de mudanças; cultivo do aqui-agora em todas as fases de um ciclo.

Resultante: ativação da competência de Gestão Dinâmica das Mudanças

***Coaching* de Estrutura Mental**

Objetivos: conhecimento da estrutura mental triádica; equilíbrio na condução do uso integrado e desenvolvimento dos três campos da mente; ultrapassagem da estrutura mental linear para visão holosistêmica; entendimento da formação da realidade na mente e implicações na mudança comportamental e atitudinal.

Resultante: ativação da competência de Autodesenvolvimento, Ativação do Capital Intelectual e Inteligência Coletiva.

***Coaching* de Ordenação Mental**

Objetivos: ordenação da mente para facilitar a autogestão e condução processual;

Percepção do processo decisório isomórfico ou coerente; utilização do ciclo cibernético triádico da mente.

Resultante: ativação da competência de Ordenação Mental nas atividades de decisões, gestão e liderança.

***Coaching* de Gestão de Conflitos**

Objetivos: adoção de atitude mental favorável e pacificadora; ajuda na condução processual e resolução das dificuldades; conhecimentos dos mecanismos de construção e desconstrução de conflitos na mente humana;

Resultante: ativação da competência de Pacificação, Administração e Superação de Conflitos.

***Coaching* de Ampliação de Mentalidade**

Objetivos: conhecimento e rastreamento das diferentes mentalidades e suas respectivas dificuldades; adoção de referenciais mentais mais elevados e isomórficos.

Resultante: ativação da competência de Ativação de Potencialidades Mentais.

***Coaching* com temas livres**

As oito agendas de *Coaching* com temas livres são conduzidas com uso do instrumental-referencial de Ordenação Mental e Processo Decisório.

Esta é uma fase muito rica, pois devido ao embasamento anterior das Oito Agendas com temas e referenciação específica, o processo se torna mais ordenado e consistente.

A importância da visão além das metas

Fico muito inquieto quando um *coach* ou um *coachee* confunde as atividades de *Coaching* com mera elaboração e atingimento de metas.

Devemos entender que metas podem ser atingidas ou não, nunca há certezas. Normalmente acontecem muitas variáveis e mudanças de percurso sobre as quais não podemos ter nenhuma certeza. Afinal, vivemos numa realidade probabilística e não determinística. Partir de um pressuposto de que é possível controlar as situações e o percurso natural dos acontecimentos para que as metas se concretizem tende a ser um equívoco em *Coaching*.

Embora estejamos num mundo causal, onde existem metas e objetivos, precisamos cuidar para que nossa felicidade não esteja vinculada apenas à metas ou situações externas. A felicidade profunda é inata à vida, e poderá ser simplesmente acessada quando houver sabedoria, independentemente do atingimento de metas. A felicidade passageira – aquela que logo cessa - está vinculada a situações externas, como as metas e outras coisas.

Nós humanos, apenas fazemos parte de um Todo maior, somos regidos por esta Totalidade e não temos o poder de influência no fluxo natural dos acontecimentos ou da vida. Esta se manifesta de uma forma própria, independentemente da vontade ou da opinião das pessoas.

Se nós não tivermos atenção, as práticas de *Coaching* vão ser uma repetição de todos os conflitos e dramas humanos, ou seja, novamente voltamos a nos aprisionar ao pensamento de que seremos felizes no futuro.

Existem várias abordagens e diferentes focos ou tipos de *Coaching*. Pode ser que você tenha afinidade com a proposta do *Coaching* ISOR®, mesmo que seja como pano de fundo para as diferentes atividades humanas. Não hesite em buscar junto ao Instituto Holos – holos.org.br - mais informações e orientações.

## Marcos Wunderlich



Consultor, palestrante, *Master Coach*, Formador de *Coaches* e Mentores com visão holísticossistêmica e complexa. Tem 28 anos de experiência profissional. É Presidente do Instituto Holos de Qualidade. Consultor CMC – *Certified Management Consultant* do ICMCI- *Internacional Council of Management Consulting Institutes*. Filiado ao ICF – *International Coach Federation*, Washinton, USA. Filiado ao IBCO- Instituto Brasileiro de Consultores de Organização. Formado e pós-graduado na área tecnológica e com várias formações no campo da Gestão e Humanidades. Mentalizador do Sistema ISOR® de Desenvolvimento de Pessoas e Organizações.

**Site:** www.holos.org.br
**E-mail:** marcos@holos.org.br
**Telefone:** (48) 3235-2009

# Anotações

# 25

# *COACHING* MULTIFOCAL – Gestão do comportamento organizacional e a plena utilização do potencial humano



*Coaching* Multifocal é um processo que utiliza técnicas, ferramentas e testes da Psicologia Multifocal, Psicologia Positiva, Investigação Apreciativa e *Marketing*, bem como, dicas, princípios, conceitos e métodos da Liderança Situacional

**Tércio Vitor**

## Uma visão multifocal

O *Coaching* Multifocal está fundamentado na teoria da Inteligência Multifocal, que é uma das poucas teorias que investigam os quatros grandes processos da psique ou mente humana. Como o próprio nome sugere, essa teoria estuda os múltiplos focos do funcionamento da mente e do desenvolvimento da personalidade. É uma teoria original, mas abrangente, pois envolve os pontos fundamentais das principais teorias psicológicas da atualidade, sobretudo, a Psicologia Positiva ou Psicologia da Felicidade.

A maioria das teorias usou o pensamento pronto para produzir conhecimento sobre a personalidade humana, enquanto a teoria de Inteligência Multifocal investiga como se constroem os próprios pensamentos. Por isso, é uma teoria universal e pode ser usada para fundamentar pesquisas em diversas áreas do saber.

Embora seja uma teoria estudada por vários cientistas em diversos países e inserida na grade curricular de cursos de Psicologia, Psiquiatria e áreas afins em universidades de todos os continentes, ela foi desenvolvida pelo psiquiatra, cientista e pesquisador brasileiro Augusto Jorge Cury.

Após mais de vinte anos de pesquisas e exaustivos testes com resultados significativos em seus pacientes, Augusto Cury vem popularizando o conhecimento e democratizando a ciência por meios de livros. Atualmente ele figura entre os autores que mais publicam e vendem livros sobre o assunto, no Brasil e no exterior.

Neste livro, eu compartilho com você, caro leitor, as respostas encontradas no *Coaching* Multifocal. Um processo que utiliza as técnicas, ferramentas e testes da Psicologia Multifocal, Psicologia Positiva, Investigação Apreciativa e *Marketing* bem como dicas, princípios, conceitos e métodos da Liderança Situacional. Meu desejo é contribuir para o desenvolvimento da gestão do comportamento organizacional e na plena utilização do potencial humano.

### Compreendendo a mente humana

Comparando a mente humana com o mais belo e fascinante teatro, onde se encontra a maioria das pessoas? No palco, dirigindo a peça, ou na plateia sendo espectadora passiva dos seus conflitos, perdas, decepções, culpas? Você é capaz de se posicionar? De identificar onde se encontra?

Todo ator ou atriz deseja ser protagonista. Mas será que de fato você está preparado para se tornar ator principal do teatro de sua mente?

As pessoas são treinadas para dirigir um carro, uma empresa, uma comunidade, uma cidade, um estado, um país, uma nação. Mas

não são treinadas para governar seus próprios pensamentos. Não aprenderam as técnicas, não desenvolveram as habilidades e não possuem as ferramentas necessárias para administrar as emoções.

Por isso, a grande maioria foi e ainda está sendo preparada para atuar somente na plateia, e não para ser líder de seu mundo psíquico. Os pensamentos os dominam e as emoções os controlam. As ciências e os sistemas e, sobretudo, o sistema educacional, preparam as pessoas para explorar o mundo externo, mas não o território de seu próprio ser.

Há pessoas que sofrem muito com ideias obsessivas. São escravas de ideias fixas. Quem produz os pensamentos que detestamos? Os fenômenos inconscientes! Eles comandam o palco de nossa mente. Não há meio termo, ou você governa seus pensamentos ou eles o dominam. Mas como governá-los? Praticando as técnicas abaixo sugeridas!

**Técnicas, dicas e ferramentas psicoterapêuticas utilizadas pelo *Coaching* Multifocal**

Há algumas técnicas que alimentam nossa capacidade de gerenciar os pensamentos e emoções para sermos líderes no palco de nossa mente. Neste capítulo, ressaltamos duas que alicerçam e englobam as demais. Elas são precedidas de duas metas. São elas:



Metas: 1 – Reeditar a memória; 2 – Produzir janelas paralelas da memória.

Técnicas: 1 – *DCD* (duvidar, criticar, determinar); 2 – Mesa-redonda do "eu".

Para cada meta, utilizaremos uma técnica respectiva conforme descreveremos a seguir:

**1 - Reeditar a memória**

Reeditar a memória é um dos processos de transformação da personalidade estudados pela teoria da Inteligência Multifocal. Segundo essa teoria, a memória humana é indelével, só podemos reeditá-la ou reescrevê-la. O que é reeditar ou reescrever a memória? Não é apagar os pensamentos doentios, mas inserir novas experiências. É construir segurança onde existe o medo, lucidez onde existe estupidez, tranquilidade onde existe excesso de ansiedade. Como reeditá-la? Usando a primeira técnica! Praticar o *DCD* (duvidar, criticar, determinar).

A prática dessa técnica estimula o "eu" a gerenciar os pensamentos e a reeditar a memória.

Não seja prisioneiro de seus pensamentos doentios. *Duvide* de tudo que eles produzem e que faz você ficar deprimido, ansioso, sem motivação, com a autoestima em baixa. *Critique* seriamente cada pensamento negativo, cada ideia tola que o perturba, cada angústia,

humor triste, medos, insegurança etc.

E, por fim, não peça compaixão para os pensamentos nefastos. Esse sentimento pode gerar o "coitadismo" (estado ou condição de ter compaixão de si mesmo) ou a "vitimização" (estado de se considerar vítima das circunstâncias). Vítimas vivem uma vida baseada no medo, antecipando problemas e preocupações que possivelmente não ocorrerão e que servem apenas para deixá-lo na "inércia", longe de atingir suas metas, alcançar seus objetivos e realizar seus sonhos. Pelo contrário, reinvente-se, exorcize os pensamentos ruins e com fé, força e convicção, *Determine* ser alegre, tranquilo, sereno, a viver uma vida baseada no amor. A conquistar tudo o que quiser ter. A amar, fazer acontecer. A ser tudo o que puder, ou seja, líder de si mesmo.

**2 - Janelas paralelas da memória**

Construir janelas paralelas é criar na memória janelas saudáveis e que têm interconexão com as janelas doentias do inconsciente. As janelas paralelas abrem-se imediatamente quando as janelas doentias são abertas, fortalecendo a liderança do "eu".

Como criar janelas paralelas? Fazendo uso da segunda técnica! Mesa-redonda do "eu". A prática dessa técnica cria janelas paralelas em pessoas que desejam superar transtornos psíquicos ou que queiram desenvolver seu potencial intelectual e expandir sua qualidade de vida.



Na verdade, essa técnica é uma mescla de várias outras técnicas, tais como *dcd, distração saudável por meio da ruminação positiva, esvaziamento (interiorização) e relaxamento*, dentre outras. Ela consiste numa reunião íntima consigo mesmo. Sugerimos que seja praticada logo pela manhã, ao despertar. Antes de fazer ou até mesmo pensar em coisa alguma. Faça uma respiração da vida. Expire, jogue fora todos os seus medos, fobias, pensamentos negativos. Promova um debate franco, lúcido e silencioso com seus problemas, dificuldades, crises, perdas. Duvide de cada um deles, critique-os severamente, determine neutralizá-los. Viaje para dentro de si mesmo e faça uma faxina em sua mente. Tente com todas as suas forças esvaziar-se. Só e somente só, quando sentir-se totalmente esvaziado, então, inspire o ar de um novo dia. Agradeça ao autor da vida por mais um dia. Peça forças a Ele para vivê-lo intensamente. Inspire a vida e tudo que ela pode lhe oferecer de bom. Afinal, a vida é belíssima e brevíssima. Portanto, cada segundo deve ser vivido como se fosse único. Não aceite nada velho, brinde o novo.

Discutir e traçar caminhos numa mesa-redonda silenciosa situada no palco da mente é argumentar com o pensamento negativo e cortar a negatividade pela raiz. Aprender a argumentar sobre as formas torcidas de pensamentos negativos é o pilar de sustentação do TCC (Terapia Cognitivo Comportamental).

Para praticar essa técnica, não há necessidade de muito tempo. Basta apenas dez minutos por dia. Lembre-se, o tempo gasto em "afiar" o machado não é tempo perdido. É melhor perder dez minutos na vida, do que a vida em dez minutos. Aliás, essa é uma maneira inteligente de se usar dez minutos.

Pessoas com alto quociente de positividade gostam de pensar em termos de dez minutos. Saiba que muitos avanços ocorreram em dez minutos. Muitos acordos foram selados e muitos relacionamentos foram curados em apenas dez minutos. Portanto, possua esses dez minutos de maneira eficaz.

O uso adequado dessas técnicas e ferramentas tem contribuído ao longo dos anos para que haja mudanças significativas de comportamento, tanto pessoal quanto organizacional. Além disso, o *Coaching* Multifocal contempla em sua metodologia a análise de forças e fraquezas, para identificar oportunidades e ameaças. Essa análise é sustentada pelos pilares da *sobrevivência*, do *crescimento*, do *desenvolvimento* e da *manutenção*. Como complemento, é utilizado também testes e ferramentas da investigação apreciativa. Esse método possibilita ressaltar e apreciar o que há de melhor em cada pessoa, mensurar seu quociente de positividade e, partir daí, utilizar todo seu potencial para reivindicar as qualidades requeridas.



Como resultado disso, as empresas ganham colaboradores mais produtivos, motivados pela melhora significativa em sua qualidade de vida e na capacidade e facilidade de desenvolver relacionamentos intra e interpessoais nas esferas: familiar, profissional e social.

Para aqueles que ocupam cargo de liderança seja nas empresas, na família, nos esportes, na escola, na comunidade ou em qualquer outra instituição, o *Coaching* Multifocal apresenta dicas de Liderança Situacional, que mostram quais são os tipos básicos de liderança e como diagnosticá-los para ter a flexibilidade necessária ao usar cada um deles de acordo com a situação. Trata-se de um enfoque prático, de fácil compreensão e aplicação.

Saiba que as técnicas, dicas e ferramentas descritas neste capítulo funcionam em qualquer área de sua vida. Elas contribuem para que você seja tudo aquilo que puder ser, mesmo quando se esquecer disso. Recomendo começar a praticá-las hoje mesmo. Caso encontre alguma dificuldade, entre em contato direto com o autor.

Por tudo isso e muito mais, o *Coaching Multifocal* apresenta-se como um processo completo para desenvolvimento da gestão do comportamento organizacional e plena utilização do potencial humano. Um processo eficazmente flexível para ser operacionalizado tanto em pessoas físicas quanto jurídicas.

## Tércio Vitor



Educador, escritor, economista e pós-graduado em Gestão de *Marketing* pela Universidade de São Paulo (USP). Realiza palestras, seminários, conferências e cursos em empresas de diversos segmentos de mercado. Tem artigos publicados em revistas, *sites* e jornais especializados. É idealizador da metodologia *Coaching* Multifocal. Professor do curso de *Marketing* da UNIESP e do curso de Mestrado Internacional em Psicologia Multifocal da FCU (Flórida *Christian University*). Nos últimos anos tornou-se sócio-diretor da AA & T - empresa prestadora de serviços de consultoria, treinamentos e desenvolvimento humano.

**Site:** www.aaetconsultoria.com.br
**E-mail:** terciovitor@aaetconsultoria.com.br
**Telefone:** (11) 2952 3318
**Blog**: tercio2.blogspot.com
**Twitter**: terciovitor

# Anotações

# Aplicações do *Coaching*

# 26

# O *Coaching* e a Reflexoterapia Fisiológica Neural 1ª Parte

É como se inseríssemos uma longa e fina agulha através do crânio (sendo isto possível) e déssemos um estímulo elétrico numa área específica do cérebro (sendo esta conhecida). Ao invés de um procedimento invasivo como este, é feita a mesma coisa utilizando-se dos próprios terminais nervosos existentes nos pés da pessoa

**Ademilson Zerede e Patricia Gervasoni**

Há algum tempo, o *coaching* vem sendo considerado como a profissão do futuro, face aos excelentes resultados que proporciona. Na prática, com suas técnicas e comunicação diferenciada, percebe-se uma alavancagem quanto aos recursos financeiros, relacionamentos, esforços e tempo, que é um dos grandes objetivos do ser humano (profissional e pessoal).

Mesmo proporcionando resultados, em algumas situações, o *coaching* deixa a desejar por dois motivos: nenhuma técnica é soberana e, também, por não ser a ferramenta adequada para doenças físicas e/ou emocionais. Nestes casos, há a necessidade de encaminhar o cliente para uma terapia.

**Quando encaminhar o cliente para terapia?** A Federação Internacional de *Coach* (*www.coachfederation.org*) estabelece dez princípios comportamentais que, se repetitivos ou intensos, indicam quando o cliente deve ser encaminhado para um profissional de saúde. É quando se percebe:

1. Hiperatividade ou exaustão;
2. Desespero ou desesperança;
3. Aumento ou diminuição de apetite;
4. Comportamento impulsivo ou de risco;
5. Sentimentos de culpa ou desmerecimento;
6. Explosões de raiva ou excessiva irritabilidade;
7. Pensamentos constantes sobre morte ou suicídio;
8. Pensamentos inoportunos ou dificuldades de concentração;
9. Dificuldades para dormir ou insônia durante a noite ou, então, dormir excessivamente;
10. Uma diminuição das experiências de prazer ou aumento do estado de tristeza ou desamparo.

**Qual é a causa destas situações?** Existem muitos motivos pelos quais alguém adoece. Podemos citar: hereditariedade; contaminações virais, bacteriológicas, por intoxicação, por radiação; lesões físicas, etc. Mas, é percebido que um percentual elevadíssimo é por estresse face às pressões do dia a dia.

Numa economia cada vez mais globalizada, os esforços em busca dos necessários resultados têm se intensificado a cada dia. O efeito de toda esta pressão afeta o sistema nervoso, resultando em estresse.

O estresse em excesso provoca distúrbios, tais como fadiga física, mental e emocional, resultando nas mais diversas patologias, causando baixa de desempenho e de produtividade. Não é possível diminuir essa competitividade; ao contrário, ela tende a se intensificar.

Este é um dos motivos de grande parte da rotatividade, do absenteísmo e da queda de produtividade nas organizações, traduzidos em elevados custos para elas e para seus profissionais. Isto também vai acabar se refletindo nos lares destas pessoas.

O ser humano precisa de pressão para sobreviver: pressão atmosférica, pressão da fome, pressão da sede, pressão da excreção,

pressão do sono, pressão sanguínea. Sem estes mecanismos a pessoa morre. Se a falta de pressão mata, o excesso faz o mesmo.

Uma noite de sono e uma boa alimentação já não são o suficiente para recuperar o equilíbrio (homeostase) do organismo necessário à saúde, e logo surge a necessidade de buscar outros expedientes para o alívio do estresse. Mais férias, diversão, medicamentos, drogas, álcool e terapias são alguns utilizados.

**Qual terapia a ser indicada?** Existem centenas de terapias com excelentes resultados. Mas, há milênios, as pessoas vêm sendo beneficiadas por uma potente e eficaz terapia denominada: **reflexoterapia**.

**O que é reflexoterapia?** É um tratamento de saúde (técnica terapêutica) não invasivo e não medicamentoso baseado nos mecanismo das doenças (fisiopatologia), que objetiva restabelecer o equilíbrio físico e emocional, identificando, tratando e prevenindo tais distúrbios através de estímulos em terminações nervosas, em pontos específicos nos pés.

Infelizmente, a maioria das pessoas tem como referencial da reflexoterapia como sendo uma massagem relaxante nos pés, embora o relaxamento seja uma consequência natural da aplicação da técnica.

**É aquela terapia recomendada por Robert Diltz?** Esta mesmo. E ele a recomenda porque funciona. Na América do Norte, na Europa e na Ásia, a reflexoterapia tem lugar de destaque. No livro *NLP II – The Next Generation* (página 182-4), Diltz, um dos maiores expoentes em coaching e PNL do mundo, dedica algumas páginas para comentar a respeito da reflexoterapia e sua eficácia:



"(...) Nossos pés são outra parte do nosso corpo que desempenham um papel fundamental em acessar e otimizar a inteligência da nossa mente somática".

"(...) é baseada na noção de que todas as partes do corpo são representadas nas mãos e pés, e que pressionar em áreas específicas nas mãos ou nos pés tem um efeito terapêutico em outras partes do corpo".

"(...) O reflexo do pé de um indivíduo revela seu estado total de tensão que resultou de uma vida inteira de adaptação ao estresse. Sinais de estresse nos pés é um roteiro para o reflexologista. Qualquer tipo de sinal de estresse encontrado é indicação de que estresse e seus efeitos começaram a se acumular nas partes correspondentes no corpo".

**Como a reflexoterapia funciona?** Esses estímulos percorrem o corpo, via medula, até a sede do sistema nervoso, o cérebro, que, por sua vez, provoca uma reação eletroquímica passando a corrigir as enfermidades já instaladas e proporcionando o restabelecimento da comunicação entre o cérebro e o tecido afetado. Além deste grande benefício, a **reflexoterapia** também potencializa os resultados de tratamentos alopáticos, homeopáticos e outros.

É como se inseríssemos uma longa e fina agulha através do crânio (sendo isto possível) e déssemos um estímulo elétrico numa área específica do cérebro (sendo esta conhecida). Ao invés de um proce-

dimento invasivo como este, é feito a mesma coisa utilizando-se dos próprios terminais nervosos existentes nos pés da pessoa.

Dando tais estímulos, com o objetivo de devolver as funções do sistema nervoso (principalmente), o próprio SN se encarrega de provocar a cura do organismo. Isto ocorrendo, a pessoa volta a ter um sono reparador, ocasião esta em que acontece a nutrição e a excreção celular e que, por conseqüência, resolve muito dos problemas de irritabilidade, exaustão, falta de concentração, confusão mental, dores, etc.

Outra consequência destas funções normalizadas diz respeito ao correto funcionamento da energia do corpo, que é o Trifosfato de Adenosina (ATP), o combustível que permite a vida ao ser humano, que vem da alimentação ingerida e do oxigênio respirado. Quando em estresse, o organismo humano gerencia mal o mecanismo de absorção de energia, impedindo sua distribuição às células. Quando esta situação se apresenta, a pessoa fica prostrada, cansada, desanimada, sem iniciativa, sem criatividade, apática, letárgica. Ou seja, em estresse excessivo o organismo não usa corretamente os recursos estocados e/ou não absorve os nutrientes necessários à manutenção da vida.

Também provoca o equilíbrio do sistema endócrino (glandular), responsável pelas químicas naturais (hormônios) do organismo. Isto acontecendo é resolvido muito dos nervosismos, esgotamento mental, etc., bem como de muitos males "emocionais" porque é apenas o efeito da desorganização química e elétrica do corpo, tais como: insegurança, possessividade, medos, ansiedade, baixa autoestima, depressão (que, de acordo com a OMS, será a segunda causa de invalidez no mundo até o ano 2020), etc.

Dito isto, os dez princípios comportamentais destacados pela Federação Internacional de *Coach* tendem a desaparecer ou serem amenizados/administráveis, assim como centenas de outros comportamentos improdutivos e patologias físicas e/ou emocionais.

Logo, enquanto as técnicas de *coaching* visam otimizar os recursos neurológicos dos seus clientes através de palavras e indagações estrategicamente escolhidas, a REFLEXOTERAPIA faz o mesmo através de estímulos específicos em terminais nervosos específicos nos pés deste mesmo cliente, impactando diretamente no seu cérebro. São duas técnicas poderosas quando aplicadas separadamente, mas quando casadas provocam resultados muito maiores.

**Como isto acontece na prática?** Por exemplo: face ao referencial de tempo de vida que uma pessoa tem, ela sempre dirá que "está" gripada e nunca que "é" gripada. Por quê? Porque ela sabe que a maioria das gripes obedece a um período de mais ou menos uma semana. Mesmo passado pouco tempo e ela perceber que está gripada novamente, sua expressão é: "Peguei outra gripe".

Mas o mesmo não acontece em todas as situações. Digamos que a pessoa passe por um longo período, acometida por **ansiedade**. Ou seja, em várias ocasiões ela se colocou em situações que supostamente causam ansiedade. Por causa disto, a pessoa tem como sin-

tomas: coração disparado (taquicardia – inclusive alguns acham que estão com algum problema cardíaco), extremidades (mãos e pés) frias, sudorese excessiva, distúrbio do sono e alimentar. Está acionado o mecanismo de defesa e fuga provocado pela adrenalina, que é fabricada na suprarrenal e que tem por objetivo disparar o coração para concentrar sangue nos braços e nas pernas (fuga/defesa). É um estímulo adrenérgico.

Ora, somos criaturas do hábito. Primeiro fazemos o hábito depois o hábito nos faz. Literalmente, "adestramos" nosso subconsciente com qualquer tipo de estratégia: produtiva ou nem tanto. E criamos esta situação com processos de ancoragens sem ao menos nos darmos conta. Agora, por qualquer coisa, até mesmo por coisas bem insignificantes, ao tocar em alguma destas ancoragens criadas ao longo dos anos, ela dispara o mecanismo de ansiedade. Usando o exemplo da gripe, é como se pegasse uma gripe atrás da outra.

Talvez isto perdure por alguns anos. Em algum momento, durante este período, a pessoa mistura as coisas por causa da continuidade e cria uma armadilha para si mesma. Ela não nasceu ansiosa, mas agora sua fala é: "eu SOU ansiosa!". Permitiu que isto infiltrasse no seu sistema de crença. Incorporou esta estratégia improdutiva na sua personalidade. Perdeu a noção de tempo; não vai tratar esta situação como faz com a gripe. Entra numa espécie de "loop" que, para sair sozinha, é difícil. Por causa disto, muitos seguem na vida iguais a "zumbis"; ou por se acharem o pior representante da espécie e/ou por andarem dopados com medicamentos pesados.



É neste momento que a **reflexoterapia** e o ***coaching*** agem, obtendo enormes resultados. Como? Digamos que ela desabafe: "Eu SOU muito ansiosa".

Enquanto ***coach***, faz perguntas cirúrgicas sobre se ela nasceu assim; se isto é hereditário; se ela é **sempre** ansiosa (todos os segundos da sua vida); se não existe a menor possibilidade de não ser ansioso em algum momento da sua vida; etc. Faz profundas indagações de coaching para perceber em qual dos níveis neurológicos ela está transitando e travada.

Enquanto **reflexoterapeuta**, estimula nos pés desta pessoa pelo menos quinze pontos do sistema nervoso, do sistema circulatório e os pontos do sistema glandular, com ênfase no eixo "hipotálamo/hipófise/suprarrenal". Eis o protocolo de tratamento para a **ansiedade**. É produtivo incluir exercícios de *coaching* durante o processo. Mas basicamente é isto: fácil, prático e objetivo. O resultado é percebido já na primeira sessão.

O mesmo processo é estruturado para outras situações, tais como: medo, insegurança, possessividade, nervosismo, mágoa, confusão com sentimentos, baixa autoestima, orgulho, etc. Só que em vez de estimular o ponto no pé correspondente à suprarrenal, serão estimulados os pontos correspondentes à psicossomatização destas outras situações improdutivas/restritivas.

# Ademilson Zerede e Patricia Gervasoni



**Ademilson Zerede**

Sócio/Diretor de Estratégias da REVITAE ACADEMIA. Proprietário da VIRTHUS CONSULTORIA. Psicanalista e Hipnólogo Clínico, *Coach*, Practitioner em PNL, Reflexoterapeuta e Quiropraxista. Formado em Administração de Empresas pela: UNOESC - Universidade do Oeste de Santa Catarina. Iniciou sua vida profissional em Recursos Humanos em 1980 sendo sua expertise a área de Treinamento. Nestes trinta anos ministrou cursos e palestras para milhares depessoas nas áreas: administrativa e da saúde. Enquanto gestor de RH coordenou vários projetos, tais como: "Qualidade Total" e "Alfabetização de Funcionários". Idealizador do "Programade Atendimento ao Cliente com *Coaching*" e do "Programa de Qualificação Dinâmica" que fazem parte dos cursos ministrados pela REVITAE ACADEMIA.

**Sites:** www.revitaeacademia.com.br | www.virthusconsultoria.com.br

**Patricia Gervasoni**

Psicanalista e Hipnóloga Cínica. *Coach*, *Practitioner* em PNL e Reflexoterapeuta. Instrutora do "Curso de Certificação Profissional em Reflexoterapia" da REVITAE ACADEMIA. Foi produtora de TV por sete anos.

**Site:** www.revitaeacademia.com.br

# Anotações

# 27

# O *Coaching* e a Reflexoterapia Fisiológica Neural
## 2ª Parte



**Glauco Carlos da Rocha e**
**Richard Alamino Shimada**

**Então é um tipo de psicossomatização?** Sim. Ao logo de quase trinta anos, esta correlação entre "órgãos e emocional" vem sendo estudada pelos pioneiros que estabeleceram a técnica no Brasil via ocidente (porque a técnica já existe no Brasil nas mãos dos orientais desde que aqui aportaram).

Neste período, percebemos que as pessoas que vinham se tratar diziam estar melhorando emocionalmente. Na prática, percebemos a situação:

1. Quando a pessoa desenvolve uma patologia que afeta um órgão específico, também desenvolve uma patologia emocional específica;
2. Quando a pessoa desenvolve algum tipo de problema emocional específico, também desenvolve uma patologia num órgão específico. É algo mais ou menos do tipo "pague um e leve dois".

Isto não é novidade, é conhecido desde as primeiras observações do comportamento humano. Por exemplo: o que é uma gastrite nervosa? É uma situação emocional que afeta o físico. Como é que comumente fica uma mulher no período menstrual? Irritadíssima! Isto significa que uma situação física (hormonal) está afetando o emocional. Ou, ainda, quando uma mulher fica obcecada para ter um filho, inclusive buscando tratamento. Aí, depois de adotar uma criança; depois de uma inseminação artificial; depois que acontece algo que desvia sua atenção, ela engravida. Tinha pouco a ver com os seus ovários e mais com a cabeça e com o sistema de crença.

Como esta situação, passamos a perceber outras similares. Tendo como referencial o relato dos pacientes, passamos a estudar seus efeitos juntamente com o que havia nos livros ocidentais e orientais. Tais conhecimentos foram estruturados em torno da técnica.

Resultado: a percepção de mais de cinquenta correlações de órgãos específicos com emoções específicas. O indicador utilizado para isto é a dor exacerbada que a pessoa sente em pontos reflexoespecíficos nos seus pés.

**Estas afirmações não podem ser contestadas?** Todo saber deve ser contestado. Queremos a crítica juntamente com a contribuição de mais saber, porque ansiamos embasar cientificamente/teoricamente o que temos percebido na prática. Logicamente, algo tão sério merece estudos muito mais profundos além dos que já estamos fazendo. Mas, uma coisa é determinante: a teoria/filosofia precisa se adequar à clínica, e não ao contrário, porque esta é soberana.

É por causa disto que o curso de certificação profissional em Reflexoterapia que ministramos na Revitae Academia é o mais longo, abrangente e profundo que existe. Inclusive, exigindo a entrega de um estudo de caso ao final, como um TCC, para que se possa receber o certificado.

Percebemos algo importante quanto à correlação entre "órgãos e emocional", cuja avaliação é veloz, precisa e objetiva, e desejamos que milhões de pessoas se beneficiem desta técnica.

**Mas o que a reflexoterapia realmente trata?** A reflexoterapia não é panaceia, assim como nenhuma outra técnica, ortodoxa ou não. Embora gostaríamos que fosse, não é, também, a cura para todos os males. Contudo, fica mais fácil dizer o que ela não trata. E são quatro situações:

- Lesão de órgãos (o órgão foi retirado);
- Lesão de medula (nem a reflexoterapia, nem nada mais, por enquanto);
- Problemas congênitos (nasceu desse jeito – talvez uma cirurgia corretiva resolva);
- Problemas virais e bacteriológicos (neste caso, estimula-se o sistema imunológico, forçando o próprio corpo a combater tais organismos).

Fora estas situações, a reflexoterapia se propõe a tratar de tudo. A proporção da cura em relação ao tempo do tratamento vai depender de vários fatores, tais como: a dimensão do problema, da idade do paciente e dos seus hábitos.

Dependendo da patologia, como um câncer, por exemplo, a reflexoterapia não poderá fazer nada a respeito, mas diminuirá substancialmente o desconforto causado pela radioterapia ou pela quimioterapia e, com certeza, proporcionará uma qualidade de vida digna ao paciente.

Importante enfatizar também que a **reflexoterapia** tem uma fortíssima ação **profilática**. Ou seja, doenças que alguém, talvez, teria no futuro são interrompidas ou desaceleradas a partir do tratamento.

Qual é o resultado disto na prática? Os beneficiados estendem os resultados às empresas em que trabalham por:

- Aumentar a produtividade;
- Diminuir os gastos com medicamentos;
- Diminuir os problemas de saúde existentes;
- Diminuir a rotatividade por problemas de saúde;
- Diminuir o absenteísmo por problemas de saúde;
- Evitar que novos problemas de saúde se instalem;
- Auxiliar no aumento da qualidade dos relacionamentos (no trabalho e em casa).



**Qual é a sua fundamentação?** É fundamentada numa prática terapêutica experimentada por milênios no mundo. Sua mais antiga referência está na tumba de um médico no Antigo Egito, em Ankhmahor, Saqquara.

A reflexoterapia tem fundamentação teórica nos estudos científicos de anatomia, fisiologia, fisiopatologia, neurologia, psicologia, filosofia, sociologia e psicopedagogia, além da extensa experiência em consultório dos seus profissionais. É uma profissão diferenciada na área da saúde e um diferencial de mercado.

**Quais são seus outros benefícios?** É uma poderosa ferramenta aplicada isoladamente ou potencializando outros métodos terapêuticos. É chamada de **"A mais natural das terapias"** justamente porque trata de pessoas com problemas de saúde físicos e emocionais, utilizando-se dos recursos biológicos (neurológicos, endócrinos, estruturais) dos próprios pacientes, sem invasão (cirurgia, agulhas, etc.) e sem medicação (alopática, fitoterápica, etc.).

**E quando a aplicação da reflexoterapia por si só não traz todos os resultados esperados?** Ela continua sendo eficaz porque o reflexoterapeuta consegue avaliar fisiologicamente o paciente e direcioná-lo a

um especialista da área médica porque muitos necessitam de cirurgia e/ou medicação. Deste ponto em diante, a **reflexoterapia** passa a ser uma terapia coadjuvante, auxiliando a medicina, potencializando a medicação, o tratamento em si, provocando uma recuperação mais rápida e com menos dor e, até mesmo, auxiliando para que o paciente fique hospitalizado num período mais curto.

**Quais vantagens adicionais existem para que um *coach* utilize-se da reflexoterapia?**

**Primeiro:** vem despontando como uma profissão adicional. Além de ser uma nova profissão é importante destacar que, para a sua aplicação, é preciso somente os pés do paciente, as mãos do profissional e os conhecimentos pertinentes. Como equipamento, é preciso apenas duas cadeiras (uma para o profissional e outra para o paciente), proporcionando uma mobilidade muito grande. Excelente para atender em domicílio.

**Segundo:** outra vantagem que o curso possui é que ensinamos o principal nos primeiros cinco módulos (sistema nervoso e glandular). Com estes conhecimentos, o aluno trata a maioria das pessoas por causa do estresse.

**Terceiro:** outro grande diferencial do curso é que o aluno não precisa encerrar sua atividade atual para ser reflexoterapeuta e ver se isto vai dar certo, a exemplo da maioria das profissões. O aluno vai migrando aos poucos até conseguir os resultados desejados, incluindo a **reflexoterapia** à sua profissão ou dividindo o tempo entre as duas atividades.



**Quarto:** o curso está formatado para quem quer uma profissão, trocar de área de atuação ou acrescentar ao que já faz para se destacar da concorrência. Cai como uma luva para quem está se aposentado, mas quer continuar trabalhando.

**Quinto:** mesmo atuando fora da área da saúde, os pressupostos, o autoconhecimento, as dinâmicas de grupo, de PNL e de *coaching*, experenciados no curso, coloca o participante num patamar muito mais elevado quanto a potencializar recursos, tempo e esforços ao executar o seu trabalho.

**Por que a Revitae – Academia de Qualificação Profissional e Pessoal?** Porque é a única com um conteúdo programático diferenciado, extenso e profundo; é uma instituição composta por profissionais experientes e reconhecidos; todos os seus instrutores têm formação em PNL e *Coaching*; é focada na capacitação profissional e pessoal dos seus alunos; é voltada à pesquisa científica na área da saúde; tem como missão levar equilíbrio físico, emocional e comportamental aos seus alunos e familiares, através do saber e da terapeutização individual e coletiva; tem como alicerce o **profissionalismo, a ética, a ciência e a excelência.**

A estrutura ensinada na Revitae Academia está alicerçada em qua

tro abordagens terapêuticas. Duas são ferramentas de avaliação e as outras duas são de tratamento:

- **De avaliação:**
  - o A análise da personalidade pela estrutura dos dedos dos pés - APPDP;
  - o A correlação de órgãos com o emocional - CROE.

- **De tratamento:**
  - o A reflexoterapia milenar (patologias e órgãos) – estímulos nos terminais nervosos;
  - o A neurometáfora (metáforas formatadas na linguagem terapêutica, do coaching e da PNL).

A **reflexoterapia** ensinada na Revitae Academia se tornou tão diferenciada que necessitou ser acrescida uma extensão ao seu nome. Passou a ser denominada de "Reflexoterapia Fisiológica Neural", face ao aprofundamento das pesquisas e estudos a ela dedicados, como explicado abaixo:

- **Fisiológica:** porque não é uma avaliação médica. É possível saber qual órgão está com problemas, e até sua dimensão face à dor que a pessoa sente no ponto correspondente nos pés, mas não sabemos especificamente qual é o problema. Isto será diagnosticado por exames clínicos.
- **Neural:** porque atua diretamente no cérebro, quer pelas estratégias de coaching, quer pelos estímulos nos terminais nervosos nos pés do paciente.



**Qual é o público alvo?** Além do citado acima, as habilidades ensinadas no curso de certificação em Reflexoterapia Fisiológica Neural auxiliam profissionais que lidam com pessoas.

Em todas as turmas, também temos pessoas que não querem a técnica como profissão, mas sim, beneficiarem-se do ambiente acolhedor do curso, dos pressupostos quanto à aplicabilidade em suas vidas. Alguns referendam que usam o curso como um tipo de "SPA", ou seja, vêm ao curso para tomar um respiro dentro do seu dia-a-dia estressante. São analistas de sistemas, engenheiros, secretárias, empresários, etc.

Existem muitas maneiras inteligentes e eficazes para trazer alívio às dores que afligem a humanidade. Nosso objetivo é mostrar o quanto a **reflexoterapia** é útil neste sentido. Beneficie-se desta técnica terapêutica você também!

# Glauco Carlos da Rocha e Richard Alamino Shimada



**Glauco Carlos da Rocha**

Reflexterapeuta, *Coach* e *Practitioner* em PNL. Sócio/Diretor de Negócios na REVITAE ACADEMIA Engenheiro de Sistemas de Segurança e de Redes pela Microsoft Internacional

**Richard Alamino Shimada**

Reflexoterapeuta, *Coach* e *Practitioner* em PNL. Experiência internacional como instrutor de qualificação profissional para cerca de cinco mil pessoas por dez anos no Japão. No Japão foi proprietário de academia de artes marciais onde também era instrutor. Sócio/Diretor de Vendas da REVITAE ACADEMIA.

# Anotações

# 28

# Utilizando o BSC na avaliação dos resultados do *Coaching*



A forma mais eficaz para a empresa atingir seus objetivos é criando uma estratégia. Essa estratégia tem que estar alinhada com a sua missão e visão de futuro. O BSC ajuda a avaliar se os caminhos tomados estão situados com os objetivos pretendidos

**Amauri Nóbrega**

Gosto muito de utilizar ferramentas/metodologias que inicialmente foram criadas para serem aplicadas às organizações, e aplicá-las nas "pessoas". Hoje existem algumas confusões entre o processo de *coaching* e terapia. São muitas as diferenças, entretanto, a mais simples de ser explicada é que o campo de estudo da terapia está no passado, ou seja, ela busca algo que possa estar influenciando negativamente no presente. Já o *coaching* tem seu estado inicial no presente e traça caminhos para atingir um ponto desejado no futuro. Afinal, o que é um *coach*? Os *coaches* ajudam as pessoas a se tornarem mais do que "acreditam" que possam ser.

Então, como saber que o *coaching* está me ajudando? Um dos grandes problemas em um processo de *coaching* é mensurar os seus resultados. Se não consigo determiná-los, por que procurar um *coach*? Uma resposta simples é: "Para que ele o oriente a atingir um determinado objetivo". Mas, e ao finalizar o processo, como avalio se as expectativas foram atingidas? Utilizando o BSC.

O *Balanced Scorecard* (BSC) é uma metodologia criada por dois professores de Harvard (Kaplan e Norton) em 1990 e que veio evoluindo ao longo do tempo, à medida que é aplicada no mundo inteiro. Ela permite que a organização traduza a visão de futuro em objetivos estratégicos relacionados, distribuídos em quatro perspectivas de negócio. A partir de cada perspectiva, são criados indicadores e metas vinculados aos objetivos, priorizando projetos alinhados com a estratégia da mesma. Aqui, como no *coaching*, um dos grandes desafios não é definir os objetivos e os caminhos, e sim colocar em prática. Com a utilização do BSC, a organização pode avaliar o seu modelo de gestão e verificar se todos os pontos-chave estão trabalhando de forma alinhada e integrada. O BSC ajuda a avaliar se os caminhos tomados estão situados com os objetivos pretendidos. Então, como utilizá-lo no processo de *coaching*?



**Ambição pessoal**

O ponto inicial desse processo começa com a sua **ambição pessoal** escrita. Aqui, como nos negócios, tudo começa com um **desejo**, ou seja, você deseja atingir um objetivo ou vários objetivos, tanto no âmbito pessoal como no profissional. Nos negócios é do mesmo modo. A declaração de ambição pessoal deverá conter um conjunto de princípios que irá orientá-lo sobre quem você é, e para onde está indo.

Nos negócios, as quatro perspectivas mais utilizadas no BSC são: financeira, clientes (externo), processos (interno) e conhecimento. Aqui vamos criar quatro perspectivas também: financeira, externa, interna e conhecimento. Após termos bem clara a nossa ambição pessoal, temos que levantar quais são os **F**atores **C**ríticos de **S**ucesso relacionados com os objetivos estabelecidos para cada perspectiva.

Uma ambição pessoal, portanto, tem que ter no mínimo quatro FCSs

(no mínimo um por perspectiva). Para cada FCS você precisa ter no mínimo um objetivo. Cada um tem que ter no máximo dois indicadores de desempenho correspondentes, cada indicador tem somente uma meta e cada meta é vinculada a uma ou mais iniciativas de melhoria.

**Missão e visão**

A forma mais eficaz para a empresa atingir seus objetivos é criando uma estratégia. Essa estratégia tem que estar alinhada com a sua missão e visão de futuro. Na vida pessoal não é diferente. Para atingir um objetivo, deve-se primeiro escrever uma missão e também visão.

Ela deve se concentrar naquilo que você deseja ser (caráter) e fazer (contribuições e conquistas), e nos valores/princípios nos quais o ser e o fazer estão enraizados. Essa deve ser a sua missão.

A vida profissional e pessoal, e todas suas outras dimensões são afetadas por seu conceito de missão de vida. Mapear, ou mesmo construir sua missão, é a primeira ação de quem deseja buscar a equivalência entre o que se faz e o que deveria estar fazendo para atingir a realização plena.



Maslow, especialista em motivação humana, foi quem melhor difundiu pelo mundo a relevância de identificar sua missão e seus valores fundamentais como forma mais apta de conquistar o sucesso. Ele criou um modelo, nomeado *Pirâmide das Necessidades*, em que cada parte dela representa um conjunto de necessidades fundamentais que norteiam a vida e as motivações humanas. Em sua base colocou as necessidades primárias como: alimentação, saúde, lazer etc.

Nos patamares superiores encontra-se a necessidade de segurança; reconhecimento e interação social. No topo desta pirâmide, você irá encontrar a missão, visão, valores e os princípios. Os seres humanos que fazem a diferença na história concentram seu foco na parte mais elevada desta pirâmide, mantendo sempre a sua motivação em alta.

Quando descobrir o âmago de sua natureza e saber realmente quem é (sua missão de vida), quando tiver um melhor entendimento de si mesmo, será mais fácil direcionar sua energia no sentido correto rumo a esse sonho (**desejo**).

Após escrever sua missão de vida, deve trabalhar na sua visão de futuro. A sua visão de futuro nada mais é do que pegar a sua missão e colocar prazos. Nesse momento, o desejo que era sonho se transforma em objetivo e tem uma data para se concretizar.

Sua visão funciona como uma bússola ética, que fornece significado à sua vida. Ela deve resultar na atuação com propósito e a empreender esforços para concretizá-la. Ela provê direção aos seus esforços.

A missão e visão pessoais têm relação com suas necessidades e razões internas, bem como com seu autoconhecimento, imaginação e consciência. Elas devem ser ambiciosas e inspiradoras, refletir sobre sua

vida e empreendimentos, porque missão e visão sem energia para atuar não fazem qualquer sentido.

**Objetivos pessoais**

Os objetivos pessoais decorrem dos FCSs e resultam também de uma análise particular dos pontos fortes e fracos. Os objetivos devem ser afirmados de maneira clara, concisa, específica, orientada a resultados, desafiadora, porém realista, relevante e efetiva no tocante aos custos. Os indicadores e metas de desempenhos relacionados tornam o processo mensurável e vinculam-no a prazos-limite.

Uma avaliação de desempenho pessoal é um ponto de medição através do qual é possível ponderar sobre a sua própria performance em relação aos FCSs e aos seus objetivos.

A meta pessoal é um alvo quantitativo de uma mensuração de desempenho pessoal. Ela é um valor que é perseguido e, em seguida, avaliado por meio de uma medição da realização pessoal. As metas pessoais devem ser definidas com um propósito específico, que possam ser mensuráveis, realistas, direcionada a resultados e com prazos definidos, sendo este último o de maior importância.

Uma ferramenta simples, porém muito eficaz no mundo dos negócios, é a matriz SWOT (*strengths, weaknesses, opportunities e threats*; ou seja, pontos fortes, pontos fracos, oportunidades e ameaças). A matriz SWOT traça uma análise da situação atual do negócio, e pode ser usada também para desenhar o seu estado inicial. Esta análise é uma ferramenta extremamente útil e deve ser utilizada continuamente com o objetivo de clarear o caminho a ser seguido e o que deve ser feito. A estratégia SWOT resume-se em eliminar os pontos fracos em áreas onde existem riscos e fortalecer os pontos fortes em áreas onde se identificam oportunidades.

Baseado nessa proposta, podemos começar a definir as iniciativas de melhoria que serão necessárias para atingir as metas, ou seja, vamos determinar quais serão as estratégias utilizadas para atender aos objetivos definidos na missão e visão pessoal.

**Plano de Desempenho**

Outra ferramenta simples, nem por isso pouco utilizada nas organizações, e que podemos aplicá-la em nosso plano pessoal, é a PDCA (*Plan, Do, Check e Act*; ou seja, planejamento, execução, verificação e ação). O plano de desempenho é derivado do *scorecard*, que foi montado quando você definiu sua ambição pessoal, objetivos, FCSs, metas, indicadores de desempenho e as iniciativas de melhoria; ou seja, as competências e habilidades a serem adquiridas. Nesse momento, sua preparação articulada tem efeito positivo na motivação do *coachee*. O papel dele neste processo é trabalhar com seu *coach* a criação do plano de desempenho pessoal e assumir responsabilidades pelo seu próprio desenvolvimento.

Os objetivos do *coachee* devem ser formulados de modo a serem desafiadores, viáveis, específicos, mensuráveis, realistas e temporais. Ao formular o plano de desempenho, certifique-se de que o BSC tenha elementos que avalie tanto o desempenho no âmbito pessoal como no âmbito profissional do *coachee*.

Cada competência e/ou habilidade a ser adquirida deve consistir em uma definição clara, com uma descrição dos comportamentos específicos que podem ser observados quando alguém demonstra essa competência e/ou habilidade. Exemplos: comunicação efetiva, inovação, tomada de iniciativas, *coaching*, delegação efetiva, reações próativas, persuasão etc.

As competências e/ou habilidades selecionadas devem ser avaliadas em um formulário separado durante o processo de *coaching*, e na reunião de avaliação, pelo uso de pontuações de ganho. No final do período de avaliação, o *coach* deve abordar os níveis de cada competência e/ou habilidade, baseado no desempenho das tarefas observadas.

Na reunião de planejamento de resultados, são feitos acordos entre o *coach* e o *coachee* a respeito, de um lado, das áreas, dos objetivos, dos indicadores de desempenho e das metas de resultados; e de outro, sobre a utilização de competências orientada ao lado pessoal e profissional para o adequado cumprimento dos resultados. Desse modo, certifique-se de que está conduzindo uma discussão bilateral; criando um tom e clima positivos; ouvindo com a atenção os pontos de vista do *coachee*; estimulando um diálogo aberto e conseguindo o envolvimento dele; captando a reação e as percepções do mesmo e se está levando em consideração as condições de sua vida pessoal e profissional.



A importância do *coach* neste ponto é ajudar a melhorar a qualidade do desempenho e desenvolver os talentos do *coachee* – tanto a longo quanto a curto prazo – melhorar o modo como ele trabalha e influenciando positivamente a motivação do mesmo. Nesta fase, também devem ser efetuadas revisões provisórias do *coachee*, com uma avaliação de seus pontos fortes e fracos. Algumas perguntas devem ser respondidas, como: O que está indo bem?; O que pode ser feito melhor?; Que obstáculos foram encontrados?; Que treinamentos devem ser providenciados e de que forma eles serão realizados?.

Contrariamente à reunião de *coaching*, a reunião de avaliação é unilateral. Neste momento, o *coach* dá sua opinião sobre o desempenho do *coachee*, sem a participação do mesmo. O *coach* confere se todos os compromissos foram cumpridos, se os resultados acordados foram obtidos conforme as metas, e de que forma eles foram obtidos. Pela concessão de *feedback* ao *coachee*, durante o tempo acordado, e em face das frequentes reuniões de *coaching*, há maior probabilidade de o *coachee* aceitar a avaliação, e surpresas são evitadas.

## Amauri Nóbrega



Amauri Nóbrega é palestrante, *coach*, escritor e especialista em estratégia e finanças. Atua há mais de 20 anos na área de tecnologia e desenvolvimento do Capital Humano. É um palestrante requisitado nas áreas de Estratégia, Mudança e Desenvolvimento Organizacional; Gestão de Pessoas; Finanças; Empresa Familiar e Sucessão.
É graduado em Administração de Empresas com especialização em Marketing e MBA em Controladoria e Finanças Empresarial.
Sócio e fundador da Cinco Global.
Tem experiência em diagnósticos de negócios, planejamento e implementação de estratégias de revitalização e de empresas. Tem amplo conhecimento de metodologia como OBZ, BSC e *turnaround*, e experiências como executivo nas áreas.
É o idealizador, criador e editor executivo do Blog do *Coach*. Hoje o espaço conta com mais de 20 mil acessos por mês.
Já foi convidado a participar de diversos congressos e seminários nacionais e internacionais.

**Site:** www.amaurinobrega.com.br
**E-mail:** comunicacao@amaurinobrega.com.br
**Telefone:** (61) 3326-0040

# Anotações

# 29

# O brilho da autopromessa: consciência, crenças, comportamento e *coaching*



O nexo estabelecido entre o cliente, sua "autopromessa" e o processo de *coaching*, corresponde ao entendimento da aprendizagem e do planejamento como uma comunicação voltada para a discussão crítica dos vários modelos mentais envolvidos na análise de pequenas barreiras autoimpostas

**Ana Cristina Arcioni**

**Consciência**

No discurso do cliente pode estar subentendida a forma como ele é capaz de assumir qualquer responsabilidade pela situação presente e pelo resultado almejado. O impacto inconsciente do resultado final numa hierarquia de valores sobre o indivíduo afeta seu comportamento de uma maneira que ele próprio não tem conhecimento.

No processo de conscientização da real meta, o cliente traz consigo experiências passadas, preocupações e ansiedades, e tenta suprimir quaisquer expressões de sentimentos. Ter que expressar, durante o processo de *coaching*, seus sentimentos e discuti-los abertamente é algo certamente fora da concordância passional, com o conjunto de autodefesas que o indivíduo desenvolveu durante sua vida e experiência profissional.

Nesse olhar, é possível supor que o indivíduo traz consigo noções preconcebidas com relação ao processo e às abordagens a serem utilizadas. O *coach*, então, tem como desafio possibilitar uma condição transformacional, ocasionando a perda da noção preconcebida, caracterizando-a como uma travessia do estado limiar para a experimentação de mudanças pessoais.



Uma vez entendidas e aceitas as condições de estranheza inicial, estas se tornam fatores motivadores de incentivo à inovação. O cliente, descobrindo a melhor maneira de usar esse novo processo, adquire *expertise* para administrar os limites do espaço transicional, identificar recursos e instrumentos pessoais e externos disponíveis, aprender a usá-los e, por fim, elaborar as novas regras de comportamento e os novos limites deste.

Entre os limites, destacam-se os temporais, os espaciais e os psicológicos. Os limites temporais significam não apenas organizar o tempo dedicado às novas mudanças, mas também organizar o tempo indisponível ao processo. Os limites espaciais contribuem para a criação e a utilização de um espaço exclusivamente dedicado à experimentação, assim como para proteger o espaço da aprendizagem de interferências externas.

No entanto, os principais são os limites psicológicos. Significam administrar pequenas aberturas destinadas a aliviar a ansiedade e a desenvolver confiança no processo, chegando a uma definição sobre qual é a amplitudeou profundidade com que o cliente pretende se envolver e quais são as exigências pessoais pela transformação.

A dimensão de aprender com a conscientização da transformação coloca o cliente na exploração de sua identidade presente e passada, em um processo de transformação. O cliente posiciona o seu estágio de desenvolvimento e inicia a autoexploração.

Assim, ele se depara com dois tipos de conscientização –

conscientização no horizonte A e no horizonte B.

Na conscientização do horizonte A, o cliente apenas observa, sente e assume atitudes direcionadas aos resultados do momento presente, frutos de ações e reações de situações já vivenciadas. É exatamente onde se diferencia o processo da terapia do processo de *coaching*.

Na conscientização do horizonte B, o cliente observa, elabora, experimenta de forma virtual e internaliza a mudança almejada. É nesse horizonte que o *coaching* atua de forma real, como um facilitador do processo de saída do horizonte A para o desejado horizonte B, mediante técnicas e ferramentas customizadas às necessidades dessa mudança.

Durante esse processo ocorre a responsabilização pelo cliente no caminho do conhecimento do horizonte B, uma vez que os recursos descobertos, e antes adormecidos durante o processo, fazem parte *sine qua non* das potencialidades verdadeiras e ativáveis pelo cliente, quando requisitadas.



Nesse momento do processo, o cliente obtém como resultado a identificação dos padrões de comportamentos, as explicações para esses padrões, permitindo-se, também, empreender e testar novos comportamentos.

Dessa forma, ocorre a percepção daquilo que realmente precisa ser mudado, ou transacionado, por meio do trabalho da autoexploração. As metas ganham formas mais definidas a partir do trabalho de desenvolvimento de uma explicação própria sobre o que deseja e como chegar à posição almejada.

O posicionamento presente do cliente diante de sua meta torna-se, então, um conjunto determinado de questões com as quais, para ele, é mais fácil atuar. Promovendo o engessamento da necessidade de mudança e destacando os antigos comportamentos indesejados, o cliente é incitado a começar a testar novos comportamentos e novas possibilidades.

A principal ênfase dessa etapa de conscientização está na importância de proporcionar ao cliente aprendizagem a seu próprio respeito, estabelecer vínculos entre essas constatações e sua eficiência na vida pessoal e profissional; criar um sentido de mudança relacional com a condição preconcebida e, assim, aumentar a probabilidade de explorar novos comportamentos, novos resultados. Quando, então, torna-se absolutamente cristalino o saber sobre o que quer e como está indo buscá-lo; conseguir torna-se algo certo.

### Crença

Nesse discursar, se o cliente define situações como reais, elas o são em suas consequências. Portanto, suas respostas não serão

apenas aos aspectos físicos de uma meta, mas, da mesma forma, primariamente ao sentido que essa meta tem para ele. Uma vez atribuído sentido, o seu comportamento subsequente e algumas das consequências deste comportamento são determinados por esse sentido anteriormente atribuído.

Para falar e escrever a partir disso, necessariamente há que se perguntar e pensar em identificações: o que afeta esse cliente?; Quais são os motivos?; Quais são suas verdadeiras crenças?

As respostas serão expressas em emoções, atitudes, pensamentos, condutas. É a partir da sua relação com o conhecimento e da compreensão dos motivos que ratificam valores, crenças e formas de sentir, que o cliente se identifica e tem determinadas ações diante dos diferentes contextos. A identificação correlaciona-se com o processo de aprendizagem dos afetos, ou seja, de certas formas de sentir, falar e apreender a realidade, o que implicará motivos para ações específicas e diferenciadas. Nesse contexto posicional é que surgem as crenças situadas na preservação de metas em dados momentos da vida do cliente.

A crença, a identidade e a alteridade não são globais. Elas existem em contextos situacionais, isto é, no decorrer das relações imediatas, quando, pela apropriação da sua declaração, elas buscam momentos de resistência e filiação nos modos de expressão do cliente, por meio de seus projetos pessoais, profissionais, culturais.



**Comportamento**

O sentido como o cliente entende o processo de coaching definirá o seu comportamento e a sua interação com a sua meta. Para que haja uma verdadeira conexão com o processo, o cliente deverá perceber o quão fundamental é seu envolvimento e foco. Independente de suas habilidades e competências já antes desenvolvidas, ele passará por momentos de confronto com sua vulnerabilidade, senso de inadequação, sentimento de insegurança e, concomitantemente, sensações de glória e sucesso.

Aprender significa se desprender de crenças, comportamentos, hábitos, modelos mentais já condicionados e dominados para se aventurar no desconhecido, no novo; romper velhos paradigmas.

Quando o novo comportamento é construído pelo cliente, ocorre a aprendizagem no processo de *coaching* e, assim, prevalecem a ressignificação do sujeito, as novas formas de comunicação e a construção de novas habilidades, caracterizando competências e atitudes significativas. Nos bastidores da aprendizagem haverá a participação, a mediação e a interatividade fortalecidas por este novo ambiente; a desarticulação de incertezas; novas formas de interação mediadas pela orientação e "remodelização" da ecologia do processo;

a condução e a facilitação dos caminhos a serem trilhados.

***Coaching***

O nexo estabelecido entre o cliente, sua "autopromessa" e o processo de *coaching*, corresponde ao entendimento da aprendizagem e do planejamento como uma comunicação voltada para a discussão crítica dos vários modelos mentais envolvidos na análise de pequenas barreiras autoimpostas.

Vinculado o cliente numa situação de ação e autoexpressão, constitui-se uma condição estruturante de consciência do valor pessoal, de suas possibilidades e limites.

A autocompreensão pelo cliente a respeito das formas de escolhas, por prazer e por sofrimento, influi nas suas concepções, atitudes e decisões. Fato que oferece o suporte ideológico às estratégias e às ações no processo de *coaching*.

Seguindo esse raciocínio, entende-se que, para o bom aproveitamento do processo, o papel do *coach* está na condução do cliente no caminho da aprendizagem para a autoexploração.

Aprender, no processo de *coaching*, traduz-se numa experiência pessoal porque, nesse caso, os conteúdos a serem aprendidos passarão a significar alguma coisa do processo de mudança de comportamento, obtido através da experiência construída por fatores emocionais, relacionais e culturais.

## Ana Cristina Arcioni



*Master & Leader Coach* certificada pelo *Behavioral Coaching Institute* (BCI) e *Graduate School of Master Coaches*, reconhecida pelo International *Coaching Council* (ICC). *Alpha Assessment Coaching* certificada pela Worth Ethic Corporation. Mestre em Gestão integrada em saúde do trabalho e meio ambiente. Psicóloga especializada em Psicologia organizacional e do trabalho. MBA em Gestão de pessoas em ambiente de mudança. *Practitioner* em Programação Neurolinguística pelo ABNLP. Especialista em desenvolvimento estratégico de pessoas e comportamento humano. Nos últimos 12 anos atua como *executive & business coaching* e consultora em diversas empresas nas áreas de diagnóstico psicológico e organizacional no desenvolvimento de pessoas e soluções empresariais. Consultora em Análises de comportamento humano na área de SSO. Autora de artigos científicos sobre SSO e o trabalhador no Brasil e exterior e comportamento. Membro da Sociedade Brasileira de *Coaching*.

**Sites:** www.promoverrh.com.br
www.exponentialcoaching.com.br
**E-mails:** anaarcioni@promoverrh.com.br;
anaarcioni@exponentialcoaching.com.br
**Twitter:** @Anaarcioni

# Anotações

30

# *COACHING* COM PNL E GESTÃO DE CONFLITOS INTERPESSOAIS



Relacionamentos acontecem a todo o momento e conflitos entre pessoas podem surgir. O presente artigo tem como objetivo demonstrar meios onde, através de uma linguagem que torna a comunicação mais dinâmica e consistente, tais conflitos podem ser evitados e, muitas vezes, convertidos em conversas produtivas para as relações interpessoais

**André Percia**

Na PNL aprendemos que grande parte do poder da comunicação está na linguagem corporal, o que nos leva a desenvolver "congruência" nela comunicação. Por isso, esse processo é, em primeiro lugar, um convite ao cliente para buscar harmonia e consistência não só pessoal, mas, sobretudo, sistêmica

Estudiosos nos chamam a atenção para algumas questões:

**A -Qual é a minha história? Qual a história dele(s)?**

Quem tem razão numa situação de conflito? A PNL nos ensina que existem muitos mapas para explicar o que é certo e próprio. Num conflito não existe sempre "a verdade", mas "múltiplas histórias".

Para aquelas conversas consideradas difíceis, o primeiro passo poderia ser ajudar o cliente a iniciar uma introspecção e a plena consciência de quais são suas verdadeiras intenções na situação. Uma análise honesta e verdadeira das razões e motivos (que nem sempre são racionais ou lógicos) para um posicionamento é o início de uma base para discussões e trabalhos.

**B - Qual o impacto sobre a minha pessoa?**

O segundo passo poderia ser uma análise do impacto que aquele conflito ou situação causa sobre os envolvidos.

**C - Intenções mútuas**

No posicionamento de cada um dos envolvidos, em suas "lógicas" e maneiras de significar a situação, quais são as intenções de cada um deles?

**D - Impacto sobre o(s) outro(s)**

Finalmente, nesse primeiro momento, temos de considerar o impacto que nossa posição causa na outra parte.

**E - Contribuição**

Outra forma bem válida e bem mais produtiva e positiva para resolver conflitos é ajudar o cliente a mudar do modo "culpa" para "contribuição". Isso significa ter consciência do que cada parte fez em relação à situação.

**F - Quais os sentimentos e emoções por trás de minhas atribuições e julgamentos?**

Incentive e solicite tarefas de *Coaching*, onde o cliente possa explorar e reconhecer os sentimentos que está experimentando nesta fase do processo.

Cito Dilts quando ele fala sobre "sombras", elementos nossos que são percebidos de forma dissociada, como se não pertencessem as nossas dinâmicas interiores. Para ele, esses elementos sombrios seriam como que visitantes que batem à porta de nossa pousada, para quem oferecemos nossa hospitalidade. Esses elementos desafiadores são nossos mais poderosos mestres, simplesmente porque verdadeiramente nos desafiam, o que significa que há algo para aprender ali com aquela situação e, continuando com a metáfora, ele sugere que possamos convidar esses visitantes para tomar chá. Sendo assim, nós conduzimos da nossa forma e maneira um processo de reaproximação e integração desses elementos desafiadores.

Por trás da mágoa, da raiva e da insatisfação, existem quase que im-

perceptíveis intenções de harmonia, bem estar e zelo, misturados com as visões de mundo rígidas de cada parte. Exatamente o que a PNL chama de "Intenção Positiva" por trás de cada comportamento, por exemplo:

- Raiva;
- Frustração;
- Mágoa;
- Culpa;
- Confusão;
- Vergonha;
- Necessidade de reconhecimento;
- Tristeza;

Muitos acham que admitir a presença de tais sentimentos significa admitir perda ou fraqueza para seus oponentes, o que é um grande erro. Isso acontece por estarem comprometidos com um significado ou interpretação únicos para dar sentido ao que estão passando.

**G - COMO OS ACONTECIMENTOS AMEAÇAM MINHA IDENTIDADE? CONSIDERE OS TRÊS DIÁLOGOS**

Numa situação de diálogos difíceis existem três verdades: a história do seu cliente, a história do outro e a história vista de uma posição neutra. Usando o paradigma da PNL, essas verdades são assim significadas em muitos casos, pois ainda não foi possível flexibilizar e considerar outros "mapas" e possibilidades. Os referidos autores desta abordagem sobre conversas difíceis sugerem:



1 - Identifique o que aconteceu. Trabalhe com o cliente:

- De onde vem sua história? E a dele(s)? A técnica das posições perceptuais pode ajudar.
- Qual o impacto que essa situação exerceu sobre você? Qual pode ter sido a intenção deles?
- Com o que cada um de vocês contribuiu para a situação ter evoluído até o que se apresenta no momento?

2 – Ressignificando as emoções

Incentive que o cliente explore sua impressão emocional e a série de emoções que está vivenciando por conta da situação. Tenha em mente as metáforas e sugestões de Robert Dilts sobre a reintegração da "sombra".

3 – Alinhe-se com sua identidade

O que, nessa situação, parece uma ameaça ao cliente e/ou sua identidade?

O que o cliente precisa aceitar ou compreender para se sentir mais seguro para lidar com a situação? Todo bom *Coaching* deve consolidar em algum momento a mudança no nível da identidade para que seja parte do "Eu" e não algo "a parte". Se "Eu" não muda e permanece associado a uma crença limitante e restritiva, não há mudanças verdadeiras ou duradouras e, não raro, o cliente pode retornar para o velho padrão disfuncional ou limitante.

LABORATÓRIO DE *COACHING* COM PNL

1 – Coloque três papéis coloridos no chão. Um mais atrás e outros dois na frente deste primeiro. O primeiro é o ponto de vista do observador neutro. Os outros dois representarão respectivamente a não-segurança ainda sentida em face da situação do momento, e uma situação na vida

onde o cliente já se sente bastante seguro.
2 – Peça que o cliente visite o espaço "não segurança – ainda" (esse nome dessa forma é muito importante pelas pressuposições de mudança eminentes) e acolha o que se sente. Faça com que o cliente perceba o que vê, ouve e sente neste contexto, e como contribui – ainda – para que a situação se mantenha desta forma.
3 – Conduza o cliente para o espaço "neutro" e solicite que ele comente sobre o que acontece "lá" (essa linguagem é importante).
4 – Conduza o cliente para o espaço onde se sente já "seguro". Faça com que o cliente perceba o que vê, ouve e sente neste contexto, e como isso contribui para que a situação seja percebida desta forma.
5 – Vá para a posição "neutra" e comente a diferença entre os dois espaços. Em seguida, faça com que ele identifique três ou quatro recursos que constroem a experiência de "segurança" e anote-os.
6– Leve-o para o espaço da segurança e convide-o para um exercício de visualização criativa de uma metáfora: peça que imagine esses recursos se transformando numa "aura" ou "campo de força" que cobre e protege todo o corpo, filtrando tudo o que entra e sai do mesmo, gerando "segurança". Usando a sintaxe somática de Dilts, convide-o para experimentar um gestual ou movimento espontâneo no corpo natural deste estado de segurança. Assim formamos uma poderosa e dinâmica âncora.
7 – Agora o cliente imagina carregar essa "aura" e gestual/movimento para a situação "ainda não segura", movendo-se para lá fisicamente. No início ele deve apenas perceber o que vê, ouve e sente neste contexto com os novos elementos. Como fala consigo? Em qual tom de voz? Como cria imagens? São como filme ou foto? Como ficam as cores, o brilho e a distância? A pessoa está dentro ou fora? O que sente e onde sente no corpo?
8- Depois da fase inicial de percepção da das diferenças, o cliente pode começar a elaborar uma explicação para a mudança.

VERIFIQUE SEUS PROPÓSITOS E DECIDA SE DEVE LEVANTAR A QUESTÃO OU NÃO

Ao se deparar com as várias nuanças de uma situação tida como "difícil", o cliente deve chegar a um ponto onde deve decidir se deve ou não abordar as outras partes para um diálogo sobre o que está acontecendo. Deve considerar em sua análise:

PROPÓSITOS: O que ele deseja concluir se tiver essa conversa? Modifique sua postura para apoiar o aprendizado, a partilha e a resolução do conflito de modo a que ambas as partes tenham ganhos com o processo.

DECIDINDO: Pergunte para o cliente *sua forma de ver, ouvir e sentir a situação é a única ou a melhor para abordar a questão e alcançar os propósitos? É possível contribuir para com a visão da outra parte alterando suas contribuições ao mesmo tempo em que atende suas necessidades? Se decidir não levantar a questão com os envolvidos , o que pode fazer para ficar bem diante da situação?*

Uma vez tendo decidido abordar a questão, a sugestão é:
1 - Inicie pela terceira história

a - Descreva a questão como a diferença entre suas histórias. Mostre que você considera os dois pontos de vista como parte legítima da discussão.
b - Compartilhe seus propósitos.
c – Convide a outra parte a se juntar a você como parceiros para esclarecerem a situação juntos.
2 - Explore a história dele e a sua.
- Escute para poder compreender a perspectiva alheia.
- Reconheça os sentimentos por trás dos argumentos e acusações.
- Parafraseie para mostrar que compreendeu e que sabe como eles veem a situação.
-Tente esclarecer como foi que vocês dois chegaram até este ponto de conflito.
3 - Compartilhe seus próprios pontos de vista, suas experiências passadas, intenções e sentimentos.

Ajude-os a perceber que há solução possível para que os dois lados fiquem satisfeitos. Faça alguns reenquadramentos:

- Da noção de "verdade" para as "percepções" de cada um;
- Da "culpa" para a "contribuição" de ambos;
- Das "acusações" para os "sentimentos e emoções" experimentados e contextualizados e assim por diante;



RESOLUÇÃO

Incentive que o cliente perceba a possibilidade de criar opções, as quais estejam de acordo com as preocupações e interesses importantes para ambas as partes, convidando seu interlocutor a participar do processo.

Faça com que o cliente identifique padrões do que deve acontecer com base nessa nova forma de perceber a situação, incentivando que o mesmo tenha em mente os padrões de zelo recíproco, pois relacionamentos que vão apenas em um sentido (não ecológicos ou sistêmicos na PNL) raramente duram.

Trabalhe com o cliente sobre como manter a comunicação aberta com a outra parte na medida em que seguem em frente no processo de resolução.

BIBLIOGRAFIA:

Dilts, R. e De Lozier, J. 2010.NLP II The Next Generation. Meta Publications, CA. USA.
"THE ESSENTIAL NLP PRACTITIONER'S HANDBOOK: How to suceed as na NLP Therapist and Coach" por Murielle Maupoint, ReinoUnido.
Stone D., Patton B. eHeen, S. 1999.ConversasDifíceis. Editora Campus. RJ, Brasil
Clutterbuck, D. 2008. *Coaching Eficaz*. Editora Gente. Brasil
Williams,P. &Menendez,D. *Becoming a Professional Life Coach*. 2007. W.W. Norton & Company. UK
Bandler,R. e Grinder.J. 1977. A Estrutura da Magia. Zahar Editores, RJ. Brasil.

## André Percia

Psicólogo clínico e hipnoterapeuta com formação internacional em Coaching. Practitioner, Master Trainer em PNL e MBA em Gestão PelaQualidade na UFF. Ministra cursos e palestras no Brasil e no exterior.

**Site:** www.youtube.com/Andrepercia
**E-mail:** apercia@terra.com.br

# Anotações

# 31

# Processo de *Coaching*:
## uma contribuição para o desenvolvimento do líder-*coach* no ambiente organizacional



O propósito deste artigo é fazer uma reflexão sobre a contribuição do processo de *Coaching* no desenvolvimento pessoal de gestores, como uma alternativa para possibilitar sua atuação efetiva como líder-*coach* no exercício de seu papel nas organizações. Pode-se inferir que o processo de *Coaching* contribui no processo de formação do gestor para que ele possa atuar como um líder-*coach,* podendo liderar sua equipe de forma adequada para atuar em um ambiente de permanente complexidade que se faz presente no ambiente organizacional

**Carlos Hilário de Andrade**

O estilo de liderança praticado pelo líder é capaz de estimular, facilitar, agilizar o andamento e a consecução das atividades, criando um ambiente propício ao comprometimento e desenvolvimento individual dos colaboradores da organização. Disso possivelmente decorre o desenvolvimento da organização.

Nesse prisma, o papel do *coach* é de um profissional que atua como um facilitador no desenvolvimento do processo de *Coaching*. Ele fundamenta tal processo no reconhecimento de que o *coachee* é quem define suas metas de vida e metas específicas para o processo; possui recursos internos, é capaz de utilizá-los a seu favor e organiza seu trabalho considerando as diversas dimensões da vida do *coachee*. Assim estabelece e administra um modelo de relacionamento que estimula o *coachee* a definir resultados do seu processo, traduzidos em metas e a comprometer-se com seu processo de mudança e desenvolvimento, possibilitando, então, o alcance de determinadas metas.

A justificativa para o presente estudo está baseada também na ideia de que os valores representam um construto de especial relevância para o entendimento dos aspectos sócio psicológicos. Pesquisas a respeito têm demonstrado sua importância para a explicação de, por exemplo, preconceitos, comportamentos antissociais, identidade social, bem-estar subjetivo, entre outros (TEIXEIRA, 2008). Da mesma forma, acredita-se ser possível relacionar a teoria dos valores para a explicação do comprometimento organizacional no contexto específico de ação e atuação do líder-*coach*.



Dessa forma, buscou-se fazer uma reflexão sobre a contribuição do processo de *Coaching* no desenvolvimento pessoal de gestores, como uma alternativa para possibilitar sua atuação efetiva como líder-*coach* no exercício de seu papel nas organizações, além de descrever como o processo de *Coaching* promove aprendizagem comportamental. Adicionalmente, o estudo compartilha uma possibilidade de se trabalhar no processo de *Coaching* utilizando os valores pessoais do *coachee* como instrumento catalisador para produzir as mudanças necessárias no gestor em seu papel dentro das organizações.

## IDENTIFICANDO *COACH, COACHING* E *COACHEE*

Entre as principais tarefas do *coach*, destacam-se: ajudar, facilitar o processo para que o profissional (*coachee*) adquira domínio sobre os objetivos fixados; ajudá-lo a explorar novas opções; criar um clima no qual o crescimento contínuo se converta não só em possível, como em desejável.

Concordantemente, Sherman e Freas (2004, p.69) prelecionam que o *coach* "ajuda o indivíduo a se *conhecer* melhor, a viver de modo mais consciente e a dar contribuições mais ricas".

Segundo Iamada (2011), o *Coaching*, para fins empresariais, é um processo estruturado de desenvolvimento de competências

comportamentais e liderança, focado em metas e objetivos claros e consistentes, alinhados à estratégia e à demanda da empresa. Por meio do *Coaching* obtém-se o melhor desempenho profissional, pois talentos e qualidades são potencializados, além de identificar o que impede o desenvolvimento da equipe, influenciando diretamente na produtividade e lucratividade do negócio.

Wolk (2008) conceitua *Coaching* como um processo dinâmico e interativo que consiste em dar assistência aos outros na consecução de suas metas, colaborando com o desenvolvimento do seu próprio potencial.

De acordo com esse autor, é impossível conceber o processo de *Coaching* sem considerar a existência do diálogo contínuo, no qual *coach* e *coachee* interagem permanentemente, com vista a facilitar que o potencial do *coachee* venha a se desenvolver e a se expressar em comportamentos observáveis.

*Coach* e o *coachee* trabalham juntos com definição de metas para o desenvolvimento pessoal e profissional do *coachee*, onde, por meio de um relacionamento de confiança e maturidade, assumem e cumprem responsabilidades (WOLK, 2008).



É por meio do processo de *Coaching* que *coach* e *coachee* estabelecem objetivos de desenvolvimento, metas, desafios e ações que deverão ser implantadas pelo segundo.

Com relação ao processo de escolha diante de diferentes cursos de ação, se o indivíduo quer que a mudança realmente ocorra, é necessário conduzir o *Coaching* de forma que o coachee seja capaz de julgar o quanto cada escolha de escolha de curso de ação estará "honrando" ou "ferindo" os seus principais valores pessoais. Para tanto, é apresentada uma sequência de passos que podem ser utilizados na prática para facilitar tal processo:

1) Realize uma entrevista questionando sobre várias dimensões da vida do ser humano;
2) Identifique e relacione os diversos valores (aproximadamente 10) percebidos durante a entrevista;
3) Peça ao *coachee* para falar sobre tais valores e verifique a intensidade e paixão com a qual ele fala sobre cada um deles;
4) Peça ao *coachee* para priorizá-los em ordem de importância, numa escala de 0 a 10, e assim escolha seus 5 principais valores;
5) Confirme com o *coachee* se ele está seguro de que estes são os 5 valores mais importantes para ele ou se deseja trocar por outros;
6) Uma vez identificados os 5 valores principais, estes serão plotados numa matriz que correlaciona cada um dos valores a cada uma das alternativas de curso de ação que o *coachee* precisa escolher para poder seguir adiante rumo ao alcance dos seus objetivos;
7) Peça ao *coachee* para refletir e pontuar de 0 a 10, respondendo

a pergunta: "em que medida cada uma das alternativas estará contribuindo para que ele sinta que seus principais valores estão sendo honrados, caso ele escolha tal curso de ação?"

Ao final, faça uma soma dos pontos recebidos por cada valor em cada uma das alternativas de curso de ação, e então aquela que obtiver maior pontuação no total será a opção que apresentará maior probabilidade de produzir consequências pessoais que contribuirá para que o *coachee* se realize como pessoa e não se "arrependa" da decisão tomada diante daquelas alternativas. No Quadro 1 está demonstrado o processo de diferentes cursos de ação.

Acredita-se que, se as escolhas forem realizadas de forma consciente e alinhadas com os valores pessoais do *coachee*, isso se tornará um fator catalisador fazendo com que a aprendizagem comportamental necessária para que o curso de ação escolhido seja de fato implementado se dê de maneira mais rápida, pois haverá maior comprometimento do *coachee*.

Quadro 1 – Matriz de correlação de valores pessoais com os diferentes cursos de ação para facilitar o processo de escolha pelo *coachee*.

| **VALORES PESSOAIS (exemplo de valores)** | **INSTRUMENTO PARA FACILITAR O PROCESSO DECISÓRIO** | | |
|---|---|---|---|
| ESTABILIDADE FINANCEIRA | ALTERNATIVA DE AÇÃO 1 | ALTERNATIVA DE AÇÃO 2 | ALTERNATIVA DE AÇÃO 3 |
| QUALIDADE DE VIDA | | | |
| SEGURANÇA | | | |
| ORGANIZAÇÃO | | | |
| PARTICIPAÇÃO/ CONVIVÊNCIA COM A FAMÍLIA | | | |

Fonte: Elaborado pelo autor (2011).

## CONSIDERAÇÕES FINAIS

O *Coaching* preocupa-se com o desenvolvimento das pessoas. Ele atua no processo de crescimento pessoal e o desenvolvimento profissional é consequência. A preocupação está em desenvolver o gestor (*coachee*) e este, por sua vez, atuando como líder-*coach*, buscar o desenvolvimento dos membros da equipe e não o controlar o comportamento ou fiscalizar o trabalho deles.

Pode-se afirmar ainda que as diferenças observadas entre as dimensões de valores encontradas neste estudo e aquelas reportadas na literatura indicam que os valores pessoais podem se agrupar em

diferentes dimensões, de acordo com os pensamentos e associações mentais de cada indivíduo. Dessa forma, dependendo do indivíduo, podem ser observadas algumas diferenças na composição das dimensões de valores pessoais.

Baseado na prática do *coach* e na literatura estudada, pode-se afirmar que o *Coaching* é um instrumento que pode ser muito útil para os gestores com os gestores na melhoria de suas *performances* no ambiente organizacional, uma vez que contribuirá para que o mesmo desenvolva as novas competências requeridas no contexto de complexidade e diversidade cultural no qual as empresas estão inseridas.

O *Coaching* só será efetivo nessa contribuição se mantiver os seus princípios básicos, como o que se dá num paradigma holístico, humano, levando em consideração sempre a pessoa como um sistema orgânico e integrado ao ambiente nas suas diversas dimensões. Assim, quem sabe poderá contribuir para que os profissionais-gestores se reconheçam humanos também no ambiente organizacional e tenham consciência do "sentido" de suas vidas em suas várias dimensões que vão além do seu papel profissional.



## REFERÊNCIAS

GIL, Antônio Carlos. **Gestão de pessoas**. São Paulo: Atlas, 2001.

GUNTER, H. Uma tentativa de traduzir e adaptar a escala de valores de Rokeach para uso no Brasil. **Arquivos Brasileiros de Psicologia**, v. 33, p. 58-72, 1981.

GOUVEIA, V. et al. Teoria funcionalista dos valores humanos. In: TEIXEIRA, M. **Valores humanos e gestão**: novas perspectivas. 2 ed. São Paulo: Editora Senac, 2008.

HOFSTEDE, G. ***Culture and Organizations***: *software of the mind. New York*: McGraw-Hill, 1997.

IAMADA, Danyelle. **Liderança: *Coaching* como ferramenta para o desenvolvimento da liderança**. Disponível em:<http://www.quarksddp.com>. Acesso em: 25 jul. 2011.

SHERMAN, Stratford; FREAS, Alyssa. O território selvagem do Coaching de executivos. **Revista Harvard *Business* do Brasil**. São Paulo, v. 82, n.11, nov. p.66-75, nov. 2004.

TEIXEIRA, M. (Org.). **Valores humanos e gestão**: novas perspectivas. São Paulo: Editora Senac, 2008.

VERGARA, S.C. **Projetos e relatórios de pesquisa em administração**. São Paulo: Atlas, 2003.

WOLK, Leonardo. ***Coaching***. A arte de soprar brasas. (Trad.) Maya Reyes. Rio de Janeiro: Qualytmark, 2008.

## Carlos Hilário de Andrade

263

Doutor em Administração pela Pontifícia Universidad Católica Argentina. Mestre em Administração pela Fundação Getúlio Vargas (FGV). Especialização em Administração de Recursos Humanos pela Facudade Espiritosantense de Administração; Docência Universitária pela Universidade de Vila Velha; e Psicodrama Pedagógico e Organizacional pela Pegasus Consultoria (ES). Atualmente atua como Gerente Geral de Desenvolvimento de RH no grupo Arcelor Mittal. Possui formação e certificação internacional como *coach* de carreira e devida, pelo CTI – *Coaching Training Institute* – USA

**Site:** www.arcelormittal.com/br
**E-mail:** hilario.andrade@arcelormittal.com.br
**Telefones:** (31) 9120-2246 | (31) 3789-5267

# Anotações

# 32

# Por que *Autocoaching*?



A vida agitada, o excesso de compromissos, a busca por resultados e o tempo escasso acabam contribuindo para que nos esqueçamos de olhar para dentro e perguntar como estamos nos sentindo. O que eu espero deste trabalho? Desta carreira? Por que escolhi este curso? Esta viagem? O que eu gostaria de não precisar fazer mais? O que falta para eu me sentir mais feliz? Você tem o hábito de ouvir-se?

**Denise Lovisaro**

O autoconhecimento nos aproxima de nós mesmos quando ensina que o nosso estilo, preferências e talentos não são melhores ou piores que os de ninguém. Reconhecer que todos têm importância é fundamental para não cairmos na esparrela... "É que Narciso acha feio o que não é espelho" (*Sampa*, Caetano Veloso). O autoconhecimento encurta o caminho para chegarmos à nossa alma, nossa essência e o verdadeiro sentido para a existência. O que você responde quando se pergunta: O que faz a minha vida valer a pena? Não deixe para ser feliz amanhã. Terapias, cursos, leituras, práticas de meditação, *coaching*, estimulam a reflexão e promovem a interiorização necessária ao crescimento pessoal. Quanto maior o autoconhecimento, mais fácil aceitar o que precisa melhorar. Certa vez, Gandhi foi procurado por uma senhora para saber o que fazer com o filho que só queria se alimentar através de doces. Ao invés de responder de imediato, ele pediu um prazo de quinze dias. Quando ela retornou, após receber o conselho, não resistiu e perguntou: "Mestre, por que me pediu este tempo?". E ele, humildemente, respondeu: "Porque eu também gosto muito de doces e precisei experimentar quinze dias de abstinência antes de recomendar".

Reconheço que nem todo mundo está disposto a praticar o *Autocoaching*, e sei que muitos preferem ser conduzidos por um profissional habilitado. Para isso existem os *coaches*. Mas, de qualquer forma, sugiro que você experimente ler e responder as questões propostas, que funcionam como um disparador para que continue se perguntando e descobrindo sozinho, ou com seu *coach*, quais são as verdadeiras expectativas que, uma vez alcançadas, farão bem a você.



**O que é *Autocoaching*?**

É a capacidade de mudar o que não está bom em sua vida, de modo consciente e planejado. O autoconhecimento é um aliado porque facilita enxergar a realidade tal como é. Esse processo pede: **força de vontade**; **discernimento**; **responsabilidade** e, **principalmente**, que você **acredite** que impedimentos são limites temporários autoimpostos, tão imperceptíveis quanto poderosos, também chamados de crenças ou voz interior, que insiste em desestimular, amedrontar e gerar falta de confiança. As crenças não são certas ou erradas. Uma crença pode ter sido útil num determinado momento da vida e noutro tornar-se um grande obstáculo.

**O que você precisa para iniciar o *Autocoaching*?**

Visão clara do que quer conseguir. A visão de futuro funciona como um guia, e nos momentos difíceis é ela quem fornece o combustível e estímulo necessários para continuar a jornada. Reconhecer que a mudança é inevitável se você quiser obter resultados diferentes dos atuais. Avaliar se o ganho obtido com a conquista é maior ou igual à perda que terá quando alcançar a meta. Para cada sim que disser, terá que dizer um não para outra coisa. Muitas pessoas sabotam as próprias metas por não considerarar as perdas e os ganhos. Por exemplo, uma promoção que implique expatriação envolve pessoas de seu relacionamento e, se isso não for considerado e negociado anteriormente, poderá ser o fim de um relacionamento versus uma promoção. Ter clareza que você é o responsável pelos resultados do processo e que poderá contar com a ajuda de outras pessoas para acompanhar seu progresso. Reconhecer e valorizar pontos fortes e enxergar o que pode melhorar. Ter a dimensão do impacto que você causa no ambiente e nas pessoas através de suas

ações. Aprimorar sua capacidade de ouvir e entender o que está sendo dito, sem precipitações ou julgamentos. Aceitar que uma limitação é um impedimento temporário que pode ser mudado e superado, se souber como fazê-lo. Ser capaz de se desafiar a fazer diferente do habitual para provocar mudanças de comportamentos, hábitos mentais (crenças), posturas e atitudes. Saber dosar o desafio e o acolhimento necessários aos processos de mudança. **Identificar se o que você busca de fato é o produto da meta ou o que ela irá lhe proporcionar quando for alcançada**. Quando entendemos a real motivação que está por trás de uma meta é mais fácil perceber se o que almejamos é a meta em si ou o que ela nos traz. O desejo por um relacionamento pode ser menor do que a necessidade de atenção e aceitação.

**Benefícios do *Autocoaching***
1. Identificar as próprias necessidades e buscar como superá-las;
2. Apropriar-se dos recursos internos e aprender como acessá-los;
3. Aprender a pedir ajuda;
4. Nutrir a autoestima;
5. Assumir a responsabilidade por suas ações e consequências.

**Comece com o objetivo em mente**

Hoje em dia, é possível fazer *coaching* para todas as áreas da vida pessoal e profissional e, independentemente do que queira, procure ter clareza do resultado almejado. Você pode fazer *coaching* para relacionamentos, desenvolver e aprimorar competências, administrar as finanças, repensar a carreira.



Para ajudar a definir uma meta para o processo de auto*coaching*, gostaria de apresentar uma técnica simples que possibilita avaliar a sua vida de forma profunda. Todo ser humano nasceu para ser feliz e, por isso, buscar como se sentir melhor é praticamente uma obrigação. Ao enxergar as discrepâncias é mais fácil decidir por onde começar as mudanças. Pegue uma folha de papel A4, divida-a em oito partes iguais e anote em cada parte o nome de uma área.
1. Área pessoal – você corpo, mente espírito;
2. Área familiar – você e a família;
3. Área profissional – você e o trabalho (posição que ocupa hoje);
4. Área da carreira – você e a carreira escolhida;
5. Área dos relacionamentos - você e as outras pessoas.
6. Área do romance - você e o (a) companheiro (a);
7. Área financeira – você e os recursos financeiros;
8. Área lazer/diversão – você e a descontração.

**Como avaliar as oito áreas**

Aqui não existe resposta certa e cada pessoa distribui a sua atenção entre as áreas de acordo com os interesses. **As oito áreas são complementares, e cada uma oferece um tipo de reconhecimento, e uma não pode suprir a outra.** Aprenda a diversificar sua atenção e interesses para rentabilizar os ganhos. Ao avaliar como se sente em relação a cada área será mais fácil perceber o que traz equilíbrio ou a falta dele. E a partir desta constatação, planeje mudanças que tragam resultados imediatos. Aqui o princípio financeiro de diversificar para rentabilizar se aplica perfeitamente.

Quando nos questionamos se estamos buscando mais satisfação

pessoal ou nos afastando do que faz a vida valer a pena, esta costuma ser uma pergunta importante. Olhar para as oito áreas nos questionando como estamos conduzindo nossa vida é, na minha opinião, uma forma rápida de fazer uma análise profunda. A boa notícia é que pequenos ajustes podem trazer grandes benefícios. Eu sugiro que você escreva suas respostas e evite elaborá-las, registre o primeiro pensamento que lhe ocorrer como resposta.

Instruções para trabalhar as oito áreas:

1. Pergunte-se: Por qual área quero começar?
2. Para a primeira área escolhida faça as nove perguntas a seguir:
   a) Quão satisfeito me sinto em relação a esta área?
   b) O que é mais importante para mim nesta área?
   c) O que eu faço e quero preservar? O que eu faço e quero eliminar?
   d) Qual tem sido a minha dedicação para esta área?
   e) O que eu não faço e gostaria de fazer?
   f) O que eu ganho se fizer o que desejo?
   g) O que eu terei de abrir mão para fazer o que desejo?
   h) O que eu posso começar a fazer para me sentir melhor em relação a esta área?
   i) Quando pretendo começar?

3. Repita as perguntas de a até i para todas as áreas.
4. Defina uma meta para cada área.

| Área | O que você quer? |
|---|---|
| Pessoal | |
| Familiar | |
| Profissional | |
| Carreira | |
| Relacionamentos | |
| Romance | |
| Financeiro | |
| Lazer/diversão | |

5. Ao final, olhe para a folha preenchida e para as metas declaradas por área e pergunte-se: Por onde eu quero começar?

**Avalie o tipo de meta que você costuma declarar**

Algumas metas são inspiradoras e atraentes, enquanto outras estão repletas de obrigação, e alcançá-las costuma ser pesaroso. Uma meta pode ser simples ou complexa, grande ou pequena. Para qualquer tipo, vale perceber se existe conflito interno de interesse antes de iniciar a conquista. Considere se o que você deseja ameaça o que quer preservar. Ponderando as perdas e os ganhos, terá mais clareza para decidir o que quer. Inconscientemente, podemos sabotar o alcance de uma meta por medo de perder algo tão importante quanto ela. Uma mulher que deseja engravidar e ser promovida simultaneamente pode gerar um conflito interno de interesses e sentir-se confusa. As metas podem ser de processo ou de resultado. Para alcançar uma meta de resultado pode ser necessário alcançar várias submetas (etapas) de processo. Por isso, desfrutar a cada etapa o momento presente deveria ser tão importante quanto o alcance da meta em si. Percebo que muitas pessoas adiam o momento de ser feliz e aproveitar a vida para quando tiverem alcançado

o que desejam.

**Visão de futuro**

**Sonho ou meta?**

Um sonho se transforma em meta quando se cria na mente o que se quer conseguir.

Repita em voz alta: "O que eu quero?".

E agora vamos brincar de "como se..." - Sonhar para realizar

Liberte sua imaginação e aja como se já tivesse alcançado a meta. Imagine: Como será a sua vida? O que você sente por ter alcançado a meta? Como você é percebido por isso? Aja como diretor e ator principal de um filme e corrija a cena até deixá-la ideal. A visão de futuro da meta alcançada funciona como um guia, e mantém você no rumo quando surgirem obstáculos. **Para representar a meta alcançada** crie uma imagem, defina uma palavra, um aroma, uma cor, uma música e monte o quadro abaixo. Quando você quiser pensar na meta alcançada basta ouvir a música, sentir o aroma, mencionar a palavra, visualizar a cor ou pensar na imagem que a representa.

Escreva a meta:
Crie uma imagem para representar em sua mente a meta alcançada
Defina uma palavra
Defina um aroma
Escolha uma cor
Defina a música



**Plano de ação**

Transforma desejos em conquistas. Com ação planejada, recursos organizados, comprometimento para seguir em frente, e a certeza de que merece o que está buscando, todos podem conseguir o que desejam.

Meta:

- Escreva as submetas necessárias para você alcançar a meta;
- Defina os recursos para alcançar a meta (tempo/ dinheiro/conhecimentos...);
- Compare o que terá que abrir mão X a meta em si, e faça ajustes se precisar;
- Defina prazo para começar e finalizar cada submeta;
- Pense e decida como pretende lidar e superar possíveis impedimentos;
- Comprometa-se em alcançar a meta almejada. Compartilhe com os envolvidos;
- Celebre suas pequenas e grandes conquistas.

Eu espero que o tempo investido em ler, refletir e responder as questões propostas neste artigo traga bons frutos e a certeza de que, quanto mais tempo investir em você mesmo, maior a satisfação pessoal de ser quem é.

Até breve.

## Denise Lovisaro



Membro da ICC. Formação internacional em *Master Coach*; *Trainer Training Lambent* do Brasil; formação avançada e *Practitioner Somatic Experiencing®* pela *Foundation for Human Enrichment*; *Master Trainer* em PNL SBPN; *Coaching* Sistêmico – Metaforum; *Master Wisard Avatar –Star's Edge Internacional*; *consultor Talent Insights*. – *Success Tools – consultor Insights* – Instituto Pieron; formação em Análise Transacional e Psicologia Social; graduada em Estudos Sociais pela USM. Fundou a Tempo Luminar Consultoria e *Coaching* em 1995 e atua como consultora e *coach*. Entre seus clientes: GMB do Brasil; Lojas Americanas; Philips; Gradiente; Camargo Correa; T4F *Time for Fun*; Samsung; Unibanco, Roche, Novartis, AACD, McCann Ericson, Ind. Metalurgica Caracol; Sun MRM; Street 100%; EYU - Ernst & Young University.

**Site:** www.tempoluminar.com.br
**E-mail:** denise.lovisaro@tempoluminar.com.br

# Anotações

# 33

# Você quer ser um consultor de sucesso?



Consultores de sucesso tipicamente "escondem o jogo" e não revelam suas dicas, estratégias e "pulos do gato" para os demais profissionais que também pretendem atuar ou já atuam como consultores.
Neste artigo, transmito um pouco de minha experiência como *coach* em orientação de carreira para consultores e abordo os passos principais para estruturar uma atividade como consultor de sucesso

**Dino Mocsányi**

Sou *coach* desde 1986, quando fui convidado pela Coopers & Lybrand para desenvolver sua área de consultoria no Brasil. Fui treinado na matriz no exterior, na nobre arte de *"ser um consultor"* e *"fazer acontecer quando não se está no comando"*, incluindo estabelecer o foco estratégico da ação, marketing de serviços, propostas e contratos de consultoria, administrar projetos e tantas outras habilidades necessárias para nossa ocupação profissional. Após implantar e dirigir a C&L no Brasil, seguindo um modelo de trabalho ajustado à forma de pensar, escolher e decidir de nossas empresas brasileiras, prossegui minha carreira como *coach* de consultores em países da América Latina, México, Portugal, Espanha e Itália.

Depois da experiência nesta e em outras multinacionais de consultoria, decidi dedicar-me, entre outras atividades, ao exercício profissional de *coaching* para outros consultores, criando um curso para capacitação e aperfeiçoamento, escrevendo livros sobre o tema e desenvolvendo o site www.consultores.com.br, o qual contém recomendações, dicas, artigos, fóruns de discussão e demais informações sobre consultoria.

Incluí, a seguir, trechos de um roteiro para planejamento profissional e pessoal, que forneço aos meus *coachees*.

**Organização de sua atividade como consultor**

A metodologia de *coaching* desenvolve-se em quatro passos:

1. **COMPETÊNCIAS E MERCADOS: o que e para quem** prestar serviços;
2. **SERVIÇOS: como** oferecer seu conhecimento;
3. **PROCESSO: estrutura operacional** para o trabalho como consultor;
4. **PLANO DE AÇÃO E ORÇAMENTO**;



Assim:

**1º Passo - COMPETÊNCIAS E MERCADOS: O QUE E PARA QUEM PRESTAR SERVIÇOS**

Este primeiro passo inicia com o mapeamento dos três aspectos fundamentais para definição do foco da prestação de serviços que o consultor desenvolverá.

- **O que sei fazer?**
  - o Quais são minhas competências profissionais?
  - o Quais são minhas principais habilidades pessoais?
- **O que gosto de fazer?**
  - o Quais são as atividades que gosto de fazer?
  - o Quais são meus motivadores? (Utilize métodos como MBTI, DISC ou APCM análise de perfil comportamental e de motivação).
- **Quais são as oportunidades no mercado atual e futuro?**
  - o Quais segmentos apresentam perspectivas interessantes em termos de necessidades de contratação?
  - o Onde estão as oportunidades melhores: empresas privadas ou públicas, pequenas ou grandes, comércio ou indústria etc.?

Após realizar estes levantamentos, lance estas atividades em uma planilha (como no exemplo na proxima página) para priorizar o foco da consultoria a ser prestada. Esta planilha, bem como outros instrumentos aqui mencionados, encontra-se disponíveis em nosso site.

**Priorizar atividades-foco da consultoria:**

| ATIVIDADE | SEI | GOSTO | $ | PONTOS |
|---|---|---|---|---|
| Mapear e organizar processos de trabalho | 6 | 6 | 6 | 216 |
| Compilar e analisar dados para relatórios | 6 | 6 | 6 | 216 |
| Racionalizar, reduzir custos | 6 | 6 | 6 | 216 |
| Administrar sistemas informatizados | 6 | 3 | 6 | 108 |
| Analisar e aperfeiçoar contratos | 6 | 3 | 6 | 108 |
| Treinar e desenvolver pessoas | 3 | 6 | 3 | 54 |
| Proferir palestras e cursos | 3 | 6 | 3 | 54 |
| Estruturar e iniciar empresas | 3 | 3 | 6 | 54 |
| Gerenciar Projetos | 3 | 6 | 3 | 54 |
| Vender produtos | 1 | 6 | 6 | 36 |

**Definir seus serviços como consultor**

As respostas ao roteiro a seguir estabelecerão a base para seu negócio de consultoria.



| **Identifique a necessidade** (empresas contratam para...) | **Reflita: você consegue preencher esta necessidade? Descreva os serviços que oferecerá.** (questões pessoais para você se fazer) |
|---|---|
| Reduzir gastos, tempos e utilização de recursos | Sei fazer melhor, mais rapido ou mais racionalmente que outros profissionais? |
| Ter um ponto de vista independente e objetivo | Sei dar opinião neutra, baseada em fatos, aos clientes, em ambientes nervosos, resistentes ou até hostis? |
| Realizar projetos de curta duração | Tenho condições técnicas e de conhecimento para trabalhar do início ao fim, com energia e compromisso com projetos? |
| Ter *experts* para necessidades específicas | Quais técnicas, habilidades ou informação eu tenho pelas quais um cliente estaria disposto a pagar? |
| Ter soluções criativas e inovadoras | Quão criativo posso ser como solucionador de problemas, na tomada de decisões e como catalisador? |
| *Coaching* de grupos de trabalho ou consultores internos, aportando métodos de trabalho e experiência | Consigo trabalhar com grupos de funcionários de uma maneira que eles não se sintam "ameaçados" pela minha presença? |
| Treinar o pessoal interno das empresas | Tenho habilidade, desinibição e desenvoltura para atuar como instrutor em programas internos de treinamento ou em grupos heterogêneos, em treinamentos abertos? |
| Atuar e contornar problemas políticos nas empresas ou agir como mediador externo | Consigo atuar como intermediário em ambientes potencialmente difíceis? Como estão minhas habilidades em gestão de conflitos e construção de trabalhos em grupos? |
| Desenvolver projetos para financiamento ou lidar com questões ligadas a governo | Quanto eu realmente conheço a respeito das necessidades e forma de elaboração de projetos que meus potenciais clientes não conheçam tão bem? |

**Sintetizar seus serviços de consultoria**

Escreva uma síntese, descrevendo o tipo de trabalho de consultoria que você sente estar apto a desenvolver, que deve responder à questão: "Quais serviços você oferece?", de tal maneira que os **benefícios e resultados para seus potenciais clientes** possam ser prontamente compreendidos por qualquer interlocutor. Este "recado" deve ser transmitido em 20 a 30 segundos e deve motivar potencialmente seu interlocutor a perguntar mais, estender-lhe seu cartão de visita ou marcar bem o que você pode fazer pela empresa dele. Sendo assim, como você descreve o principal benefício e serviço que oferece?

**2º PASSO: SERVIÇOS - COMO OFERECER**

Decididas as atividades que serão o foco principal da prestação de serviços, o passo seguinte é definir as formas da "venda" do conhecimento, que poderá ser através da condução de projetos de consultoria, de cursos e palestras, escrevendo livros, venda pela Internet, coaching e demais formas possíveis:

- Definir posicionamento e imagem a ser percebida pelo(s) mercados(s) alvo (*"como eu quero ser conhecido?"*);
- Definir oferta de serviços adequados a cada segmento empresarial, porte, região, etc.;
- Definir estratégias de marketing - Consultoria não se vende...

**Não se preocupe em "vender" consultoria, procure "ser comprado"!**



Para isto, você deve ser procurado e para que isto aconteça você deve ser (re)conhecido como especialista nos conhecimentos, experiência e métodos que priorizou no passo anterior.

E para ser conhecido, deverá estar nas "vitrines" adequadas a cada segmento-alvo. As mais eficazes são:

- Escrever e publicar artigos na mídia eletrônica e impressa;
- Proferir palestras e apresentações em geral, com objetivo de marketing pessoal;
- Networking: posicionar-se claramente na rede de contatos já existente e expandir continuamente;
- Webmarketing: montagem de estratégia web para visibilidade como consultor, incluindo e-mail marketing, website com portfólio de serviços e métodos de trabalho, presença nas redes sociais (frequentadas por clientes potenciais) e outras formas que surgem a cada dia;
- Publicar livros: nada melhor do que SEU livro como cartão de visita!
- Mídia: presença nos meios de comunicação, seja para opinar, participar de matérias ou entrevistas (que constituem uma forma de visibilidade formidável);

**3º PASSO: ESTRUTURA OPERACIONAL PARA O TRABALHO COMO CONSULTOR**

Neste passo o importante é detalhar os processos e estrutura de trabalho. A prestação de serviços de consultoria é uma atividade empresarial e, portanto, abrange todos os processos pertinentes, como marketing, propostas, contratos, desenvolvimento e atualização técnica, atendimento e fidelização de clientes, gestão dos trabalhos contratados, controle financeiro etc.

Em resumo:

- Definir formas e fluxos de trabalho;
- Adotar e adequar ferramentas de gestão;
- Desenvolver metodologias e ferramentas de trabalho (apresentações, check-lists etc.);
- Fixar parcerias;

**4º PASSO: PLANO DE AÇÃO E ORÇAMENTO**

Com tudo relacionado aos mercados-alvo, competências a oferecer, formatos de "venda" do conhecimento, modelo, processos de trabalho, estratégias de marketing e execução dos serviços definidas, chegamos ao momento de definir o plano de ação e orçamento.

Questões que devem ser respondidas para o planejamento do negócio próprio de consultoria:

1. Qual composição ou forma de atuação você estabeleceu para sua atividade como consultor?
2. Em qual ramo de consultoria você atua? Qual serviço você oferece?
   - Qual o benefício ou resultado concreto que seu serviço traz para seus clientes?
   - Você está em atividade profissional ou segmento empresarial estável, em crescimento ou em declínio?
   - Quem são seus clientes atuais e/ou potenciais? Quem toma as decisões de compra de seu tipo de serviço?
3. Quem são seus concorrentes principais na área geográfica e segmento empresarial?
   - Como seu serviço se diferencia em relação ao dos concorrentes?
   - Quais são suas forças e fraquezas em marketing, vendas, na prestação dos serviços em si, no conhecimento técnico e na experiência profissional acumulada?
4. Marketing e vendas
   - Quais são os componentes de seu plano de marketing e propaganda?
   - Qual faixa de valor de honorários você imagina exercer? Eles são competitivos para o que você oferecerá?
5. Administração
   - Qual é sua experiência em administração de negócios?
   - Quais recursos estão disponíveis para ajuda adicional (contador, conselheiro financeiro, advogado, apoio de escritório e pessoal etc.)?
   - Quanto será sua retirada mensal?
6. Informação financeira
   - Qual a estimativa de vendas e de despesas para o primeiro ano do negócio?
   - Qual será o fluxo de caixa?

Em nosso site você poderá solicitar uma planilha para sintetizar o planejamento financeiro com receitas, despesas fixas e variáveis, fluxo de caixa mensal e acumulado.

Uma última palavra: para não "estar" consultor, mas "ser" um consultor empresarial profissional, considere que esta atividade exige planejamento, execução, controles e ajustes constantes, como em qualquer empresa às quais você prestará serviços! Sirva como exemplo disto tudo!

**BOA SORTE E SUCE$$O !!!**

# Dino Mocsányi



É reconhecido como um dos grandes especialistas internacionais em *coaching* na transição de carreira voltada para consultoria. Fez carreira como executivo e consultor empresarial, focado na estruturação e desenvolvimento de negócios e gestão de processos de mudança e transição organizacional, certificado por William Bridges e John Galbraith. É mentor do Portal Consultores, maior comunidade de consultores em países de idioma português. Foi executivo na De Nadai, GR, Siemens e Mangels antes da carreira como consultor. Foi consultor da revista Exame, Presidente do Inmetro, Vice-Presidente da Philip Crosby & Associates e Sócio-Diretor da Coopers & Lybrand, onde implantou as áreas de consultoria e treinou as equipes profissionais do Brasil, Portugal, Espanha, Venezuela, México e Chile. É consultor, palestrante e conferencista internacional, professor da Escola de Pós-Graduação da FGV. Autor de diversos livros, entre os quais "Consultoria: O Que Fazer, Como Vender", "Consultoria, O Caminho das Pedras" e "Socorro: Mudanças em Minha Vida... Outra vez!".

**Site:** www.consultores.com.br
**E-mail:** dino@consultores.com.br
**Telefones:** (11) 7748-9012 | (11) 9912-6967
**Twitter:** siteconsultores
**Facebook:** /portalconsultores

# Anotações

# 34

# Centramento dos níveis neurológicos



Não podemos ser vítimas ou escravos do meio. O grande desafio é termos total controle dos movimentos interiores, e não dos exteriores

**Édio Kessler**

Viver é estar num constante movimento. Tudo que tem vida tem movimento. Ausência de movimento gera sofrimento e doença. É o caminho da morte. O centramento dos movimentos neurológicos é a grande habilidade das pessoas que buscam o crescimento pessoal e profissional no mundo moderno.

Temos os movimentos *externos* e *internos*. Os externos são o mundo ao nosso redor, este fluir da vida tende a ser cada vez mais rápido, ágil, inovador. As informações são extremamente velozes. O mundo globalizado faz com que a velocidade externa aumente cada vez mais. Isso não tem limites.

Temos os movimentos interiores, da circulação do sangue, dos ciclos da respiração, da temperatura do corpo, da dinâmica emocional, a velocidade dos pensamentos. Estes não podem ser alterados, pois têm um fluir saudável e natural de ser. Porém, são afetados diretamente com a percepção da realidade ao nosso redor.

Centramento é manter uma harmonia entre estes muitos movimentos interiores e exteriores. É o grau de consciência de tudo isso. A maioria das pessoas busca controlar ou mudar o mundo exterior a fim de viver bem. E este é o grande equívoco do descentramento. O ponto de controle está no alinhamento dos níveis neurológicos, que é a movimentação interior. Independentemente da realidade exterior, pode-se cultivar o alinhamento interior.

Os níveis neurológicos são os movimentos interiores. Onde cada nível tem um movimento autônomo, interagem, ao mesmo tempo, de uma forma sistêmica. O papel do *coaching* é auxiliar a pessoa a fazer o alinhamento dos movimentos interiores de uma forma integrada e saudável, e, por sua vez, gerar movimentos exteriores de crescimento.



**Os níveis neurológicos básicos são:**

a) Vida: temos a vida dentro de nós e ela se movimenta constantemente para fora. Tudo, inclusive a vida, se movimenta da fonte para fora. Assim, todo ser humano tem uma fonte infinita de riqueza, de potencialidades, de talentos, de possibilidades dentro de si. Ou esta vida está aberta e se manifesta nas relações ou ela está travada e sufocada;

b) Respiração: o cérebro precisa de oxigênio para funcionar. Ou melhor, a vida precisa de oxigênio para se manter viva. Assim, quanto melhor for o ciclo da respiração, mais potencializamos a força da vida. Quanto mais tranquilos estamos, melhor fica nosso fluxo

respiratório. E quanto mais ansiosos e preocupados estamos, menor é o ciclo da respiração e, por sua vez, o fluir da vida vai travando e sendo sufocado. Saber aumentar a oxigenação conscientemente, melhorar o fluxo da respiração, é o primeiro controle que precisamos obter a fim de termos uma vida saudável e controlada. A respiração pode estar no nosso total controle, independentemente do que esteja acontecendo ao nosso redor;

c) Emoções: são o termômetro da nossa vida. Estar com emoções de prazer, de alegria, de afeto, de entusiasmo, de bem-estar, de encantamento é um sinal de que a vida está fluindo dentro do seu ciclo natural. Sinal de que tudo está bem, que estou em sintonia com a força da vida e que a vida está preservada e sendo direcionada em congruência com sua fonte. Ou temos emoções de dor, medo, insegurança, incerteza, dúvida, vergonha, o que faz com que travemos o fluxo da vida. Faz com que o fluir natural da vida seja desviado. Começamos a buscar outras formas de viver. O termômetro emocional nos alerta que algo não está bem, precisa ser mudado, e está ameaçando o fluir natural da vida. Movemos de dentro para fora o que sentimos. Ou estamos num estado pleno de paz ou de dor e manifestamos isso nas relações. Desafio manter um estado de paz, a despeito do que esteja acontecendo ao nosso redor. Isso é controle neurológico;



d) Pensamentos: todo ser humano tem a habilidade de pensar. A capacidade de elaborar, criar e refletir sobre tudo o que acontece ou aconteceu com a vida. É a grande habilidade da autorreflexão. Podemos dividir o pensamento em dois focos: empírico – aquilo que posso ver, sentir e perceber ao meu redor; e imaginativo – habilidade de transcender o *aqui e agora*. O imaginativo é a grande possibilidade de criar, reinventar e evoluir na vida. Somente 2% das pessoas usam este lado imaginário a seu favor para criar, inventar uma vida saudável. E 98% das pessoas, ou do tempo imaginário, são para o negativo. Sofremos por antecipação e geramos ansiedade, ou nos culpamos pelo que já foi. Nada podemos fazer frente ao passado ou ao futuro, a não ser imaginar. Ou imaginamos coisas boas ou ruins. Isso já é uma escolha da nossa mente. O nosso jeito de usar a mente está no nosso controle e afeta diretamente os outros níveis interiores;

e) Fisiologia: todos os níveis anteriores são pura e simplesmente energia, mas elas se manifestam no físico. Tudo passa pela nossa

fisiologia. Por isso a linguagem do corpo é fundamental. Podemos não saber o que a pessoa está pensando ou sentindo, mas se olhamos para o físico da pessoa, percebemos o reflexo da sua energia interior. O físico é o tambor vibracional da nossa qualidade de vida, emoções e pensamentos. O físico é um espelho direto do que estamos sentindo e pensando. Se a pessoa vive com muita raiva ou tristeza, a pele, o olhar, a voz expressa essa raiva ou tristeza. Mas também, se a pessoa vive numa paz de espírito, isso se percebe no olhar, na voz, na postura e no jeito de andar. Por isso a vida é movimento, e ela se manifesta no físico. Toda doença é um travamento da vida em algum nível que se manifesta no físico;

**Desafio:**

1. O grande desafio para o autogerenciamento é fazer uma grande reorganização do piloto automático que existe dentro de cada um de nós: os nossos hábitos. Já temos uma estrutura neurológica automática treinada por longos anos. Quaisquer estímulos externos já têm uma vibração ou reação interior automaticamente. Fazer uma nova organização interior é ir além de mudar o pensamento. Ler um livro de autoajuda é muito bom, mas ele por si só não muda nossos níveis neurológicos. No curso Crescer, que é um curso de imersão, focamos em cima dessa mudança. É um trabalho desafiador, porém, com mudanças encantadoras. As pessoas saem com resultados profundos e imediatos e, ao mesmo tempo, com ferramentas poderosas para cultivar o seu dia a dia e implanta um novo alinhamento em todos os níveis neurológicos. A pessoa começa a ter o total controle dos movimentos interiores, independentemente da realidade ou dos fatos exteriores. A pessoa deixa de ser vítima ou objeto do meio e se torna sujeito dos seus estados e movimentos interiores e encaminha sua vida em direção às suas escolhas;

2. O segundo grande desafio é manter um alinhamento entre os vários níveis neurológicos. Facilmente entramos em confusão interior. A emoção quer uma coisa, o pensamento outra, o físico outra e acabamos fazendo o que estava totalmente fora da intenção. Isso já aconteceu com você? Então, aí está o grande desafio de como manter este centramento em todos os níveis, no tempo que escolher estar no controle;

3. Outro desafio é saber mergulhar no mais íntimo da vida e buscar o seu melhor, sua missão de vida e, a partir disso, projetá-lo em

um sonho e objetivos de vida. Fazer com que todos os níveis fiquem alinhados com a fonte da vida e criar hábitos que correspondam com tudo isso. A hora em que estiver tudo alinhado, então deve-se treinar, treinar e treinar até se tornar piloto automático em todos os níveis neurológicos. Facilmente buscamos no mundo exterior as respostas que estão dentro de nós.

Pessoas que mantêm os níveis interiores alinhados com a fonte da vida vivem num nível de consciência elevado, tomam decisões seguras, influenciam o ambiente onde vivem, e inspiram outras pessoas pelo seu jeito de ser e fazer as coisas.

**Exercícios de alinhamento**

1. Respiração: o primeiro grande passo está na consciência da importância de que a vida precisa de oxigênio. Para tal, precisamos saber melhorar o fluxo da respiração. Saber manter uma respiração profunda e serena independentemente do que está acontecendo ao nosso redor; nada impede de fazer uma respiração saudável. Quanto mais estivermos no controle da respiração, melhor funciona o potencial da vida. Conseguir manter em torno de cinco a oito ciclos de respiração por minuto fica muito bom;



2. Círculo de excelência: criação do hábito de visualizar um círculo de luz com uma cor de sua preferência. Entrar no círculo e perceber toda sua energia vital fluir sobre todos os níveis da sua vida. Criar uma harmonia interior. Ficar num estado de certeza, de confiança e de paz de espírito. Envolver todo o corpo neste estado. Entrar dentro desse círculo toda vez que quer buscar harmonia interior.

# Édio Kessler



Psicólogo, filósofo. Pós-graduado em abordagem do inconsciente. *Master* e *Trainer* em programação neurolinguística. *Master* em hipnose ericksoniana e condicionativa. *Coaching*. Especialização em biopsicologia. Pesquisador da neurociência e física quântica aplicada ao comportamento humano. Diretor-presidente da Crescer Aprimoramento Humano. Com mais de 9 mil horas de acompanhamento personalizado de profissionais liberais, executivos e empresários no processo de *Coaching*. Criador e facilitador do curso Crescer. *Head trainer* em liderança e estratégia de equipes com mais de 15 anos acompanhando pessoas e empresas com os melhores resultados em todo o Brasil.

**Site:** www.crescerhumano.com.br
**E-mails:** crescerrs@crescerhumano.com.br
espaço@crescerhumano.com.br
**Telefones**: (51) 3279-9058
(35) 3526-9689

# Anotações

# 35

# *Coaching* de Comunicação: a melhor forma de encarar o "monstro" da plateia



***Communication coaching*** ou *coaching* de comunicação é um trabalho focado no aprimoramento das habilidades de comunicação do ser humano, tais como assertividade, poder de negociação, empatia, audição ativa, capacidade de improviso e domínio ou controle do medo de falar em público e tem como objetivo fazer com que se obtenha maior percepção sobre como a comunicação impacta no ambiente pessoal ou profissional

**Edson De Paula**

O medo de falar em público é, comprovadamente, um dos maiores medos do ser humano, variando apenas o seu grau de intensidade de pessoa para pessoa.

Existem pessoas que, literalmente, travam na hora de falar ou expor suas ideias publicamente. Mesmo um palestrante "tarimbado" não irá negar que sente aquele "friozinho" no estômago antes de ficar diante de uma plateia.

É inegável a sensação de desconforto quando estamos totalmente expostos, sendo o centro das atenções, ainda mais se tivermos um holofote nos iluminando em um palco. E nem precisa ser um palco para nos causar este desconforto, pode ser até numa reunião de negócios ou mesmo numa ocasião social, quando estamos cercados de familiares ou amigos.

Quem é que já não foi exposto numa situação destas? Imagine você na sua própria festa de aniversário ou numa comemoração por uma promoção e, de repente, seus amigos começam com aquele corinho famigerado, o tal do "Discurso! Discurso! Discurso!". Você já vai sentindo aquele frio no estômago, aquele arrepio na espinha, a boca seca, o rosto vai ficando todo vermelho. É quase inevitável que você sinta esse desconforto pelo menos uma vez na vida.

Só existe um jeito de você enfrentar este medo, que é ter a real consciência do seu limite e a partir deste ponto, através de muita disciplina e determinação, você ir se desafiando aos poucos para vencer este medo, através do controle de suas emoções.

Esse "pavor" nada mais é do que a mesma sensação que você tem ao praticar um esporte radical ou quando está exposto em um momento conflitante. Nas situações do dia a dia, ao qual somos desafiados ou expostos, temos essas sensações de medo, alegria, euforia e com o tempo até de prazer, pois nossos neurotransmissores, que são os responsáveis pelo nosso equilíbrio mental e fisiológico, acabam liberando certas substâncias químicas que estimulam e aceleram nosso metabolismo.

Quando isso acontece, sentimos nosso coração disparar, a temperatura do nosso corpo baixar, entre outras sensações físicas. É nesse momento que você precisa aprender a se conhecer melhor para superar seus limites de forma consciente.

O medo pode ser o nosso maior aliado ou nosso pior inimigo e o que devemos fazer é respeitá-lo, mas não aceitá-lo. Quando você tem consciência de seus medos, o que você precisa fazer é negociar com eles, fazendo uma avaliação muito criteriosa de tudo o que você ganha ou perde quando sustenta seus limites.

O medo pode gerar três comportamentos básicos: a fuga, a inércia ou o movimento. Ao decidir movimentar-se para dominar o medo, é necessário que você se conheça profundamente, ou seja, você precisa obter o autoconhecimento dos seus limites e também

dos seus recursos e capacidades para aos poucos, aprender a controlar e transformar suas emoções em resultados positivos.

*Communication Coaching* ou *Coaching* de Comunicação é um trabalho focado no aprimoramento das habilidades de comunicação e tem como objetivo fazer com que o cliente obtenha maior percepção sobre como sua comunicação impacta no ambiente pessoal ou profissional.

Assertividade, poder de negociação, empatia, audição ativa, capacidade de improviso e domínio ou controle do medo de falar em público são, por exemplo, alguns dos assuntos trabalhados dentro deste processo de *coaching*.

No *Coaching* de Comunicação, os resultados são significativos, pois tudo é amparado e respaldado no exato momento em que é identificado como um limite de comunicação, através do processo de autoconhecimento que é promovido por reflexões, *feedbacks*, ensaios mentais e dramatizações, ajustando positivamente o desempenho do cliente.



Quem passa por um processo de *Coaching* de Comunicação adquire maior consciência da necessidade de dominar o assunto que vai ser comunicado, além da obter uma maior percepção de sua linguagem corporal, controle respiratório e arte de ouvir e cativar as pessoas com o olhar, gerando a empatia necessária para obter melhores resultados em um simples diálogo familiar, reunião de negócios e até numa apresentação pública.

A própria essência do *coaching* já sustenta em si a ideia de *Coaching* de Comunicação.

Se tomarmos por referência que o *coach*, profissional que aplica o processo de *coaching*, deve, acima de tudo, ser um ótimo ouvinte para poder ouvir com precisão o diálogo interno do seu cliente e também um observador sistêmico para perceber, sem julgamentos, a relação deste cliente com os diversos ambientes pelos quais atua, entenderemos que a comunicação é a pedra fundamental de todo e qualquer processo de *coaching*.

Nas sessões de *Coaching* de Comunicação, o *coach* utiliza vários recursos para promover o aprimoramento da comunicação do seu cliente. Um dos recursos é fazer com que o cliente tome consciência do seu espaço corporal, ou seja, o espaço que o seu corpo ocupa. Inicialmente, isso é feito com ensaios mentais. O cliente é influenciado, por exemplo, a se imaginar jogando tênis, surfando, se alongando ou empinando pipa, entre outros temas. A partir deste ensaio mental, é sugerido que o cliente se movimente de acordo com as imagens da sua mente, projetando o ensaio mental no seu corpo físico.

O objetivo destes exercícios práticos é fazer o cliente adquirir uma maior consciência do espaço corporal que utiliza e também flexibilizar seus movimentos corporais, sentindo-se assim mais relaxado

e à vontade.

Incentivar novas possibilidades como, por exemplo, falar de forma diferente é também uma maneira de quebrar paradigmas no processo de comunicação do cliente. É importante que o *coach* incentive-o a criar novas intenções para sua comunicação, percebendo e modelando desempenhos de outros comunicadores. Neste momento, poderão ser analisados vídeos que mostrem a *performance* de outros comunicadores, para que o cliente modele comportamentos.

O objetivo principal é adquirir o senso de autenticidade na sua comunicação, utilizando a naturalidade do seu estilo pessoal.

O cliente que passa por um processo de *Coaching* de Comunicação começa a ter um contato direto com sua expressão corporal, verbal e vocal.

Ele faz uma autoanálise de seus gestos, eliminando tudo aquilo que julga ser repetitivo e desnecessário numa apresentação. Para o *coach* de comunicação, é importante frisar que, recursos de gravação de som e vídeo são importantes ferramentas para este processo. O cliente, quando vê sua *performance* em vídeo, tem melhores parâmetros para avaliar sua condição de comunicação.

É a partir destas gravações de *performance* que o cliente vai modelando novos recursos e extraindo aquilo que não serve mais para sua apresentação. Também começa a perceber se está precisando ser mais criativo e onde poderá flexibilizar a comunicação pela improvisação.

Ter a capacidade de influenciar pessoas é, atualmente, uma das peças principais para o sucesso pessoal e profissional. E isso só é possível com o aprimoramento da comunicação assertiva e da autoconfiança.

O grande comunicador é aquele que consegue se autoavaliar constantemente e se adaptar rapidamente a qualquer ambiente, identificando qual é o melhor estilo para passar a mensagem ao seu receptor e, desta forma, obter resultados superiores pela sua comunicação. Em outras palavras, saber como transferir informações gerando empatia no público e cativando sua atenção para obter o melhor resultado de comunicação.

Para conseguir uma mudança efetiva, há a necessidade da troca de *feedbacks* constantes entre *coach* e cliente. Também há a necessidade do cliente escolher algumas pessoas para acompanhar o processo e observar os resultados.

Com isso, ele irá se aperfeiçoar cada vez mais, adquirindo autoconfiança, pois o *feedback* é a melhor ferramenta para o processo de mudança de um comportamento. Isso só será possível se o cliente confiar no *coach* e no processo, estando aberto para o autoconhecimento e, acima de tudo, compreendendo seus pontos fortes e pontos a serem melhorados, reconhecendo suas reações ao estresse e

pressão, identificando como reage aos diferentes estilos de comunicação das pessoas.

Uma das maiores dificuldades dos clientes de *Communication Coaching* é saber organizar seus pensamentos, transformando-os em sequências de frases lógicas que possuam objetividade e clareza, possibilitando assim uma comunicação eficaz que gere resultados positivos.

O processo de Communication *Coaching* também auxilia o cliente a reavaliar suas relações interpessoais, comunicando-se com mais confiança e assertividade, pois todo o foco deste processo é embasado no ato de pensar para sentir e sentir para comunicar.

O papel do *coach* é oferecer ao seu cliente um espaço físico e mental onde ele consiga, de uma maneira segura e tranquila, se aventurar e experimentar novas possibilidades de comunicação, sem interferências negativas.

A simulação com a realidade aproxima melhores resultados e isso poderá ser impactante nos processos que envolvam grandes negociações, mediações, gerenciamentos de conflitos e que necessitem de uma visão mais ampla das vantagens e desvantagens das partes envolvidas.



A comunicação é, provavelmente, a única ferramenta disponível para manter as pessoas interessadas e envolvidas em seu próprio crescimento e desenvolvimento, mas deve ser usada com conhecimento e compreensão.

Além disso, é imprescindível que haja coerência no que se é comunicado. Podemos fazer aqui uma analogia com as crianças que, percebendo os padrões comportamentais dos seus pais, acabam "espelhando-os", mesmo que sejam negativos, pois não têm a devida consciência para julgar o que é certo ou errado. Os pais, como líderes naturais, devem tomar muito cuidado com as exigências que fazem aos filhos, pois muitas vezes eles mesmos não conseguem exigir de si próprios o que solicitam aos seus.

É preciso entender que a comunicação é uma das habilidades mais fáceis que uma pessoa pode adquirir, porém, a mais difícil de ser praticada.

Qualquer pessoa pode falar o que pensa, mas falar não é o mesmo que comunicar.

Tudo é possível quando se sabe comunicar: liderados compreendem suas funções na organização, as equipes sabem como canalizar seus esforços rumo aos objetivos, os líderes integram pessoas e desenvolvem sucessores e, principalmente, os seres humanos se relacionam mais e melhor.

# Edson De Paula

*Master coach*, consultor de desenvolvimento pessoal e profissional, palestrante e treinador comportamental, sendo um especialista nas áreas de Comunicação, Liderança e Desenvolvimento Humano. É empresário e atua como executivo nas áreas de comunicação, *marketing*, planejamento estratégico e desenvolvimento de projetos, possuindo uma experiência profissional com mais de 25 anos em empresas nacionais e multinacionais. Possui formação em MBA em MKT estratégico pela Unimep; graduado em Comunicação Social pela Unisal; *Master Coach* com certificação internacional em *Certified Master Coaching* pela *Graduate School of Master Coaches* do BCI *Behavioral Coaching Institute* (EUA); *Coaching at Identity Level & Crisis, Transition and Transformation* com Robert Dilts (EUA); *Master Practitioner e Trainer* em PNL e Especialista em Relações Humanas e Comunicação Eficaz pelo *Dale Carnegie Training Institute*. É idealizador dos treinamentos de alta *performance Public Master*, *Creative Master e Leadership Master.*

**Site:** www.edsondepaula.com.br
**E-mail:** contato@edsondepaula.com.br
**Telefone:** (19) 3444-3767

# Anotações

# 36

# Descubra o poder das decisões



Quais as perguntas e respostas que as pessoas bem-sucedidas fazem? Qual o poder de uma decisão em nossas vidas? Descubra isto e muito mais neste artigo que te leva ao caminho do sucesso

**Fernando Viel**

Mais do que qualquer outra coisa, creio que são nossas DECISÕES, e não as CONDIÇÕES de nossas vidas, que determinam nosso destino. Você sabe e é verdade que há pessoas que nascem com vantagens: têm vantagens genéticas, ambientais, familiares ou de relacionamentos. Contudo, também sabemos que constantemente conhecemos, lemos a respeito e ouvimos falar de pessoas que, contra todas as possibilidades, se projetaram além dos limites de suas condições ao tomarem novas decisões sobre o que fazer com suas vidas. Tornaram-se exemplos do poder sem limites do espírito humano.

Se decidirmos, você e eu podemos fazer de nossas vidas um desses exemplos inspiradores. Como? Simplesmente tomando decisões hoje sobre como viveremos nossas vidas nos anos 2020 e além. Se você não tomar decisões sobre como vai viver, então já tomou uma decisão, não é mesmo? Ou seja, decidiu se deixar dirigir pelo ambiente, em vez de moldar seu próprio destino. Toda a minha vida mudou em apenas um dia – o dia em que determinei não apenas o que gostaria de ter ou o que queria me tornar, mas também decidi quem e o que eu estava COMPROMETIDO em ser em minha vida. É uma distinção simples, mas crítica.

Pense comigo. Há uma diferença enorme entre estar interessado e ser comprometido em alguma coisa? Pode apostar que sim! Muitas pessoas dizem coisas como "Poxa, eu realmente gostaria de ganhar mais dinheiro!" ou "Gostaria de perder peso", mas esse tipo de declaração não representa de modo algum um compromisso. A pessoa apenas anuncia sua preferência, dizendo "Estou interessado que isto aconteça, se não tiver que fazer nada". Isso não é PODER! É uma oração fraca, sem qualquer fé para acioná-la. Não apenas você tem que decidir que resultados está comprometido em conseguir, como também o tipo de pessoa em que está comprometido em se tornar.

Merece estabelecer e viver segundo um padrão elevado, não importa o que aconteça na vida. Mesmo quando tudo sair errado, mesmo quando chover na sua parada, mesmo que ninguém dê o apoio que precisa ou que a Bolsa despenque, mesmo que seu amor o abandone, ainda sim deve manter a decisão de viver sua vida no mais alto nível.

Infelizmente, a maioria das pessoas nunca faz isso por estar ocupada a inventar desculpas. A razão pela qual não atingiram seus objetivos ou não estão vivendo a vida de seus sonhos deve-se ao modo como seus pais as trataram, ou à falta de oportunidade na juventude, ou porque são muito velhas, ou estão jovens demais. Todas essas desculpas não são apenas limitadoras, são DESTRUTIVAS. As descul-

pas perpetuam a mediocridade.

Usar o poder da decisão lhe dá a capacidade de vencer qualquer desculpa e modificar qualquer parte de sua vida em um instante. Pode mudar seus relacionamentos, seu ambiente de trabalho, nível de saúde, rendimentos e estados emocionais. Pode determinar se está alegre ou triste, frustrado ou animado, escravizado pelas circunstâncias ou expressando sua liberdade. A decisão muda o rumo da sua vida. É num momento de decisão que sua vida muda para sempre. E decisão significa cortar qualquer outra alternativa e entrar em ação logo em seguida. Sua vida muda no instante em que você toma uma decisão nova, coerente e empenhada. O mais extraordinário nessa força, nesse poder, é que você já o possui. O ímpeto explosivo da decisão não é algo reservado apenas a uns poucos eleitos, com as credenciais certas, dinheiro ou nome de família. Está disponível tanto ao trabalhador normal quanto ao presidente. Está disponível para você agora, enquanto lê este artigo. Este poder é seu agora. Decida fazer da sua vida uma vida inspiradora, decida fazer sua vida valer a pena e não apenas passar por ela, decida desfrutar e não consertar sua vida, decida explodir de felicidade e não ficar frustrado com as coisas, decida amar e jamais odiar, decida viver intensamente o agora. Decida-se, viva, grite, pule, festeje, comemore, queime, sorria adoidado e viverá de verdade.



Tomar uma decisão de verdade significa se comprometer em atingir um resultado e cortar qualquer outra possibilidade.

O espírito humano é poderoso. A vontade de vencer, a vontade de obter sucesso, de moldar a própria vida, de assumir o controle, só pode ser aproveitada quando você decide o que quer e crê que nenhum desafio, nenhum problema, nenhum obstáculo poderá detê-lo. Quando você decidir isso, sua vida passará a ser formulada não pelas condições, mas por suas decisões e, neste instante, ela mudará para sempre e você poderá assumir o controle da vida. Tome uma decisão rápida. Tome uma decisão corajosa e viverá a vida dos seus sonhos.

Tome a decisão de ser uma pessoa bem-sucedida. Como? Usando a metodologia do *Coaching*. Darei um eficiente exemplo:

**Já reparou como as pessoas bem-sucedidas pensam?**

Quais são as crenças sobre sucesso? As estratégias para ser bem-sucedido? Como eles agem? Como eles arriscam? Quais são seus valores?

Conheça uma parte das convicções das pessoas de sucesso:

- Sou bem-sucedido.
- Sou a fonte da realização.
- Sou a voz do sucesso.
- Sou grato e feliz por ser ágil.
- Não preciso saber de tudo para usar tudo.
- Se alguém conseguiu, então eu consigo também; é só utilizar as mesmas estratégias e fisiologia.
- Levantarei o quanto for preciso para ser bem-sucedido.
- Eu agradeço para obter mais.
- Meu desafio é meu amigo.
- A única pessoa que me indica o que realmente tenho que melhorar é meu inimigo.
- Ajo, aprendo e me adapto rápido.
- Tenho fé que realizarei, independentemente de qualquer coisa.
- Tudo que eu preciso está em mim.
- Sou a fonte das minhas emoções.
- Tudo depende única e exclusivamente da minha comunicação para obter resultados desejados.
- Estou em melhoria constante e incessante.
- Bem-sucedido é aquele que pergunta e não aquele que responde.
- Farei até conseguir.
- Farei o mais difícil primeiro.
- Farei hoje.
- Farei agora.
- Agirei sempre.
- Mudo rápido o que não funciona.
- Nunca culparei ninguém por não ter conseguido ainda.
- Farei o que precisa ser feito com qualidade e rapidez.
- Contribuo com as pessoas para alcançarem o sucesso.
- Sou generoso e caridoso.

Saiba quais perguntas as pessoas de sucesso frequentemente fazem para si mesmas:

Como posso melhorar?
Quando vou agir?
O que é mais importante para eu ser bem-sucedido?
Que tipo de ser humano tenho que me tornar para ser bem-sucedido?
O que é sucesso para mim?
O que quero realizar, quando e por quê?
Qual pessoa bem-sucedida pode me servir de modelo?
Com o que posso contribuir hoje?

Para quem vou contribuir?
Quem elogiarei hoje?
Quem ajudarei a ser bem-sucedido?
Quem mais pode me ajudar a ser bem-sucedido?
Qual estratégia utilizei para realizar a maioria das coisas e posso continuar usando?
O que me impede de ser melhor?
Quando serei melhor e por quê?
Que livros tenho de ler para me atualizar?
O que comerei para ficar energizado?
Em quem eu tenho que me espelhar?
Como tenho que me comunicar para realizar mais?
Se é possível ser bem-sucedido, o que realmente tenho que fazer?
Se estou comprometido com o sucesso, o que farei então?
Se posso melhorar 1% por dia, então melhorarei durante os próximos cinquenta anos. Por que não?
O que nunca mais farei que me causou a falha?
O que sempre farei que irá me trazer melhores resultados?
O que eu tenho que fazer sabendo que tenho que acertar?
Como tenho que escutar as pessoas e por quê?
Como tenho que tratar as pessoas e por quê?
Que exemplo tenho que dar para minha família, equipe e sociedade?



Eu poderia ficar escrevendo durante horas, porém, quero que coloque em prática 50% das convicções e perguntas das pessoas bem-sucedidas porque aumentará dez vezes a probabilidade de ser uma delas e, se colocar 100% em prática, terá resultados explosivos!

Tomar uma decisão de verdade significa se comprometer em atingir um resultado e cortar qualquer outra possibilidade.

Tomar uma decisão de fazer perguntas inteligentes e, se VOCÊ colocar as respostas em prática, poderá ter melhores RESULTADOS.

Convido e te desafio a usar a técnica e quero que saiba o quanto lhe aprecio, porque se está lendo esse artigo é porque tem sede de se desenvolver.

E se você utilizar os exercícios para aumentar a qualidade de sua vida, então todos nós, *coaches*, treinadores e facilitadores, nos sentiremos abençoados. Espero que tenhamos o privilégio de nos conhecer pessoalmente em um treinamento ou até mesmo por acaso.

Viva o agora com paixão, divirta-se e que o Criador o abençoe.

## Fernando Viel



Presidente da Viel Treinamento – Academia Mundial de PNL e *coaching*.
É um dos especialistas brasileiros em Psicologia da Mudança.
*Coach* Executivo com Formação e Certificação Internacional. Master e Trainer em PNL. Fernando Viel foi formado e graduado pelo mais ambicioso, completo e definitivo programa para maximização de Performance e Resultados em Liderança, Transformação de Atitude, Expansão de Identidade e Tomada de Decisões: PARAGON pela *Matrix University com o Heart Coach & Head Trainer* Amauri MAVERICK e o *Peak Performance Trainer* Rodrigo Cardoso. Ficou concentrado adquirindo conhecimento em mais de 10 mil horas de cursos, treinamentos, palestras e livros. Autor do DVD *Coaching*: "*The Power of the Powers*" (O Poder dos Poderes). Autor dos livros: "Hábitos de Bilionários" e "As Perguntas Mais Fortes do Mundo". Coautor dos Livros "*Ser+ com PNL*" , "*Ser + com Coaching*", "*Ser + com Palestrantes*" e "*Ser + em Vendas II*" ( editora Ser Mais),

**Site:** www.viel-treinamentos.com.br
**E-mail:** fernando@viel-treinamentos.com.br
**Telefones:** (64) 9248-3382 / (64) 9248-3382

## Anotações

# 37

# *Coaching* Executivo: a arte de maximizar talentos e resultados organizacionais



O *Coaching* Executivo vem se destacando no mundo corporativo e no esportivo, como a metodologia escolhida para gestão e desenvolvimento de talentos. O cliente tem todos os recursos que precisa para chegar aonde quer ou, então, pode criá-los. Nossa potencialidade está esperando por ser explorada

**Flávio Souza**

No cenário empresarial contemporâneo, onde as organizações buscam talentos para elevar resultados, o grande desafio dos executivos é construir a ponte entre o "saber" e o "fazer" e atravessá-la, gerando resultados efetivos para a organização. Essa travessia inclui lidar com um rio de pressões internas e externas, falta de tempo, sobrecarga de informações e excesso de trabalho. E, no meio disso tudo, ainda tomar decisões que definem o destino de uma organização.

Nos últimos 40 anos, cada vez mais, os executivos vêm sendo exigidos em seu desempenho de alta *performance*. Nunca se trabalhou tanto. Esse contexto gera uma demanda essencial de apoio, suporte e encorajamento desses executivos nas organizações, solo fértil para o *Coaching* Executivo que germinou, brotou e cresceu como a arte de maximizar talentos e resultados organizacionais. Esse tempo e cenário também foram necessários para consolidar e validar a eficácia dessa metodologia com ferramentas e técnicas próprias.

Quando falamos de *Coaching* Executivo, estamos focando naquele processo aplicado aos líderes e gestores com alto poder de decisão, situados nos níveis superiores das organizações. O *Coaching* Executivo envolve *coaches* com práticas e qualificações específicas.

Este é uma parceria sinérgica entre um executivo, sua organização e um *coach* experiente, com o propósito de facilitar a aprendizagem e desenvolvimento dos "talentos" em negócios, para maximizar resultados identificáveis para a organização. Assim, o *Coaching* Executivo busca maximizar desenvolvimento e resultados em uma parceria triangular entre organização, executivo e *coach*.

Esse é um cenário onde cada tomada de decisão ou mudança comportamental do executivo, no que tange à maneira como ele se relaciona com ele mesmo, com os outros e com as situações que o rodeiam afetam diretamente os resultados globais na organização, independente do tamanho da mesma.

O *Coaching* Executivo vem se destacando no mundo corporativo, e no esportivo também, como a metodologia escolhida para gestão e desenvolvimento de talentos, daí o nome desse artigo: "*Coaching* Executivo: a arte de maximizar talentos e resultados organizacionais".

Nesse artigo, buscaremos, de maneira simples e pragmática, através da perspectiva do coaching e de pesquisas no assunto, enquadrar conceitos sobre talento inato e *performance* excelente, além de responder a perguntas, como: - O talento é inato ou pode ser desenvolvido?
- Qualquer pessoa pode ter desempenho excelente?
- Qual a gênese do talento?
- Como melhorar o desempenho?

O termo talento é, por definição, inato, isto é, nascemos com um dom de desempenho excelente em determinada atividade ou área. Na realidade, não há comprovação disso e a maior parte das pesquisas tende a uma conclusão controversa de que talento é, enquanto desempenho excelente, desenvolvido, não inato.

Em meio a esse paradoxo, quando olhamos para o "talento", mediante a perspectiva do *coaching*, podemos conceituá-lo como uma capacidade humana inata de desenvolver alto desempenho em qualquer atividade ou área em que se coloque foco, ação e aprendizagem. Estabelecemos aqui como pressuposto, mediante as pesquisas atuais, que a capacidade inata que temos é a de mudar, de adaptação e viver deliberadamente.

Outra boa pressuposição de *coaching* é a de que o cliente tem todos os recursos que precisa para chegar aonde quer ou, então, pode criá-los. Nossa potencialidade está esperando por ser explorada. Esses modelos mentais podem ser ampliados deliberadamente.

Sir John Whitmore disse: "Os clientes são como sementes que têm dentro de si o potencial necessário para se tornarem magníficos carvalhos".

É assim que o *coaching* maximiza talentos, ele libera o potencial do cliente trazendo alto desempenho de dentro para fora, através de sua deliberação. Entendemos aqui como deliberação qualquer ação proposital, após reflexão e tomada de decisão consciente.

Assim, mediante o enfoque do *coaching*, o "talento" pode ser eliciado e desenvolvido, e qualquer pessoa saudável pode ter desempenho excelente, desde que queira verdadeiramente. e esteja disposta a agir, deliberadamente, na direção dos resultados desejados.

Portanto, a gênese do talento não está em dons especiais ofertados por deuses ou inspirações sopradas por ninfas, nem na experiência ou trabalho duro. A gênese do talento, seguindo a perspectiva do *coaching*, está em descobrir, despertar e desafiar o talento comum a todo ser humano saudável de plasticidade cerebral, que é a capacidade intrínseca do cérebro de aprender a se modificar mediante os mais diferentes estímulos (físicos, cognitivos, emocionais ou relacionais), gerando desenvolvimento em busca de alto desempenho mediante metas predeterminadas. Assim, em *coaching*, qualquer dom, inspiração, experiência ou trabalho duro faz parte do *rol* dos recursos que estão à disposição do cliente.

Nas últimas décadas, a neurociência torna evidente essa capacidade humana, tão ampla e fácil de ser aplicada quanto de ser desafiada. Isto é, quanto mais desafiado o talento de plasticidade, maior a capacidade de flexibilidade, adaptação e mudança diante de um contexto corporativo ou não.

Dentro desse processo, existem algumas características que se mostram universais para o alto desempenho. São elas:



**- Reconhecimento do próprio potencial latente**

Quais os limites do potencial humano? Apesar dos grandes esforços da ciência para encontrar respostas, o que se nota é que os limites, assim que postulados, por via de regra, são quebrados por seres humanos desavisados de sua existência e, assim, os mesmos se expandem mais uma vez.

Com o *Coaching* Executivo também é assim, muitos clientes chegam com percepções muito limitadas de seu próprio potencial e o *coaching* o ajuda a expandir essa percepção, ampliando possibilidades de ações e resultados.

O *coach* de executivos deve colocar seu cliente em contato com seu potencial latente para que o mesmo chegue ao alto desempenho. É importante ajudá-lo a perceber quem ele é através de sua biografia, suas conquistas na vida, suas qualidades, recursos pessoais e outras ferramentas e técnicas de *coaching*. Pode-se contribuir para que o cliente tome posse de seus pontos fortes, de suas paixões na vida e de seu potencial. Um processo de *empowerment* que melhora a autoimagem e eleva a autoestima, o que ocasiona um impacto muito positivo na maneira como ele se relaciona consigo mesmo, com os outros e com as situações que o envolvem.

**- Estabelecimento de um norte**

No *Coaching* Executivo, estabelecer um destino com metas bem definidas é essencial para a melhoria do desempenho. Através de metas, se estabelece foco e contexto para definição do que será alto desempenho no trajeto rumo a esse destino.

Dessa maneira, se cria foco e contexto para ação e "aprendizagem deliberada", que levam ao desenvolvimento e a resultados superiores.

Quando se tem um norte definido estabelece-se direção e decisões mais acertadas. É como ofertar uma bússola ao cliente para sua viagem.

Com uma visão de futuro mais clara, o cliente torna-se mais confiante e eficaz. As metas proporcionam visão de longo prazo e oferecem

um referencial que dá clareza às prioridades. Estabelecer metas é criar contexto de ação e aprendizagem para alavancar a potencialidade latente do executivo.

**- Conexão com o propósito**

Por trás de toda meta bem definida há um propósito a ser alcançado. Enquanto as metas são objetivas, práticas, reais, mensuráveis, específicas e pertencem ao mundo dos bens, os propósitos são abstratos e pertencentes ao mundo dos valores e significados.

No *Coaching* Executivo, o propósito conecta intimamente o cliente às suas metas, faz a liga que os move em direção aos resultados desejados. Mobiliza todo o seu aparato de recursos físicos, cognitivos e emocionais em uma mesma direção.

O propósito é como um farol a guiar o cliente para as metas e a clarear as rotas para o alto desempenho.

**- Planejamento dentro de seu círculo de influência**

O planejamento no *Coaching* Executivo é um processo estruturado que define o caminho do cliente em direção aos resultados desejados e como seus recursos serão alocados na direção de seu destino.

Quais os passos principais para se chegar ao destino? Um plano de ação bem elaborado pavimenta o caminho que leva o cliente ao seu destino.

É importante que o cliente seja provocado a buscar ações no seu contexto de influência para não cair na armadilha de estabelecer um "plano de expectativas", onde o cliente não age e fica esperando que as coisas aconteçam.

**- Reconhecimento e transposição dos sabotadores**

O termo *sabotagem* vem do francês *sabot*, que significa sapato feito de madeira. A palavra ganhou o significado de impedir ou dificultar o transcurso normal do trabalho porque os operários costumavam colocar seus sapatos entre as engrenagens, para danificar as máquinas e sabotar a produção industrial.

O mesmo pode ocorrer com o executivo em seu percurso. Então, é necessário que o cliente, com a ajuda de seu *coach*, primeiro identifique os sabotadores que o impedem ou dificultam os seus resultados desejados para depois transpô-los.

Os sabotadores podem ser externos ou internos. Os sabotadores externos são percebidos e o cliente encontrará, com apoio do *coach*, uma maneira eficaz de lidar com eles. Se for algo ao seu alcance de influência, serão realizadas as mudanças necessárias. Se for algo fora de sua influência, será traçada uma estratégia para se lidar com aquilo que não se pode mudar.

Os sabotadores internos são expectativas, frustrações, medos, sentimentos negativos recorrentes, pensamentos negativistas, diálogo interno limitante, crenças limitadoras que serão desafiados no *coaching* e transpostos através de perguntas, reflexão, ação e aprendizagem.

**- Posicionamento assertivo e ação deliberada**

O posicionamento assertivo envolve princípios de ação e de decisão que são importantes para o executivo, e que vão determinar como ele age e é percebido pelos demais.

Este posicionamento leva em consideração as metas, os propósitos, o planejamento em si e como o executivo vai se comportar neste contexto, diante das pessoas e das situações. O posicionamento assertivo fortalece muito o executivo em direção ao seu norte e, também, na defesa de seu espaço ambiental, funcional, físico, mental, emocional e espiritual (independente do que espiritualidade represente para o cliente).

A ação deliberada pode ser interna (tomada de atitude) ou externa (comportamento visível), após reflexão e tomada de decisão consciente. Tem a ver com transpor hábitos de pensamento e de comportamento, e com a tomada de uma atitude condizente com aquilo que se busca. Toda vez que se percebe um desvio de rota, retoma-se com uma atitude ou comportamento deliberado.

Esses elementos são importantes para o sucesso do cliente e do processo de *Coaching* Executivo.

**- Melhoria continuada e aprendizagem deliberada**

O termo *melhoria contínua* é baseado no sistema japonês *Kaizen*. Em português, *kai* significa mudança e *zen* significa bom, ou seja: mudança para melhor.

Para nossa aplicação em *Coaching* Executivo, podemos traduzi-lo como: melhoramento contínuo e ecológico em todo o sistema em que o cliente está inserido.

Neste processo, toda melhoria, aprendizagem ou resultado satisfatório devem ser especialmente reconhecidos pelo cliente, a fim de se buscar desenvolvimento constante através do reforço positivo, da ampliação dos modelos mentais, novos aprendizados, novas possibilidades de ação e inovação. É um contínuo processo de se reinventar e de se fortalecer através de suas próprias conquistas.

A melhoria continuada, entretanto, consiste em ir além da melhoria contínua. Através de evidências estabelecidas no processo de *coaching* (as quais fornecem alguma métrica), verificam-se os pontos que merecem mais atenção. Estes pontos são desenvolvidos, consistentemente, através da aprendizagem deliberada, onde uma ação proposital é repetida, após reflexão e tomada de decisão consciente, até que a mesma se torne uma competência desenvolvida.



Este é um dos principais determinantes do alto desempenho do cliente. Aplicada com afinco, a aprendizagem deliberada leva ao desenvolvimento do talento na atividade ou área de atuação que se deseja.

Em resumo, a melhoria continuada surge quando os resultados positivos da melhoria contínua são percebidos e os resultados, que ainda não são positivos, são trabalhados como pontos de alavancagem através da aprendizagem deliberada. Assim, são definidas novas perspectivas para a melhoria do desempenho contínuo.

As características apresentadas acima têm se mostrado de grande valia no *Coaching* Executivo, dadas as demandas atuais das organizações e os desafios dos executivos no cenário corporativo contemporâneo.

Nesse ambiente efervescente, o *Coaching* Executivo está crescendo e se tornando uma metodologia cada vez mais eficaz aos executivos, às organizações, à sociedade e ao mundo.

É importante que nesse cenário tenhamos profissionais responsáveis com formação sólida e entidades sérias com padrões e princípios de ética bem definidos, a exemplo da International *Coaching Community* (ICC – Inglaterra), entre outras.

Dessa maneira, será oferecido ao mercado um *Coaching* Executivo de qualidade, bem estruturado e com ferramentas e técnicas validadas.

Particularmente, no que me diz respeito, continuarei firme no meu propósito de formar *coaches* cada vez mais capacitados e desenvolver líderes que atuem com maestria e profissionalismo, capazes de mostrar na prática porque o *Coaching* Executivo é considerado uma arte de maximizar talentos e resultados organizacionais. Assim, cumpro minha missão de fazer diferença para pessoas que fazem diferença. Quem sabe não te encontro nesse caminho?

## Flávio Souza



Formador de *coaches* pela International *Coaching Community* – ICC Inglaterra. Especialista em *coaching* de executivos, liderança e gestão de pessoas. Possui mais de 4.000 horas em sessões de coaching individual e de equipes. Especialista em Programação Neurolinguística. Conferencista do International *Coaching Congress* em 2009, em Lisboa – Portugal, e em 2011, em Bogotá - Colômbia. Larga experiência em treinamentos técnicos e comportamentais, desenvolvimento de equipes e liderança na área da indústria, comércio e serviços. Realizou trabalhos em empresas nacionais e em multinacionais. Seu foco é fazer diferença na vida das pessoas e organizações, facilitando mudanças positivas e duradouras, ajudando-as a serem o melhor que puderem para atravessar a ponte entre seus sonhos e suas realizações. Seu trabalho é sinônimo de sucesso pessoal, profissional e organizacional.

**Sites:** www.vocevencedor.com.br e www.flaviosouza.com.br
**E-mails**: flaviosouza@vocevencedor.com.br
atendimento@vocevencedor.com.br
**Blog**: www.mensagensmotivacionais.com.br
**Telefones:** (11) 2338 6751–9685/ 9137; (19) 3898 1295/ 3898-1242

# Anotações

# 38

# *Self-Coaching*
## O caminho para o que realmente importa

*Self-Coaching* é a forma de promover uma conexão da pessoa com o que há de melhor em si. É a oportunidade de revelar todo o poder pessoal que habita o seu íntimo, com sua história, desejos e expectativas

**José Roberto Marques**

Quando estamos centrados em quem realmente somos, vivemos mais profundamente conectados conosco e com os outros. Reencontrar e apoiar, essa conexão é o elemento essencial para curar nosso mundo, atingir o sucesso, alavancar resultados e ajustar comportamentos.

Ao desenvolver o método do *Self-Coaching*, eu buscava uma forma de promover esta conexão íntima em meus *coachees*. Fiz diversas formações, li inúmeros livros, experimentei infindáveis formas de convidar o outro para uma viagem inesquecível ao mais maravilhoso e profundo destino que se possa visitar – o seu próprio Ser.

O *Self-Coaching* é um aprofundamento do "*Life Coaching*", que é uma modalidade de *coaching* já consagrada no mercado, orientada para o campo pessoal, que atua no aprimoramento das relações interpessoais, sejam elas afetivas ou familiares. No *Life Coaching*, é papel do *coach* apoiar o indivíduo no planejamento de objetivos, na motivação para alcançá-los, numa melhor comunicação interpessoal e no autodesenvolvimento como um todo.

Já o *Self Coaching* é a forma de promover uma conexão da pessoa com o que há de melhor em si, e a oportunidade de revelar todo o poder pessoal que habita o seu íntimo, com sua história, desejos e expectativas.

Neste contexto, "*Self-Coaching*", que pode ser traduzido para "*coaching* de si mesmo" ou "*autocoach*", também pode ser interpretado como o "centro direcionador da consciência e da inconsciência", ou ainda "centelha divina" ou "o melhor EU que habita dento de cada um de nós". Viver um processo de "*Self-Coaching*" significa permitir-se a acessar níveis cada vez mais profundos na busca do "empoderamento do EU".

**Bases do *Self Coaching***

O *Self-Coaching* se embasa em diversas ciências, práticas e conhecimentos consagrados nas mais variadas áreas do conhecimento. As contribuições mais significativas são:

**Psicologia** - Por meio das diversas abordagens de pesquisa do comportamento humano e da relação do homem consigo, com seus semelhantes e com o mundo. Destaca-se a Gestalt-Terapia, com sua visão holística de homem, estudo da percepção figura-fundo e a vivência do aqui-agora; o Humanismo de Carl Rogers leva o cliente para o seu lugar de destaque no processo, tudo ocorre para e pelo cliente, incorporando sentimento no atender; a Terapia Cognitivo-

Comportamental, que explica a relação de influências filogenéticas, culturais e ontogenéticas sobre o agir do indivíduo, trabalhando tanto a origem cognitiva no âmbito das crenças disfuncionais, quanto a consequência dos comportamentos; e a Psicologia Positiva que apresenta um novo enfoque terapêutico, voltando-se para a potencialidade das forças do humano, buscando o estado de *Flow,* que é o desenvolvimento de um fluxo natural de completa conexão com o que está realizando.

**Programação Neurolinguística** - Constitui uma das principais bases do *Self-Coaching*. A partir do estudo aprofundado da Gestalt-Terapia, do Pensamento Sistêmico e da Hipnose Ericksoniana, a PNL traz a percepção de que a mente e o corpo desenvolvem uma linguagem com a qual interagem para criar a percepção que cada pessoa tem do mundo. Desta forma, as pessoas respondem à sua experiência, não à realidade em si.

**Hipnose Ericksoniana** - Difere-se dos métodos tradicionais de hipnose por utilizar o transe na fala coloquial, estabelecendo uma conversação profunda que leva o *coachee* a um estado alterado de consciência, possibilitando o processamento de informações conscientes e inconscientes. Utiliza-se também a autohipnose, em que a pessoa se permite autossugestionar e modificar suas crenças e percepções de mundo.



**Neurociência Cognitiva** - Une forças da Psicologia e da Neurociência para se ocupar dos mecanismos biológicos que mantêm a cognição. Ela traz valiosas contribuições na compreensão de processos cognitivos como aprendizagem, memorização e tomada de decisão, assim como embasa a compreensão de perfis comportamentais e possibilita o treinamento de habilidades específicas para o alcance de objetivos.

**Aprendizagem Acelerativa** - Proporciona um estado mental propício à aprendizagem, possibilitando a assimilação de um conjunto muito maior de conteúdo que se aprenderia em métodos tradicionais.

**Inteligência Emocional** - Traz as múltiplas faces da forma de reconhecer os próprios sentimentos e os do outro, gerando resultados para si, para o outro ou para a coletividade.

**A prática do *Self-Coaching***

A partir de um conjunto de ferramentas e técnicas poderosas de autodescoberta, é possível alcançar memórias, sonhos, valores, crenças e diversos aspectos inerentes à história de vida, redescobrindo sua essência e trabalhando por novos horizontes. Por isso o *Self -Coaching* é tão importante.

Muitas vezes pequenas crenças negativas modelam nossa ótica, fechando nosso campo de visão. Na verdade, a nossa acuidade visual está relacionada à nossa própria percepção de alcance. "Você é do tamanho de seus sonhos", ensinamos em nossos treinamentos, mas esta frase tão simples e tão poderosa só faz sentido quando a pessoa entende que os seus sonhos atingem na realidade a estatura máxima que ela se permite enxergar, deixando para trás uma imensidão de possibilidades desconhecidas, ou não.

Fortalecer o "mapa de mundo" dentro de uma interpretação positiva da sua própria história é à base do processo de *Self-Coaching*. O profissional *Self Coach*, por meio de perguntas poderosas, promoverá essa interpretação positiva, do indivíduo atendido ou de si mesmo.

Tudo bem que não é fácil admitir limitações afetivas; que as relações amorosas e familiares não são tão harmônicas e bem-sucedidas como desejamos, pois de certa forma isso é admitir um fracasso. No entanto, este é o primeiro passo a ser dado, se na verdade você quiser, através do processo de *coaching*, resolver essas questões.

Refletir, ponderar e compartilhar o estado desejado é o primeiro passo no processo de *Self-Coaching*. Tudo começa na permissão que cada *coachee* dá a si mesmo para interpretar positivamente sua história. Quanto maior a ressignificação e a interpretação positiva de nossa história, maior será a potencialização dos resultados do *coachee.*

**Resultados esperados**

Você já tem as respostas aí, dentro de você, e só precise ser positivamente apoiado a fazer as perguntas certas para assim chegar à solução de seus dilemas. Exercitar suas potencialidades, descobrir outras mais, acreditar em si, são passos nesse caminho da evolução humana. As ferramentas para as mudanças são suas, e o *Self-Coaching* vai apoiar você a reconhecê-las e a utilizá-las da melhor maneira possível.

De modo geral, inúmeras pessoas têm conseguido obter resultados surpreendentes ao aplicar o *Self-Coaching*. Por isso ele

é parte fundamental no Plano de Formação dos coaches formados pelo Instituto Brasileiro de *Coaching*. Nós entendemos que, para atuar como coach é necessário acreditar e vivenciar o processo de transformação. O *coach* em si, enquanto Ser Humano, está sempre em contínuo desenvolvimento, trabalhando a cada dia seu *Self -Coaching*.

Desta forma, da pessoa submetida ao método, se espera ao menos que seja possível a ela, dentre outros resultados: Estabelecer e alcançar objetivos e metas inteligentes; Descobrir sua missão de vida e o que é realmente importante; Melhorar sua *performace* ou qualquer aspecto comportamental como: Comunicação, motivação, liderança, foco, superação, flexibilidade, resiliência; Refletir e tomar decisões fundamentais para a vida; Adquirir mais estabilidade e inteligência emocional para desta forma ampliar suas realizações pessoais e profissionais.

Estabelecer e alcançar objetivos e metas inteligentes;

- Descobrir sua missão de vida e o que é realmente importante;
- Melhorar sua *performance* ou qualquer aspecto comportamental como: comunicação, motivação, liderança, foco, superação, flexibilidade, resiliência;
- Refletir e tomar decisões fundamentais para a vida;
- Adquirir mais estabilidade e inteligência emocional;
- Ampliar suas realizações pessoais e profissionais.

## José Roberto Marques




Certificado *Master Coach* pela Graduate School of Master Coaches (EUA/UK/Austrália), International Association of Coaching-Institutes (EUA), ECA - European Coaching Association (Alemanha/ Suíça), GCC - Global Coaching Community (Alemanha) e METAFORUM INTERNATIONAL (Itália/Alemanha). Experiência de mais de 10 anos como *coach*. Nesse período, acumula mais de 5.000 horas em atendimentos individuais, tendo também aplicado a Metodologia do *Coaching* em mais de 100 empresas e organizações, dentre elas: Correios; Banco do Brasil; Gazin; Sebrae; Bayer; Polícia Militar/GO; Saneago; Leroy Merlin; GVT; Unimed; Receita Federal; Inmetro entre diversos outras por todo Brasil.
Criador da metodologia Professional & Self Coaching - PSC.
Especialista em Hipnose Ericksoniana pela American Society of Clinical Hypnosis e Global Institute for Trauma Resolution. Formação Avançada em Treinamento Comportamental, Emotologia, Acupuntura, Respiração e Rebirthing. Fundador e Diretor do Instituto Equilibrium.
Administrador e gestor de empresas e pessoas há 25 anos. Psicoterapeuta, *Master* e *Advanced Trainer* em Programação Neurolinguística. Bacharel em Filosofia e Teologia. Doutor Honoris Causa em Filosofia Cristã. Membro da Equipe Internacional de Trainers do Metaforum Internacional - Akademie Für Kompetenzentwicklung (Alemanha/ Dinamarca) e Global Coaching Community - GCC.

**Site:** www.ibccoaching.com.br
**E-mail:** joseroberto@ibccoaching.com.br
**Telefones:** (11) 4063.9585 | (31) 4063.8255 | (21) 4063.8388

# Anotações

# 39

# *Coaching* e o processo de individuação



O *Coaching*, através de técnicas extremamente eficazes, conduz o *coachee* ao reconhecimento de seus potenciais latentes e talentos únicos, alinhando-os aos seus valores e propósito. Além disso, desperta os recursos interiores, colocando o indivíduo no seu centro de poder pessoal, viabilizando sua trajetória na realização de seus sonhos e missão de vida

**Kátia Bueno**

Em minhas práticas como *coach*, tenho percebido a possibilidade de enorme contribuição do *Coaching* ao processo de individuação, a grande jornada que todos nós empreendemos neste mundo. Deixe-me explicar isso melhor...

O renomado psicólogo Carl Jung, criador da psicologia analítica, cunhou o termo Individuação para o processo contínuo de aprimoramento pessoal, a busca de um indivíduo por tornar-se "si mesmo" ("*self*"), a expressão da essência única que cabe somente a cada um de nós realizar, o processo de trazer à consciência a suprema realidade da alma.

Já o famoso mitólogo Joseph Campbell chamou este processo de Jornada do Herói, a jornada em busca de si mesmo e de transcendência, onde o mais importante não é um ponto de chegada ou uma meta a ser alcançada, mas a jornada em si, com todos os seus desafios e aprendizados.

Para compreender melhor a razão destes termos tão especiais como estes que citei acima - **Jornada do Herói** e **si-mesmo (*self*)** - é importante entender o significado de alguns conceitos à luz da teoria junguiana:

**EGO** e ***SELF***

O ego é a dimensão consciente da nossa personalidade, que nos permite dar conta de nossa identidade individual, enquanto o *self* abarca a totalidade (tanto nossos conteúdos conscientes quanto inconscientes), sendo também o centro regulador da nossa psique e ponto de passagem para uma dimensão transcendente, para o psiquismo universal.

O **ego**, segundo Jung, deve estar a serviço do *self*, onde sua principal função é de intermediar o processo de assimilação dos nossos conteúdos inconscientes na consciência, num processo contínuo de integração e ampliação.

No entanto, quando um ego ainda está imaturo e enfraquecido, o que constatamos no comportamento do indivíduo é uma atitude de manipulação, ilusão, apego, e a busca por aprovação externa – um estado de consciência no qual grandes conflitos e dramas emocionais podem ocorrer.

O nosso verdadeiro poder, porém, emerge das profundezas da nossa alma/*self*. Não se trata de ter poder sobre os outros, mas sobre a nossa própria felicidade e destino.

Com o amadurecimento e estruturação do ego, o indivíduo passa a identificar-se menos com os valores externos do meio em que vive, e volta-se mais para as emanações do *self* – o centro da nossa totalidade e ponto de integração de todas as nossas instâncias psíquicas (personas, sombras, anima/animus etc.).

É importante ressaltar que para Jung a individuação não exclui a pessoa do mundo, mas aproxima o mundo dela.

Viver a partir da nossa perspectiva interna, despindo-se de tudo o que é falso, tudo o que nos afasta da nossa natureza essencial; e, ao mesmo tempo, conviver harmoniosamente com o meio social, compreendendo o nosso papel e contribuição no contexto evolutivo maior é o nosso maior desafio, o grande salto em nossa existência.

Neste contexto, o *Coaching* surge como uma poderosa alavanca para impulsionar e direcionar o processo de Individuação, pois conduz o indivíduo a um olhar mais profundo sobre si mesmo e seu processo evolutivo, elevando-o a novos patamares de expressão e consciência.

O *Coaching*, através de técnicas extremamente eficazes, conduz o *coachee* ao reconhecimento de seus potenciais latentes e talentos únicos, alinhando-os aos seus valores e propósito. Além disso, desperta os recursos interiores, colocando o indivíduo no seu centro de poder pes-

soal, viabilizando sua trajetória na realização de seus sonhos e missão de vida.

É importante diferenciar o *Coaching* da psicoterapia, visto que o *Coaching* tem foco no futuro e no alcance de um estado desejado, já a terapia enfoca mais detalhadamente o passado e prioriza a análise dos conteúdos psicoemocionais.

É fundamental esclarecer que o *Coaching* pode ir muito além de trabalhar metas, competências e resultados. Em sua essência mais profunda, o *Coaching* é um processo de comprometimento com a evolução do ser humano, em torná-lo **a melhor pessoa que ele pode ser.**

**Métodos enriquecedores ao processo**

Conforme a abertura e predisposição do *coachee*, podemos também utilizar métodos que podem auxiliar imensamente no processo de reconexão do indivíduo com uma dimensão maior do ser e, também, na ampliação de consciência. O aguçamento da intuição e das habilidades criativas do indivíduo também são importantes aliados neste processo.

Alguns métodos que costumo utilizar são:

- Meditações conduzidas através de relaxamento induzido com visualização criativa;

-Técnicas da Hipnose Ericksoniana, possibilitando o acesso à nossa mente mais profunda e a ampliação de consciência;

As técnicas acima são muito eficientes, visto que favorecem o acesso a conteúdos inconscientes, aprofundando e enriquecendo o autoconhecimento.



A utilização de filmes e livros que exploram o tema da Jornada do Herói também agrega valor e inspiração ao processo. Cito aqui alguns títulos interessantes dentre muitos que existem: *Avatar* (dir. James Cameron, 2009), Fernão Capelo Gaivota (Richard Bach, 1970), *Matrix* (dir. irmãos Wachowski, 1999), A História sem Fim (dir. Wolfgang Petersen,1984), O Mágico de OZ (dir. Victor Fleming), O Alquimista (Paulo Coelho, 1988) etc.

**Jogo da Individuação**

O jogo que apresento aqui foi criado após um *insight* que tive ao assistir a um jogo de *RPG*.

Tenho aplicado este jogo nas sessões finais do processo de *Coaching*, possibilitando uma recapitualção geral da jornada realizada durante o processo, obtendo resultados muito enriquecedores.

Antes de iniciar o jogo, que dura em média 1 hora e meia, devemos eleger um avatar representativo do *coachee*. O início do jogo é onde a pessoa está hoje (placa – ONDE ESTOU), já o final fica na placa *BLISS*. O tabuleiro é o caminho que levará de um lado até o outro, do início da jornada até o final.

As placas são os pontos pelos quais o *coachee* terá que passar, levando o seu avatar a caminhar pelo tabuleiro, realizando em cada uma delas uma pausa para reflexão e proferindo uma resposta em cada um destes pontos. A ordem da passagem pelas placas deve ser orientada pelo *coach*, de acordo com o desenrolar do jogo. A sequência que segue ilustrada abaixo é apenas uma sugestão:

*O coach tem um papel de coordenar a jogada, orientando o coachee e fazendo perguntas pertinentes a cada ponto que está sendo trabalhado.*

**Alavancando respostas**

Ao lado do tabuleiro devem ser dispostos personagens que remetem ao universo simbólico do *coachee*, tais como: xamã/curandeiro, o sábio/mestre, a criança interior, o louco/palhaço, o anjo, a mulher/homem selvagem, dentre outros possíveis.

O intuito dos personagens é possiblitar ao *coachee* o acesso aos seus próprios recursos internos. Durante o jogo, o *coachee* pode recorrer, a qualquer momento, a um destes personagens/arquétipos como forma de obter um *insight* para a sua jornada, bastando apenas segurá-los com as mãos e deixando fluir a sua intuição, dizendo o que lhe vier à mente.

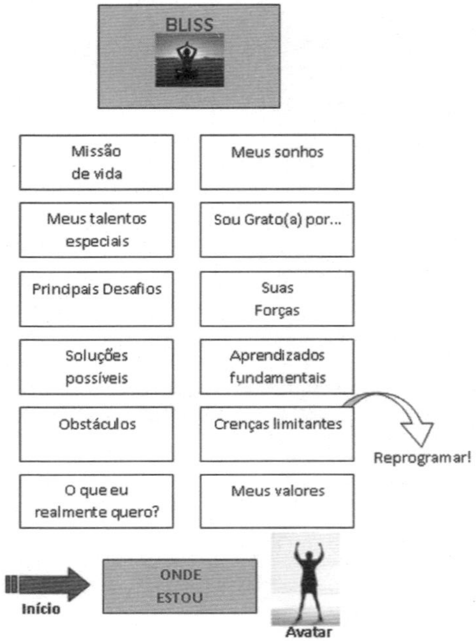


Nas experiências que tive na aplicação deste jogo, o acesso a estes personagens realmente propicia a obtenção de respostas novas não apresentadas no nível mental em que se estava. Eles ampliam e aprofundam a resposta do indivíduo.

*Nota: recomendo a escolha de um avatar que tenha similaridade física com o coachee que está cumprindo a jornada. Eu, particularmente, gosto de utilizar os bonecos da coleção Playmobill.*

É interessante observar a força mágica que se cria através destes personagens, como se fosse possível materializar, através do símbolo, o acesso às forças arquetípicas do indivíduo, criando uma poderosa âncora para o acesso a estas forças.

Após a finalização do jogo, normalmente, o *coachee* demonstra o desejo em manter com ele os personagens que fizeram parte da sua jornada, o que pode ser muito útil como forma de centralizar e fortalecer a sua vontade em dirigir esforços na realização da jornada em busca de si mesmo.

**Perguntas poderosas**

Algumas perguntas que podem ser realizadas durante o desenrolar do processo de *coaching*, que podem clarear o caminho único do nosso cliente são:

- O que faz o meu coração vibrar?
- Quais são os meus talentos especiais?
- Será que estou seguindo os passos para realizar o meu propósito?
- Qual é o legado que quero deixar para este mundo?

**A força do herói**

Somos heróis da nossa própria jornada.

Em cada um de nós habita um herói capaz de cumprir, de modo singular e com grandiosidade, a nossa missão pessoal, a parte que nos cabe na grande Obra da criação.

Gostaria de finalizar este texto fazendo um convite muito especial: que você empreenda esta jornada em busca de si mesmo. Faço este convite sagrado através das palavras inspiradoras de Joseph Campbell:

"O privilégio de toda uma vida é ser aquele que nascemos para ser.

Siga a sua bem-aventurança, lá onde há um profundo sentido do seu ser, lá onde seu corpo e sua alma querem ir.

Encontre a paixão da sua vida e siga-a, siga o caminho que não é caminho.

Quando tiver essa sensação, fique aí e não deixe ninguém arrancá-lo desse lugar.

E portas se abrirão onde antes não havia portas e você sequer imaginava que pudesse haver".

# Kátia Bueno



Profissional & *Self Coach* formada pelo IBC – Instituto Brasileiro de *Coaching* e Terapeuta integrativa com especialização em Psicologia Junguiana pela FACIS-SP e diversas formações na área de terapia vibracional. Por mais de 18 anos trabalhou em grandes corporações, atuando como gerente de projetos e coordenação de equipes. Formação em Tecnologia da Informação – Processamento de Dados pela FATEC-BS. Escritora, palestrante, coordena grupos de autoconhecimento e espiritualidade.

**Site:** www.katiabueno.com.br
**E-mail:** katiabueno@uol.com.br
**Telefone:** (11) 7180-7102

# Anotações

40

# *Coaching* e aprendizagem



Esse processo de *coaching* ajuda você a desenvolver estratégias e habilidades que maximizam seu potencial para aprendizagem

**Lídia Batista**

Somos desafiados, a todo momento, a romper barreiras e ultrapassar nossas conquistas atuais. Há uma infinidade de informações e conteúdos a serem aprendidos. Os vestibulares e concursos públicos estão ficando cada vez mais elaborados. O processo de aprendizagem envolve uma série de variáveis.

No *coaching*, focado na aprendizagem, o cliente recebe suporte para estabelecer a meta a ser conquistada, para tomar consciência do seu estado atual e de seu estilo de aprendizagem. Todos nós temos nossos valores e crenças, não só as religiosas. As crenças que temos em relação a nosso potencial podem nos limitar ou nos motivar a crescer. Nesse processo de *coaching*, faz-se uma reformulação de crenças que possam estar limitando o processo de aprendizagem, liberando, assim, o potencial do cliente. O cliente aprende a usar recursos da mente inconsciente e criar "estados de excelência" para acelerar a aprendizagem.

**Especificação da meta**

O *coach* destaca com o cliente a importância de se formular a meta na afirmativa, ou seja, uma meta que defina o que o cliente realmente deseja, e não o que ele não deseja. Outro aspecto relevante é formular metas cujas conquistas dependam do cliente e estejam sob seu controle.

Faz-se também uma especificação da meta e dos passos a serem dados ao longo da jornada. É de grande importância segmentar-se a meta, ou seja, subdividi-la em partes menores. Nesse passo, há um detalhamento das ações práticas, das datas para a realização das ações e dos ambientes interligados às ações.

Nessa etapa, faz-se também a "representação sensorial da meta". Esse passo consiste em permitir que o cliente se imagine no futuro tendo sua meta já conquistada, com ricos detalhes de imagens, sons e sensações que estarão presentes quando a meta já estiver conquistada. Esse procedimento exerce uma força propulsora em direção à meta, pois o cliente passa a ter dentro de si uma memória de todos os benefícios internos e externos ligados à conquista da meta. Isso o leva a querer mais, a estar ainda mais motivado na jornada.

A meta precisa ser desafiadora e, ao mesmo tempo, poder se tornar real. O cliente descobre quais os impactos que a conquista da meta vai causar em si mesmo, nas pessoas e nos contextos que lhe são significativos. A grande vantagem de se trabalhar os impactos positivos e negativos é que o cliente pode, antecipadamente, criar estratégias para ultrapassar as barreiras e vencer os possíveis "boicotes" às suas metas. Ele passa a ter mais opções e flexibilidade de ação. Os empecilhos, que normalmente aparecem e atrapalham as pessoas, não causam impacto no cliente que já fez antecipadamente um levantamento do que poderia acontecer e já criou medidas "preventivas" para sanar os possíveis problemas.

**Propósito**

O cliente é levado a refletir no "para quê" de suas metas. Isso o leva a uma conscientização de seus valores, princípios e motivos que as sustentam. Esse passo é de grande relevância, pois o cliente consegue perceber quão importante é conquistar o que ele quer. Ele se motiva para o desafio e se mantém fiel aos princípios e valores que lhe são mais importantes. Ele pode, desde o início da jornada, ter ações condizentes e coerentes. E o mais interessante é que ele pode apreciar de forma mais profunda e prazerosa cada passo e cada ação de sua jornada.

**Estilos pessoais de aprendizagem**

Cada pessoa tem um estilo próprio de aprendizagem. A partir do momento em que se entende esse estilo, é possível ter um maior domínio do processo de aprendizagem, atuar de forma mais ativa e aumentar a interatividade e motivação. Dispomos de ferramentas específicas para descobrir qual é o canal perceptivo preferencial utilizado pelo cliente (visual, auditivo ou cinestésico - essa palavra vem do grego *kinesis* - que significa *movimento* - e se refere aos *sentimentos* e *sensações*). Os termos *visual* e *auditivo* são mais conhecidos. As pessoas que são "visuais" aprendem mais quando as informações são apresentadas em forma de imagens. As aulas expositivas são predominantemente para alunos "auditivos", pois estes captam melhor as informações que lhes são passadas através de sons. Outras pessoas, as cinestésicas, aprendem mais quando existem no processo de aprendizagem atividades experienciais. Muitas vezes as informações são passadas em um canal perceptivo que não é o mais adequado ao cliente. Com o processo de *coaching*, o cliente aprende a desenvolver estratégias para "transcodificar" as informações que lhe são passadas de forma inadequada e que não respeitam essa premissa acima descrita.



**Crenças limitantes**

Maximizar o potencial de aprendizagem é sonho de muitas pessoas. Nossas crenças têm o poder de nos autorizar e viabilizar nossos sonhos ou de limitá-los. Muitos de nós passamos por experiências e situações que diminuem a imagem que temos de nós mesmos. Com a ocorrência dessas situações, acabamos desenvolvendo crenças limitantes a nosso respeito e isso interfere negativamente em nossa jornada.

Às vezes, desistimos dos nossos sonhos quando nos deparamos com algumas limitações. Essas situações, na maioria das vezes, estão baseadas em crenças negativas a nosso respeito e a respeito do mundo. Aprender a transformar limitações em recursos é um grande salto na conquista de nossos sonhos. Para maximizar o potencial humano é necessário que haja superação dos limites. Utilizamos ferramentas que dão suporte ao cliente na reestruturação de crenças limitantes, que são transformadas e ampliadas em crenças propulsoras para a aquisição de estratégias excelentes de aprendizagem. Usando de maestria, podemos transformar limitações em recursos.

**Estados de excelência para aprendizagem**

Sempre que as pessoas conseguem acessar estados de alta *performance* (estados de excelência), elas melhoram a concentração, apreendem um número maior de informações, aumentam sua compreensão dos conteúdos e os retêm por mais tempo, aumentando, assim, sua capacidade de memorização.

A Programação Neurolinguística, criada no início da década de 70 por John Grinder e Richard Bandler, desenvolveu ferramentas para acessar estados-recurso. Esses estados são criados a partir de uma reconstituição imaginária de uma situação vivida ou criada pelo cliente e que tenha o recurso desejado. Ao fazer essa reconstituição imaginária, ele pode acessar automaticamente o recurso pretendido.

O Novo Código da PNL – Programação Neurolinguística - foi iniciado nos anos 80 por John Grinder e Judith Delozier e desenvolvido por Grinder e Carmen Bostic St. Clair a partir de 1988. Eles criaram atividades/jogos que, por si só, ativam na pessoa um estado de alta *performance* livre de conteúdo. Esses estados-recurso (estados de alta *performance*, ou seja, estados de excelência pessoal) podem ser criados pela própria pessoa através da execução de uma atividade, geralmente um "jogo". A realização dessas atividades/jogos acessa recursos que já estão disponíveis no nível inconsciente das pessoas.

(Você encontrará a descrição detalhada e DVD demonstrativo de algumas atividades/jogos no livro *Manual Completo de PNL* da editora Ser Mais).



**Conclusão**

O processo de *coaching* focado na aprendizagem possui um conjunto de ferramentas que foram criadas para aumentar o desempenho das pessoas, transformar limites em recursos, reformular e ampliar crenças limitantes, estabelecer ações estratégicas com passos práticos no presente. O cliente desenvolve seu potencial para concentração, foco na essência do texto, compreensão e memorização. Apresento uma das técnicas a seguir.

**Transformando limitações em recursos**

No processo de aprendizagem, é comum as pessoas se depararem com uma série de empecilhos, tais como dificuldade de concentração, de memorização, hábitos diários de estudo, entre outros. A técnica, descrita a seguir, foi criada para ajudar o cliente a:

a. Se desprender e se liberar de empecilhos cujas soluções não estejam ao seu alcance;

b. Transformar empecilhos, cujas soluções estejam ao seu alcance em recursos, com passos práticos de ação.

Passos da técnica:

1. Escolha um aspecto de sua vida que você quer desenvolver/melhorar para viabilizar a maximização do seu aprendizado. Formule uma frase que expresse isso de forma resumida. Escreva essa frase no espaço reservado para "queixa", no quadro da página seguinte.
2. Qual é sua meta em relação a esse aspecto? É de extrema importância que sua meta seja formulada de forma clara, específica e que a conquista dela esteja sob seu controle. Escreva sua meta no quadro.
3 Que empecilhos e problemas vinculados a essa situação precisam ser resolvidos, mas não dependem de você? Liste-os na coluna "A" do quadro. Há uma antiga frase que diz: "O que não tem remédio, remediado está". É útil que você se libere e se despeça das questões cujas resoluções não estejam ao seu alcance e foque na solução das que estejam.
4. Que empecilhos e problemas vinculados a essa situação precisam ser resolvidos e dependem de você? Liste-os na coluna "B" do quadro.
5. Para cada empecilho/problema listado na coluna "B", escreva na coluna "C" pelo menos uma ação prática para solucionar o problema destacado.
6. Especifique a data em que você vai realizar cada tarefa listada na coluna "C" e escreva-a ao lado de cada tarefa.
7. Decida qual recurso você usará para se lembrar de executar os passos propostos na coluna "C" e escreva-o nas linhas abaixo do quadro.



| **Queixa:** | | | |
|---|---|---|---|
| **Meta:** | | | |
| A) Questões cujas soluções não dependem de você | B) Questões cujas soluções dependem de você | C) Sugestões de soluções | D) ata para realização |
| | | | |
| | | | |
| | | | |
| | | | |
| | | | |

Recurso a ser usado para se lembrar de executar os passos propostos:

________________________________________

________________________________________

**Potencialize suas habilidades e alcance seus objetivos. Desenvolva, também, sua genialidade, maximize seu potencial para aprendizagem! Sucesso!**

# Lídia Batista



Psicóloga (UFMG); Master Practitioner em Programação Neurolinguística (PNL). Trainer em Programação Neurolinguística (PNL) pelo *Southern Institute of* NLP (Flórida – USA). *International Coach*. Membro da *International Coaching* Community. *Coach* em Nível de Identidade – pessoalmente treinada por Robert Dilts e Débora Bacon. *Business Coach*. Certificação internacional em "O Novo Código da PNL" – pessoalmente treinada por John Grinder e Carmen Bostic St. Clair. Diretora da Psiconsultoria.

**Site:** www.psiconsultoria.com.br
**E-mail:** lidia@psiconsultoria.com.br
**Telefone:** (31) 3847-2099

## Anotações

# 41

# O Líder *Coach* não diz aos outros o que fazer, ensina-os a pensar



Através do processo de *Coaching*, lideranças tomam nova forma, tornando-se um meio inovador e eficiente para alavancar o sucesso de uma organização

**Madailda de Lima**

O *Coaching* é a forma de liderança mais moderna e adaptada aos tempos atuais. É a arte e a ciência de facilitar uma mudança positiva, o que torna uma habilidade crítica para líderes em todos os níveis de hoje. Um Programa de *Coaching* é uma tecnologia integrada que tem o objetivo de apoiar um indivíduo ou grupo de indivíduos a perceber e conhecer a sua situação presente, definir metas alcançáveis, escolher o caminho entre várias opções analisadas e expressar seu compromisso em alcançar o resultado desejado.

Imagine que você é o gestor de uma equipe e tem que iniciar uma conversa com um subordinado sobre como aperfeiçoar um determinado projeto. Para você, parece muito claro aquilo que essa pessoa precisa fazer para melhorar seu desempenho, entretanto, a conversa já se estendeu além do tempo previsto e, aparentemente, ele ainda não compreendeu o que você pediu. Isso lhe soa familiar?

Então você fica se perguntando: por que será que as pessoas não entendem o que eu lhes digo? Será que são menos inteligentes do que eu, ou sou eu quem tenho algum problema na forma de me comunicar com elas? Como ajudar as pessoas a mudarem sua maneira de perceber, interpretar e pensar o mundo a fim de melhorarem seu próprio desempenho? Um dos segredos para liderar pessoas e para conviver com elas se encontra no espaço entre nossas orelhas. Outro segredo encontra-se no meio do peito, sob o osso esterno, ligeiramente deslocado para a esquerda. Isso mesmo, no coração. E, finalmente, mas não menos importante, um grande segredo para liderar pessoas é a maneira como agimos com elas. A coerência entre esses três fatores, **PENSAMENTO**, **EMOÇÃO** e **AÇÃO**, é que reforça a confiança na liderança exercida por um líder *coach*.



Para incrementar nosso desempenho como líder, precisamos parar de tentar adivinhar o que os cérebros dos outros precisam e, ao invés disso, nos tornarmos especialistas em ensinar as pessoas a pensarem por si mesmas. A melhor forma de fazer isso é definindo soluções em vez de problemas e ajudando as pessoas a identificarem por si mesmas novos hábitos que elas possam desenvolver para encontrar as soluções mais rapidamente.

## Como eu posso transformar o desempenho da minha equipe por meio do pensamento?

O nosso desempenho é orientado por nossos comportamentos que, por sua vez, são orientados por nossas emoções, que são orientadas por nossos pensamentos, logo, nosso pensamento está no centro de nosso desempenho.

Em seu livro *Quiet Leadership*, o escritor David Rock afirma que o primeiro passo para transformar o desempenho é aprender a Refletir sobre o Processo de Pensar. Esta deve ser a plataforma sobre a qual

deve estar o líder *coach*. Esse conceito está diretamente vinculado aos recentes *insights* sobre o cérebro que indicam que o líder *coach* deve exercitar o conceito de se afastar dos detalhes, deixando grande parte do ato de pensar por conta da pessoa, ou seja, cultivar a importância de manter o foco nas soluções e observar a influência do *feedback* positivo sobre o pensamento, ajudando-as no mecanismo de distender o pensamento e de estabelecer um bom processo em qualquer diálogo.

O segundo passo seria **Abrir os Ouvidos para o Potencial**, onde o líder *coach* deve acompanhar o trajeto das pessoas, ao invés de observar o que não está funcionando. Na prática, significa observar a pessoa como um todo, ou holisticamente, e para fazer isso é preciso manter a clareza da distância, o que implica em uma estrutura mental clara onde se percebe a pessoa por intermédio de seu verdadeiro potencial, não restritamente através de nossos filtros ou planos.

O terceiro passo na transformação do desempenho é **Ser Objetivo ao Falar**, o que implica em melhorar a qualidade de cada palavra dirigida em auxílio ao aperfeiçoamento de outras pessoas. E isso inclui ser claro, conciso e conclusivo, evitando ao máximo circunlóquios e delongas, o que só confunde o pensamento do liderado.



O quarto passo na transformação do desempenho consiste em **Deixar Fluir os *Insights***, que na prática consiste em quatro elementos que, uma vez utilizados durante o diálogo com o liderado, irão potencializar os insights (ou momentos de revelação), ajudando as pessoas a desenvolverem uma consciência maior de seu dilema, conduzindo-as assim a uma fase reflexiva, o que consequentemente as incentivarão no surgimento de novos momentos de revelação. Esses quatro elementos são: estabelecer **permissão**, que consiste em não apressar a outra pessoa, ficando muito íntimo de forma rápida demais, sem antes pedir-lhe permissão ou simplesmente sem dar-lhe espaço para engajar o próprio cérebro na conversa. Em seguida, há três elementos que seguem um padrão circular, que são: **posicionamento**, que cuida de "por que, quando, como e quem" na conversa. Quando o líder posiciona bem uma pessoa, a conversa flui melhor; **questionamento**, que consiste em aprender a fazer "perguntas poderosas" o que implica em não dar conselhos, não se concentrar nos problemas e não perguntar sobre os detalhes e sim permitir que as pessoas sigam seu curso natural questionando sobre a natureza do seu pensamento de forma que elas fiquem mais autoconscientes e assumam mais responsabilidades, fazendo com que observem seus próprios pensamentos e criem novas conexões; e **esclarecimento**, que consiste em verbalizar o essencial do que está sendo dito, após ter passado pela etapas anteriores, isto é, ter tido permissão para uma conversa, posicionado a outra pessoa, e feito uma pergunta questionadora. Obter esclarecimento está mais para poesia do que para *Powerpoint*. Significa captar a ideia e conseguir realimentá-la,

levando a pessoa a concordar com você.

O quinto passo é ajudar a **Criar uma nova forma de pensar**, o que significa que, conforme as pessoas conseguem estabelecer novos *insights*, novos tipos de conversa irão surgir naturalmente. Primeiramente é preciso explorar a realidade atual da pessoa, ou seja, a realidade do seu próprio pensamento, conscientizando-as, desse modo, de seu dilema. A reflexão deve vir em seguida e, se o líder fizer as perguntas certas, elas terão algum tipo de *insight*. Após terem chegado a um novo *insight*, naturalmente desejarão fazer algo com ele, mas ainda não sabem bem o quê. Assim, pode-se sugerir diferentes ideias, dando sugestões sutis ou fornecendo pistas para outras perspectivas ou abordagens, o que ajuda a garantir que a pessoa não seguirá pelo caminho mais fácil quando tem um *insight*, mas encontrará a melhor opção de transformar um *insight* em ação. Finalmente, deve-se aproveitar a energia delas, ajudando-as a adotar medidas tangíveis para transformar seus insights de novas conexões delicadas em algo com mais chance de se tornar parte de seu pensamento. Em outras palavras, significa dizer que o líder está ajudando a pessoa a transformar os seus *insights* em hábitos.

O último passo é chamado de **acompanhamento**, e aborda como garantir que a nova forma de pensar das pessoas cujo líder ajudou a transformar o seu desempenho se transforme em realidade, eliminando a distância entre uma idéia e um hábito e nessa etapa, a função do líder *coach* é dar *feedback* positivo aos "novos mapas" das pessoas, independentemente do que tenha acontecido, pois elas já tiveram seu *insight* inicial.

Após essa ampla explicação você continua curioso e se pergunta agora:



### Como eu posso transformar o desempenho da minha equipe por meio do uso adequado da emoção?

Após conhecer os fatos sobre o *status* de uma ação, o próximo passo é verificar como a pessoa "se sente" em relação ao que conseguiu alcançar até então. Ao separar suas emoções de suas ações, o liderado estará dando maior atenção aos novos circuitos que estão sendo criados e, de uma forma bem diferente, também estará aproveitando o poder das emoções, que muitos estudiosos afirmam ser um recurso-chave quando se trata de criar memória de longo prazo. Isto é, lembramos das coisas que sentimos com maior intensidade.

Outra razão para o líder *coach* verificar as emoções das pessoas logo no início da conversa, é a necessidade de aprender a lidar com eventuais emoções intensas que possam interferir em conversas mais profundas. Quando as pessoas não concluírem uma ação planejada, ajude-as para que deixem as emoções de lado, elencando, assim, uma emoção específica e conversando a seu respeito. Convém dizer à pessoa que ela não será criticada e que não deve ser tão severa

consigo mesma. Verificando as emoções das pessoas, o líder poderá se aprofundar em suas conexões, fazendo com que se concentrem nos sentimentos positivos toda vez que concluírem suas ações com sucesso, caso elas encontrem algum problema procurar ajudá-las a deixar as emoções de lado, a fim de permitir que a conversa seja mais útil.

**Como eu posso transformar o desempenho da minha equipe por meio do uso adequado da ação?**

No livro *Get Better or Get Beaten!*, o autor Robert Slater, ao relatar a trajetória do famoso executivo que transformou a GE, Jack Welch, afirma que para Welch, uma empresa não pode distribuir autoconfiança, mas pode oferecer, através dos seus líderes, oportunidades para seu liderado sonhar, arriscar e ser vitorioso. Um dos segredos é certificar-se de que o funcionário esteja vendo como seu trabalho e contribuição estão ajudando no esforço geral. Se o líder *coach* conseguir fazer com que as pessoas percebam que o que elas fazem faz diferença, se conseguir demonstrar autoconfiança para deixar as pessoas agirem e criarem um ambiente onde cada um que trabalhe na empresa possa ver uma clara ligação entre o que ele faz todos os dias, o dia inteiro e as vitórias e derrotas da vida real, então todos poderão ser mais produtivos do que jamais ousaram sonhar.



A interminável responsabilidade do líder *coach* é remover todo desvio e toda barreira, garantindo primeiro que esse ideal esteja claro para depois concretizá-lo, criando na organização uma atmosfera onde as pessoas se sintam não apenas livres, mas até na obrigação de exigir clareza e objetividade de seus líderes. Outra importante questão a ser considerada é o fato de que para imprimir ação e velocidade nas pessoas em seu processo de mudança é reforçar a sua autoconfiança. A insegurança faz as pessoas resistirem à mudança uma vez que elas a veem apenas como uma ameaça, nunca como uma oportunidade. Essa insegurança tem de ser percebida e atacada. E o antídoto para ela é desenvolver a autoconfiança. As pessoas autoconfiantes não precisam se envolver em complexidades, discursos em "empresarialês" e todas as confusões que passam por refinamento nos negócios. Líderes *coaches* autoconfiantes transmitem isso aos seus liderados e concebem planos simples, falam com simplicidade e propõem metas amplas e claras. Assim constroem equipes de alta *performance*, que emanam velocidade, simplicidade e autoconfiança, num ciclo constante que conduz toda a organização à sua máxima *performance*.

## Madailda de Lima



Sócia Diretora da empresa Synergia & Resultado Desenvolvimento Profissional, em São Paulo. Iniciou atividades de consultoria desde 1994 na área de TI, migrando gradativamente para Recursos Humanos, onde desenvolve e implanta programas de atração, retenção e desenvolvimento de talentos. Atualmente Gerencia Projetos de HCMS (*Human Capital Management System*) para empresas em São Paulo. Empreendedora, Consultora Organizacional e Professora universitária, com formação em Administração de Empresas, Análise de Sistemas e Química, pós-graduada em Marketing pela FIA-USP, pós-graduada em RH pela USCS, *Master Pratictioner* em Neurolinguística, especialista em Psicologia Aplicada a Negócios e Biopsicologia pelo Instituto Visão Futuro. Atualmente é *coach*, sendo membro da Comunidade Internacional de *Coaches* – ICC.

**Site:** www.madailda.com.br
**E-mails:** madailda@uol.com.br
amadailda@gmail.com
**Telefone:** (11) 8415-1998
**Blog:** madailda.blogspot.com.br

## Anotações

# 42

# *Coaching* na pré-aposentadoria



Para passar pelo *Coaching* nesta importante fase da vida, é necessário abertura, predisposição para aprender e crescer, interesse genuíno em construir um novo tempo e acreditar que você tem amplas possibilidades de continuar contribuindo

**Márcia Rizzi**

Em um período de grandes mudanças, como o da aposentadoria, permitir-se refletir sobre o futuro desejado pode fazer toda a diferença na qualidade de vida dos anos vindouros.
A elaboração de um "projeto de vida" pode representar um novo norte, em qualquer fase em que nos encontremos. Na fase da aposentadoria chega a ser essencial, pois encoraja o planejamento, o questionamento de crenças e valores, o entendimento das nossas emoções diante de tantas mudanças e o resgate de sonhos adormecidos, já que passamos tantos anos correndo atrás da formação da carreira e do patrimônio financeiro.

**Cenário - Planeta grisalho**

É tendência mundial o envelhecimento da população. Pesquisa feita pela ONU (Organizações das Nações Unidas) revela que 16% dos habitantes do planeta têm mais de 60 anos e que este número subirá para 20% na metade deste século.

No Brasil há 14 milhões de pessoas acima dos 60 anos de idade, cerca de 9% da população. Segundo projeções do IBGE, em 2020 deverão somar 30 milhões de pessoas, 13% da população, quando o Brasil será o sexto país do mundo em quantidade de habitantes acima dos 60 anos.

Na década de 1950, no Brasil, a expectativa de vida era de 51 anos, agora está em 73 e vai chegar a 81 anos em 2050.

O cenário é de grandes transformações sociais, não só pelo aumento proporcional do número de idosos, mas igualmente em função do desenvolvimento da ciência e da tecnologia, que nos permitem vida mais longa com qualidade e produtividade.

A Organização Mundial da Saúde (OMS) propôs a adoção de uma política para o envelhecimento saudável, enfatizando *participação social, mobilidade e independência*. A OMS entende que, se a pessoa está com mobilidade, liberdade para ir e vir, se é independente economicamente e se está participando dos grupos sociais próximos de si, acaba afastando as doenças. Buscar, portanto, um estilo de vida mais saudável é o bom caminho que acrescenta anos à nossa vida e mais vida a esses anos.

O programa de preparação para a aposentadoria está previsto por lei na Política Nacional do Idoso, promulgada em 1994, reforçada em 2002 pelo Estatuto do Idoso.

**PPA – Preparação para aposentadoria**

Não há fórmula única para desenvolver um programa que prepare para a fase da aposentadoria. O que sabemos é que aqueles que se permitem passar por essa etapa fazem a transição com maior naturalidade e menor sofrimento.

Planejar a aposentadoria é lançar um olhar sobre a vida como um todo. É passar a limpo o que já foi, é entender o momento presente para vislumbrar um futuro em que as oportunidades sejam trabalha

das em forma de metas.

O *Coaching* tem se mostrado altamente eficaz no preparo dessa transição, considerando todas as implicações práticas e emocionais da fase, bem como na busca por novos interesses, a título de profissão ou não, que venham a preencher um tempo no qual a pressa não tem mais lugar.

Há pessoas que sentem grande dificuldade para se adaptar à própria casa. A convivência poderá ser prazerosa ou angustiante dependendo de como a relação foi construída ao longo da vida. O *Coaching* com foco no PPA pode orientar o aposentado e a família nessa fase de adaptação, buscando caminhos que auxiliem na harmonização das relações.

Outra questão relevante, tratada costumeiramente no *Coaching* PPA, é esclarecer a relação de poder. Quanto antes entendermos que, na empresa, no cargo ou função de confiança, "estamos" e não "somos", melhor será a fase quando for necessário nos desligarmos de tudo que um cargo representa.

Após experiências bem-sucedidas com o *Coaching* na fase da aposentadoria, podemos afirmar que o colaborador, quando percebe que a organização se preocupa com ele também nesta fase, sente-se valorizado e mais motivado, valoriza ainda mais a oportunidade de fazer parte daquela equipe e seus resultados melhoram. E mais, o período que antecede a aposentadoria costuma ser vivenciado com ansiedade, o que diminui a produtividade Quando o colaborador sente que tem o apoio da empresa em sua nova fase, sente-se mais seguro e contribui significativamente com resultados o tempo todo. Temos percebido, também, que o acompanhamento, ao longo do *Coaching*, dando foco nos aspectos positivos da aposentadoria, diminui a ansiedade e mantém o senso de propósito e direção que pautaram a vida até aqui.

Interessante notar como aquelas pessoas que nortearam sua vida com ênfase em apenas um aspecto, por exemplo, o profissional, ao chegar à fase de desligar-se da organização, sentem um "baque" maior. No caso da família ainda estar estruturada, o "retorno ao lar" pode levar o recém aposentado a sentir-se um estranho no ninho. O apoio da família e dos amigos propicia uma transição mais natural e traz oportunidades de crescimento pessoal e familiar ao desenvolverem juntos projetos de interesse comuns ou simplesmente ao compartilhar um tempo livre prazeroso. No caso da família já ter se desfeito, a importância dos amigos é ainda maior. Há o caso de aposentados que, após alguns meses de descanso, começam a se sentir entediados e passam a buscar outras coisas que devolvam o sentimento de estar contribuindo com algo. Os que buscam acompanhamento antes de estraçalhar a autoestima têm como reagir mais rápido. Naqueles em que percebo estrago maior, recomendo que, em paralelo ao *Coaching*, aconteça um acompanhamen-

to por parte de psicólogo ou psiquiatra.

O que fazer com o tempo livre é uma busca individualizada. O que serve para um, não necessariamente atenderá aos anseios do outro. Via de regra, as opções são:

- Maior convívio familiar e com amigos;
- Lazer através da prática regular de esportes ou atividades físicas;
- Retorno ao banco de escola como meio para novas amizades ou como meio para o retorno ao mercado de trabalho.

Vamos entender melhor estas possibilidades:

**Maior convívio com a família e amigos**

A nova fase permite e propicia maior convívio, além de que, se os laços não foram construídos ao longo da vida, esta será a fase do resgate de uma convivência satisfatória entre o casal e os filhos.

Foi assim que aconteceu com Adelina. Seus filhos, já adultos, sentiram-se incomodados com sua presença *full time* em casa. Buscando melhorar esse relacionamento, sugerimos:

"Adelina, traga para o nosso próximo encontro de *Coaching* um álbum de fotos reformulado. Utilize fotos em papel e em um único álbum monte a evolução cronológica dos filhos, com fotos em que a família aparece unida comparecendo aos eventos que foram importantes para cada um deles. Procure dedicar-se a essa montagem nos horários em que os meninos estejam em casa ou estejam para chegar. Com jeitinho, faça comentários que chame a atenção deles para a tarefa que você está empreendendo".

O fruto foi bons papos, boas recordações, boas risadas e uma maior aproximação.

**Lazer, através da prática regular de esportes ou atividades físicas**

Na fase do "tenho tempo para tudo", retomar a prática esportiva, após *check-up* médico, é cultivar a possibilidade de preservar a saúde e abrir-se para novas amizades. Se o lazer reunir a família, melhor ainda. Em um *Coaching* para um alto executivo da área bancária prestes a se aposentar, isso ficou bem claro. Disse-me ele:
"Entrar no clube, próximo de casa, foi uma volta ao passado".

Ao longo dos últimos 15 anos, Luiz Antonio esporadicamente acompanhava a família a algum evento. Esteve ocupado demais galgando o cargo de gerente regional e superintende em um grande banco. Foi convidado a aposentar-se. Sentiu-se sem chão. O cargo, os colegas, o poder, o sobrenome forte do banco atrelado ao seu, faziam com que a sensação de perda fosse ainda maior. No pacote de saída foi presenteado com um processo de *Coaching*. Foi apenas no terceiro encontro de *Coaching* que Luiz Antonio conseguiu declarar a grande perda que sentia. Ele questionou: "O que alguém como eu, que só trabalhou, vai fazer com tanto tempo livre?".

O clube, no retorno que recomendei, aconteceu na manhã do domingo seguinte. Os abraços, ao chegar, fizeram o tempo voltar. Tomou cervejinha com gente que nunca viu antes, mas que eram amigos dos seus amigos, deu tanta risada que não se lembrava de quando havia rido tanto assim. Vários ali também estavam aposentados, outros estavam a caminho e um, dentre os aposentados, revelou que descansou por um ano e se cansou de descansar, retornando assim ao mercado e hoje trabalha com vendas por conta própria. Todos riram quando disse que no dia do rodízio do seu carro não trabalha e que escolheu uma chapa de rodízio da sexta-feira, assim emenda com o final de semana.

Aquela manhã fez com que o astral de Luiz Antonio fosse renovado. Marcou com o amigo Carlito a retomada das partidas de tênis, como outrora, o que aconteceu no meio da semana. Um mês se passou e começaram a arquitetar um plano para retornarem juntos ao mercado de trabalho. Em seis meses já eram empresários. Assumiram o compromisso de trabalhar sem exageros. Toda quarta-feira o dia começa na quadra de tênis. Os amigos, hoje sócios, aprenderam a conciliar trabalho, realização e qualidade de vida. Ambos trocaram de carro tomando o cuidado para contribuir com o rodízio paulistano e, claro, com uma chapa da sexta-feira!



Sim, o lazer pode ser a oportunidade para novos amigos e novos negócios!

**Retorno ao banco de escola como meio para novas amizades ou a volta ao mercado de trabalho**

Retomar os estudos pode sim representar oportunidade para descobrir novas amizades ou até mesmo contatos que o ajudem a retornar ao mercado profissional. Pode ser até mais que isso. A educação na aposentadoria pode representar a realização de sonhos deixados de lado na fase do "sem tempo para nada".

A universidade propicia também o convívio intergerações, o que nos renova e mostra outra forma de encarar a vida.

O *Coaching*, que prepara para a aposentadoria ativa, vai além do entendimento do que fazer com o tempo e os relacionamentos, envolve projeto financeiro, cuidado com a saúde, aspectos ligados ao emocional, lazer, participação social, educação e uma atividade profissional e ou comunitária. A meta aqui é o bem-estar, e o convite é o de fazer da aposentadoria uma ponte para um mundo onde a terceira idade é a melhor idade.

Referencias Bibliográficas

www.desaposentado.com.br
Lucia França, O desafio da aposentadoria - Ed. Rocco

## Márcia Rizzi



Bacharel em Ciências Jurídicas, pós-graduada em Administração pela FAAP, AMANA-KEY Liderança e Gestão de pessoas, MBA em RH pela USP, *Coach* com formação pelo ICI – Integrated *Coaching Institute* e IDPH – Instituto de Desenvolvimento do Potencial Humano. Desenvolveu carreira na Caixa Federal, chegando a Gerente Regional e Superintendente de Negócios.
É *coach* e facilitadora de treinamentos na área comportamental.
É autora de diversos manuais para treinamento e coautora nos livros da Editora Ser Mais: Ser + com coaching; Palestrantes Campeões e Gestão de Pessoas.

**Site:** www.marciarizzi.com.br
**E-mail:** marizzi@uol.com.br

# Anotações

# 43

# Lidere a relação, elimine os conflitos e faça seu cliente feliz!



A comunidade acadêmica internacional tem dado cada vez mais atenção ao processo de *Coaching* e seu impacto na vida dos executivos e das organizações. Será que aos profissionais e seus clientes estão bem claras as diferentes formas de abordagem e as aplicações do *Coaching* no contexto empresarial?

**Mario Divo**

São crescentes as pesquisas com base nessa moderna prática chamada *Coaching*, que vai do desenvolvimento de competências, à inteligência empresarial na gestão do conhecimento, daí derivando modelos e metodologias para suporte a gestores e líderes.

Uma primeira pergunta que se poderia fazer a quem se interessa pelo assunto é esta: será que aos profissionais (*coaches*) e seus clientes (*coachees*) estão bem claras as diferentes formas de abordagem e as aplicações do *Coaching* no contexto empresarial? Ou será que, para muitos, o *Coaching* para Lideranças, o *Coaching* Executivo e o *Coaching* de Negócios ainda se mostram através de uma lente opaca, confusa e sem definição?

Alguém pode concordar que, mesmo sem estar adequadamente preparado, mas impelido por alguma razão pessoal, o profissional de *Coaching* decida assumir o desafio de atender um executivo em suas demandas para ampliar competências ou construir novos caminhos para sua empresa? Depois, com o passar dos dias e a dificuldade nítida em gerar resultados, como administrar o desgaste que haverá na relação entre *coach* e *coachee*? Inevitavelmente, conflitos irão aparecer e se mostrarão danosos para todos, até para o mercado.

Qualquer executivo que vier a se dedicar a uma série de reuniões de *Coaching* tem desafios típicos, oriundos do estilo, do ritmo de trabalho, do estresse, da personalidade e do temperamento. É preciso uma dinâmica personalizada a ser liderada pelo *coach*, pois, do contrário, somente encontrará baixos resultados. É mandatório ajustar o posicionamento do *coachee* sem perder o foco no objetivo primário do contrato. Daí acreditarmos na importância deste artigo, que procura contribuir com a comunidade do *Coaching*, aí incluídos os clientes, para que se possa concretizar exatamente o que sugere o título: **liderar a relação**, eliminar os conflitos e fazer seu cliente feliz!

Liderar a relação surge como o primeiro passo fundamental, pois o *coach* deve ter a dimensão de seus conhecimentos e habilidades para poder contribuir com as necessidades do *coachee*. O *Coaching* é, em essência, uma forma de prestação de serviços e dependerá sempre da qualificação de quem a exerce para cumprir com a sua finalidade. Enfim, a ética manda o aceitar o desafio se, e somente se, estiver preparado para contribuir com que o *coachee* atinja as metas estipuladas. Parece óbvio, mas nem sempre as coisas acontecem assim.

O segundo ponto essencial está em manter a atenção e buscar, sem trégua, **eliminar os conflitos**. O artigo de autoria de quatro pesquisadores comandados por Erik Hann, publicado em dezembro de 2010 pela *Academy of Management Learning & Education*, relata a pesquisa sobre como são percebidos e conduzidos os momentos críticos da prática do *Coaching* Executivo. O estudo foi desenvolvido nos EUA em duas etapas, sendo a primeira com 3.015 participantes (25% de mulheres), de várias áreas de atividades. Depois, os 59 casos iden-

tificados como extremamente críticos geraram entrevistas individuais.

Em pesquisa anterior, de 2008, e que foi reconfirmada com a mais recente, os mesmos autores já haviam identificado sinais de que os principais momentos críticos vividos na relação *coach-coachee* estavam em perguntas inesperadas e imprevistas geradas pelo *coach*. Em especial, aquelas geradoras de grande emoção ou tensão durante as sessões e, também, as que criaram dúvidas para o *coach* em como proceder frente a uma necessidade específica do *coachee*. Ao comparar momentos que resultaram em resultados positivos a outros que levaram à quebra da relação, a principal diferença foi a presença (ou ausência) de reflexão compartilhada entre ambos.

Um dado curioso que os pesquisadores identificaram, derivado do mais recente estudo, está nas metáforas usadas pelos entrevistados ao relatar as situações consideradas críticas, o que indica valer a pena explorar a possibilidade de aplicar esse trunfo como apoio às sessões de qualquer natureza. Com frequência surgiram expressões, imagens ou ideias de outra área da vida ou domínio conceitual para descrever experiências vivenciadas nas sessões de *Coaching* Executivo. No total, foram 252 metáforas para os 59 casos críticos.



No estudo, os autores identificaram alguns pontos de distinções para os executivos-*coachees*, os quais estão em torno de realizações pessoais, na mudança no modo de ser/viver, nas ferramentas aplicáveis ao cotidiano e nos processos ligados à tomada de decisão. As habilidades em ferramentas de transformação pessoal podem ser vistas como formas complementares de autodefinição, a distinção entre "parecer" e "ser". A ação e a reflexão podem ser vistas como o contraponto entre a prática e a teoria associadas ao comportamento no dia a dia.

Ainda de acordo com a pesquisa, nas sessões de *Coaching* Executivo possíveis conflitos podem nascer quando da promoção de uma mudança de atributos para criar novas competências, ou então na mudança mais radical pela transformação de hábitos e atitudes. Outra possibilidade corresponde a dois tipos de aprendizagem pessoal, como pré-requisito à mudança: o processamento interno (introversão), de modo a gerar reflexão com uma perspectiva diferente, focada para dentro, e o processamento externo (extroversão), com o foco para fora pela ação, com nova perspectiva.

A recomendação dos autores, a partir daquele estudo supracitado sobre *Coaching* Executivo, afirma que:

a) Impactos obtidos pelos momentos de grandes descobertas (Eureka!) podem não ser tão relevantes aos *coachees*. Talvez seja melhor explorar bem o estímulo à reflexão;

b) Os momentos críticos levaram os *coachees* a identificar nas realizações pessoais uma nova perspectiva sobre os atuais problemas, bem como encontrar melhor compreensão quanto ao ambiente externo;

c) Os ganhos pelo processo são tanto relacionados à mudança incre-

mental quanto aquela que é mais transformadora, o que poderá ser alcançável por realizações pessoais. Novas sugestões e ideias, como formas adicionais de ganhos, são mais assimiladas se o *coachee* é livre para rejeitá-las;

d) No estudo, os *coachees* associaram seus resultados positivos ao aumento da autopercepção e da realização pessoal, o que se mostra evidentemente complexo, pois no *Coaching* Executivo espera-se também a linha de resultados compatíveis com o negócio (como apoio ao processo de gestão e lideranças, resolução de problemas ou consolidação de soluções, por exemplo).

Vamos imaginar que um coach tenha sido contratado pela área de Recursos Humanos de uma empresa para atender um executivo, independente do gênero. O objetivo é a ação como *Coaching* de Negócios e o desenvolvimento de times em processos de liderança. E vamos dizer ainda que, após algumas sessões, esse executivo esteja extremamente feliz porque se reencontrou em seus valores, necessidades e expectativas, o que o leva imediatamente a pedir demissão daquele emprego. Como fica a situação? O *coach* foi bem sucedido ao ajudar o executivo a abrir novas portas? E a empresa, pagou e ficou sem o serviço que contratou?

Se um conflito aparecer, o que sempre pode acontecer, a sugestão é que *coach-coachee* reflitam juntos sobre a ansiedade de solucionar tantas perspectivas em discussão. Que reconheçam mutuamente que nenhuma ideia ou opinião em si mesma é melhor do que a outra. E que busquem compartilhar mais dos valores envolvidos, como compromisso e engajamento, para fortalecer os aspectos positivos encontrados. Desprovidos de vaidades e ego, que interpretam o conflito como um jogo de poder, todos poderão chegar a um ponto comum e, para isso, a experiência e o equilíbrio emocional do *coach* serão muito importantes.

Portanto, quando se trata de minimizar (ou eliminar) os potenciais de conflitos, o *coach* deve avaliar sua atuação profissional como um todo, de maneira holística. Uma boa parte dos problemas pode ser minimizada com a primeira e intensa sessão de educação dos contratantes, um protocolo do que será feito, de como se conduzirá o trabalho e das eventuais limitações (ou barreiras) que precisarão ser respeitadas. Com isso, os referenciais que serão mandatórios na relação *coach-coachee* serão aqueles ajustados de início e, qualquer mudança que se apresente, será objeto de uma reavaliação.

Dado o amplo leque de vivências dos clientes – algo mais do que normal de se esperar –, é fundamental que as sessões de *Coaching* Executivo estimulem o coachee a explorar uma visão bem ampliada e alcançar novos pensamentos, ferramentas, estratégias, modelos de decisão e compreensão dos outros. Também faz parte a autorreflexão, a própria motivação, aceitação a mudanças e nova significação associada com a introspecção, crenças e ideias fixas. Esse contexto

tem diferenças daquele do *Coaching* de Negócios, quando o trabalho terá uma extensão voltada a públicos e processos de interesse da empresa, sejam eles internos ou externos.

Será possível a um *coach* de negócios ter sucesso sem saber o que é planejamento, estratégia, forças de mercado e processos sobre produtos e/ou serviços? Como se poderá criar empatia com o *coachee* nessas condições? Como conversar com o cliente sobre um perfil comportamental e profissional? Como ajudar o cliente a encontrar soluções sustentáveis de longo-prazo? Se na primeira reunião o protocolo educativo foi essencial, para dar continuidade ao atendimento será constantemente cobrada a qualificação do *coach* em sua relação com os executivos e as lideranças da empresa.

O *Coaching* de Negócios funciona como uma fórmula. O resultado dessa equação envolve muitas variáveis, que podem ser resumidas por competências interpessoais (liderança, comunicação, gestão de times, tomada de decisão, entre outras) e a arena empresarial (processos, *marketing*, comercialização, finanças, planejamento e estratégia, parcerias e negociação, entre outras). Em cada caso, em cada situação específica, o peso de cada variável muda e ao *coach* cabe entender o contexto. Caso contrário, não terá sobre o que conversar com o *coachee* (ou o time liderado pelo *coachee*).



O que nunca se pode esquecer é que, em qualquer modalidade de *Coaching*, o coachee enfrentará um processo de mudança. Não existe *Coaching* sem transformar o coachee para um novo posicionamento perante a sua realidade. Em uma visão do que seria ideal, a busca é a de criar autonomia e independência para o cliente, de forma que ele tenha condições de caminhar para novos objetivos com mais segurança e competência. Mesmo que novas sessões de *Coaching* sejam marcadas, o *3* já estará em um novo patamar de vida.

Enfim, seguimos o caminho correto e tudo deu certo. Com sorrisos e a consciência de uma ação efetiva na aplicação do processo de *Coaching* para o executivo-cliente, seja com a finalidade de desenvolver uma liderança, de ampliar negócios ou na construção de habilidades e comportamentos, seja vendo a parceria *coach-coachee* mais do que bem sucedida e que alcançou os resultados esperados. Finalmente, agora nada nos impede de um aperto de mãos e a despedida desse **cliente que**, como se desejava, **ficou feliz com a sua nova realidade**.

# Mario Divo

Mais de 40 anos de vida profissional. *Coach,* consultor, palestrante e escritor, atua na área de Gestão de Negócios, Marcas, *Marketing* e Comunicação Corporativa. Certificado pela SB*Coaching*, organização licenciada pelo BCI – *Behavioral Coaching Institute* e reconhecida pelo ICC – *International Coaching Council*. Foi titular no Planejamento de Comunicação Social da Presidência da República e comandou a Comunicação Institucional da Petrobras, onde fez carreira por 22 anos. É presidente vitalício do Conselho Diretor da Associação Brasileira de *Marketing* & Negócios. Foi diretor da Associação Brasileira de Anunciantes e conselheiro da Câmara Brasileira do Livro. Foi o primeiro brasileiro indicado ao *Global Hall of Fame* da Aiesec *International*, entidade presente em cerca de duas mil universidades e em todo o mundo. Medalha do Mérito do Estado Maior das Forças Armadas e Moção de Congratulações da Assembléia Legislativa do Rio de Janeiro.

**Site:** www.mariodivo.com.br
**E-mail:** mariodivo@mariodivo.com.br
**Telefone:** (21) 9177-3000

# Anotações

# 44

# *Coaching* e *Neurofeedback*: uma parceria de sucesso!



Dividir com os leitores deste manual a prática que está otimizando meus atendimentos, poder colaborar com a divulgação desta técnica ainda pouco conhecida pelo público brasileiro, além de deixar registrado na literatura em Português esta parceria de sucesso: eis o objetivo deste artigo

**Nazareth Ribeiro**

O mercado de trabalho, cada vez mais competitivo e agressivo, exige pessoas capacitadas e seguras, tanto em caráter de carreira, como em aspectos sócio/emocionais, que apresentem grande poder de resiliência para lidar com as adversidades e o stress do dia a dia, o que torna o *coach* um profissional essencial e valorizado. Uma vez que, no mercado, existem muitos *coaches* competentes, o que dará personalidade, consistência e credibilidade ao seu trabalho será a interação dos recursos utilizados em sua prática. É preciso formação diferenciada, dedicação e critério. Pensando nisto, visei agregar valor à minha prática no sentido de aprimorar e personalizar meus atendimentos, acrescentando esta "nova" e maravilhosa ferramenta, ainda inovadora no Brasil, o *Neurofeedback*. Trata-se da aliança entre desenvolvimento tecnológico avançado e estratégias do *Coaching* a serviço da consciência, saúde, educação e aprimoramento, em busca de melhor qualidade de vida, competência e realização do ser humano.

Nos Estados Unidos e na Europa, empresários, atletas e profissionais liberais, aqueles que se exigem um alto pico de *performance* recorrem ao *Neurofeedback* para aliviar seu estress, desgaste físico e mental, ansiedade e depressão, decorrentes da competitividade, da alta carga de esforço físico e mental diários e das grandes responsabilidades assumidas por eles, muitas vezes sem tempo hábil para executá-las.

O *Wall Street* Journal, um dos mais influentes jornais do mundo, publicou em 2006 um artigo sob o título *Getting your head in the game* , do repórter Russell Adams, onde revela que jogadores de futebol do A.C.Milan incorporaram o *Neurofeedback* aos seus treinamentos, assim como tenistas, golfistas, ginastas olímpicos e esquiadores. A matéria continua dizendo que o ganho alcançado por estes atletas foi a capacidade de permanecerem concentrados e relaxados ao mesmo tempo e, com isso, obter melhor desempenho.



**A Técnica:**

É indolor e não invasiva, que opera em um nível funcional do cérebro e transcende a necessidade de classificação, que modula a atividade do cérebro ao nível de uma dinâmica neuronal de excitação e inibição, fundamentando assim os efeitos característicos que são relatados pelo cliente. Em um nível neuronal, o cérebro aprende a modular seus padrões excitatórios e inibitórios de conjuntos específicos de neurônios, e assim aumentar a flexibilidade e autorregulação de relaxamento e padrões de ativação. Esta definição foi ratificada pelo Conselho de Administração do ISNR (Sociedade Internacional para *Neurofeedback*) em 10 de janeiro de 2009.

A rigor, o *Neurofeedback* treina o cérebro para ajudar a melhorar sua capacidade de se autorregular, tal como diminuir o estresse,

aprimorar a memória, melhorar a atenção e concentração, aumentar a capacidade de foco, organização, criatividade, planejamento, execução e conclusão de seus objetivos, disponibilidade física e mental, próatividade, maior desempenho pessoal/profissional, equilíbrio emocional e, sobretudo, melhorar a autoconfiança. O cliente aprende a retroalimentar seu cérebro, onde em uma situação de estresse ou desequilíbrio ele acessa sua capacidade de atingir alterações em sua fisiologia através dos novos padrões aprendidos por condicionamento operante, por repetição, considerando a máxima: "a repetição leva à excelência".

Como outras formas de *biofeedback*, usa dispositivos de monitoramento para fornecer a cada momento as informações sobre o estado fisiológico do indivíduo. Seu foco é sobre o Sistema Nervoso Central e o cérebro. Tem seus fundamentos na neurociência básica e aplicada, assim como na prática clínica. Leva em conta aspectos comportamentais, cognitivos e subjetivos, além, é claro, da atividade cerebral. Assim encontra-se a definição da *American Psychological Association*.



**Avaliação e Treinamento:**

O treino é precedido pela Avaliação Psicológica (questionários padronizados sobre o cliente e seus objetivos) e pela Avaliação Fisiológica objetiva da atividade cerebral, a GNB (Gravação Normativa de Base), onde, utilizando sensores e um aparelho amplificador que grava a atividade cerebral de cada área (Frontal, Central, Parietal, Temporal e *Occipital* – o técnico precisa ter informações sobre a fisiologia cerebral para saber as funções pelas quais cada área é responsável), passa informação para o programa no computador, que quantifica suas ondas cerebrais em termos de frequência (número de vezes onde cada neurônio emite uma informação para outros neurônios em um segundo em *Hertz*) e amplitude (intensidade de cada impulso elétrico, neste caso, eletricidade cerebral, sendo medida em *microvolts*).

O padrão de ondas cerebrais do indivíduo oferece informação sobre como ele funciona. Quando o profissional tem em mãos informações de que as dificuldades do cliente podem estar relacionados a sistemas específicos de seu cérebro e sabendo como estes sistemas funcionam e como suas "falhas" podem afetar seu comportamento, ele terá uma compreensão mais abrangente sobre ele e de como poderá ajudá-lo. Assim, o técnico terá uma abordagem mais assertiva, podendo utilizar os vários recursos que detém conhecimento (sejam eles do Coaching, da PNL (Programação Neurolinguística), da Psicoterapia e do Neurofeedback) da maneira mais adequada a este cliente de forma personalizada.

Durante o treinamento, sensores são colocados nas áreas do

couro cabeludo escolhidas após as avaliações e, então, conectados à eletrônica sensível de um software no computador, que detecta, amplifica e registra a atividade cerebral específica. Esta informação resultante volta para o técnico, praticamente de forma instantânea, apresentando na tela do computador a atividade cerebral em tempo real. É um tipo de *biofeedback*, que engloba o conjunto dos treinamentos de dimensões da fisiologia (i.e., variabilidade cardíaca, resposta galvânica da pele, eletromiografia) para a promoção de mudanças específicas e/ou globais no modo de funcionamento do organismo (Brown, 1975).

Ao desafiar seu cérebro através de cada atividade, seja ela ouvir uma música, assistir a um vídeo e fazê-lo rodar dentro do programa, aumentando o som e mantendo a imagem firme, ou fazer um joguinho funcionar apenas com sua atividade cerebral, estará treinando seu cérebro. Isto acontece tanto quanto se pode desafiar o corpo durante uma atividade física. Assim como a atividade física protege a saúde cardiovascular, o exercício cognitivo protege a saúde cerebral. É o que chamamos popularmente de *fitness* mental.

O computador utilizado pelo treinador é estrategicamente colocado ao lado de uma outra tela que será usada pelo cliente, que estará confortavelmente sentado ao seu lado. As sessões clínicas duram em torno de 40 e 50 minutos, com periodicidade de duas vezes por semana, onde o número necessário de sessões vai depender da condição a ser tratada (os relatos apontam entre 25 e 80 sessões - Angelakis, Stathopoulou, Frymiare, Green, Lubar & Kounios, 2007).



**Neuroplasticidade Cerebral:**

O melhor funcionamento do cérebro acarreta mudança nos padrões das ondas cerebrais através da Neuroplasticidade Cerebral, onde o cérebro tem a capacidade de remapear as conexões das células nervosas, mudando o padrão de ondas cerebrais, regenerando-o através de seu uso constante com atividades cognitivas e potencialização. Este processo faz com que os indivíduos aprendam continuamente, já que o padrão de frequências cerebrais aprendido se estabelece de forma contínua e duradoura. O *Neurofeedback* é uma das maneiras de "moldar" a mente através de atividade repetitiva. Experiências realizadas por renomados cientistas concluíram que é possível criar nos seres humanos novos neurônios ao longo da vida, diferentemente do que se pensava no passado. Eles afirmam também que o esforço mental continuado renova os neurônios, em especial nas áreas mais ativadas durante os exercícios cognitivos. Já é possível redefinir o nosso medidor de felicidade (Sharon Begley).

O *Coaching* e o *Neurofeedback* evidenciam as dificuldades da pessoa de forma clara e realista e quanto mais se conhece seu cliente

e ele a si próprio, facilita a decisão do que trabalhar . A *performance* da tarefa é extremamente melhor se todos os recursos forem estabelecidos, tornando o cliente mais ciente e responsável de sua participação (John Whitmore).

Considerando-se que para alcançar uma "mente desperta" ou "mente de alta *performance*" é preciso combinar vários fatores: a capacidade intuitiva das Ondas Delta; a inspiração criativa, percepção pessoal e consciência espiritual das Ondas Teta; a capacidade de transição e relaxamento com consciência das Andas Alfa; a capacidade de foco, atenção, função executiva e capacidade de processamento de pensamento consciente das Ondas Beta. É possível usar este conhecimento da neurociência a favor da prática clínica e educacional, na direção de gestão de pessoas mais eficientes e satisfeitas.

A interação empática entre os dois facilitará a melhora do cliente em gerenciar suas emoções e sua liberdade de escolha, refletindo em maior habilidade na conclusão dos seus objetivos. A comunicação entre eles precisa ser clara, objetiva e eficaz. Peter Drucker disse: "Sessenta por cento de todos os problemas administrativos resultam da ineficácia da comunicação". Durante as sessões, o treinador é parte integrante do processo. Para começar, ele não fala simplesmente "Vai!", e sim,"Vamos!?"; ele realmente participa do treino, de forma motivadora, silenciosa ou mais interativa, onde o foco é o cliente, mas a responsabilidade é compartilhada por ambos.



**Conclusão:**

Em minha prática, inicialmente proponho um programa de vinte sessões com revisões periódicas, o que permite uma noção mais clara dos resultados obtidos com o trabalho e viabilizará, se for o caso, rever o protocolo atual. Finalizada esta primeira fase, é feita uma revisão geral e são traçados novos objetivos. Considerando um intervalo de 30 a 45 dias, outra avaliação é feita para checar a necessidade de um novo programa, este com mais 10 ou 20 sessões (dependendo do caso a ser tratado). Pessoas devidamente treinadas tendem a adquirir um sentido dessas mudanças positivas e tornam-se capazes de acessar esses estados apresentados durante suas sessões de treino, mesmo fora de suas sessões de *Feedback* de forma natural.

Resumidamente, é possível ratificar que a parceria *Coaching/ Neurofeedback* é realmente campeã. Para tal, é preciso que se tenha objetivos a alcançar e desejos a se realizar. O efeito colateral poderá ser o caminho aberto para a conquista da sua FELICIDADE!

# Nazareth Ribeiro



Psicoterapeuta com formação na Abordagem Humanista-Existencial, e na Abordagem Existencial, esta pelo Núcleo de Psicoterapia Vivencial (NPV). É Psicossomaticista pelo Instituto de Medicina Psicossomática (IMPSIS). Especialista em Clínica e em Educação conferido pelo CRP , *Coaching* de Vida e Carreira e PNL. Professora Universitária associada à Associação Brasileira de Déficit de Atenção (ABDA). Membro Fundadora da Associação Brasileira de *Biofeedback* (ABBIO) na qualidade de Coordenadora da área de Psicologia em 2010 e 2011 atualmente. Atendimento Clínico em Psicoterapia, Análise Vocacional e *Neurofeedback*, com consultório particular no Rio de Janeiro. Ministrante dos cursos de Teoria e Prática Supervisionada em Análise Vocacional, Teoria e Prática em Psicoterapia Existencial, *Coaching* TDAH e Curso sobre *Neurofeedback*. Supervisora Clínica e palestrante.

**Site:** www.nazarethribeiro.com
**E-mail:** nazarethribeiro@nazarethribeiro.com
**Telefones:** (21) 3875-6767 / (21) 2178-2211

# Anotações

# 45

# *Wellness* e *Health Coaching*



O *coach*, em qualquer área de atuação, deve ser um agente facilitador de mudanças, focado nas necessidades e pretensões do cliente. Para isso, é necessário identificar e levar em consideração os valores, a visão e metas da pessoa, ajudando-a a tornar-se consciente de todo o seu potencial

**Rachel Zausner Skarbnik e Sâmia Aguiar B. Simurro**

Rachel Zausner Skarbnik
e Sâmia Aguiar B. Simurro

**Porque "*Coaching* em bem-estar e saúde" ou "*Wellness* e *Health coaching*"?**

Em várias áreas da vida, muitas pessoas já usaram enorme energia na tentativa de realizar mudanças que as conduzam a uma sensação de melhoria do bem-estar. A possibilidade de contar com alguém que possa ajudar neste processo com escuta ativa, interesse genuíno, diferentes conhecimentos e instrumentos, abre novas possibilidades para a concretização do sucesso das mudanças desejadas. É animador saber que se pode contar com alguém, um aliado, que o fará se sentir compreendido e que o levará a focar na busca e concretização das mudanças desejadas, transpondo as dificuldades que estão impedindo o progresso e o alcance dos objetivos pessoais.

Essa é a relação que se estabelece entre o *coach* e o *coachee*. Ela favorece o profundo apoio, orientação e incentivo para a realização de mudanças pretendidas, num ambiente acrítico, sem julgamento. O *coach*, em qualquer área de atuação, deve ser um agente facilitador de mudanças, focado nas necessidades e pretensões do cliente. Para isso, é necessário identificar e levar em consideração os valores, a visão e metas da pessoa, ajudando-a a tornar-se consciente de todo o seu potencial.

Esse processo conduz a um profundo autoconhecimento, que permite ao indivíduo identificar em si os pontos fortes e os pontos fracos na construção dos recursos de enfrentamento dos medos e dificuldades, inerentes à toda mudança. O "*Wellness* e *Health Coaching*", ou "*Coaching* em Bem-estar e Saúde", possui ferramentas que constituem um método de mudanças efetivas, através da investigação detalhada, avaliação ponderada, sistema colaborativo, diálogo aberto, honesto e seguro. Neste processo, o *coach* está habilitado a promover em seus clientes maior clareza sobre sua condição atual, seus desafios e metas, e como fazer o melhor para alcançá-las com menor desgaste e maior sucesso.



O "*Wellness* e *Health Coaching*" promove mudanças no estilo de vida da pessoa, que geram impacto significativo na saúde e bem-estar destas. O "*Wellness* e *Health Coaching*" surgiu a partir dos avanços da medicina e da ciência, que sabe que a saúde e o bem-estar dependem das escolhas que você fez e fará ao longo da vida. A proposta é que, a partir deste processo, hábitos nocivos à saúde e ao bem-estar sejam eliminados, e o estilo de vida individual seja mais saudável, para que se possa viver mais tempo, com mais saúde e mais feliz.

No caso do "*Health Coaching*", o objetivo pode ser habilitar a pessoa para melhor enfrentar seus desafios específicos de saúde, como um diagnóstico ou uma situação de doença.

**A evolução do conceito de *Wellness* e *Health Coaching***

A teoria de Abraham Maslow permitiu a concepção e construção do conceito de "*Wellness*" ou bem-estar. Maslow observou que o sofrimento e os desafios podem trazer grandes vantagens para a pessoa. Quando ocorre privação, frustração e tragédia, estas, muitas vezes,

geram experiências que revelam e promovem a natureza interior e propulsão para movimentar-se. Assim, os que passam por uma experiência difícil podem experimentar muitas conquistas e movimentos de superação.

Maslow afirmou que as nossas necessidades precedem a nossa motivação para desenvolver determinado comportamento. Isso se aplica não só às situações óbvias de sobrevivência, mas também à necessidade de segurança, pertencimento e estima. Hoje, a base do trabalho e da metodologia de terapeutas, conselheiros e *coaches* estão enraizados nas contribuições de Maslow, e de outros teóricos do movimento humanista, que desenvolveram suas teorias a partir de Maslow.

A partir dos anos 70, aumentaram as evidências de que nosso estilo de vida determina não apenas nosso estado de felicidade ou de estar bem, mas também nossa saúde física. Desta forma, o conceito de "*Wellness*" fica mais abrangente, expandindo-se para todos os aspectos da vida humana. Sendo assim, quando olhamos para o estilo de vida de uma pessoa, vemos aspectos a trabalhar por vários ângulos diferentes, atendendo a várias necessidades e abrangendo o indivíduo por inteiro.

A dificuldade de se definir o que é "*Wellness*" ou "Bem-estar" é a variedade de definições existentes, bem como as diferentes formas de utilização da palavra em diversos contextos. Esse fato fez com que, em 2004, o Dr. Judd Allen realizasse um levantamento das várias definições. Até o momento, o *National Wellness Institute* tem adotado a seguinte definição: "Bem-estar é um processo de tornar-se consciente e fazer escolhas para uma existência bem-sucedida".



Michael Arloski define bem-estar como: "A experiência de viver a vida com altos níveis de consciência, escolha consciente, autoaceitação, interconexão, amor, significado e propósito. Bem-estar é a trajetória de vida do indivíduo (e tarefa maior da nossa sociedade) partindo do conceito de autorrealização de Abraham Maslow, e procurar aplicá-lo à mente, corpo, espírito e à nossa interconexão com outras pessoas e o nosso ambiente."

É consenso que o bem-estar é sobre o crescimento pessoal. Assim, pode-se dizer com segurança que o bem-estar é a busca pelo bem viver de maneira consciente. O *Wellness Coaching*, então, diz respeito a como ajudar as pessoas a alterarem seu comportamento de forma consciente em direção a níveis mais elevados de bem-estar através da melhora do seu estilo de vida. "*Wellness* é sobre a pessoa como um todo em todos os aspectos da sua vida", diz Michael Arloski. O empenho na direção da melhoria do estilo de vida e da saúde requer diferentes tipos e ações para a mudança efetiva. Isto pode gerar algumas perdas, mesmo que positivas. Existe uma tendência em se manter o status atual em que se encontra, por medo de mudar, medo de não se adaptar a novos modelos. Por outro lado, o medo pode, muitas vezes, funcionar como um trampolim para a mudança, sacudindo o comodismo para atuar como agente de mudança. Esta ação resulta

no domínio do próprio medo. É neste movimento que o *Wellness* e o *Health Coaching* atuam como aliados e com elementos para o sucesso da superação.

**As ferramentas para o *Wellness* e *Health Coaching***

O *coach* em bem-estar e saúde faz mais do que simplesmente aplicar as ferramentas do *life coaching* para as áreas de estilo de vida. Além de estar familiarizado com os conceitos e metodologias desenvolvidas no campo do bem-estar e da saúde, ele vai além deles, apresentando uma metodologia convincente para a mudança de comportamento eficaz, onde o espectro de patologia está ausente. Em vez de "prescrever e tratar", ou mesmo "educar e implorar", pode-se trabalhar a partir de uma abordagem de "promover e inspirar" melhorias em todas as dimensões que envolvem o bem-estar geral e a saúde.

*Wellness* e *Health Coaching* dispõem das melhores ferramentas do *Life Coaching* e de outros processos de *coaching*, como: Roda da Vida; Nível de Sensibilização para Mudança; Entrevista Motivacional; Questionamento Apreciativo; Escuta Facilitada/Ativa e Teoria da Aprendizagem.

As ferramentas e os processos visam aumentar o autoconhecimento e a autoeficácia, para que a pessoa possa superar a ambivalência existente em todo processo de mudança e estabelecer passos seguros, para que possa avançar com maior engajamento para uma melhoria da vida e pleno funcionamento.



**O planejamento para a melhoria do bem-estar e da saúde pessoal**

Para Michael Arloski, desenvolver um plano de bem-estar ou de saúde exige um esforço mútuo, que envolve suporte e comprometimento entre o coach e o cliente. A postura do *coach* eficaz é sempre a de "advogar e inspirar", em vez de "prescrever e tratar". É necessário que o cliente assuma a responsabilidade do seu bem-estar e saúde.

Segundo Arloski, o processo de melhoria do bem-estar e da saúde passa por cinco estágios:

1. Avaliação e exploração

Quando o cliente conta a sua história para o coach requer que o profissional esteja lá por inteiro para ouvir atentamente, sem fazer julgamentos. O cliente necessita sentir-se seguro o suficiente para revelar a sua verdade a você e a ele mesmo. Algumas vezes, o cliente sabe exatamente o que quer trabalhar, mas, outras vezes, isso não está muito claro e ele necessitará de ajuda. O *coach* bem treinado transmite confiança, integridade e compaixão. A empatia é um importante ingrediente do *coaching*. O bem-estar é determinado por inúmeros fatores que nem sempre temos consciência.

2. Traçar um plano pessoal de bem-estar ou saúde

Michael Arloski considera que o plano é um mapa que irá direcionar todo o percurso exigido na mudança. Ele é traçado a partir de um acordo entre o *coach* e o *coachee*. Ao longo do processo, ajustes e

mudanças poderão ser realizados caso haja necessidade de aprimoramento do processo. Este plano começa com uma visão inspiradora de uma vida com bem-estar e está focado nos esforços pessoais de saúde e na revisão contínua do percurso, para eventual necessidade de ajustes no trajeto. É o momento de se definir quais são as reais prioridades e criar um plano mensurável, realístico e motivador.

3. Contabilização e suporte

Este é o momento de arregaçar as mangas para que a disponibilidade de realizar mudanças traga os resultados esperados. Contabilizar a realização das metas traçadas dentro do tempo previsto necessita de um trabalho lado a lado com o cliente. Para isso, é preciso que as metas tenham sido traçadas de forma realista e alcançável. A meta precisa responder as seguintes perguntas: O que será feito, como e com que frequência? E por quanto tempo? Faça isso com o cliente e promovendo o comprometimento com o seu processo de melhoria.

4. Avaliação contínua

O sucesso do cliente na melhoria do seu estilo de vida necessita sempre de uma avaliação, acompanhada da reflexão sobre estar ou não no caminho certo. Desta forma, o cliente pode perceber o valor do seu esforço e acompanhar o seu progresso. No processo de *coaching*, o *feedback* é parte importante nessa jornada para o bem-estar. Reveja sempre o plano de melhoria traçado originalmente. Os autorrelatos dos dados podem ser utilizados para a avaliação do processo, assim como medidas biométricas e reaplicação de inventários.



5. Resultados claros e mensuráveis

Os resultados são importantes para o cliente e para o *coach*. O cliente necessita saber como está progredindo, se alcançou seus objetivos, quando é hora de celebrar e partir para novos desafios. O *coach* precisa avaliar se suas ferramentas estão sendo eficazes. Eleger o que avaliar vai depender das metas e necessidades do cliente.

Finalmente, desenvolver e manter um *coaching* eficaz implica em facilitar o processo de planejar metas inspiradoras de melhoria de saúde, que tragam mudanças significativas, e identificar o sucesso do processo.

**Bibliografia**:

ARLOSKI, M. *Wellness Coaching for Lasting Lifestyle Change*. Duluth, MN: Whole Person Associates, 2009.

PROCHASKA, J.; NORCROSS,J.; DICLEMENTE,C. *Changing for Good. New York,* NY: Harper Collins/ Quill, 1994/2002.

MASLOW, Abraham. Introdução à Psicologia do Ser. Rio de Janeiro, RJ: Livraria Eldorado Tijuca.

# Rachel Zausner Skarbnik e Sâmia Aguiar B. Simurro



**Rachel Zausner Skarbnik**

Sócia da empresa SeR – Psicologia, pós-graduada Latu-Senso em Psicologia da Saúde e Hospitalar - PUC/SP. Especialista em Stress - Instituto Paulista de Stress; Terapia Cognitiva - Instituto de Terapia Cognitiva; Psicoterapia Psicodinâmica do Adolescente e Adulto – Sedes Sapientiae; Consultoria em programas de Qualidade de Vida e Stress. Coordenadora da área de Ação e Promoção Social / FISESP e Programa Psicologia / Bait. Certificações internacionais em Executive and Life Coach – Integrated Coaching Institute- International Coach Federation – 2009 e Wellness Coaching - National Wellness Institute.

**E-mails:** rachel@ser-psi.com.br | ser@ser-psi.com.br

**Sâmia Aguiar Brandão Simurro**

Mestre em Psicologia, Sócia da Empresa SeR – Psicologia. Vice-presidente de Projetos da Associação Brasileira de Qualidade de Vida (ABQV). Coorganizadora e coautora dos livros Guia Prático de Qualidade de Vida: Como Planejar e Gerenciar o Melhor Programa para a sua Empresa.Ed. Campus Elsevier, 2009; Introdução à Psicossomática. Ed. Atheneu, 2009. Certificações Internacionais em *Wellness* e *Health Coaching - National Wellness Institute*(NWI); *Wellness Program Coordenation* – NWI – 2006 e Curso Avançado de Gestão Empresarial em Promoção de Saúde e Qualidade de Vida no Trabalho – American University – 2001.
Lattes: http://lattes.cnpq.br/2611850276095521

**E-mails:** samia@ser-psi.com.br | ser@ser-psi.com.br

**Site:** www.ser-psi.com.br
**Telefone:** 11 3284-5337

# Anotações

# 46

# *Coaching* para lidar com o medo



Neste capítulo faço considerações sobre como meus atendimentos em Belo Horizonte têm ajudado clientes a descobrir o que os medos têm a dizer sobre valores, crenças e personalidade.
O objetivo aqui é demonstrar como ajudo meus clientes a trabalharem seus medos de forma que os temores deles deixem de ser uma barreira e se tornem uma ponte entre sonhos e realizações.
Ainda neste capítulo falo de como o coaching na educação pode ampliar a autoconfiança dos alunos e reduzir a evasão escolar

**Rafael Freitas**

*"(...) a vida é assim: esquenta e esfria, aperta e daí afrouxa, sossega e depois desinquieta. O que ela quer da gente é coragem."*
(ROSA, João Guimarães, 1958).

Na busca desenfreada por resultados, frequentemente atropelamos nossos medos antes que eles possam nos dizer o que sabem sobre nós. Eles sabem muito sobre nossas crenças e formas de ver o mundo. Quando nos propomos a conversar com eles, ao invés de obedecê-los, tornam-se grandes aliados do autoconhecimento. Ao serem questionados, tendem a desaparecer. Não resistem por muito tempo as indagações de um processo de *Coaching*. Ao listarmos os medos que não se concretizaram, nos tornamos mais destemidos e percebemos que a maioria das crises é bem maior do que os problemas.

Não há processo de *Coaching* que não esbarre nos obstáculos, por vezes imaginários, que o medo cria. O desafio é reconhecer a presença inconveniente do medo e da ansiedade, que é um medo antecipado, e ter uma boa conversa com eles. E quando possível em voz alta. Ora, se a criança que você foi conversava com seus fantasmas, por que você também não pode fazer o mesmo com os medos? Escute o que eles têm para dizer e os confronte. Faça perguntas do tipo: Em que situações você esteve presente na minha vida?; O que aconteceu ou deixou de acontecer por sua causa?; Para que preciso de você?. Minha proposta para combater o medo exige constante questionamento de crenças, de forma a não permitir que temores já enraizados prevaleçam sobre pensamentos mais favoráveis ao nosso desenvolvimento.

Essa conversa franca com nossos medos não será bem aceita por eles, pois toda ideia tem em si o desejo de potência. Sendo assim, o medo não quer apenas sobreviver, mas se expandir e provar que tem razão. Para realizar seu desejo de potência, nossos medos reagem às ideias que os contrariam. O medo de pedir um aumento trouxe à cabeça de um cliente os pensamentos que desvalorizavam o trabalho dele para desencorajá-lo. Foram necessários três meses de *coaching* para que ele conquistasse o salário desejado.

Às vezes, leva tempo para que clientes criem coragem para se revelar. Tive um que na primeira sessão chegou se dizendo extremamente feliz com a empresa em que trabalhava. "Só não tenho problemas com o meu trabalho. Orgulho-me de participar da direção de uma grande multinacional." Passou meia hora falando bem da empresa, sendo que as queixas dele estavam relacionadas com o trabalho: ausência de reconhecimento por parte da empresa, desânimo para novos projetos, excesso de pressão por resultados, etc. O medo de se revelar para o

outro e para si mesmo é um dos mais recorrentes. Para contornar esse problema, o *coach* precisa suspender julgamentos pessoais e estabelecer com o cliente uma relação de confiança, respeito e sigilo, a fim de que o cliente se sinta acolhido e à vontade para se desvendar.

Se a administração do medo fosse uma disciplina escolar, os alunos conquistariam mais autoconfiança e concluiriam com mais assertividade seus projetos de vida, o que reduziria a evasão escolar. Professores coaches abordariam questões como: Qual o custo do medo, ou seja, será que enfrentá-lo seria menos assustador do que conviver com ele?; Será que a importância que dou ao medo se justifica?; De quais problemas ele me protege?. Os alunos compartilhariam experiências em um exercício de coragem para se expor e refletiriam sobre os momentos em que deixaram de falar e agir por temer a opinião dos outros.



Se, ainda, a administração dos medos fosse uma disciplina escolar, um dos "para casa" seria evitar o excesso de raciocínios do tipo "E se"; "E se eu não conseguir?"; "E se não agradar?". Os que desejam conquistar mais autoconfiança teriam a resposta para o "E se" na ponta da língua: "se as coisas não acontecerem como planejei, tudo dará certo porque darei conta do que vier". Os que respondem assim não permitem que o medo os paralise. Os professores recomendariam aos alunos que se arriscassem o suficiente para expandir os limites da autoconfiança, e os ensinariam a conviver com as dores do fracasso. Enquanto as escolas não enfrentam questões emocionais, proponho que sejamos nossos próprios professores dessa disciplina.

Ao nos tornarmos professores de nós mesmos, concluiremos que o tratamento individual dos medos com base em suas causas pode resultar em eternas desculpas para não agir, o que acaba fortalecendo os temores. Sendo assim, ao invés de desperdiçar energia com os porquês da existência de tal sentimento, proponho perguntas como: O que está acontecendo?; O que eu quero ao invés disso?; O que preciso fazer para me sentir como gostaria?. Normalmente, a resposta exige uma nova postura diante do problema, a postura de protagonista, que se opõe à vítima. A postura do protagonista exige a crença de que não somos vítimas do que nos acontece e de que temos grande responsabilidade sobre o que temos, somos e conquistamos.

Um dos ganhos mais freqüentes dos processos de *Coaching* é o aumento da autoconfiança, o que se consegue com questionamentos que levam os clientes a se perguntarem em que momento é melhor atuar na vida como protagonistas ou como vítimas. Para atuar como protagonista é preciso deixar de atribuir culpa a agentes externos e assumir a responsabilidade sobre o que gostariam de ter, ser e conquis-

tar. Listar os prejuízos que as queixas causam em nossa energia vital faz parte da estratégia para escolhermos que postura adotar. Quem não tem o costume de se questionar se o que está pensando lhe fortalece ou enfraquece acaba refém de estados de espírito indesejados. É claro que não dá para questionar os cerca de vinte mil pensamentos que temos por dia, mas é possível controlar sentimentos, que por sua vez determinam os pensamentos.

As vítimas que conheci não compreendiam porque o mundo não as obedecia e estavam acostumadas a viver no futuro, apoiadas pelo dilema do "quando/então": "Quando estiver no peso ideal, vou à praia"; "Quando tiver uma pós-graduação vou encontrar o emprego ideal"; "Quando estiver rico serei feliz"; "Quando me aposentar vou aproveitar a vida"; etc. A vítima vive no mundo sedutor das desculpas, da protelação e das justificativas. Normalmente, a vítima tem a sensação de que tudo que lhe acontece veio de repente: "De repente eu fui demitido"; "De repente eu estava pesando mais de cem quilos"; "De repente o dinheiro acabou"; "De repente eu me vi isolado"; "De repente o ano se foi e eu não tinha feito nada". Essas são frases que já escutei de meus clientes de *Coaching*. A vítima está tão acostumada com a comodidade da queixa que não percebe seu papel na criação das situações em que se encontra.



O dilema do "quando/então" pode ser combatido com o uso do "se". "Se não tiver o dinheiro que preciso, vou dar um jeito de conquistá-lo"; "Se minha esposa não é como eu gostaria que fosse, posso arrumar outra, posso pedir um tempo, posso experimentar a vida de solteiro, posso aprender a gostar dela assim mesmo, posso tentar modificá-la, posso esperar menos dela, posso aumentar a importância de outros aspectos em minha vida para compensar a frustração, posso prestar mais atenção às características positivas dela, posso me questionar se sou o marido que ela queria ter, posso discutir essa questão com ela, etc.". Há pelo menos dez saídas para qualquer situação. Reclamar com o intuito de se fazer de vítima e não agir é uma opção válida enquanto não se está preparado para lidar com os problemas, mas não deveria virar um hábito e não pode ser uma opção perante as metas específicas traçadas no processo de *coaching*.

Sabemos que o medo sempre vai existir, mas a forma como o encaramos pode variar. Podemos encará-lo com uma postura de sofrimento e de vítima das circunstâncias ou, a partir de uma perspectiva de poder, não dando a ele tanta importância para que não cresça. Proponho que passemos uma semana sem falar mal de ninguém, sem criticar os outros ou a nós mesmos, sem nos culpar para depois avaliarmos a experiência. Quando deliberadamente migramos para o

protagonismo, inspiramos quem está a nossa volta a fazer o mesmo e atraímos pessoas que também têm a mesma atitude.

Questionar a voz que sempre diz a você para não se arriscar: "você vai se arrepender", "você não vai dar conta"; é parte do processo de aquisição do protagonismo. Uma das técnicas que indico é tratar essa voz interior como uma criança que precisa ser educada para não se acovardar. Corrigir um modo de pensar exige a crítica do pensamento e a busca de exemplos que contrariam a crença anterior. Ter um bom coach é fundamental, pois temos técnicas para lidarmos com pensamentos, comportamentos e medos improdutivos.

Para quem não tem um *coach*, ajuda bastante pensar que no fundo, por trás dos medos, há o medo de não poder enfrentar o que nos acontece. Não há medo que resista à crença de que você pode contornar os obstáculos que se formarem em seu caminho. Não há medo que resista à crença de que você é maior que seus problemas. Isso significa que você pode enfrentar todos os medos sem ter de lutar contra eles um por um. Você não precisa controlar as situações que lhe geram medo, basta desenvolver a confiança na sua capacidade de enfrentar o que vier e se lembrar das vezes que agiu apesar dos medos.

A maioria dos nossos medos não resiste às lembranças fortalecedoras do passado e a sedutoras perspectivas de futuro. Se você duvida, faça um curso comigo ou me contrate como seu *coach* e veja os resultados.

## Rafael Freitas



Diretor da *Smart Coach*, empresa de treinamento com foco no método *Skilled Helper*. É Publicitário, pós-graduado em Gestão de Negócios e *Coach*, certificado pela Sociedade Brasileira de *Coaching*. Atuou por doze anos em empresas de comunicação, nas quais exerceu os cargos de redator, planejamento e diretor de criação. Participou da criação de campanhas premiadas com destaque para a medalha de bronze no *United Nations Department of Public Information* da ONU. Tem como missão ser reconhecido por sua capacidade de aumentar os resultados de equipes, escolas e indivíduos. Seu trabalho tem se especializado em *Coaching* para resolução de problemas, empreendedorismo, criatividade e coaching educacional com foco na redução da evasão escolar.

**Site**: www.smartcoach.com.br
**E-mail**: rafaelcoachbh@gmail.com
**Telefones:** (31) 3041-6020 / (31) 8779-7080

# Anotações

# 47

# Tempo = oportunidade + Desejo + organização – desistência ÷ verdade ⇔ ∞



Saber quem somos, o que queremos e como queremos, tem a ver com desejo e não com experiência e o grisalhar dos cabelos. Você pode ser um sábio aos 3 ou 4 anos, um eremita aos 17 e um grande bobo aos 40. Depende de você, depende do equilíbrio que você procura e deseja para sua vida. É o que traduzimos nesta formula com a equivalência rumo ao infinito

**Ritah Oliveira**

*"O educador é um profissional que maneja um produto: o saber social"*
*Edvalda Vilanova*

Quando comecei a escrever este artigo, tinha em mente destiná-lo à sociedade como um todo, mas, diante deste último episódio[1] que marca um capítulo muito nefasto de nossa história atual, resolvi dedicá-lo ao corpo docente, a todos os professores, mestres e envolvidos com a educação. Vou iniciá-lo com um questionamento que foi feito pela professora que recepcionou o atirador de Realengo: *"Se eu tivesse dado atenção, será que ele não teria atirado em todo mundo?"*. O que faz um aluno matar um professor? O que faz um ex-aluno matar vários outros alunos? Como anular e modificar a condição de questionador com a de respondedor?

Minha editora um dia me questionou sobre qual a mãe experiente: a que teve filhos ou a que não teve? – Por um minuto calei-me e esperei que ela me respondesse, até porque sabia exatamente o que seria dito. Ela disse: a que deu à luz. Não a contradisse, porém, tinha minha resposta, na qual acredito piamente. Mais importante do que a dor do parto é a dor do desejo de ser mãe. Existem mulheres que nasceram com o dom, carregam a essência da plenitude da palavra mãe. O porquê disso? - Para que eu consiga determinar o que seu filho, sobrinho ou neto será amanha, é necessário dom, desejo e querer.

Certa vez, perguntei a um cliente de 14 anos: *para você, o que é comunicar?* Ele me disse: falar algo sem me complicar; dizer algo a alguém e ser compreendido. O fato daquela pessoa tão jovem, tão i-nex-pe-rien-te ter conseguido definir algo que eu, em minha fase boba, ainda não tinha compreendido me deixou admirada. O que isso tem a ver com executivos, biólogos, advogados, pedagogos? Em nosso mundo, estamos sempre falando e não comunicando, por isso sempre que alguém me pergunta o que é *Coaching*, respondo que é um processo de comunicação que visa, através de questionamentos, buscar respostas mediante o uso dos recursos internos a quem se predispuser a isso. Às vezes fico triste quando um cliente desiste ou não segue adiante com seu processo. Mas não busco justificativas em mim. Para isso, afirmo que, se ele desistiu, é porque ainda não está disposto a se conhecer.

Tenho escrito e conversado muito sobre *bullying*, e vejo que algumas pessoas o associam apenas à violência física, esquecendo-se do teor psicológico que o *bullying* carrega. Na década de 90, nos Estados Unidos, houve o que podemos chamar de epidemia de tiroteios em escolas, onde crianças e jovens por trás destes atos afirmavam terem sido vítimas de *bullying* e que somente haviam recorrido ao retruque da violência porque a administração da escola havia falhado repetida

*[1] Jovem invadiu uma escola em Realengo, no Rio, e atirou contra alunos, causando a morte de 12 crianças. O ataque aconteceu na Escola Municipal Tasso da Silveira, em Realengo, na Zona Oeste do Rio, em 07 de maio de 2011.*

mente em intervir. Em muitos destes casos, as vítimas dos atiradores processaram tanto as famílias dos atiradores quanto as escolas. Como resultado destas tendências, escolas em muitos países passaram a desencorajar fortemente a prática do *bullying*, seja com programas projetados para promover a cooperação entre os estudantes, ou com treinamento de alunos para agirem como moderadores capacitados para intervir na resolução de disputas.

Querendo ou não, essa forma de agressão verbal é cotidiana na vida de praticamente todos os jovens, podendo ser a causa para acontecimentos ilimitados. A escola é corresponsável nos casos de *bullying*, pois é nela que os comportamentos agressivos e transgressores se evidenciam ou se agravam. É ali que os alunos deveriam aprender a conviver em grupo, respeitar as diferenças, entender o verdadeiro sentido da tolerância em seus relacionamentos interpessoais. Infelizmente, a instituição escolar é o cenário principal dessa tragédia endêmica que, por omissão ou conivência, facilita a sua disseminação.

**PAPEL DA ESCOLA**

Ao discorrer sobre o papel da escola como disseminador de conhecimento e formador do caráter do indivíduo, não posso deixar de mencionar que os educadores encontram-se defasados na escolha e uso de ferramentas de auxílio nesta árdua tarefa que é educar. Formar cidadãos conscientes, que estejam alinhados com os pilares da educação que, segundo a UNESCO, consistem em aprender a conhecer, aprender a fazer, aprender a viver com os outros, aprender a ser, saber que a premissa do entendimento de si próprio em detrimento do outro, é algo de extrema importância nas relações interpessoais. Admitir que o *bullying* ocorra em 100% das escolas do mundo (públicas ou privadas) é o primeiro passo para o sucesso contra essa prática indecorosa.



**O *COACHING* NAS ESCOLAS**

Mudanças estruturais na educação são imprescindíveis, eis exatamente o foco de um projeto audacioso no que diz respeito ao comportamento humano, o *Coaching Teen*. Uma de suas peculiaridades é a instrumentalização através de um projeto pioneiro a ser aplicado entre os educadores, a fim de que estes não estejam despreparados para identificar possíveis situações em que o *bullying* se destaca.

Alguns podem perguntar se o governo e as instituições não-governamentais do terceiro setor não estão contribuindo com projetos onde se educa através da arte, da música, das miscigenações culturais. Sim, contribuem, porém ainda não é satisfatório. Sou compelida a demonstrar como a educação intelectual e emocional devem andar juntas, complementando-se. Li uma matéria sobre a quase centená-

ria Escola Summerhill, localizada na Inglaterra, onde as matérias da grade curricular tradicional são aliadas aos cursos de teatro, música, carpintaria, informática, porém, embasadas em uma filosofia única de ambivalência na maneira de conduzir os alunos, onde sua atenção acontece, para os mais céticos, como uma verdadeira "bagunça", onde os alunos fazem o que quer.

Nossa surpresa vem exatamente deste fato. Eles não fazem o que querem, eles são direcionados pela filosofia da escola a saber o que querem e como vão administrar este querer. Deste modo, as regras da escola são seguidas de maneira democrática, sem o peso de como admoesta a diretora da escola, Zoe Readhead: "Preferiria que Summerhill produzisse um varredor de rua feliz do que um primeiro-ministro neurótico". Ao linkar Summerhill com o *Coaching Teen*, os princípios básicos da instituição colidem com a filosofia que empreendemos em favor da educação qualitativa, onde avaliamos e acompanhamos o que efetivamente o aluno sabe em detrimento ao quanto ele sabe e, diante deste parâmetro, o papel do educador transforma-se em um parceiro que, através da condução, colabora com os processos cognitivos de maneira mais eficaz, onde o descontrair é uma ferramenta para concentrá-lo e, desta maneira, através de uma nova proposta educacional, seguiremos minimizando perdas consideráveis.

Introduzidos na psicologia por Jung como introversão e extroversão, distinguir inicialmente indivíduos que partem rápidos e confiantes ao encontro do mundo daqueles que hesitam, recuam, como se o contato com o mundo lhes infundisse medo ou fosse uma tarefa muito pesada, pode ser considerada como uma missão que alguns profissionais da área de educação exaltam como necessárias para execução de uma meta deste alcance:

- Respeito à pluralidade, numa atuação propositiva na busca de soluções de questões colocadas pelos alunos;
- Ter competência para o exercício da interdisciplinaridade;
- Proporcionar recursos de crescimento para uma aprendizagem significativa;
- Estimular e acompanhar processos de mudanças;
- Favorecer a vivência de relações interpessoais e relações cooperativas;
- Ser capaz de aprender a aprender;
- Poder de escuta;
- Estimular o indivíduo à felicidade através de suas próprias descobertas e conquistas, mediante a conscientização da capacidade que cada um tem de ser feliz, de acordo com a sua forma de viver e encarar o mundo;
- Ser empático e inovador, a fim de contribuir com a cidadania au-

tônoma, participativa e crítica;
- Competência por habilidades de respeito ético, entusiástico e atitude positiva

Pessoas com traços de elevada autoeficácia podem, em determinados momentos, denotar menor confiança nas suas capacidades ou probabilidades de êxito. Haja vista que as qualidades psicológicas que influenciam os padrões comportamentais típicos de um indivíduo, de uma forma distintiva e consistente através de diferentes situações, precisam ser amparadas por uma percepção estruturada no estímulo ao desenvolvimento com ênfase nos estados empáticos de projetar-se no lugar do outro.

Incorporar o estilo de educação centrado no indivíduo tende a tornar-se a tônica de nossos tempos, pois as características da personalidade são o mais estável de todos os elementos disposicionais, traços de personalidade, motivos e atitudes são os mais importantes promotores de inconstância e estabilidade ao longo do tempo, além de ser o que marca a distinguibilidade comportamental do sujeito. A difícil e desafiadora tarefa de educar passa, necessariamente, por um estado de situar-se em um determinado conceito de mundo e de seres humano, conceitos esses que vão direcionar a opção pela abordagem teórica do educador.



A formação do educador é permanente e consiste na aliança entre teoria e prática, a incessante transição sócio-econômica a qual é submetida. O indivíduo pensante, racional, que não conseguir acompanhar esta tendência será convidado a ser friamente jogado para fora do sistema e arcar com o dissabor do fracasso. É nossa obrigação contribuir com a história, haja vista sermos seres históricos, somos nós quem fazemos a história, e esta sempre será renovada enquanto utilizarmos a educação como ferramenta de formação do ser humano.

**REFERÊNCIAS**


- NOVA ESCOLA, Rodrigo Ratier. Reportagem especial: Nesta escola, o aluno pode (quase) tudo. Editora Abril. 2011
- http://www.educaremrevista.ufpr.br/arquivos_15/vilanova.pdf
- Contribuiram com argumentos ao pensamento elucubratório deste artigo as professoras e pedagogas: Ana Rita Lima, Dilma Santos, Dione Santos e Janete Zalcsztajn

## Ritah Oliveira



Administradora de Empresas com habilitação em Gestão de Negócios; Especialista em Psicologia Organizacional; *Coach* com Certificação Internacional pela Sociedade Latino Americana de *Coaching*. Vinte anos de experiência profissional na área administrativa e quatro anos como estudiosa do comportamento humano, tendo desenvolvido projetos de pesquisa, buscando assim referendar a preocupação com a relação EU/OUTRO em que utiliza recursos através da Inteligência Multifocal, Emocional e Coaching. Desenvolveu, a partir de conhecimentos orinundos da PNL dentro de uma abordagem sistêmica e *Coaching*, a inovadora metodologia *Coaching Teen*. Coautora dos livros Ser+ em *Coaching* e Ser+ com Motivação – Editora Ser Mais, Autora do livro *Coaching Teen* - Potencializando Futuras Pessoas de Sucesso, pela Editora Qualitymark.

**Sites:** www.ritaholiveiracoach.com
lattes.cnpq.br/4958653717648582

# Anotações

# 48

# *Coaching* Financeiro



*Coaching* Financeiro é um processo onde você vai potencializar sua *performance* financeira, ou melhor, sua alta *performance* financeira. Através dele, você aprenderá a se programar, entender como funciona as regras do dinheiro, da riqueza, como aumentar sua renda, criar novas receitas, proteger seu dinheiro e eliminar o estress por trás do dinheiro

**Roberto Navarro**

A maioria dos problemas financeiros vêm através do comportamento com o dinheiro. Posso até dizer que, por incrível pareça, o dinheiro é mais emocional do que racional, pois nossos gastos e nosso consumo são realizados através de nosso disparo emocional, nossos impulsos, e grande parte de nossa renda também. Um bom exemplo é quem trabalha em um emprego fixo, tem uma renda fixa, seja um colaborador de um banco, funcionário público ou colaborador de qualquer empresa, mas tem um sonho: um dia ficar rico. Mas, apenas com seu salário é muito difícil, então, o quê fazer?

Como aumentar a renda já que ela é emocional, pois são nossas atitudes e nossos hábitos que geram nosso resultado? Com o *Coaching* de *performance* financeira, além de você aprender a planejar e se programar, montar seu plano de ação, metas e objetivos de curto, médio e longo prazo, você passará por um processo onde suas crenças serão potencializadas com destino à sua meta. É você, definitivamente, na pista de altavelocidade. Você definirá como, quando e aonde quer chegar com sua *performance* potencializada.

Você realmente sabe quais são suas prioridades financeiras? Caso saiba, liste agora quais são as quatro maiores prioridades financeiras de sua vida.

Por que são essas as suas quatro prioridades? Que diferença elas farão em sua vida?

O *Coaching* de *performance* financeira vai muito além do que tornar-se rico. É ter consciência do porquê ser rico, que bem isso vai fazer em sua vida, o que você perde o que você ganha, é realmente isso o que você quer?

Bem, eu nunca presenciei uma resposta negativa! Já vi muitas crenças negativas, mas elas são eliminadas no decorrer do processo.

A riqueza direcionada para o bem só traz benefícios. Você pode ajudar as pessoas que ama e o aprendizado fica gravado em sua mente consciente e inconsciente. É algo que você fez, você realizou, bem diferente de ganhar uma herança ou na Mega-Sena, que, assim como vem, vai embora muito rápido. Quando você faz, mesmo que exista um desastre e você perca tudo, foi você que fez e tem a receita para fazer de novo, blindando ainda mais seu patrimônio. É você percorrendo o caminho em vez de apenas conhecê-lo.

Hoje em dia, o *Coaching* Financeiro é muito requisitado. Vivemos em um mundo de finanças, consumo desenfreado, movimentação da economia com uma velocidade gigantesca. O crédito está em todo lugar: no supermercados, postos de gasolina, bancos, nas prestações de carro, casa, móveis, roupas... Mas, como controlar tudo isso com a família? Como aumentar a renda? Todo dia existe um produto novo no mercado, como fazer para adquiri-lo sem mexer em minha renda principal?

- O que é renda principal?
- O que é renda extra?
- O que é renda passiva?
- Por que tenho de ter uma renda passiva mesmo antes da aposentadoria?
- Como planejar minha aposentadoria?

- Como montar meu fluxo de caixa?
- Como controlar minha despesa?
- Como investir meu dinheiro e o resultado obtido com o investimento?

Esse é o apoio que o *Coaching* de *performance* financeira dará em sua vida.

Um dos grandes motivos pelos quais desenvolvi o processo de *Coaching* Financeiro, foi por jamais permitir que alguém falasse quando eu devo trabalhar, por quantas e quais horas e, principalmente, quanto eu vou ganhar por mês.

Partindo desse princípio de total liberdade, conduzi minha vida para ser livre, trabalhar onde quero, onde amo, viver a vida dentro dos padrões que planejei e desejo viver. A solução para isso é o *Coaching* Financeiro. Com ele você não ganha dinheiro, mas faz dinheiro. Ganhar é na loteria, no jogo ou herança.

Com o processo do *Coaching* Financeiro, você entra na pista de alta-velocidade financeira. Definitivamente é um caminho sem volta, uma jornada extraordinária em companhia de seus valores e suas crenças poderosas conduzindo você a um caminho de sucesso.

Ciência da Riqueza

A pirâmide da riqueza é composta por três degraus.

O primeiro degrau é o da segurança financeira. É o momento em que você consegue pagar suas contas, mas sem extrapolar, ou seja, contas básicas e de obrigação como, água, luz, telefone, casa, carro, colégio dos filhos, plano de saúde, previdência privada. No momento em que você realizar essas funções, você conquistou sua segurança financeira.

O segundo degrau é a independência financeira. Ele é o próximo caminho depois de conquistada a segurança financeira. Nele você terá uma soma de dinheiro investido, de forma que os juros desse dinheiro satisfaçam a sua segurança financeira, independente de você continuar a trabalhar ou não. Por exemplo, digamos que o custo da segurança financeira de sua família seja R$ 5 mil ao mês. Você vai conquistar sua independência financeira quando tiver investido em uma poupança R$ 1 milhão, o que irá render pouco mais de R$ 5 mil mensais. Isso é independência financeira. Lembrando sempre que caderneta de poupança não é um investimento inteligente, aqui ela nos serve apenas como um exemplo de investimento em renda fixa.

O terceiro degrau é o degrau dos sonhos: a liberdade financeira. O negócio aqui é você comprar a casa dos sonhos, o carro dos sonhos, é o momento de realização de tudo aquilo que você sempre sonhou. É poder viajar para onde quiser, ir a um restaurante e pedir o prato que quiser

e não precisar olhar e se pautar pelo preço.

Faça agora uma tabela de três colunas encabeçadas pelos degraus da pirâmide. Em cada coluna, liste quais são os itens que a compõe segundo sua perspectiva de vida.

Pilares da riqueza

Renda principal é aquela que vem de sua atividade principal, normalmente sua profissão, sua formação. O ideal é que sua renda principal cubra toda sua despesa, ou seja, realize sua segurança financeira. Caso ainda não cubra, você deverá lutar por isso, procurando aumentar sua renda e diminuindo suas despesas.

Renda extra é aquela proveniente de outra atividade que não a principal. Algumas vezes pode até ser a principal, desde que seja com o objetivo de renda extra, como horas extras, a criação de novos produtos ou ampliação de vendas com o objetivo de gerar uma renda extra para investimentos ou aquisição de patrimônio que gere nova renda. Outros modelos de renda extra são MMN, empresas, franquias, venda diretas e afins.

Renda passiva é aquela que entra em sua conta independente de você trabalhar ou não. Por exemplo, a aposentadoria, desde que esta não seja sua renda principal ou extra; aluguéis, desde que não seja renda principal ou extra; royalties proveniente de MMN, direitos autorais, participações, dividendos...

Um dos pressupostos do *Coaching* Financeiro é a conquista de três níveis de renda, conquistando assim sua liberdade financeira definitiva. Os pilares da riqueza explicam por qual motivo as pessoas ganham na loteria e ficam pobres anos depois. Elas simplesmente não criam três níveis de renda.



Pressupostos do *Coaching* Financeiro

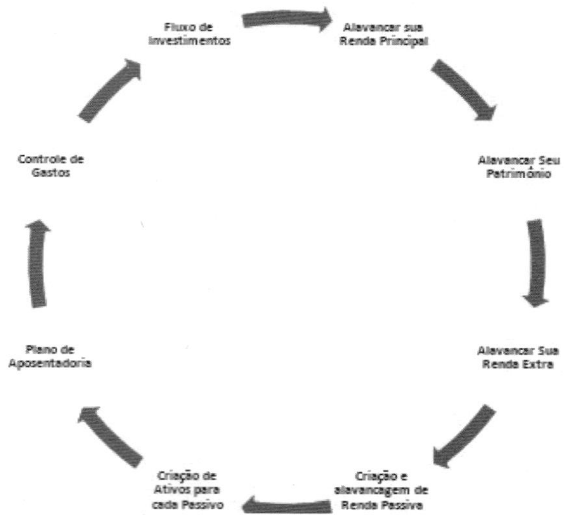


Os pressupostos do *Coaching* Financeiro são a condução e a finalidade do processo de *performance* em *Coaching* Financeiro, a base do

que deve ser trabalhado e objetivado durante todo o processo de *Coaching:*

- Construir um extraordinário plano de vida financeiro, alavancando sua renda principal com o objetivo de aqui garantir sua segurança financeira e gerar ao menos 10% para investimentos;
- Criar e alavancar sua renda extra, com objetivo de ampliar seus investimentos e diminuir o tempo para sua independência financeira;
- Gerar renda passiva, através dos recursos gerados e administrados com competência via renda principal e renda extra;
- Geração de ativos para bancar seus passivos: esse é o desenvolvimento mais incrível de todo o processo, utilizando toda a capacidade de seu QI financeiro;
- Um plano de aposentadoria diversificado com investimentos em imóveis, ações e títulos de renda fixa planejado em sua linha do tempo;
- Controle de gastos por setor: saber exatamente para onde está indo seu dinheiro;
- Fluxo de investimentos em expansão e planejado para investir sempre;

Como consequência, você terá uma extraordinária alavancagem de patrimônio e, definitivamente, alcançará sua liberdade financeira.

Parece difícil, porém é simples. Basta planejamento e disciplina, além de um bom *coach* financeiro para alinhar seus valores e suas crenças, interagindo de forma plena com seu processo de liberdade financeira.

Grande Sucesso!

## Roberto Navarro

Analista Financeiro, Agente de Investimentos, Diretor Financeiro e de *Marketing* da Universidade Corporativa de *Coaching*, Diretor Executivo da *Matrix* Invest Seguros, Previdência e Corretora de Valores, Diretor Executivo do Instituto de Performance Financeira, *Master Coach internacional*, certificado ICI (*International Coach Institute*), ECA (*European Coaching Association*), Instituto Internacional de *Coaching* , *Coaching* Sistêmico, *Coaching* com foco na Solução, Desenvolvimento de Processo de Neurolinguística, Hipnose Ericksoniana, Trainer em PNL, treinado por Anthony Robbins – USA, *Mastery University* – USA, prêmio de liderança e primeiro lugar em diversos treinamentos sobre liderança e desenvolvimento humano, triatleta, radialista, comentarista esportivo, formado em Inteligência Emocional, Emotologia (Cidade do Cérebro), Treinamento de Alta *Performance* e Estado de Pico, Lei da Atração, Criador do *Coaching* Financeiro.

**Site:** www.coachfinanceiro.com
**E-mail:** roberto@coachfinanceiro.com

# Anotações

# Glossário



Este Glossário traz as principais palavras utilizadas pelo *Coaching*. O intuito é que o leitor consiga absorver ao máximo o conteúdo do livro. Ao ter acesso aos vocábulos, adquire também com mais facilidade novos conhecimentos e fica atualizado.

**Escrito por Denise Lovisaro**

## DEFINIÇÕES

***COACH*** é uma palavra de origem húngara -Kocs-, lê-se *coach*, e era o nome de uma cidade do século XVI – onde *coaches* (diligências) vindas de diversos lugares se encontravam antes de seguir viagem. Naquela época era a forma mais confortável de ir de um lugar a outro.

Associada aos esportes, a palavra ***COACH*** significa treinador, aquele que ajuda o atleta a conseguir melhor *performance*, até mesmo superando seu próprio recorde. Inspirado nos esportes, o ***COACHING*** surgiu na Inglaterra em 1974, com Thimoty Gallewey, que era ***COACH*** (técnico) de tênis e dizia: "Quando você aprende a lidar com o seu oponente interno, vencer o adversário que está do outro lado da quadra será mais fácil".

*Coaching* é movimento que provoca ação e gera mudança.

***COACHING*** é um processo de desenvolvimento pessoal, estruturado com foco no presente, no futuro e na satisfação pessoal. O ***COACHING*** ajuda uma pessoa a compreender as razões de seus desacertos e limitações e ensina como superá-los.

Durante o processo, o cliente é estimulado a definir o que deseja e como proceder para alcançar o que quer. Aprende a superar limitações, a desenvolver e aprimorar competências, a fim de atender expectativa pessoal ou exigência profissional.

O ***COACH*** é um profissional habilitado em metodologia de *coaching* e conhecimento humano para ajudar o cliente, também chamado de ***COACHEE***, a obter os melhores resultados.

O ***COACHING*** difere de outros processos terapêuticos, como *counselling* e *mentoring*. A terapia visa solucionar problemas emocionais e traumas que afetam a *performance* de um indivíduo; o *counselling* promove o apoio na tomada de decisão baseado na experiência e preparo de quem oferece; e *mentoring* é a transferência de conhecimento de alguém com *expertise* na área.

Um ***COACH*** acolhe, estimula, orienta, incentiva, desafia e inspira o cliente a definir e alcançar metas para se sentir mais feliz e realizado.

O ***COACH*** tem as perguntas e o ***COACHEE***, as respostas. O

comprometimento com o processo de mudança e alcance de resultados é fundamental para garantir o sucesso do *coaching*. comprometimento com o processo de mudança e alcance de resultados é fundamental para garantir o sucesso do *coaching*.

***TAREFA*** é algo muito importante durante um processo de ***COACHING*** e a cada encontro ***COACH*** e ***CLIENTE*** acordam uma tarefa para ser praticado até o próximo encontro, que ajudará o cliente a aprimorar ou desenvolver competências.

***TAREFA*** é algo muito importante durante um processo de ***COACHING*** e a cada encontro ***COACH*** e ***CLIENTE*** acordam uma tarefa para ser praticado até o próximo encontro, que ajudará o cliente a aprimorar ou desenvolver competências.